imaginist

想象另一种可能

理
想
国
imaginist

追寻宇宙、生命
和意识
的最终意义

直到时间尽头

*Mind, Matter, and Our Search for Meaning
in an Evolving Universe*

Until the End of Time

Brian Greene

[美] 布莱恩·格林 著

舍其 译

海南出版社
·海口·

UNTIL THE END OF TIME: Mind, Matter, and Our Search for Meaning in an Evolving Universe
by Brian Greene
Copyright © 2020 by Brian Greene
Simplified Chinese character translation copyright © 2023
by Beijing Imaginist Time Culture Co., Ltd.
All Rights Reserved.

图字：30-2021-094 号

图书在版编目（ＣＩＰ）数据

直到时间的尽头：追寻宇宙、生命和意识的最终意
义 ／（美）布莱恩·格林（Brian Greene）著 ；舍其译
. -- 海口 ：海南出版社，2023.1（2024.11 重印）
ISBN 978-7-5730-0845-9

Ⅰ.①直… Ⅱ.①布… ②舍… Ⅲ.①物理学 Ⅳ.
① O4

中国版本图书馆 CIP 数据核字 (2022) 第 207209 号

直到时间的尽头——追寻宇宙、生命和意识的最终意义
ZHIDAO SHIJIAN DE JINTOU——ZHUIXUN YUZHOU、SHENGMING HE YISHI DE ZUIZHONG YIYI

作 者	[美]布莱恩·格林	
译 者	舍 其	
责任编辑	陈泽恩	
特约编辑	伊 寄	
封面设计	曾艺豪	
内文制作	伊 寄	

海南出版社 出版发行

地 址	海口市金盘开发区建设三横路2号
邮 编	570216
电 话	0898-66822134
印 刷	山东新华印务有限公司
版 次	2023 年 1 月第 1 版
印 次	2024 年 11 月第 3 次印刷
开 本	1 168 mm × 850 mm 1/32
印 张	16.375
字 数	383千字
书 号	ISBN 978-7-5730-0845-9
定 价	79.00元

如发现印装质量问题，影响阅读，请与发行部门联系：010-64284815

献给特蕾西

目 录

前　言

"我所以从事数学，是因为一旦你证明了一个定理，这定理就永远成立了。"[1] 这番陈述简单直接，也让人醍醐灌顶。我那时正读大二，跟一位多年来教我如何在众多数学领域里驰骋的老友提起，我正在为选修的一门心理学课程写一篇关于人类动机的论文。他的回应堪称石破天惊。在那之前，我从来没有用哪怕是稍微有点类似的想法看待过数学。在我看来，数学是特定群体玩的关于抽象精确度的奇妙游戏，这些人会因为抖出平方根或除以零的包袱而喜形于色。但有了他这句话，我恍然大悟。是啊，我想，这就是数学的浪漫。受逻辑和一组公理限制的创造力，决定了要如何摆布、组合思想，以揭示不可动摇的真理。从毕达哥拉斯出现之前直到永恒，画下的所有直角三角形都满足以他的名字命名的著名定理。没有例外。当然，你可以改变假定条件然后发现自己在探索新领域，比如画在像篮球表面那样的曲面上的三角形，这样就能颠覆毕达哥拉斯的结论。但固定你的假定条件，再三核查你的工作，你的成果就会有人来树碑立传。不用攀登高峰，不用在沙漠里跋涉，也不用在阴曹地府杀个七进七出。你可以舒舒服服地坐在桌前，拿着纸笔，再加上敏锐的头脑，就能创造出超越时间的恒久之物。

这看法让我豁然开朗。我还从未真正地问过自己，为什么对数学和物理如此痴迷。解决难题，去了解宇宙如何成为一体——以前一直是这些让我着迷。而现在我相信，我所以受这些学科的吸引，是因为它们的问题就盘旋在日常生活的无常本性之上。无论我年轻时的情感对我的满腔热血有多夸大，我都在突然之间无比确信，我想加入走向洞见的旅程之中，而这些洞见会极为根本，永不改易。管它政府是兴是衰，世界大战是胜是败，任它电影、电视和舞台上的传奇去了又来。我只想穷尽我毕生精力，只求一窥那超越俗世的精彩。

但同时我还有心理学论文要写。我的任务是建立一种理论，阐述为什么我们人类会做我们在做的这些事。但每当我开始动笔，这个课题似乎都会变得极为朦胧不清。如果把貌似合理的想法用恰当的语言包装起来，似乎你也可以现写现编。我有一次在宿舍吃晚饭时提到这个话题，一位特聘辅导员建议我看看奥斯瓦尔德·斯宾格勒的《西方的没落》。斯宾格勒是德国历史学家、哲学家，对数学和科学都抱有永不磨灭的兴趣，无疑这也是辅导员推荐他的巨著的原因。

让这部著作享有盛名又饱受诟病的那些方面——对政治内爆的预言，对法西斯主义欲拒还迎——让人深感不安，也一直被用来支撑颇有隐患的意识形态，但我的关注点过于狭隘，全未注意到这些问题。相反，我对斯宾格勒的设想很感兴趣：他设想有一套包罗万象的原则，能揭示在不同文化都起作用的隐藏模式／规律——这些规律会与微积分和欧氏几何阐释的规律不相上下，而后面这些规律改变了我们对物理和数学的理解。[2]斯宾格勒的想法深惬我心。一部讲述历史的文本将数学和物理推崇为进步的样板，这十分令人鼓舞。但接下来，我读到了一个让我大吃一惊的结论："人类是唯一知道会有死亡的生物；其他生物也会变老，但意识完全局限在当下一刻，而这一刻在它们看来又一定是永恒。"这一认识逐渐"让人类在死亡面前感到了专属于人类的恐惧"。斯宾格勒总结道："所有宗教信仰、所有科学研究乃至所有哲学，都是出于这种恐惧。"[3]

我还记得，最后这句话让我沉吟良久。这个关于人类动机的看法，在我看来很有道理。数学证明的魅力可能在于会永远成立，自然定律的吸引力或许在于其恒久的特性。但是什么驱使我们去寻找超越时间的恒久，寻找可能永远存续的特性呢？也许一切都是源于，唯有我们认识到，我们自身绝不会超越时间，我们的生命也绝不会直到永远。我思考着数学、物理和来自永恒的诱惑，有了些新发现，而上述看法与这些新发现产生了共鸣，让我觉得切中要害。这是一种以对广泛认识的合理反应为基础，去理解人类动机的方法。这种方法不会随随便便地把人类的动机编造出来。

我继续思考着这个结论，发现它似乎预示着还要更加宏伟的内容。斯宾格勒指出，我们认识到我们有着避无可避的终点，而科学就是对这种认识的一种回应。宗教亦如是。哲学亦如是。但说真的，为何就此止步？弗洛伊德有位早期门徒叫奥托·兰克，他对人类的创造性活动非常痴迷，按他的说法，我们当然不应止步于此。在兰克的评论中，艺术家是"其创造性冲动……试图将昙花一现的生命转变为个人的不朽"的那种人。[4] 让-保罗·萨特走得更远，他指出，"在你失去了能够永生的幻觉之时"，生命本身也会意义尽失。[5] 因此，包括但不限于这些思想家一致赞同的看法是，大部分人类文化——从艺术探索到科学发现——都是被"反思着生命的有限本质"的生命驱动的。

高深莫测。谁曾想到，由丰富的生死二元性驱动的人类文明，其统一理论的诸般景象竟会由对数学和物理的全神贯注发掘出来？

好吧好吧。我会深吸一口气，提醒很久以前大二时候的我自己，不要太得意忘形。然而，我感到的兴奋并不只是一种短暂的、让人眼前一亮的智力奇迹。从那时候起，近 40 年间，这些主题一直陪伴着我，并时常在我的脑海深处酝酿。虽然我的日常工作是在寻找统一理论，探索宇宙起源，但在思忖科学进步的重大意义时，我发现自己总会回到时间的问题，回到我们每个人得到的这种有限配给上。因为所受教育，也因为脾性，如今的我对"万能"解释十分怀疑：物理学已经因为各种妄图统一几种自然作用力的不成功理论而一地狼藉，如果我们冒险进入更为复杂的人类行为领域，情况只会更糟。确实，我认识到我的终点无可避免，也已经看到这种认识有相当大的影响，但它并没有给我做的每件事都提供一个一概而论的解释。我想，这种评估在不同程度上普遍适用。但仍然有一个领域，生命的有限所造成的触动特别明显。

在不同的文化和时代中，我们都非常重视恒常。我们重视恒常的方式多种多样：有人追求绝对真理，有人力求留下持久的遗存，有人建造令人赞叹的丰碑，有人寻求恒久不变的定律，还有人仍然热衷于追寻这般那般的永生。这样的专注表明，对于认识到物质持存终归有限的心灵来说，永恒具有无比强大的吸引力。

在我们这个时代，配备了实验、观测和数学分析工具的科学家们，已经开创了一条通向未来的新道路，即使最后的风景也许仍然遥不可及，这条道路还是让我们首次看到了最后风景的突出特征。全景虽然时常为薄暮雾霭遮蔽，但还是在不断变向清晰，足以让我们这些不辍思虑的造物能比以往都更充分地见识到，我们是如何融入这如此广袤的时间的。

正是本着这种精神，在本书随后的章节中，我们将沿着宇宙的时间脉络，探索在这个注定要归于衰败的宇宙中，是什么样的物理学原理，产生了从恒星、星系到生命和意识等等有序结构的。我们要考虑的论据将证明如下观点：正如人类寿命有限，宇宙中的生命和心灵等现象亦是如此。实际上到某个时候，不论何种有组织的物质都很可能不复存在。我们将审视，会反省自身的生物如何应对这些认识势必带来的张力。就我们所知，让我们得以出现的自然定律固然恒久不变，但我们存在的时间仍然只是短暂的一瞬。指引着我们的定律在起作用时不会顾及宿命，但我们仍会不停自问：我们将去向何方？塑造了我们的定律似乎并不需要背后有什么理据，但我们仍在坚持追寻意义和目的。

一言以蔽之，我们会审视宇宙，从时间的开端直到类似于时间终点的某处。在这段旅程中，我们也将探索永不停歇、不断创造的心灵如何以令人叹为观止的方式，照亮万事万物的无常本性并对此做出回应。

各门科学学科中的真知灼见，将指引我们的探索方向。我假定读者诸君只有最基本的知识背景，因此会用类比和比喻而非专业术语来解释所有必须解释的思想。对特别有挑战性的概念，我会提供简短的总结，让你可以一路前行而不至于迷失方向。在书末注释中我会提供具体的数学细节，对要点详加解释，并给出参考文献和对延伸阅读的相关建议。

这个主题过于庞大，本书篇幅有限，因此一路上我们只好紧赶慢赶。但我觉得有些路口对于认识我们在这场宏大的宇宙学故事中的位置而言至关重要，因此也会不时驻足。这段旅程由科学提供动力，但赋予其重要意义的是人性，一场有活力、够充实的冒险也就此诞生。

1

来自永恒的诱惑

起点、终点及终始之外

所有的生命终将逝去。三十多亿年来，或简单或复杂的物种都在地球的等级秩序中找到了自己的位置，但死神的镰刀也给生命的繁花投下了挥之不去的阴影。随着生命爬出海洋，在陆地上大步流星，在天空中展翅翱翔，多样性也就此展开。但只要等待的时间够长，生死簿上多如繁星的条目，终将以万物不仁的冷漠和精确达到平衡。任一生命的呈现无法预测，但所有生命的最终命运，早已有了定论。

然而如此阴森迫近的结局，就同日落一样必然发生，却似乎只引起了我们人类的注意。早在我们出现之前，雷霆万钧的暴风雨、狂暴的火山喷发、震颤的大地，必定也曾是驱赶万物的伟力。但这种逃散只是对当前危险的本能反应。大部分生命都活在当下，恐惧只是源自即刻的感知。只有你和我，还有千千万万的人类，能反思遥远的过去，想象未来，懂得即将到来的黑暗。

太恐怖了。不是那种会吓得我们退缩、直想找个地方藏身的恐怖，而是一种潜藏在我们内心的不祥预感，一种我们要学会压制、接受和轻视的预感。但在这些难以捉摸的层面之下，一直存在着一个令人不安的情况，关乎着一些即将发生的事，哲学家威廉·詹姆士将这个认识描述为"待在我们一切寻常欢乐泉源中心的尸虫"。[1] 工作和娱乐，向往和奋斗，渴望和爱慕，所有的一切都将我们越来越紧密地缝合在我们共有的生命织锦上，然后一切都烟消云散：借用单口喜剧演员史蒂文·赖特的话说，这足以把你吓个半死——两次。

当然，我们大多数人在理智的帮助下，并不会过分沉溺于最终结局。我们行走世间，靠的是专心于凡尘俗世；我们接受不可避免之事，把精力放去别处。但我们也认识到我们的时间有限，这个认识始终伴随着我们，参与塑造了我们所做的选择、接受的挑战和走上的道路。文化人类学家欧内斯特·贝克尔坚持认为，我们处在一种持续的生存张力当中，既被一种能拔高到莎士比亚、贝多芬和爱因斯坦那种高度的意识拉向天际，同时又被终将衰败的肉身缚在尘埃之间。"人类实际上被一分为二：他能认识到自己无上光耀的独特之处，这让他在自然界中脱颖而出，高高在上；但他也会回到三尺地下，在黑暗中默默腐烂，永远消失。"[2] 按贝克尔的说法，我们正是受了这种认识的驱使，不愿承认死亡有能力抹杀我们。有人缓解对生存的向往，是通过献身家族、团队、运动、宗教和国家——这些构造的存在时间，比我们个体在世上分得的时间要长得多。也有人在身后留下创造性的表达，留下制品，象征性地延长了他们的存续时间。爱默生说："我们飞向美，将美当成阻挡有限性带来的恐惧的避难所。"[3] 还有人仍在寻求战胜、征服死亡，使其消失，就仿佛地位、权力和财富能带来普通凡人无法得到的豁免权。

如此千百年，后果之一就是我们对能触及永恒的任何事物，无论是真实的还是出于想象，都痴迷不已。从对来世的预言，到轮回转世的学说，再到风过无形的坛城沙画中的祈求——在认识到我们自身的无常之后，我们已经制定了这些应对策略，并向永恒挥手致意——常是带着希望，但有时也是怀着听天由命的心态。我们这个时代的新事物是科学的非凡力量，它不仅能清晰地讲述过去的故事，一直追溯到大爆炸，也能清楚地展望未来。我们的方程可能永远都无法触及永恒本身，但分析已经表明，已为我们所知的宇宙也只会短暂存留。从行星到恒星，从太阳系到星系，从黑洞到旋涡星云，全都不会存续永远。实际上就我们所知，不只每个个体的生命都有限，就连生命本身也是如此。天文学家卡尔·萨根将地球这颗行星描述为"一束阳光中悬停着的一粒微尘"，是终将变成不毛之地的优雅宇宙中的昙花一现。这些微尘，或远或近，都只能在阳光中舞动瞬间。

尽管如此，地球上的我们仍然在用饱含洞察力、创造力和聪明才智的丰功伟绩点缀着我们的"瞬间"，每一代人都在前人的成就之上再有建树，并试图弄清楚这一切从何而来，力求让这一切的走向都能融贯一致，也渴望知道为什么这一切都很重要。

这就是本书要讲述的故事。

近乎万物的故事

我们是喜欢故事的物种。我们观察现实、把握规律，再把这些结合成多种叙事，能引人入胜、能令人周知、能吓人一跳、引人一哂乃至震撼人心的叙事。这里讲到叙事，"多种"必不可少。在收藏人类思考的图书馆中，没有单独哪一卷大部头能统一传达终极理解。与此相反，我们写下了很多层层嵌套的故事，探查人类在不同领域的追寻和经验，也就是说，这些故事用不同的语法和词汇，对现实的各种规律进行句法分析。要讲述还原论的故事，用微观物理成分的语言来分析从行星到毕加索的种种现实，质子、中子、电子和自然界的其他粒子就必不可少。要讲述生命涌现和发展的故事，分析非凡的分子及其控制的细胞的生化过程，代谢、复制、突变和适应就不可或缺。对关于心灵的故事，神经元、信息、思想和意识也缺一不可——而有了这些，叙事也会增殖：从神话到宗教，从文学到哲学，从艺术到音乐，都在讲述人类为生存所做的奋斗，了解世界的意愿，表达的渴望，以及对意义的追寻。

　　这些都是正在发生的故事，由来自大量不同学科的思想家一步步发展出来。自然如此。从夸克讲到意识，这样的长篇故事是一部厚重的编年史。但不同的故事也彼此交织。《堂吉诃德》讲述的是人类对英雄壮举的向往，塞万提斯用想象创造出了一个活生生、能呼吸、会思考、有身心感受的骨与肉与细胞的集合体，命名为阿隆索·吉哈诺*，并通过这个脆弱的角色讲述这个故事。在这个角色的有生之年，这个细胞集合体都在支撑能量转换和废物排泄的有机过程，而这些有机过程本身又都依赖于散布在从大爆炸中出现的广袤空间中的超新星爆发的残屑锻造而成的一颗行星上已经演化了数十亿年的原子和分子运动。然而，读懂堂吉诃德的艰辛就是理解了人性，但如果将这种理解放在对这位游侠的原子和分子运动的描述中，或是通过详细描述塞万提斯写作这部小说时脑内噼啪作响的神经过程来表现，结果就仍会是晦暗不明。不同的故事虽然肯定相互关联，但也是在用不同的语言讲述，关注着不同层面的现实，带来的见解也截然不同。

　　也许有一天，我们能在这些故事之间无缝切换，将人类心灵的所有产出，无论真实还是虚构，科学还是想象，都连成一体。也许有一天，我们会援引关于粒子成分的统一理论来解释对罗丹的最主流想象，以及他的雕塑《加莱义民》在

---

* 吉哈诺（Alonso Quijano）是堂吉诃德的原名，他在读多了骑士小说后给自己改名为堂吉诃德。——译注（本书此后脚注如无特别说明，均为译注。）

观赏者心中引起的各种各样的反应。也许我们将完全理解，从旋转餐盘上反射出的一点闪光看似平常，却如何搅动了物理学家理查德·费曼强大的头脑，促使他改写了物理学的基本定律。更大的野心是，也许有一天我们能完全了解心灵和物质的工作原理，于是从黑洞到贝多芬，从量子怪异到沃尔特·惠特曼，一切都将一目了然。但即使还远远没有这种能力，沉浸在这些富于创造性和想象力的科学故事中，并体会它们何时又如何从更早在宇宙的时间脉络中登场的故事中出现，追寻其或有争议或为定论的演变轨迹，将每个故事都提升到具有"突出解释"的地位，还是会有很多收获。[4]

很明显，在这么多故事中，我们会发现有两种力量在联袂扮演主角。在第 2 章我们会遇到第一种："熵"。虽然很多人都知道熵跟无序有关，也经常断言无序总是在增加，但熵还有很微妙的特性，让物理系统能以丰富多彩的方式发展变化，有时甚至看起来与熵的方向背道而驰。在第 3 章我们会看到这方面的一些重要例子，看到大爆炸之后的粒子仿佛公然无视无序的驱动，一路演变成恒星、星系和行星这样组织有序的结构，并最终成为在生命的大潮中涌动的物质组态*。要问这股潮流是如何开启的，我们就会看到第二种无处不在的影响："演化"。

---

*   configuration 日常义为"布局、构造、配置"等，在不同细分领域中有不同译法，如（电子）组态、（电子）排布、位形（空间）、（模）结构、构型（熵）等。本书主要选用"组态"译法，作动词时译为"排布"。——编注

　　演化虽然是生命系统所经历的渐进演变背后的第一推动者，但在最早的生命形式开始生存竞争之前很久，自然选择带来的演化就已经开始了。在第 4 章，我们会遇到分子与分子之间的斗争，这都是在无生命物质的竞技场上展开的生存斗争。化学物质之间的这种战斗可以叫"分子达尔文主义"，这一轮又一轮的厮杀很可能制造出一系列比以往更强健的结构，最终产生我们能看作生命的最早分子集合。个中细节是最前沿的研究内容，但随着最近数十年的惊人进步，学界一致认为我们正沿着正确的道路前进。实际上很有可能，在生命得以涌现的艰苦跋涉中，熵和演化的双重力量是配合默契的好伙伴。尽管这种结合听起来好像很奇怪——熵的公开罪名是会走向混沌，跟演化或生命似乎势不两立——最近对熵的数学分析却表明，像太阳这样长期存在的能量源，无休无止地向正在争抢地球这样的行星上有限的可用资源的分子成分倾泻光和热，而生命，或至少是生命一般的特性，很可能就是这个过程的预期产物。

　　虽然其中一些想法目前还只是试探性的，但还是可以肯定，地球在形成十亿年左右之后，就已经布满了在演化压力下发展起来的生命，因此下一阶段的发展就是标准的达尔文式事务了。偶发事件，像是被宇宙射线击中或在 DNA（脱氧核糖核酸）复制过程中遭遇分子出错，会带来随机突变，其中一些对有机体的健康或福祉的影响微乎其微，但另一些会让有机体更好或更难适应生存竞争。能增强适应性的那些突变更有可能传给后代，毕竟"更适应"的意思本来就是说，相关性状的携带者更有可能活到性成熟，生出合格的后代。一代又一代，增强适应性的特征就传播开了。

几十亿年过去，在这个漫长进程不断展开的过程中，一组特定的突变产生了某些有增强认知能力的生命形式。有些生命不仅变得有知觉，而且知道自己有知觉。也就是说，有些生命获得了有意识的自我认识。这种会反省自身的生物自然想知道什么是意识，意识又是如何产生的：不识不知的一团物质，是怎样开始思考和感受的？第5章我们将论及，很多研究者都在期待着某种机械论解释。他们指出，我们要以比现在精确得多的水平去了解大脑——大脑的组成、功能和连接，而一旦我们有了这样的认识，对意识的解释就会随之而来。另在一些研究者的预见中，我们面临的挑战要艰巨得多，他们指出，意识是我们遇到过的最难的谜题，它需要全新的视角，这视角要考虑的不仅是心灵，还有现实的本性。

在评估我们的复杂认知对我们的行为方式产生的影响时，各种意见较为一致。在更新世，数万代我们的祖先聚集成群，靠狩猎和采集维生。随着时间推移，灵巧的心智出现了，这让他们有了精细的能力来计划、组织、沟通、教学、评估、判断和解决问题。利用这种增强的个人能力，群体得以施展越来越大的集体影响力。这就把我们带到了解释性剧集的下一季，关注使我们成其为我们的那些发展变化。第6章将考察我们如何获得语言，随后又是如何痴迷于讲故事的。第7章将探讨一种特殊的故事体裁，这种故事预示并转变成了宗教传统。而在第8章，我们会探索长久以来广泛存在的对创造性表达的追求。

为了弄清这些既普通又神圣的发展变化的起源，研究人员提出了大量解释。对我们来说，达尔文的演化论仍是一盏基本的指路明灯，如今是把它应用在人类行为上。无论如何，大脑只是在自然选择的压力下演化的又一种生物结构，而正是大脑告诉我们该做什么，该如何反应。过去几十年，认知科学家和演化心理学家确立了这样一种观点，认为就跟我们的生理受达尔文式选择的重大塑造一样，我们的行为也同样如此。因此在穿越人类文化的漫漫征途中，我们经常会问，这样那样的行为是否提高了很久以前践行这一行为的人的生存和繁殖前景，促进了这种行为在后来的一代代人中的广泛传播。然而，跟对生拇指和直立行走等与特定的适应性行为密切相关的生理遗传特征不同，大脑的很多遗传特征塑造的都只是偏好，而不是确定的行为。我们会受这些偏好的影响，但人类活动是从行为倾向与我们那复杂精微、自我反省的心灵的混合体中生发出来的。

因此，第二盏指路灯，截然不同但同样重要，将瞄准与我们精细的认知能力齐头并进的内心生活。沿着诸多思想家留下的印记行进，我们将看到一幅发人深省的前景：有了人类的认知能力，我们肯定驯服了一股强大的力量，而借着这股力量，我们最终荣升为世界的主宰物种。但是，让我们能去影响、塑造并创新的心智官能，也正帮我们消除了目光短浅，否则我们还是只会狭隘地关注当下。彻底操纵环境的能力让我们有能力不断转到有利位置，能超脱于时间线，深思过去曾是什么样子，想象未来又会如何。无论有多么不情愿，要想得到"我思，故我在"，就得一头撞进这样一句反驳："我在，故我会死。"

就算往好听了说，这一认识也很令人惶恐。但我们大部分人还能承受。作为物种，我们存活至今，这证明我们的同胞也能承受。但我们是如何承受的？[5] 有种思路是说，我们反复讲述我们在广袤的宇宙中如何迁移到舞台中心的故事，而我们会被永远抹去的可能性，就受到了质疑或是忽视——再或者简单说，就不在我们这手牌中。我们创作绘画、雕塑、运动和音乐作品，借此夺取对创造的控制权，并赋予自己战胜一切有限事物的力量。我们想象出英雄人物，从大力神赫拉克勒斯到圆桌骑士高文再到赫敏，他们以钢铁般的坚定意志俯视死亡，并证明我们能征服死亡，虽然只是出于想象。我们创立了科学，得以洞察现实的运作方式，而这种力量在我们的先辈看来，只有神才能拥有。总之，我们可以享有认知大餐——凭借思维敏捷等种种能力认识到我们的生存困境——并大快朵颐。凭着我们的创造能力，我们构筑了强大的防御工事，来应对本可能让人虚弱无力的焦虑不安。

尽管如此，因为动机不会一成不变，要弄清是什么激发了人类行为，可能是一项很棘手的任务。也许我们的创造性试探，从拉斯科洞穴壁画上的雄鹿到广义相对论方程，都来自大脑那经过自然选择却也是过激反应了的、用于发现规律并将其井井有条地组织起来的能力。也许这些及其他相关的追求，都只是足够大的"大"脑在全神贯注于寻找住所和食物时顺便发布的副产品，它们虽则精致，但对适应性来说却属多余。我们也会说到，理论比比皆是，但还没有经得起推敲的结论。但毋庸置疑，我们想象、我们创造、我们体验作品，从金字塔到第九交响曲再到量子力学，都是人类才智的丰碑，即便不谈内容，这些作品的持久性也指向了永恒。

于是，在考察过宇宙起源，探索了原子、恒星和行星的形成过程，并扫视生命、意识和文化的出现之后，我们将把目光投向几千年来，无论在字面意义还是象征意义上都刺激了同时也平息了我们广大无边的焦虑的那个领域。也就是说，我们将从此时此地出发，瞩目永恒。

信息、意识和永恒

永恒要在很久之后才会到来。这一路上还会发生很多事情。令人屏息的未来学家和壮观的好莱坞科幻场面，设想了经过以人类标准看来极长的时间跨度后，生命和文明会是什么样子；不过这个跨度跟宇宙的时间尺度比起来，就不值一提了。根据一小段呈指数发展的技术创新来推断未来的发展态势，用来打发时间还蛮有趣，但这样的预测与未来实际会如何发展很可能大相径庭。这还是我们相对熟悉的时间跨度，几十年，几百年，几千年。而对于宇宙时间尺度，预测这类细节就是痴人说梦了。好在就我们将在本书中探讨的大部分内容而言，我们会发现都有较为坚实的立足基础。我的打算是，用丰富的色彩为我们描绘出宇宙的未来，但只会用到最粗的笔触。以这样的粗细程度，我们对描绘出的可能性可以相当有信心。

我们必须认识到，在未来留下痕迹，而那个未来却了无人迹，不会有谁注意到这痕迹，那我们就几乎无法让自己情绪稳定。我们想要展望的未来，即使并没有明说，也是由我们关心的事物组成的未来。演化论当然会推动生命和心灵展现出丰富的形式，而支撑它们的是大量的平台——生物平台、计算机平台、混合平台还有天知道随便什么平台。但不考虑物理组成、环境背景等不可预测的细节，我们大部分人想的都是，在非常遥远的未来会存在某种类型的生命，尤其是智慧生命，而且会思考。

这就带来了一个将在整个旅程中一直伴随着我们的问题：有意识的思维能无限地持续下去吗？还是说会思考的心灵就像袋狼或象牙嘴啄木鸟一样，让人叹为观止，但兴盛一阵后就会灭绝？我关注的不是个体意识，因此这个问题跟人们期待的技术——低温冷冻、数字化等无论什么能保存个人思维的技术——无关。我要问的是，"思维"这种现象，无论支持它的是人脑或智能计算机，还是浮在虚空之中相互纠缠的粒子，乃至任何别的证明有相关性的物理过程，它可不可以在未来想延续多久就多久？

为什么不可以呢？来，想想承载人类思维的肉身吧。我们的肉身随着一组组偶然的环境条件一起出现，而这些条件能解释，比如说为什么我们的思考会发生在这里，而不是在水星和哈雷彗星上。我们会在这里思考，是因为这里的条件对生命和思维来说都很合适，这也是为什么地球气候的恶化会让人忧心忡忡。但有件事一点儿也不明显，就是这种结果紧要但又格局狭小的担忧还有个宇宙学版本。如果把思维看成物理过程（这个假设我们会检验一番）的话，那么就一点儿也不奇怪，思维只有在满足某些严格的环境条件时才会发生，无论是在此时此地的地球上，还是别的什么彼时彼地。因此在考虑宇宙的粗线条演化过程时，我们要确认，在时空中不断演变的环境条件，究竟能不能将智慧生命无限地支持下去。

这项评估将在粒子物理学、天体物理学和宇宙学等研究的见解指导之下进行，这些见解让我们能够预测未来宇宙将如何呈现，其时间跨度将令大爆炸以来的时间都相形见绌。当然也有非常不确定的地方，但跟大部分科学家一样，我有生之年都在盼望着这样一种可能：大自然会狠狠打压下我们的傲慢，展现出我们还无法参透的惊奇真相。但只关注我们已经测量、观察、计算过的，以及我们将要发现的，就像第9、10章将讲述的那些，并不振奋人心。行星、恒星、太阳系、星系乃至黑洞都会转瞬即逝，各自的结局都由其不同的物理过程组合驱动——这些物理过程经广义相对论直到量子力学——最终变成一片粒子薄雾，飘在冷寂的宇宙之中。

在经历着这种嬗变的宇宙中，有意识的思维会如何运行？提出和回答这个问题，还是要用到熵的语汇。跟着熵的轨迹，我们会遇到一种非常现实的可能性：任何地方、任何类型的任何具体实体所进行的思考，都可能会被不可避免的环境废物堆积所阻碍。在遥远的未来，任何会思考的事物都可能被自身的思考所产生的热烧毁。思维本身或许会变得在物理上不再可能。

而认为思维终有尽头的情形会以一系列较为保守的假设为基础，但我们也将考虑另外一些对生命和思维来说会更有利的可能的未来。但最直截了当的解读表明，生命，尤其是智慧生命，是短暂的。反省自身的生命若要存在，必需一些条件，而在宇宙的时间轴上，出现这些条件的时间窗口也许极为狭窄。如果对所有这一切只是匆匆一瞥，你可能会完全错过生命。纳博科夫将人的一生描述为"罅隙里的一束光，两边都是永恒的黑暗"[6]，用来说生命现象本身也很合适。

我们为自己的转瞬即逝而哀叹，并在象征式的超越性中感到安慰，这是参与了这段旅程后留下来的。你我将来不会在这里，但其他人会；你我的所作所为，我们的创造，我们身后的遗存，都会对未来何物存在及未来的生命如何生活有所贡献。但在一个生命和意识都终将化为乌有的宇宙中，就算是象征性的遗存——原本打算留给我们遥远后代的低语——也会消散在虚空之中。

那么因此，我们将身处怎样的境遇？

对未来的种种思考

我们往往会用理智去理解关于宇宙的种种发现。我们了解到一些关于时间或是统一理论又或是黑洞的新情况。短时间内这会振奋人心，如果新知足够令人印象深刻，还会留在人们心中。科学的抽象本质常常让我们从认知上沉迷于其内容，只有在这种时候，这种理解才有机会强烈地触动我们，但这种触动也是相当少见的。但有时候科学确实能同时召唤出理性和情感，这时候的影响就会非常大。

举个恰当的例子：多年前我开始思考关于宇宙的遥远未来的科学预测时，主要都在如何动脑子上下功夫。我去理解相关材料，把它们当成迷人但也抽象的见解集合，而这些见解都包含在表达自然定律的数学之中。但我仍然发现，如果我强迫自己真的去想象所有生命、所有思想、所有奋争和所有成就都不过是一个本无生命的宇宙在时间线上的一瞬偏移，我的理解就会很不一样。我的身体和心灵都能感觉到。我也不介意告诉大家，我头几次往这个方向想时，路上尽是黑暗。在我几十年的学习和科研中，我也经常有兴高采烈、见证奇迹的时刻，但以前在数学和物理领域，还从没有什么结论让我深深感到彻头彻尾的恐惧。

　　时光流转，我对这些想法的情感投入也愈渐升华。如今思考遥远的未来往往让我感到平静，感到融通，就好像我自己的身份变得无关紧要，因为它已被纳入某种我只能称其为对经验之馈赠的感激之情中。鉴于读者非常可能对我个人并不了解，所以请允许我啰唆几句。我思想开放，情感丰沛，这就让缜密性成为必需。在我出身的世界，你可以用方程和可重复的数据证明你的观点，有效与否由确定无疑的计算确定，所形成的预测能跟实验的每一位数字都对应上，有时候能一直对应到小数点后十好几位。因此当我第一次感受到这样的平静融通的时刻时——我那时刚好在纽约市的一家星巴克里——我深感怀疑。说不定是我的伯爵红茶里混进了些变质豆浆。也说不定是我精神失常了。

　　细细想来，两者皆非。我们出自一个源远流长的谱系，通过想象我们会留下印记，我们人生在世的不适才有所缓解。印记越是持久，越是不可磨灭，生命似乎就越是重要。用哲学家罗伯特·诺齐克的话来说就是："死亡抹掉了你……彻底抹除，不留任何痕迹，这会对个人生命的意义造成极大破坏。"[7] 不过这句话也很可能出自乔治·贝利*之口。特别是对像我这种没有传统宗教倾向的人来说，强调不要被"抹

---

* 这位贝利（George Bailey）是电影《生活多美好》（*It's a Wonderful Life*，1946）的主角，他本是乐天知命、急公好义的金融从业者，后因个人的金融危机试图自杀，但终又迷途知返。——编注

除"，对持久性一直关注，会影响一切。我的成长，我所受的教育，我的职业生涯，我的经历，全都灌注了这样的思想。在每个阶段，我在前进时都把目光放长远，想获得一些能持久的成就。一点都不用奇怪，为什么我的职业生涯会被对时间、空间和自然定律进行的数学分析牢牢占据，很难想象还会有另一门学科更能让人把每日的所思所想都集中在超越当下的问题上。但科学发现本身就从一个不同的角度塑造成了这番图景。在宇宙的时间脉络中，生命和思维可能只占据了一小片绿洲。宇宙虽然受一批允许各种奇妙物理过程发生的优雅数学定律的支配，但它只会暂时扮演生命和心灵的东主。如果你完全理解了，就请设想一下没有恒星、没有行星也没有会思考的事物的未来，这样你就会对我们这个时代越加推崇。

以上就是我在星巴克里的感受。这种平静和融通的感觉标志着一种转变，从试图把握渺茫的未来，转而去体会活在当下的感受，这当下即便短暂也令人赞叹。千百年来，诗人、哲学家、作家、艺术家、灵性高人和正念导师等等无数人告诉我们，生活就在此时此地。这一事实很简单，又非常难以察觉。但对我来说，推动这个转变的不是上述这些人的教诲，而是宇宙学领域中有同等作用的指导。生活就在此时此地，这个心态很难维持，但很多人的思想都已深受其影响。在艾米莉·狄金森的《永远，由无数此刻组成》[8]和梭罗的《每一刻中的永恒》[9]两篇作品里，我们都能读到这种思想。

我发现，当我们让自己沉浸在完整的时间——从起点到终点——中时，这个看法就变得更容易捉摸了。这种宇宙学背景让我们无比清晰地看到，此时此地实际上有多么独特，又多么稍纵即逝。

本书的目标就是能提供这种清晰的认识。我们将一路穿过时间，从我们对时间起点最精妙的了解，一直走到最前沿的科学能让我们抵达的终点。我们将探索生命和心灵如何从最初的一片混沌中涌现，也将深入思考一批好奇、热情、焦虑、能反省自身又善于创造和怀疑的头脑都做了些什么，尤其是当他们知道自己终有一死之时。我们将研究宗教的兴起，科学的兴盛，对真理的追寻，对创造性表达的热望，以及对永恒的渴求。恒久事物根深蒂固的吸引力，也就是卡夫卡所说的我们对"坚不可摧的事物"[10]的需求，将推动我们继续向遥远的未来进军，让我们能够去评估，我们所珍视的一切，构成我们所知现实的一切，从行星到恒星，从星系到黑洞，再到生命和心灵，究竟会有怎样的前景。

这一路上，人类那渴望发现的精神之光将一直闪耀。我们是雄心勃勃的探险家，渴望理解广袤的现实。物质的、心灵的和宇宙的黑暗地带，已经为众多个世纪的努力照亮。未来几千年，受到照耀的范围将变得更大更亮。至此，我们的旅程已经清楚表明，现实受数学定律的支配，而无论是行为准则、美的标准、对同伴的需要、对理解的渴盼还是对目的的追寻，都不会对这些数学定律产生影响。然而，通过语言和故事、艺术和神话、宗教和科学，我们已经驯服了这个冷漠无情的宇宙在我们面前机械地展开的一小部分，来表达我们对融贯一致、对价值和意义无所不在的需求。这些贡献虽然精致，但也只是昙花一现。我们穿越时间的艰苦跋涉将表明，生命大概转瞬即逝；我们也几乎可以肯定，因生命出现而产生的所有领悟，都会随着生命结束而消散。没有什么恒常不变，也没有什么是绝对的。因此在寻找价值和目标的过程中，唯一有关的洞见，唯一重要的答案，都要由我们自己获得。最后，我们在阳光下虽只有短暂瞬间，却还肩负着找出自身意义的崇高使命。

那就动身吧。

2

时间的语言

过去、未来和变化

1948 年 1 月 28 日晚上，在舒伯特 A 小调四重奏的演奏和一场英国民歌表演之间，英国广播公司（BBC）播出了一场辩论，一方是 20 世纪的最强大脑之一伯特兰·罗素，另一方则是耶稣会牧师弗雷德里克·科普勒斯顿。[1] 辩题呢？是上帝是否存在。罗素在哲学和人道主义原则方面的革新性写作将为他赢得 1950 年的诺贝尔文学奖，而他离经叛道的政治和社会观点也会让他被剑桥大学和纽约城市学院扫地出门。他提出了大量论据来质疑甚至否定造物主的存在。

罗素的立场中有一条思路跟我们这里的探索有关。罗素指出："目前的科学证据表明，宇宙已经慢慢爬过了几个阶段，在这个地球上带来了有几分可怜的结果，而且还将继续爬过一些更可怜的阶段，达到全宇宙普遍死亡的状态。"对于如此黯淡的前景，罗素总结道："如果这就是证明目的的证据，那我只能说这个目的对我毫无吸引力。因此，我看不到有什么理由，相信存在任何形式的上帝。"[2] 神学的线索会在后面的章节中呈现，这里我只打算讨论一下罗素援引的证明"普遍死亡"的科学证据。这个证据来自 19 世纪的一项发现，其来历颇不起眼，但结论意义重大。

19 世纪中期，工业革命正如火如荼，大地上磨坊、工厂林立，蒸汽机也已经成为推动生产的主力。然而，尽管实现了从手工劳动到机器劳动的关键飞跃，蒸汽机的效率——所做的有用功与机器消耗的燃料相比——却非常低。燃烧木柴或煤炭产生的热，约有 95% 都变成废热损失在了环境中。这激发了一些科学家开始深入思考支配蒸汽机的物理学原理，寻求投入更少燃料、得到更多产能的方法。几十年过去了，他们的研究逐渐形成了一个实至名归的标志性成果："热力学第二定律"。

用（非常）浅白的话来说就是，第二定律声称，产生废热不可避免。让第二定律变得如此重要的是，它虽是因蒸汽机而发现，却放之四海而皆准。第二定律描述了所有物质和能量——不论是什么结构和形式，也不论有无生命——固有的根本特性。这个定律（还是粗疏地说）表明，宇宙间万事万物都有损耗、退化和凋敝的强烈趋势。

用这些通俗语言讲出来，你就能明白罗素的观点是从哪里来的了。未来似乎会一直恶化下去，能带来产出的能量会无休无止地转化为无用的废热，可以说，驱动现实的电池将慢慢耗尽。但对科学有了更准确的理解之后，我们发现，这样总结现实的走向，会掩盖一个丰富而又微妙的发展过程，这个过程自大爆炸起就在不断进行，而且将一直持续到遥远的未来。这个过程能帮助说明我们在宇宙时间轴上的位置，阐明美与秩序如何在退化和衰败的背景下逆势而生，并提供避开罗素设想的黯淡结局的可能方法（虽说也许有点儿奇异）。正是这门涉及诸如熵、信息和能量等等概念的科学，将引导我们走过大半旅程，因此值得我们花点时间，更全面地了解一番。

蒸汽机

提出我们能在嘈杂的蒸汽机大汗淋漓的深处发现潜藏着的生命意义，这个人绝对不会是我。但事实证明，了解一下蒸汽机从燃料燃烧中吸收热量并用于驱动机车轮子或煤矿水泵的周期性运动的能力，对于理解能量——无论是何种形式、何种背景下的能量——如何随时间演化，都不可或缺。而能量演化的方式，也对物质、心灵和宇宙中所有结构的未来都有深刻影响。所以，就让我们从生命与死亡、目标与意义的崇高境界纡尊降贵，去看看 18 世纪的蒸汽机不断发出的咔嚓咔嚓、叮叮当当的声音。

蒸汽机的科学原理很简单，但也很巧妙：水蒸气受热会膨胀，进而向外推挤。给一个圆筒的顶部装上密封的活塞，活塞可以沿圆筒内壁自由地上下滑动，圆筒里则装满蒸汽，而蒸汽机就是通过加热这个圆筒来利用上述推挤作用的。蒸汽受热膨胀时，会强力推动活塞，这种向外的爆发力可以让车轮旋转，让碾磨机开动，让织布机运转起来。这样向外用力消耗掉能量之后，蒸汽冷却，活塞滑回原位，并准备好在蒸汽再次受热时向外推动——只要一直有燃料燃烧重新给蒸汽加热，这个循环就会一直重复下去。[3]

虽然历史只记载了蒸汽机在工业革命中的重要作用，但它为基础科学带来的问题同样重要。我们能从数学角度精确地了解蒸汽机吗？蒸汽机将热转化为有用活动的效率有无极限？在蒸汽机运转的基本过程中，有没有哪些方面跟机械设计或所用材料的细节无关，而只属于普遍的物理学原理？

在苦思冥想这些问题的过程中，法国物理学家、军事工程师萨迪·卡诺开创了热力学：关于热、能量和功的科学。但从他 1824 年出版的论文《论火的动力》的销量中，你绝对看不出这一点。[4] 但是，尽管慢慢才获流行，他的观点还是启发了众多科学家在接下来的一个世纪里发展出了一种全新的物理学视角。

统计学视角

从艾萨克·牛顿那里以数学形式传下来的传统科学视角是，物理学定律能板上钉钉般地预测物体如何运动。只要知道特定时刻某对象的位置和速度，以及该对象所受的作用力，牛顿的方程就能干完剩下的活儿，预测出该对象随后的轨迹。无论是被地球引力拉住的月球，还是你刚刚击向中外野的棒球，观测都能确证这些预测无比准确。

但问题是这样的。你如果上过高中物理课，也许还记得，我们在分析宏观物体的轨迹时，通常都会默默引入大量的简化。对于月球和棒球，我们都会忽略其内部结构，将其视为单个的大质量粒子。这是很粗略的近似。就算是一粒盐，也含有上百亿亿个分子，而这还只是一粒盐而已。然而当月球绕地球公转时，我们通常不会关心月球上布满尘埃的静海中这个那个分子的推挤运动。棒球高飞时，我们也不会关心其软木芯里某个分子的振动。我们考虑的只是月球或棒球作为整体的总体运动。因此，将牛顿运动定律应用到这些简化模型中就够了。[5]

这些成功尤其让人注意到19世纪研究蒸汽机的物理学家所面临的挑战。推动蒸汽机活塞的热蒸汽由大量水分子组成，可能有上亿亿亿个粒子。我们不能像分析月球和棒球时那样，直接忽略其中的内部结构。正是这些粒子的运动——撞击活塞，从活塞表面弹开，击中容器内壁，又再次冲向活塞——在蒸汽机的运转中居于核心地位。问题在于，无论是谁，无论在什么地方，无论这些人有多聪明，也无论他们用的电脑有多强大，都不可能计算出在这么大的水分子集合中，每个分子各自会遵循怎样的轨迹。

那就没办法了吗?

你可能会觉得确实如此。但结果表明,视角的转变拯救了我们。大型集合有时候自己就能大力自我简化。要准确预测你下次打喷嚏会是什么时候当然很难,或者说干脆不可能。但是,如果把视野扩大到全球所有人口这么大的范围,我们就可以预计出,下一秒全世界会有约8万人打喷嚏。[6]要点在于,切换为统计学视角后,地球上庞大的人口基数就成了预测能力的关键,而不再是障碍。大群体往往会表现出个体层面不具备的统计规律性。

詹姆斯·克拉克·麦克斯韦、鲁道夫·克劳修斯、路德维希·玻尔兹曼和很多他们的同行一起开创了一种类似的方法来分析大规模的原子和分子集合。他们提出不去考虑个别轨迹的细节,而是考虑统计学陈述所描述的大规模粒子集合表现出的平均行为。他们证明,这种方法不只让数学计算变得易于处理,且它能够量化的物理性质也正是最重要的那些。例如,推动蒸汽机活塞的压力,很难受某个个体水分子所遵循的精确路径的影响。这个压力实际上来自每秒撞击活塞表面的上亿亿亿个分子的平均运动。这才是最重要的。这也是统计方法让科学家能够计算的。

在我们这个颇有政治民意调查、人口遗传学和一般性大数据的时代,转换到统计学框架听起来可能没什么了不起。我们已经习惯了从研究大型群体中提炼出来的统计学见解的力量。但在19世纪到20世纪初,统计学的理路与用来定义物理学的严格精确性南辕北辙。我们也要记得，直到 20 世纪初，都还有备受尊敬的科学家质疑原子和分子的存在，而它们的存在正是统计学方法的基本思想。

尽管有人反对，统计学论证还是没过多久就证明了自己的价值。1905 年，爱因斯坦用 H_2O 分子的不断轰击定量解释了悬浮在一杯水中的花粉颗粒的抖动。有了这样的成功，你要是还怀疑分子的存在，那一定是位"超级抬杠家"了。此外，越来越多的理论和实验方面的论文也都表明，基于对大规模粒子集合的统计分析得出的结论——描述大量粒子如何在容器表面附近弹来弹去并因此对该表面产生压力，如何获得特定密度，又或是如何降低到特定温度——都能与数据精确匹配，让人全无空间去质疑这种方法的解释力。热力学过程的统计学基础就此诞生。

所有这一切都是一场伟大的胜利，从此科学家不只是懂得了蒸汽机，也了解了多种热力学系统——从地球的大气层，到太阳的日冕，再到中子星内部的超大规模粒子群。但是，这跟罗素对未来的展望，跟他对宇宙在爬向死亡的预言有什么关系？好问题。握好扶手，我们就快到了。但我们还有那么几步要走。下一步就是利用这些进步来阐明未来的本质特性：与过去截然不同。

由此及彼

对人类经验来说，过去和未来的区别既是基本的，也非常关键。我们出生在过去，将会死于未来。在出生和死亡之间，我们目睹了无数事情，它们通过特定的事件序列展现出来，且如果按相反的顺序来看，会显得非常荒谬。梵高画出了《星空》，但他没办法通过反转画笔让旋转的色彩离开画布，留下一片空白。泰坦尼克号蹭过一座冰山，船体撕裂，但没办法通过倒转发动机原路返回让损坏的地方复原。我们每个人都在长大、老去，但我们不可能倒过来拨动我们内在时钟的时针，重新找回我们的青春。

无论事物如何演化，不可逆转性都位于中心位置，因此你可能会觉得，在物理学定律中我们能很容易找到这个特性的数学根源。当然，我们本应该能在数学方程中找到某些内容，确保事物的转变虽能"由此及彼"，却不可"由彼及此"，但千百年来，我们在人类创立的方程中都没能找到任何这样的内容。反而是随着物理学定律不断完善，并在牛顿（经典力学）、麦克斯韦（电磁学）、爱因斯坦（相对论物理学）和数十位对量子物理厥功至伟的科学家之间薪火相传，有一个特点一直很稳定：我们人类所谓的未来和过去，对这些定律一直都毫无影响。给定世界现在的状态，数学方程对无论朝向未来还是朝向过去的展开，处理方式都完全一样。虽然过去和未来的区分对我们来说十分重要，但物理学定律对此却不屑一顾，认为这种区别不比体育场上的比赛用时钟显示的是已用时间还是剩余时间的影响更大。这意味着，这些定律如果允许特定事件序列发生，就也必然允许相反的序列。[7]

我最早了解到这一点的时候还是个学生，它给我的印象强烈而又几近荒唐。在现实世界中，我们不会看到奥运跳水运动员脚朝上从泳池里一跃而起，安安稳稳落在跳板上，也不会看到彩色玻璃碎片从地板上跳起，重组成一盏蒂芙尼灯。电影里反着播的片段会引人发笑，正是因为放映出来的画面跟我们的全部经验都截然不同。但是从数学角度来看，反着播的电影片段所描述的事件仍然完全符合物理学定律。

那么，我们的经验为什么会一边倒呢？为什么我们只会看到事件在一个时间方向上展开，而从来看不到相反的方向？答案中有个关键部分是由"熵"这个概念揭示的，要想理解宇宙如何展开，这个概念也不可或缺。

熵：第一关

熵是基础物理学中颇令人困惑的一个概念，但大众文化并没有因此就倒了胃口，仍然乐此不疲地随意运用熵来描述从有序演变为混乱的日常情形，或是更简单的，由好变坏的情形。就是口头上随便说说的话，这也没什么，有时候我也会这么用熵的概念。但是，既然熵的科学定义要指引我们走完这趟旅程，同时也在罗素的晦暗未来前景中处于核心位置，我们还是要先来梳理一下这个概念的精确意义。

先打个比方。假设你使劲儿摇晃一个装了 100 枚硬币的袋子，然后把这些硬币都倒到餐桌上。要是发现这 100 枚硬币全都正面朝上，你肯定会大吃一惊。为什么？似乎用不着说，但还是值得好好想想。连一个背面朝上的都没有，就意味着所有这 100 枚随机翻转、碰撞、推来挤去的硬币，落到桌面上时全都得正面朝上。全都是。那可难得很。要得到这样一个独一无二的结果非常困难。相比之下，如果我们考虑一个只是稍微有点不同的结果，比如说有 1 枚硬币背面朝上（另外 99 枚仍然正面朝上），那么实现这种情形有 100 种不同的方式：唯一背面朝上的可以是第 1 枚硬币，也可以是第 2 枚、第 3 枚，以此类推直到第 100 枚。因此，得到 99 枚硬币正面朝上的结果，容易程度是所有硬币都正面朝上的100 倍——前者的可能性是后者的 100 倍。

接着往下看。稍微计算一下就能发现，得到两枚硬币背面朝上的结果有 4950 种不同方式（第 1 枚和第 2 枚硬币背面朝上，第 1 枚和第 3 枚背面朝上，第 2 枚和第 3 枚背面朝上，第 1 枚和第 4 枚背面朝上，以此类推）。接着再算一算就会发现，有 3 枚硬币背面朝上的不同方式有 161700 种，4 枚硬币背面朝上的情形有近 400 万种，5 枚硬币背面朝上的情形则有约 7500 万种。具体数字并不重要，我要说的是这个总体趋势。每多一枚背面朝上的硬币，所允许的符合要求的结果集合就要增大很多很多，大得吓人。到 50 枚背面朝上

（正面朝上也是 50 枚）时，这个数字达到峰值，此时的组合方式约有 10 万亿亿亿种可能（好吧，是 100 891 344 545 564 193 334 812 497 256 种组合）。[8] 因此，得到 50 枚正面朝上、50 枚背面朝上的可能性比所有硬币都正面朝上要大 10 万亿亿亿倍。

这就是为什么所有硬币都正面朝上会令人大感震撼。

我们大部分人在分析一袋子硬币的时候，凭直觉都会采用麦克斯韦和玻尔兹曼主张用来分析一筒蒸汽的方式，我上面的阐释就依赖于这个事实。正如科学家对一个分子一个分子地分析蒸汽不屑一顾，我们通常也不会一枚硬币一枚硬币地去估算一个随机的硬币集合。我们基本上不会关心或注意第 29 枚硬币是不是正面朝上，第 71 枚是不是背面朝上。相反，我们将硬币集合看成一个整体。吸引我们注意的特征是正面朝上和背面朝上的硬币数量之比：是正面朝上的多还是背面朝上的多？是 2 倍那么多，3 倍那么多，还是大体相等？我们能够发现正面朝上对背面朝上之比的显著变化，但如果保持比例不变，随机地重新组合——比如将第 23 枚、第 46 枚和第 92 枚硬币从背面翻转为正面朝上，同时将第 17 枚、第 52 枚和第 81 枚硬币从正面翻转为背面朝上——实际上无法区分。因此，我把可能的结果分组，每组包含看起来几乎一模一样的硬币组态，并点算每组有多少成员：我数了没有背面朝上的结果有多少个，1 枚硬币背面朝上的结果有多少个，2 枚硬币背面朝上的结果有多少个等等，一直数到有 50

枚硬币背面朝上的结果有多少个。

关键结论是各组的成员数量并不相同，甚至谈不上接近。因此非常明显，如果随机摇晃这些硬币却得到了没有背面朝上的结果你会无比震惊（这组只有刚好 1 个成员）；随机摇晃得到 1 枚背面朝上的结果，你震惊的程度只会小那么一点点（这组有 100 个成员）；要是发现 2 枚硬币背面朝上，你仍然会很震惊，但不会那么强烈了（这组有 4950 个成员）；而如果摇晃产生的组态是一半正面一半背面，你就会觉得无聊透顶（这组约有 10 万亿亿亿个成员）。某组的成员数量越多，随机结果就越有可能属于该组。组的大小很有关系。

如果这些讨论让你耳目一新，那你可能并没有意识到，我们已经阐述了一遍熵的基本概念。对给定的硬币组态而言，它的熵就是该组态的组的大小——跟给定组态看着一模一样的同类组态的数量。[9] 如果有很多这种看起来一样的组态，那么给定组态的熵就很高；如果同类组态很少，给定组态的熵就很低。如果其他条件都一样，那么随机摇晃的结果就更可能属于熵更高的分组，因为这种分组的成员更多。

这种表述也跟我在本节开头提到的大家口头上对熵这个概念的用法有关。直觉上说，乱糟糟的组态（想想杂乱不堪的桌面，散落的文档、钢笔和回形针堆积如山）熵很高，因为对各组成部分的重新排列方式有相当多看起来都一模一样：随机重排一个乱糟糟的组态，看起来还是会很乱。井然有序的组态（想想一尘不染的桌面，所有文件、钢笔和回形针都各安其位，井井有条）熵就很低，因为对其组分的重排方式只有很少能看起来一样。跟硬币的例子一样，高熵情形更可能出现，因为混乱组态比有序组态要多得多。

熵：真刀真枪

硬币的类比非常有用，因为它展现了科学家用来处理构成物理系统的粒子的大规模集合的方法，无论这个系统里是水分子在炽热的蒸汽机里飞来飞去，还是空气分子在你现在呼吸于其中的房间里飘移。跟硬币的情形一样，我们忽略了个体粒子的细节——某个水分子或空气分子是否恰好在某处，几乎没有影响——而是把这些看起来几乎一样的粒子组态分到一个组。对于硬币，"看起来一样"的标准是用正面与背面朝上之比定义的，因为通常我们都不会关心随便哪枚硬币的朝向，只会注意到组态的整体表现。但对气体分子的大型集合来说，"看起来几乎一样"究竟是什么意思？

想想现在填满了你房间的空气。如果你跟我、跟我们其他人一样，你实在不会在意这个氧气分子是不是从窗边飞过来的，或那个氮气分子是不是从地上弹起来的。你只关心每当你吸一口气的时候，是否有足够的空气来满足你的需要。嗯，还有几个你可能也会关心的特征。假如空气温度太高，会灼伤你的肺，你可能会不好过。或者假如气压太高，而你的耳咽管还没有与房间形成气压平衡，结果你的鼓膜爆了，你也会难受。所以，你关心的是空气的体积、温度和压力。这些是非常宏观的特性，实际上从麦克斯韦和玻尔兹曼直到今天的物理学家也都在关心这些。

相应地，对容器中大量分子的集合而言，如果不同的组态填充了相同的体积，有同样的气温，产生了同样的气压，我们就说这些组态"看起来一样"。就跟硬币的情形一样，我们将所有看起来一样的分子组态分为一组，称一组当中的所有成员都体现了相同的"宏观态"。该宏观态的熵就是这些看起来一样的组态的数量。假设你没有刚刚打开电暖气（影响气温），没有在房间里安装不透气的隔板（影响体积），也没有泵入额外氧气（影响气压），你现在所处房间里飞来飞去的空气分子所构成的总在演变的组态，就会都属于同一个组，即这些组态看起来全都几乎一模一样，因为这些组态产生的宏观特征，都跟你正感觉到的完全一样。

将粒子组态组织成看起来一样的各成员的分组，产生了一种非常有用的模式。就跟随机扔下来的硬币更可能属于成员更多（熵更高）的组一样，随机弹跳的粒子也是如此。这种认识简明易懂，但其意涵又非常深远：这些弹跳的粒子无论是在蒸汽机中，在你房间里还是别的随便什么地方，只要理解了一些最常见组态（成员数量最多的那些分组的组态）的典型特征，我们就能预测系统的宏观性质，而我们所关心的也正是这些。当然，这是统计学预测，但非常有可能极为精确。惊喜的是，我们在做到所有这一切的同时，也避免了对数量惊人的粒子的轨迹进行超级复杂的分析。

因此，为了执行这个计划，我们需要提高区分常见（高熵）和罕见（低熵）粒子组态的能力。也就是说，给定某物理系统的状态，我们就需要确定，重排系统组分让系统看起来一样的方式是多还是少。我们做一个案例分析，来研究一下你刚洗了个长长的热水澡之后充满了蒸汽的浴室。要确定蒸汽的熵，我们就得数一数具有相同宏观特性（即体积相同，温度相同，气压也相同）的分子组态——分子可能的位置和速度——的数目。[10] 用数学方式把大量水分子的集合数一遍，比在硬币集合的类比中数硬币集合要有挑战得多，但大部分物理专业的大二学生都要学着做。更直截了当也更能带来启发的是，弄清楚体积、气温和气压对熵有什么定性影响。

先来看体积。假设飞来飞去的水分子紧紧聚在你浴室的一个小小角落里，形成了一团稠密的水蒸气。在这个组态中，水分子位置可能的重排方式大幅降低，因为你移动水分子的同时必须使之保持在这一小团水蒸气之内，否则调整后的组态就会看起来不一样。相比之下，如果水蒸气平均散布在整个浴室中，水分子的抢椅子游戏就没那么受限制了。你可以让梳妆台附近的水分子与飘在灯具旁的水分子互换位置，让浴帘旁边的水分子与徘徊在窗边的水分子交换场地，而总体上水蒸气看起来还是一样的。还可以注意到，你的浴室越大，你就有越多位置四处抛洒这些水分子，这也能增加重排方式的数目。因此结论就是，分子紧紧聚成一小团的组态熵较低，而更大、更均匀散布的组态熵较高。

接下来看温度。在分子水平上，我们说的温度是什么意思？答案众所周知，温度就是集合内分子的平均速度。[11]如果物体分子的平均速度较低，该物体就比较冷，平均速度较高它就会较热。因此，要确定温度对熵有什么影响，就等于确定平均分子速度对熵有何影响。而就跟我们在分子位置方面的发现一样，对平均速度的定性评估也可以信手拈来。如果水蒸气的温度较低，允许分子速度重排的方式相对也会较少：要让温度保持固定——这样才能确保这些组态看起来都几乎一模一样——那么在提高任何一部分分子速度的同时，都要适当降低另一部分分子的速度来抵消。但温度较低（分子平均速度较低）的问题是，你没有太多余地来降低速度，很快就会降到最低水平"零"；这时，分子速度可变动的范围很窄，重排分子速度的自由也就有限。相比之下，如果温度较高，你的抢椅子游戏就会又加快转速：平均速度较高，分子速度（有些比平均值高，有些比均值低）的取值范围就大得多，因此在保持平均速度不变的同时，分子速度的组合就有了更多自由；分子速度有更多种看起来都一样的重排方式，就意味着温度越高通常熵也越高。

最后来看看气压。水蒸气对你的皮肤和浴室墙壁形成的气压，来自到处流窜的水分子对这些表面的撞击：每次分子撞击都会产生微小的推力，因此分子数量越多，气压就会越大。给定温度和体积，压力就由浴室中总的蒸汽分子数量决定，这个量对熵的影响很容易理解：浴室里的水分子越少（你洗澡没洗太久），就意味着可能的重排方式越少，熵也就越低；水分子越多（你洗了很久），就意味着有更多可能的重排方式，熵也就越高。

总之，分子数量越少，气温越低，或占据的体积越小，熵就越低。分子数量越多，气温越高，或占据的体积越大，熵就越高。

从这段简明的概述出发，请允许我强调一种思考熵的方式，虽然不那么精确，但可以提供一个有用的经验准则。遇到高熵状态才符合期望。因为此类状态可以由组分粒子的很多很多种不同的排列方式来实现，非常典型，平淡无奇，容易实现，分文不值。相反，如果遇到低熵状态，你就该留意一下了。低熵意味着给定的宏观态为其微观组分所实现的方式要少得多，因此这样的组态很难得到，很不寻常，要仔细安排，非常罕见。洗完一个老长的热水澡，发现水汽均匀散布在浴室里：高熵，毫不意外。洗完一个老长的热水澡，发现水汽全都聚在一个悬浮在镜子前面的小正方体里：低熵，极不寻常。实际上，后一种景象太不寻常了，要是你遇到这样的组态，然后有人解释说你只是碰见了那些不太可能但偶尔也会发生的事情中的一件，你应该会极端怀疑这种解释。可以这么解释，但我敢拿命打赌，不是这么回事。就好像，如果你餐桌上的 100 枚硬币全都正面朝上，你就会怀疑在仅仅出于偶然之外还有别的原因（比如有人悄悄把背面朝上的所有硬币都翻了过来），对于你碰到的任何低熵组态，你都会希望在仅仅出于偶然之外还有别的解释。

这种推理甚至可以用于看似很平淡的事情，比如遇到鸡蛋、蚁垤或马克杯的时候。这些组态都很有序，系精心制作而成，具有低熵性质，因此需要有个解释。说是一批合适的粒子的随机运动刚刚好结合成了一只鸡蛋、一座蚁垤或一个马克杯，这虽然也能想象，但肯定过于牵强。相反，我们被刺激得要去寻找更令人信服的解释，当然我们也不必搜寻太远：鸡蛋、蚁垤和马克杯全都来自特定的生命形式，这些生命对环境中本来随机的粒子组态进行了安排，形成了有序的结构。生命为何能产出这么精巧的秩序，是我们后续章节将讨论的一个主题。就现在来说，我们得到的经验很简单：应该把低熵组态看成是一条线索、一个诊断迹象，表明我们遇到的秩序，可能来自某种强大的组织力量。

19 世纪末，奥地利物理学家路德维希·玻尔兹曼就在上述观念（其中很多正是由他提出）的武装之下，相信自己能解决那个引出了我们本节讨论的问题：未来和过去有什么不同？他的答案依赖于热力学第二定律所阐明的熵的特性。

热力学定律

尽管熵和热力学第二定律在文化上的知名度很高，人们对热力学第一定律的认识却远没有这么普遍。但是要完全掌握第二定律，还是先掌握第一定律才好。实际情况是，第一定律也广为人知，但用的是另一个名称，就是"能量守恒定律"。一个过程开始时你有多少能量，到结束时你拥有的能量还是一样多。在计算能量时你必须锱铢必较，把一开始的能量储备会转化成的所有形式的能量都算进来，比如动能（运动具备的能量）、势能（储存起来的能量，就像被拉开的弹簧）、辐射（电磁场或引力场等场中具有的能量）和热能（分子和原子的随机颤动）。只要你追踪得够仔细，热力学第一定律就能保证能量收支表的平衡。[12]

热力学第二定律关注的是熵。跟第一定律不同，第二定律关乎的不是守恒，而是增长。第二定律宣称，随着时间推移，熵有着势不可当的增加倾向。通俗地讲就是，特殊组态倾向于朝着常见组态演化（你精心熨过的衬衫会变得皱皱巴巴），或说有序倾向于退化为无序（你整理好的车库会逐渐恶化成乱七八糟的一堆工具、储物箱和运动器材）。虽然这样描述能带来很好的直观意象，但玻尔兹曼对熵的统计学表述能让我们精确地描述第二定律，而同样重要的是，它还可以让我们清楚地了解到第二定律为什么成立。

归根结底，这是场数字游戏。我们再看看那些硬币。如果你细心安排它们，得到全都正面朝上的低熵组态，然后轻轻摇晃、倒腾这些硬币，这时，你会预期能得到至少有那么几个背面朝上的、熵更高的组态。如果你继续摇晃它们，那么，会回到全部正面朝上的结果固然是可以想象的，但这就要求摇晃得恰到好处，刚好能完美地把那几个背面朝上的硬币翻过来。这种可能性极低。可能性大得多的情形是，这样摇晃会随机翻动一些硬币；那几枚反面朝上的硬币中有些可能会翻成正面，但正面朝上的硬币中变成背面的要多很多。就是这么简明直接的逻辑——没有花里胡哨的数学，也没有多么抽象的思想——就能揭示，如果起点是所有硬币都正面朝上，那么随机摇动会让背面朝上的硬币数量增加。当然，这也是熵在增加。

背面朝上的硬币变得越来越多的过程，会一直进行到正面背面大致五五开的时候。到这时，继续倒腾会既把一些正面朝上的硬币翻成背面，也把同样多的背面朝上的硬币翻成正面。因此，这些硬币的大部分时间，就都会用于在数量最多、熵最高的分组的成员之间迁移。

对硬币成立的定律在更普遍的情形中也成立。烤面包的时候你可以肯定，香气很快就会填满远离厨房的房间。一开始，烤面包释放出来的分子还聚在烤箱附近，但逐渐就会扩散开来。原因跟我们对硬币的解释类似，就是跟芳香分子聚在一起的组态相比，扩散开来的组态方式要多得多，所以通过随机碰撞、推挤，这些分子会向外飘散的可能性比向内聚集要大得多。因此，分子聚在烤箱附近的低熵组态，自然就会向高熵状态演化，在你的整栋房子里扩散开来。[13]

更一般地讲，如果一个物理系统尚未处于能达到的熵最高的状态，就极有可能向着这个状态演化。正如面包香气的例子充分展示的，相应的解释乃是基于最基本的推理：（正是根据熵的定义）熵更高的组态方式比熵更低的要多得多，因此随机推挤——原子和分子无休止地撞击、颤动——让系统向高熵而不是低熵发展的概率要大得多。这个过程会一直进行下去，直到变成能达到的最高熵组态。从这时起，推挤活动就会倾向于让系统组分在具备最高熵状态的（通常）数量庞大的组态之间迁移。[14]

这就是热力学第二定律，以及它为什么成立。

能量与熵

上述讨论可能会让你觉得，热力学第一定律和第二定律完全不是一回事。毕竟一个关注的是能量及其守恒，另一个关注的是熵及其增长。但这两个定律实际上有深刻的联系，这种联系也凸显了第二定律隐含的一个事实，一个我们还会反复提到的事实：并非所有能量都生来平等。

我们就拿炸药来举个例子吧。炸药里的所有能量都包含在一个密实有序的化学物包裹中，因此很容易利用。把炸药放在你想用掉这些能量的地方，然后点燃引信。就这样。爆炸之后，炸药里的所有能量都还在，这是第一定律在起作用。但是，由于炸药里的能量转化成了四下散开的颗粒快速、狂乱的运动，现在要利用这些能量可就难得很了。因此，虽然能量的总量没有变，但能量的性质变了。

在爆炸之前，我们说炸药的能量有很高的品质：集中且容易获取。爆炸之后，我们说能量的品质就低了：四散开来，难以利用。炸药爆炸的过程完全遵守第二定律，从有序变成无序，即从低熵变成高熵，因此我们认为，低熵与高品质的能量相关，而高熵与低品质的能量相关。是的，我知道，这儿好多高高低低搞得人晕头转向。但结论言简意赅：热力学第一定律宣称能量的数量在时间推移中是守恒的，而第二定律则宣称能量的品质会随时间的推移而退化。

那么，为什么未来与过去不一样？从我们已经知道的这些来看，答案显而易见：跟过去相比，驱动未来的能量，品质更低，或说未来的熵比过去高。

至少，玻尔兹曼是这么设想的。

玻尔兹曼与大爆炸

玻尔兹曼肯定是切中了某些东西。但第二定律还是有些意涵要稍微澄清一下，而这些意涵老实说就连玻尔兹曼都是花了些时间才完全弄清楚。

第二定律不是一个传统意义上的定律。第二定律并不绝对地排除熵的减少。这个定律要说的只是，熵减是不大可能发生的。在硬币的例子那里，我们已经量化地说明了这一点。跟所有硬币都正面朝上的这独一种组态相比，随机晃动产生50枚正面50枚背面这种组态的可能性要大10万亿亿亿倍。

再晃动这个高熵组态，得到正面全朝上之类的低熵组态并非全无可能，但由于概率太不成比例，实际上这并不会发生。

我们日常接触的物理系统，组分都会远远超过 100 个，就这样的系统而言，熵不会减少的概率更令人望而生畏。烤面包会释放千百亿亿个香气分子，因此这些分子在你家里扩散开来的组态的数量，跟它们全回到烤箱里的组态数量相比，大得不可以道里计。在随机的推挤、碰撞中，这些分子有可能一步步退回来，找到路径回到面包里，完全抵消烘烤的过程，给你留下一块冰凉的生面团。但发生这一切的可能性，哪怕跟你往画布上随便泼洒颜料就能出来一幅蒙娜丽莎的可能性相比，都更接近于零。即便如此，我们要强调的是，这种熵减过程就算发生，也并不违背物理学定律。虽然可能性极小，物理学定律确实允许熵减。

别误会。我说这些可不是想告诉你，有一天我们可以抵消烤面包的操作，见到车祸现场回放，或看到烧毁的文件复原。不是的，我是在强调一个很重要的原则性问题。前面我曾指出，物理学定律把过去和未来放在对等的位置。因此，物理学定律可以保证，按某个时间序列展开的物理过程，按相反的序列也可以展开。由于这些物理学定律同时也支配着一切，也包括造成熵如何随时间而变化的那些物理过程，因此，这些定律如果只允许熵增，肯定会让人费解，实际上应该就是错误结论。但它们没错。你一生中日复一日所经历的所有熵增过程——从摔碎玻璃杯这种平平无奇的例子，到身体逐渐衰老这样的深刻案例——都可以反向进行。熵可以减少，只不过非常不可能。

我们想给未来与过去如此不同寻找解释，那么上述结论对我们的追寻来说意味着什么？是这样，如果今日组态的熵比最大值要小，那么第二定律表明，未来极有可能会有所不同，因为熵极有可能增加。熵比可能的最大值要小的物质组态正迫不及待地向更高熵的状态挺进。有了这个结论，有些探索过去和未来之差别的人就高枕无忧，觉得大功告成了。

成功还早呢。同样重要的是，我们也得解释，我们今天怎么就会身处在一个如此特别、不大可能、令人惊叹的熵低于最大值的状态：一个宇宙里满是有序的结构，从行星、恒星直到孔雀和人类。若非如此，若今天的组态正是司空见惯、正合期望的最大熵状态，那么宇宙会有极大概率继续处于这个状态，并产出一个跟过去无甚区别的未来。就跟那一袋子硬币碰来碰去也就是在正反面大致五五开的大量组态中打转一样，宇宙也会在最大熵的无数景象中无休无止地徘徊：粒子星散在整个空间之中，东游西荡，就是被水汽均匀填满的浴室的宇宙版。[15] 我们很幸运，今天的熵低于最大值的状态要有意思得多。这个状态让粒子有机会形成结构，也让宏观变化得以发生。于是我们就不禁要问：今天这个熵低于最大值的状态是怎么来的？

忠实遵从第二定律，我们会得出结论，今天的状态来自昨日熵更低的状态。而且可以设想，昨天的状态又来自前天的熵还要低一些的状态，以此类推，可以推出一条熵不断走低的路径，带领我们一路走向更远的过去，直到最后抵达大爆炸。大爆炸那里有着高度有序、熵值极低的起点，这就是今天宇宙的熵并非最大值的原因，也让我们有了一个与过去大有不同、变故颇多的未来。

我们能否走得更远，解释宇宙的开端为何如此有序？下一章我们探讨宇宙学理论时，还会再回到这个问题。现在我们只要注意，我们的生存需要秩序，从支撑大量生命维持功能的内部分子组织，到为我们提供高品质能量的食物来源，再到对我们的持续生存来说必不可少的精心打造的工具和居所，无一不高度有序。如果没有一个充满有序低熵结构的环境，我们人类不会出现在这里，更不会注意到这些。

热与熵

本章开头我曾写道，宇宙就要这样无休无止地衰退下去，罗素为此大感悲恸。有了第二定律所宣称的熵增，我们大概了解了一点点是什么激发了他做出那么晦暗的预言。把熵增想成是无序程度的增加，你就得其大意了。但是，为了充分认识生命、心灵和物质在未来将要面临的挑战（这个主题我们将在后续章节充分讨论），我们需要在我刚刚阐述的热力学第二定律的现代描述和 19 世纪中期发展出来的原始阐述之间建立联系。在早期版本中，第二定律把对任何研究蒸汽机的人来说都显而易见的事实变成了规定：燃烧燃料以驱动机器的过程总是会产生热和浪费，即退化。但是，这个早期版本没有提到点算粒子组态的数量，也没有用到概率推理，因此跟我们刚刚建立的对熵增的统计学陈述似乎风马牛不相及。但这两种阐述之间存在着深刻而直接的联系，这种联系也解释了，为什么蒸汽机将高品质的能量转化为低品质的热的过程，证明了宇宙中处处都在发生着退化。

我打算分两步来解释这种联系。首先，我们来看看熵和热之间的关系。接着是第二步，我们将把热和对第二定律的统计学陈述牢牢绑在一起。

抓住煎锅发烫的手柄，你会感觉热好像在往你手上流。但真的有什么在流动吗？很久以前，科学家认为答案是肯定的。他们想象有一种类似流体的物质，叫作"热质"，会从较热的地方流向较冷的地方，就像水往低处流那样。后来，对物质成分有了更精微的理解，对这个问题也就有了不同的描述。你握着煎锅手柄时，手柄中快速运动的分子撞击你手上慢速运动的分子，平均而言会让你手上分子的速度变快，让手柄上分子的速度变慢。手上分子的运动速度增加，你感觉到的就是温热：手上的温度增加了。相应地，手柄上分子的速度变慢，意味着手柄温度下降。因此，流动的并不是某种物质。手柄上的分子仍然留在手柄上，你手上的分子也仍然在你手上。实际上就像传话游戏中信息从一个人流向下一个人一样，在你握住手柄时，是分子的骚动从手柄中的分子流向了你手上的分子。因此，虽然物质本身并没有从手柄流向手，但物质的一种性质——分子的平均速度——流动了。这就是我们说的"热流"。

同样的描述也适用于熵。你手上的温度升高时，分子弹来撞去得也更快了，其速度的可能范围也扩大了，即看起来几乎一模一样的可行组态数量增加了，因此你手上的熵也增加了。相应地，因为手柄温度降低，分子运动得更慢，其速度的可能范围也缩窄了，即看起来几乎一模一样的可行组态数量减少了，因此手柄的熵也减少了。

哇，熵减少了？

对。但这跟统计学中罕见的偶然现象毫无关系，并不是我们在上节描述过的，倒出一袋硬币发现全都正面朝上的那种情形。每回你握住炽热的手柄，它的熵都会减少。煎锅的例子表明了很简单但也很关键的一点：第二定律宣称的熵增指的是一个完整物理系统的总熵，该系统必须包括与之相互作用的所有事物。由于你的手跟锅柄有相互作用，你就不能单单对锅柄应用第二定律，而必须把手柄和手都包括进去（当然更准确地说还要包括整个煎锅、炉灶、周围的空气等等）。严格计算可以表明，你手上熵的增加值超过煎锅手柄上熵的减少值，这就确保了总熵确实上升了。

因此，就跟热一样，某种意义上，熵也能流动。对煎锅来说，熵是从手柄上流到你手上；手柄变得更有序了一点，而手的有序程度有所降低。同样地，这种流动并不是以一种看得见摸得着的物质形式呈现，仿佛真有什么一开始在手柄中，现在移动到你手上了一样。与此相反，熵的流动指示的是手柄中的分子和你手上的分子之间的相互作用，这种相互作用影响了双方分子的特性。这里，相互作用改变了分子的平均速度，即双方的温度，进而影响了双方各自所含的熵。

此番描述表明，热的流动和熵的流动联系密切。吸热就是吸收分子的随机运动中携带的能量。这些能量接着就会让获得能量的分子运动更快或散布更广，从而有助于熵的增加。因此结论就是，要让熵由此及彼地转移，就需要热也由此及彼地流动。而当热由此及彼流动，熵也就由此及彼地转移了。一句话，熵乘热流之势而动。

对热与熵的相互关系有了此种理解后，我们再来看看第二定律。

热与热力学第二定律

要解释为什么我们经历的事件都只在一个方向上展开而不会反过来，会让我们想到玻尔兹曼和他统计学版本的第二定律：朝向未来时，熵增的可能势不可当，这就让反向序列（熵可能减少的序列）发生的可能极小。这种表述跟对熵的早期阐述有什么关系呢？要知道早期版本是受蒸汽机的启发，说的是物理系统不断产生废热的过程。

二者的关系是各自的出发点——可逆性和蒸汽机——紧

密相连。原因在于蒸汽机依赖着一个循环过程：活塞被膨胀
的蒸汽向外推出，随后又回到初始位置，等待下一次外推。
蒸汽也跟蒸汽机几乎所有重要部件一样回到初始体积、温度
和压力，让蒸汽机准备好再次受热并推动活塞。虽然这一切
都并不要求每个分子循着来路回到完全一样的位置，也不要
求每个分子都具有跟前一轮循环开始时同样的速度——想如
此发展几乎全无可能；但这个过程确实要求总体排列，即蒸
汽机的宏观态回复相同状态，好启动后续循环。

　　这对熵来说意味着什么呢？嗯，熵是呈现同一宏观态的
微观态组态的数量，因此如果蒸汽机的宏观态在每次循环开
始时都复原了，那么蒸汽机的熵必定也复原了。这就意味着，
蒸汽机在一次循环中得到的熵，在循环结束时必定全都排放
到了环境中（蒸汽机会从燃烧的燃料中吸热，其运动部件的
摩擦则会产生额外的热，等等）。蒸汽机怎样才能做到这一
点？那，我们已经知道，要传递熵，就必须传递热。因此，
要让蒸汽机复原以进行下一次循环，就必须向环境放热。这
就是热力学第二定律的历史陈述，向环境中排出废热不可避
免——正是这种退化让罗素感到不堪重负——现在它是从第
二定律的统计学版本中推导出来的。[16]

　　这就是我想到达的目的地。所以你大可直接跳到下一
节。但如果你还有耐心，那还有个细节我要是不提就是我的
不对了。你可能会想，如果蒸汽机从燃料燃烧中吸热（因此
也吸收了熵），却只是为了向环境中放热（同时也释放了熵），

那又怎么还会有剩余的能量去完成有用的任务，比如驱动机车？答案是，蒸汽机释放的热比吸收的要少，同时也仍然能完全排出在循环中积累的熵。是这么回事：

　　蒸汽机从燃烧的燃料中吸收热和熵，并向温度更低的环境释放热和熵。燃料和环境之间的温差是关键。想知道原因，我们先设想你打开了两台完全一样的电暖气，但一台所在的房间非常冷，另一台所在的房间则很热。在寒冷的房间里，冷空气分子受暖气的推挤，于是运动变快，也分散得更开，因此这些分子的熵会显著增加。在炎热的房间里，空气分子本来就运动很快、分得很开，因此暖气只能稍微增加这些分子的熵（就有点儿像在一个跨年狂欢趴上推高节奏，几乎注意不到狂欢者的舞步有没有变快一点，但如果在藏传佛教的提克西寺推高拍子，诱使那些僧侣打破静修跳起狂派舞，那你很容易就能看到变化）。因此，就算两台电暖气一模一样，二者向环境传递的熵却很不相同：二者都产生了等量的热，冷房间里的暖气却传递了更多的熵。所以，较冷的环境尽管接收到的热量相同，但能放大熵增。有了这个认识，我们就能看到，蒸汽机只需释放部分的热到更冷的环境中，就能把从燃料燃烧中得到的熵全都排掉。这样剩下的热量就能用来使蒸汽膨胀，推动活塞，完成有用功。

　　道理就是这样，不过别一叶障目，让细节挡住了重要结论：随着时间流逝，物理系统会以极大可能从低熵组态向高熵组态演化。如果一个像蒸汽机这样的系统想保持结构完整，就必须通过将积累的熵传递到环境中来消除熵增的自然趋势。要做到这一点，蒸汽机就必须向环境排放废热。

熵两步舞

要是仔细想想我们走过的每一步，就会发现虽然从头到尾都有蒸汽机的身影，我们的结论还是超出了 18 世纪的这个起点。我们的分析本质上是对熵严格核算，这种核算在任何情况下都可以施行。这个认识很关键，因为蒸汽机通过放热将熵转移到环境中的过程，实际上完全就是另一个无处不在的过程的一个版本，追随宇宙的不断展开，我们就会遇到后一种过程。我称之为"熵两步舞"，指的是因为转移给环境的熵比本身增加的熵还多，于是系统的熵减少的过程。两步舞确保了即使熵在此处降低也会在彼处升高，从而保证熵净增加，这正是我们基于第二定律会有的预期。

朝着越发无序的状态演化的宇宙，怎样竟产生并支撑起了像恒星、行星和人类这样的有序结构，要回答这个问题，熵两步舞是重中之重。我们会一再遇到的一个中心思想是，能量流经一个系统时——比如来自燃料燃烧的能量流过蒸汽机使其做功，再流出到周围环境中——会带走熵，因此能在身后维持甚至产生有序结构。

正是熵的这种舞步让生命和心灵得以出现，心灵认为很重要的一切事物，也大都自此而来。

你就是台蒸汽机

蒸汽机每完成一次循环，熵值复原都非常重要。对此，你可能会想，如果熵没能复原会怎样？这就等于说蒸汽机没有排出足够的废热，因此随着循环进行，蒸汽机会变得越来越热，直至因过热而损坏。假如蒸汽机即将经受此种命运，那怕是会颇为不便，但假设不会有人受伤，那它可能也不会就将人逼进生存危机之中。但论及生命和心灵能否在未来无限持存下去时，同样的物理学原理也是其中的关键。原因在于，对蒸汽机成立的，对你也成立。

很可能你不会认为自己是台蒸汽机，甚至也不会觉得自己是台诡异的物理装置。我也很少用这样的词来说我自己。但请想想：你的生命涉及的过程也和蒸汽机一样都是循环。日复一日，你的身体燃烧你吃的食物和吸进的空气，好给身体的内部运转和外部活动供能。就算是思考活动——发生在你脑内的分子运动——也是被这种能量转换过程驱动的。因此也跟蒸汽机一样，你要是无法向环境排出多余的废热从而让熵复原，就会活不下去。实际上，你在做的就是这样的事。我们所有人都在这么做。所有时候。举个例子，这就是为什么军方设计的红外眼镜能"看到"我们一直在排出的热，能很好地帮助士兵在夜间认出敌方战斗人员。

现在我们可以更充分地理解罗素想象遥远未来时的心态了。我们全都无时无刻不在战斗，对抗不断积累的废热，对抗不可遏止的熵增。为了让我们活下去，环境必须吸收并带走我们产生的所有废热、所有的熵。那么问题来了，环境——现在我们的意思是整个可观测宇宙——是否为吸收这样的废热提供了一个无底洞？生命的熵两步舞可以永远跳下去吗？还是说可能有那么一天，宇宙终究会被填满，于是无法再吸收那些定义了我们的活动所产生的废热，而生命和心灵也遂告终结？用罗素伤春悲秋的话来说，是不是"所有时代的劳动，所有的奉献，所有的灵感，所有人类才智的长明光耀，都注定要在太阳系无所不包的死亡中消逝，代表人类成就的整个神殿，也注定会被埋在宇宙毁灭后的残骸之下"？[17]

这些都是我们将在后续章节中探讨的核心问题。但现在我们有点儿超前。在讨论生命和心灵之前，让我们先了解一下，在生命和心灵的登场所必需的环境的形成过程中，熵和第二定律发挥了什么作用。

这样我们就得先回到大爆炸。

3

起源与熵

从创世到结构

　　当数学工具让科学家能够回顾很可能是宇宙开端的多少分之一秒时，对有些人来说，这时与传统宗教领域的接近，会揭示出一种深层的同盟、深层的联系或者说是一种深层的冲突。这就是为什么问我对造物主有什么看法的人，几乎跟问我科学问题的人一样多。实际上，问题经常横跨这两个领域。后面的章节中我们会有充足的时间来考虑这些问题，但此刻我们将探讨上一章结尾提出的对我们的宏大故事来说至关重要的一个关联之处：如果热力学第二定律给宇宙带来了无序程度不断增加的重负，那么大自然又是如何这么轻而易举地产生出各种精心组态、高度有序的结构的呢——从原子和分子，到恒星和星系，再到生命和心灵？如果宇宙始于一次大爆炸，那么如此剧烈的展开方式又如何能带来所有这些组织——从银河系的旋臂，到地球上的壮美景象，再到人脑中错综复杂的连接和褶皱，直到这样的大脑所产生的艺术、音乐、诗歌、文学和科学？

有一种回应，千百年来都为人们在解决这种关切的种种萌芽版本时所仰赖，它就是：秩序是由至高无上的智慧在一片混沌中开凿出来的。这种拟人化的灵感也和人类经验一致。毕竟在现代文明中，我们每天所见的很多有序状态都确系智慧的杰作。但是，恰当地解释第二定律，就会让拥有无上智慧的设计者没必要存在。令人惊讶又不同凡响的是，浓缩了能量和秩序的区域（恒星就是原型范例），是宇宙兢兢业业地遵循第二定律、变得更加无序的自然结果。实际上从长远来看，这种有序区域会被证明是促使宇宙达到其可能达到的最大熵值的催化剂。在这一过程中，这种区域也促成了生命的涌现——而这也是该熵增过程的一部分。

要探索宇宙史中上演的有序和无序之间的舞蹈，我们就得从头说起。

大爆炸简述

20 世纪 20 年代中期，耶稣会牧师乔治·勒梅特利用爱因斯坦全新打造的对万有引力（gravity）的描述——广义相对论——针对宇宙提出了一种很激进的想法，认为宇宙始于一场爆炸，并从此一直膨胀至今。勒梅特可不是民科物理学家。他是在麻省理工学院拿的博士学位，也是首批将广义相对论方程应用到宇宙整体上的科学家之一。爱因斯坦的直觉是，宇宙之内的物体都有开端、发展和结束，但宇宙本身始终如此，并将一成不变。在他的精华十年中，这一直觉成功引导他在空间、时间和物质的本质上做出了重大发现。而勒梅特对爱因斯坦方程的分析表明并非如此时，爱因斯坦不假思索地决定不予理会。他告诉这位青年研究者："你的计算是对的，但你的物理学太糟糕了。"[1] 爱因斯坦强调的是，你很擅长摆弄方程式，但没有良好的科学嗅觉，无法确定在数学上究竟如何摆弄才反映现实。

过了几年，爱因斯坦的看法变了，这是科学史上最著名的几次转折之一。在洛杉矶威尔逊山天文台工作的天文学家埃德温·哈勃所进行的详细观测表明，遥远的星系全都在移动，全都在匆匆远去。而且它们向外逃离的模式——星系越远，速度就越快——与广义相对论方程的数学结果一致。勒梅特"糟糕"的物理学现在有了数据支撑，爱因斯坦终于全心全意地承认，宇宙曾经有一个开端。[2]

自勒梅特做出创造性计算以来的这一个世纪里，他开创的宇宙学理论，与俄罗斯物理学家亚历山大·弗里德曼独立进行的工作一起，已经取得了实质性进展，而来自地面和太空望远镜的观测也已积累了大量证据。应运而生的现代宇宙学描述是这样的：大约 140 亿年前，整个可观测宇宙——运用我们能想象出的最强望远镜所能观测到的全部范围——都压缩在一个超级炽热、无比致密的小块区域里，并以此为起点快速膨胀。在膨胀中，宇宙内部温度下降，狂乱的粒子逐渐放慢速度并聚集成团，随着时间的流逝形成了恒星、行星，以及散落在太空中的各种气态和岩石残骸——还有我们。

两句话就把这故事讲完了。我们来改进一下。我们来看一下，没有意图也没有设计，没有预想也没有判断，没有计划也没有深思熟虑，宇宙是如何让粒子形成从原子到恒星再到生命这些精心组态的有序结构的。我们来了解一下，这种有序结构的涌现，为何能与第二定律宣布的无序程度不断增加相合。我们来见证一下，如今的宇宙舞台上上演的熵两步舞是怎样的。

为此，我们需要对各种宇宙细节做更充分的了解。首先：最早是什么在驱动原始的小块区域开始向外膨胀？或者用更宽泛的说法：是什么引爆了大爆炸？

反引力

反义词到处都是，因为经验中到处都是对立。物理学也是一样：正电与负电，有序与无序，物质与反物质。但从牛顿时代以来，万有引力这种作用力就似乎卓尔不群，跟这种常见模式截然不同。电磁力可以是推力也可以是拉力，但万有引力与此不同，似乎只能是吸引力。按牛顿的说法，万有引力在物体之间施加了拉力，无论是粒子还是行星都概莫能外，这种拉力会把物体拉在一起，但绝无相反的情形。由于缺少在大自然的全部运行中都要求的对称原则，深入思考万有引力的人一度大都认为这种单向性是一种内在固有的性质，只能接受。爱因斯坦改变了这种看法。根据广义相对论，万有引力可以是排斥性的。牛顿从没想过会有排斥性的引力，即"反引力"（repulsive gravity），你我也从未亲身体验过。但是反引力所做的正如其名。这种力不会往里拉，而是往外推。根据爱因斯坦的方程，大的团块状物体，比如恒星和行星，会带来通常那种吸引式的万有引力，但在有些奇特的情形下，万有引力可以把物体分开。

虽然爱因斯坦和后来很多致力于广义相对论的科学家都知道，万有引力可以是排斥性的，但反引力最重大的应用还是过了半个多世纪才获发现。研究大爆炸的年轻博士后阿兰·古斯认识到，反引力也许能解开一个让人困惑的宇宙之谜。观测表明，空间在膨胀。爱因斯坦的方程表示附议。但是什么作用力在几十上百亿年前引发了膨胀并使之持续至今？方程对这个问题缄默不语。古斯详细的数学分析在1979年12月一次深夜的狂热计算中达到了顶峰，终于让这些方程开口发言了。

古斯认识到，如果空间中的一块区域充满了一种特殊物质——我喜欢称这种物质为"宇宙燃料"——且如果宇宙燃料中包含的能量均匀散布在整个区域中，而不是像恒星或行星那样结成团块，那么，产生的万有引力确实就会是排斥性的。更准确地说，古斯的计算表明，如果微小的一块区域，可能直径只有一千亿亿亿分之一米，其中弥漫着某种类型的能量场（叫作"暴胀子场"［inflaton field］，多出来的这个"子"或许古怪，却是有意为之的命名约定），而如果能量分布均匀，就像桑拿房里蒸汽密度到处一致那样，反引力的推力就会非常强，这一小块空间会像爆炸一样暴胀开来，几乎瞬间就能伸展得跟整个可观测宇宙一样大，甚至更大。因此，反引力可以驱动一场爆炸。于是就有了一场大爆炸。[3]

　　20 世纪 80 年代初，苏联物理学家安德烈·林德与美国的一对搭档，保罗·斯坦哈特和安德烈亚斯·阿尔布雷克特，一起接过了古斯传来的球，运用这一概念建立了最早的一批完全切实可行的"暴胀宇宙论"版本。从那时起，几十年来，这些早期工作激发了几千页复杂的数学计算和大量详细的计算机模拟，世界各地的期刊上都满是以假设存在暴胀历史为基础的解读和预测。如今，这些预测中很多都已经被极为精确的天文观测所证实。很多文章和书籍都充分介绍过暴胀宇宙论的观测案例，因此我并不打算带着你们完整地过一遍，但我还是会跟你们介绍一个成功案例，很多物理学家都认为，这是所有案例中最具说服力的。同时，这也是在宇宙的下一步展开中，我们需要了解的特征：恒星和星系的形成。

余辉

　　在早期宇宙快速伸展的过程中，其灼热的热量在不断扩大的范围内扩散，强度慢慢减弱，逐渐降温。[4] 早在 20 世纪 40 年代，也就是暴胀理论建立前很久，物理学家们就已经认识到，因空间膨胀而减弱为柔和辉光的原始热量，应当仍然弥漫在整个宇宙中。这种非比寻常的宇宙遗迹被称为"创世余辉"（严格的术语叫"宇宙微波背景辐射"），于 20 世纪 60 年代由贝尔实验室的研究人员阿诺·彭齐亚斯和罗伯特·威尔逊首次探测到，他们先进的通信天线无意中碰到了弥漫在整个太空的一种辐射，只比绝对零度高 2.7K。如果你生活在 20 世纪 60 年代前后，你可能也曾碰到过这种辐射。老式电视机如果调到已经结束当晚节目的频道，显示出的静电干扰画面就有一部分来自大爆炸的这一残迹。

量子力学是一批创立于 20 世纪前几十年、描述微观世界中上演的物理过程的物理学定律，而暴胀宇宙论也把量子力学纳入了考量，来改进自己对余辉的预测。但我们关注的是整个宇宙，这可是很大的，因此你可能会觉得，量子物理学研究的都是小玩意，跟这儿没什么关系。要不是涉及暴胀宇宙论，你的直觉倒也是对的。但是，就跟拉开一片弹性纤维会显示出其错综复杂的纺织纹路一样，突如其来的暴胀拉伸一片空间，也会显示出通常只是锁闭在微观世界里的量子特征。本质上，暴胀触及了微观世界，将量子特征拉伸，清晰地横跨了整个天空。

此处最有关系的量子效应也曾给经典传统带来最难辩驳的破坏，就是"量子力学的不确定性原理"。不确定性原理由德国物理学家维尔纳·海森堡于 1927 年发现，它展现的是：对于世界的有些特征，比如粒子的位置和速度，像牛顿那样的经典物理学家会坚决声称它们可以被完全确定地详细说明，但量子物理学家认为这些特征受量子模糊性的困扰，因而无法确定。这就好像是经典传统物理学是通过全新抛光的眼镜来看世界，因此看到的所有物理特征都聚焦清晰，而量子视角戴的眼镜根本上就如雾霭般朦胧不清。在我们日常经历的普通宏观世界中，量子雾非常薄，不会影响我们的视觉，因此经典视角和量子视角几乎无法区分。但你探测的范围越微观，量子眼镜就会越雾气氤氲，视野也就越模糊。

　　这个比喻仿佛暗指，只要把量子眼镜擦干净就行。但不确定性原理证明，无论我们有多严格，也无论我们使用的设备有多先进，总是会有很少量的雾气是无法擦除的。实际上，我的措辞暴露了人类经验的偏误。我们人类最早发现的就是经典视角，因为这种视角不但简单，而且在人类感官力所能及的层面来讲也十分精确。只有相对于这种确实不正确的经典视角，量子现实才似乎模糊不清。实际上，是经典视角对真实的量子现实的看法太过粗略，因而也不精确。

　　我不知道现实为什么受量子定律支配。没有人知道。一个世纪以来的实验证实了海量的量子力学预测，这也是科学家拥护这种理论的原因。即便如此，对我们当中大部分人来说，量子力学仍然完全陌生，因为其标志性特征都在那么小的尺度上，我们在日常生活中从不会经历这些。要是我们经历过，那我们的共同直觉肯定会受量子过程的直接塑造，量子物理学也会成为我们的第二天性。就跟你骨子里就知道牛顿物理学的意味一样——你能快速抓住掉下来的玻璃杯，因为直觉马上告诉了你这个杯子的牛顿式轨迹——你也会在骨子里就知道量子力学。但我们没有这样的量子直觉，因此只能依靠实验和数学工具来描述我们无法直接体验的现实的各个方面，从而形成理解。

　　讨论最广泛的例子我们已经提到过，它关注的是粒子的行为，在这个例子中我们学会了通过将量子不确定性产生的不断振动叠加在一起，来修正经典物理学中固有的那种清晰轨迹。如果一个粒子由此及彼地运动，经典物理学家可能会用尖尖的鹅毛笔绘出其轨迹，而量子物理学家则会用手指顺着未干的墨迹一擦，把路径抹开。[5] 但是，量子力学的影响远远超出了单个粒子的运动，在宇宙学领域，量子不确定性原理对驱动空间快速膨胀的暴胀子场来说有决定性影响。虽然我说暴胀子场是均匀的，在空间中这块暴胀区域内所有地方的取值都一样，但量子不确定性让这一切变得扑朔迷离。不确定性在经典的均一场上叠加了量子振动，这就让场的取值会在这里高一点那里低一点，能量也因之起起伏伏。

　　暴胀把量子能量的这些细微变化迅速拉伸，令其在整个空间中散布开来，使温度这里高一点点，那里低一点点。差别不大。物理学家最早在 20 世纪 80 年代进行了数学分析，结果表明热的地方和冷的地方，温差不过十万分之一。但数学分析同样表明，如果你知道寻找的办法，这么小的温度变化也还是可以看出来。计算显示，拉伸开的量子抖动在太空中形成了明显的温度变化模式，这是可以用于天文学取证的宇宙指纹。确实，从20世纪90年代初开始，一系列排除了地球大气层造成的变形因素的望远镜，以越来越高的精度证实了预测的温度变化模式。

花点时间好好领会一下。物理学家用爱因斯坦的方程来描述宇宙的最早时刻，然后加以更新使之包含古斯假设的填满了太空的能量场，而这个能量场又受我们从海森堡那里学到的量子不确定性的影响。而后，对暴胀的数学分析表明，暴胀应该留下了无法擦除的印记：以特定模式的温度细微变化的形式存在的创世遗迹，布满整个夜空。在银河系这里有一个刚刚进入科学时代的物种，在宇宙诞生近140亿年后的今天，建造了精密的太空温度计，刚好探测到了这个模式。

这样的成功扣人心弦，也再次证明了数学工具在总结自然界模式/规律时不可思议的能力。但如果就下结论说，观测结果证明发生过暴胀，还是过头了些。我们研究的是发生在数十上百亿年前的宇宙事件，能量尺度很可能是我们在实验室里能探测的千万亿倍，因此我们最多也只能将观测和计算的结果拼凑起来，好让我们对自己的解释有些信心。要是宇宙数据只有用暴胀理论才能讲得通，那我们的信心还可以更笃定一点，但多年来，富有想象力的科学家们还是提出了各种备选方法（第10章我们将遇到其中之一）。总之，我的看法，同时也是很多研究者的看法是，虽然我们也要对挑战主流观点的新奇观念敞开心扉，但过去 40 年间发展起来的暴胀宇宙论还是令人敬畏。[6] 因此，在我们的旅途继续前行时，我们多数时候都会遵循暴胀理论的轨迹。

带着这种判断，现在我们来思考一下，暴胀的起点跟第二定律变得更加无序的趋势，是怎么联系起来的。

大爆炸与第二定律

虽然已经有了几个世纪的科学进步，面对德意志哲学家戈特弗里德·莱布尼茨对存在之谜首次提出的"为何是有，而不是无"这么精妙的问题，我们并没有离答案更近一步。并不是说人们没有提出过创造性的想法或激发讨论的理论。但在提出关于终极起源的问题时，我们想要的答案不能有任何前提条件，不能说这个答案会让问题又进一步，也不能说答案让问题变成了接踵而至的更多问题："事物为什么是这个样子而不是那个样子？""为什么是这些定律而不是那些定律？"已经提出来的解释还没有哪种达到了这个效果，甚至连沾边都还算不上。

暴胀框架当然也没有。暴胀理论需要一系列要素，包括空间、时间、驱动膨胀的宇宙燃料（暴胀子场），以及包括量子力学和广义相对论在内的所有技术工具，而这些工具本身又依赖于多元微积分、线性代数和微分几何等等数学工具。要解释这个宇宙何以至此，不可避免的起点是搬出这些特殊的物理定律，而这些定律又需要用这些特殊的数学构造来阐述；但是并没有哪条已知原则，能把这些物理学定律单拎出来。相反，我们这些物理学家是用观测和实验，外加很难描述的敏感的数学直觉，来指引我们自己走向特殊的物理学定律。而后，我们再用数学工具分析这些定律，好确定在宇宙的最初时刻，是哪些环境条件（如果有的话）激发了空间的快速膨胀。一旦可喜可贺地发现有这样的条件存在，我们就会假定这些条件在大爆炸的临近时间内成立，并运用那些方程来确定接下来会发生什么。

现在我们最多也就能这样了。这可不是小菜一碟。我们可以用数学来描述我们认为发生在近 140 亿年之前的事情，并由此出发成功预测出强大的望远镜在今天能看到什么，怎么说呢，这种事还挺动人心魄的。当然，深奥的问题也汗牛充栋，比如是什么或是谁创造了空间和时间，是什么或是谁要求用数学方法来做指引的法门，又是什么或谁造成了有物存在的局面。但就算有这么多悬而未决的问题，对于宇宙是如何展现的，我们也已经有了深刻的认识。

在这里，我想要利用这种认识来理解，一个不断熵增的、注定只会越发无序的宇宙，如何能在此过程中创生出大量的秩序。有了这个目标，我们先来看看上一章间接提过的一个最基本的结论：如果从大爆炸以来熵就一直在稳步增加，那么大爆炸时的熵一定比今天低得多。[7]

这个结论我们能拿来干什么？

那，现在你已经习惯了在碰到高熵组态时不屑一顾——管它是正面和背面随机混合的一堆硬币，还是均匀散布在你浴室中的水汽，又或是弥漫在你整栋房子里的香气。高熵组态是预料之中，司空见惯，平淡无奇的。但如果见到低熵组态，你就知道你的反应应该有所不同。低熵组态很特殊，很不寻常；我们需要解释这种有序的局面是如何出现的。

把这种推理方法应用于早期宇宙时，就在科学和哲学领域都产生了让人手足无措的问题。早期宇宙是通过什么作用力或过程达到低熵状态的？100枚硬币全都正面朝上的熵很低，但仍然可以马上得到解释，比如硬币不是随便倒在桌子上的，而是有人仔细布置过。但是什么或谁布置了早期宇宙特殊的低熵组态？没有关于宇宙起源的完备理论，科学就无法给出答案。事实上，虽然这个问题曾让我度过了许多不眠之夜（真的），科学甚至还不能确定，这到底是不是一个值得思虑的问题。无法理解为什么是有而不是无，就等于无法判断"有"究竟是多么非比寻常，还是多么司空见惯。要评估早期宇宙的条件细节究竟是不值一提还是会令人瞪大双眼而后才恍然大悟，就需要描绘出奠定这些条件的物理过程。

宇宙学家考虑过的一种情景是，假设早期宇宙处于狂暴、混沌的环境中，这样一来，整个空间中暴胀子场的取值就会剧烈波动，有点儿像沸水的表面。要产生反引力并引发大爆炸，我们需要一小块区域，在其中暴胀子场的值处处一致（考虑到量子振动，也可以说非常接近一致）。但要在混沌的此起彼伏中找到这么一块均一的区域，就好像烧开一大锅水，然后在翻腾不止的水面上找一块突然变平了的区域一样。你绝没见过这种事。不是因为不可能，而是因为可能性极低。要让这锅随机咕嘟的水中有一块表面区域在同一时刻都符合同一高度，产生一个平坦、有序、均一、低熵的组态，需要惊人的巧合。与此类似，要让剧烈波动的暴胀子场在一小块空间区域中取值一样从而引爆暴胀，也需要惊人的巧合才行。如果无法解释这种特殊、有序、低熵、均一的组态是怎么来的，物理学家会如芒在背。[8]

为了减轻这种不适，有些研究者转而去依赖一个简单的结论：只要等待的时间够久，就连最不可能的事也会发生。把 100 枚硬币摇晃足够多的次数，最后总会有全都正面朝上的时候。你可别屏住呼吸等待这个时刻来临，但它终会出现。与此类似，我们可以说在混沌的环境中，虽然暴胀子场的取值剧烈波动，但迟早——完全出于偶然——会有一块微小的区域，其中让暴胀子场的取值这里高一点那里低一点的随机变动会互相对齐，让这个区域的暴胀子场取值处处相同。这需要统计上的机缘巧合，形成更有序因此熵也更低的状态，但它偶尔确会发生，虽然不常发生。但根据这种看法，也不用干等着。既然所有这些情节都发生在史前的某个时期，在我们称之为大爆炸的空间快速膨胀期之前，那也就没有谁在那儿逛荡，抱着双臂，脚打拍子，等着暴胀的引爆。所以，让这场暴胀前的预演爱持续多久就持续多久好了。只有等到统计上的巧合恰好发生，出现一块均匀的暴胀子场之后，情况才终会起变化：大爆炸引发了，空间暴胀，宇宙表演开始。

虽然所有这些解释都没有解决最根本的起源问题（空间、时间、场或数学等等的起源），但还是展现了混沌的环境如何能产生暴胀所需的特殊、有序、低熵的条件。当一块微小空间终于实现了统计上不太可能的向低熵的跃迁时，反引力就会开动，推动这块空间变成快速膨胀的宇宙：发生大爆炸。

关于暴胀是如何开始的，并不只有这么一个说法。暴胀宇宙论先驱安德烈·林德曾经打趣说，对于这个问题，每三名研究者能有至少九种意见。[9] 因此要问一小块空间区域如何变成均匀充满暴胀子场的状态，并由此引发空间膨胀，更确切的答案只得留待将来的理论研究和观测。现在，我们只能假设经由某种方式，早期宇宙转变成了这种高度有序的低熵组态，迸发了大爆炸，让我们得以将此后的事宣布为定史。

从这条山径的起点出发，现在我们已经走上漫漫长路。接下来我们就要探索，在这个向着越发无序的未来飞奔的宇宙中，恒星、星系这样的有序结构究竟是如何形成的。

物质的起源与恒星的诞生

在大爆炸之后一千亿亿亿分之一秒内，反引力将一个微小的空间区域极力拉伸，可能比最先进的望远镜可能看到的最远距离都还大得多。[10] 空间中仍然充满暴胀子场，但又过了多少分之一秒后，这一情况也变了。就跟膨胀的肥皂泡表面的能量一样，充满暴胀子的膨胀空间区域里的能量也不牢靠、不稳定。肥皂泡最后会破裂，其能量会转化为肥皂水滴形成的薄雾，同样，暴胀子场最后也会"破裂"：这个能量场最终会解体，其能量则转化为粒子的薄雾。

我们不知道这些究竟是什么粒子，但可以很肯定地讲，这可不是你在初中学到的那些常见物质组分。然而，仅仅又过了几分钟，整个太空就发生了一连串快速的粒子反应：重粒子分解为一束束轻粒子；亲和力很强的粒子聚在一起，形成紧密的堆积物——原始的大浴缸于是变成了一大堆质子、中子和电子，也就是我们熟悉的那些物质（很可能还有另外一些更奇特的粒子，比如暗物质，很久以来的天文观测都证实暗物质确实存在[11]）。因此大爆炸之后没多久，宇宙中就填满了炽热、差不多均匀分布的粒子雾，有些是我们熟悉的，有些则比较陌生，它们在不断膨胀的广袤空间中飘荡。

我在"均匀分布"前面加了"差不多"这么个限定词，是因为暴胀子场的量子振动不仅会在大爆炸的余辉中产生温度变化，也会确保暴胀子场在分解时，所产生粒子的密度在整个空间中略有不同——这里高一点点，那里低一点点，等等。这些不同对接下来要发生的事情至关重要：它们是粒子渐渐聚集成恒星和星系这样的团块状物质的最重要驱动力。比周围密度稍微大一点点的区域会向周围施加稍微大一点点的万有引力，因此从周围吸来的粒子也会稍微多一点点。于是这个区域密度变得更大，向周围施加更大的万有引力，吸来更多的物质。这是受万有引力驱动的滚雪球效应，能产生越来越大的物质团块。等待足够长的时间，上亿年的级别，万有引力的滚雪球效应就会形成质量巨大、紧密压缩、非常炎热的粒子堆积物，引爆核反应过程，恒星就诞生了。经暴胀拉伸放大、又经万有引力的滚雪球效应集中展现的量子不确定性，形成了点缀我们夜空的点点星光。

问题是，既然恒星的形成就是万有引力诱使一锅差不多均匀分布的无序粒子汤形成有序天文结构的过程，那么这个过程是如何跟第二定律中无序不断增加的规定保持一致的？要知道答案，我们就得更仔细地研究一番通往高熵的路径。

通往无序之路上的路障

烤面包的时候，从面团里跑出来的粒子往外扩散，占据的体积越来越大，因此熵也在增加。但你如果是待在很远的一间卧室里，那就没办法马上享受到新鲜面包出炉的香气。香气要花一段时间才能在整栋房子中弥漫开来。你要等香气分子往外移动，达到可以达到的高熵状态。这个过程很典型，物理系统的熵一般不能直接跳到最高组态，而是随着系统中粒子的随机游走，朝可能达到的最大值逐渐增加。

在熵增的路上也可能有阻碍这一过程的障碍。封上烤箱或关起厨房门，香气就没那么容易扩散，熵增的脚步也就放慢了。这样的障碍来自人为干预，但也有一些别的情形，此时熵增的障碍来自支配物理相互作用的定律本身。我非常熟悉的一个例子是我童年时发生的一起事故，也跟烤箱有关。

我上四年级的时候，有一天放学回家，打算热一块冰箱里的剩比萨饼。我把烤箱调到 400 华氏度（约 204 摄氏度），把比萨饼放到中间层烤架上，然后等着。过了大概 10 分钟，我想看看烤得怎么样了，结果吃惊地发现这块比萨饼就跟我刚拿出来的时候一样冷。然后我才恍然大悟，虽然我打开了煤气，但忘了点燃烤箱（我们的烤箱简朴得很，是那个年代的典型产品，没有内置点火器，所以每次用都得手动点燃）。这个程序我看着爸妈操作过几百次，于是就有样学样地把身子探进烤箱，划了根火柴，想把火柴伸到烤箱小小的引火孔里去。这时烤箱内膛里已经积累了大量煤气，所以我一划着火柴就爆炸了。一道火墙向我扑来。大火扑到我脸上时，我紧紧闭上了眼睛，但还是被烧焦了眉毛和睫毛，面部和耳朵受了二到三度的烧伤。最直接的生活教训，不但由父母大人耳提面命，也在接下来几个月里的痛苦愈合过程中不断加强，那就是该如何正确使用厨房设备（我最后还是重整旗鼓继续了烹饪事业，现在大部分时候都是我做饭——虽说在我的孩子们自己启动烤箱准备饭菜时，我确实会紧张那么一下下）。但在科学上更重要的一点是，熵增的道路上确实可能存在路障，只有借助催化作用才能跨过。我的意思如下：

　　天然气（主要成分是碳氢化合物甲烷）能跟空气中的氧气和平共处，两种气体的分子可以相安无事地混在一起。然而，随着这些分子扩散开来混为一体，就很可能出现另一种截然不同且熵高得多的组态。但这种组态不会仅仅因分子继续大面积散开就能达到。高熵组态需要有化学反应才行。不用操心细节，但我还是简单说一下好了。一个天然气分子可以跟两个氧气分子结合，形成一个二氧化碳分子和两个水分子，最重要的是还会爆出一股能量。这就是天然气燃烧在分子层面的意义。这些气体分子是依靠牢固的化学键把原子连接在一起而成的，而化学反应则会将禁闭在化学键中的能量释放出来，有点儿像一束绷紧的橡皮筋突然绷断了那样。在我的烤箱历险记一例中，剧烈爆发出的能量——高度激发、快速运动的分子——灼伤了我的脸。所有这一切都告诉我们，释放储存在有序化学键中的能量，并将这些能量转化为快、混乱的分子运动，这样的化学反应会令熵陡增。

　　虽然对一个孩子让人遗憾的不幸遭遇来说这些细节非常特别，但这个插曲展现了一个广泛适用的物理学原理。通往熵增的道路上可能有减速带：天然气和氧气如果就那么自己混在那儿，并不会发生反应，不会燃烧起来，也不会达到可能范围内的更高熵组态。只有在能启动化学反应的催化作用的帮助下，这些化学组分才能清除熵增的障碍。在我的例子中，起催化作用的就是一根划燃的火柴。四年级的我划燃的这一点小火苗引发了多米诺骨牌效应，火苗中的能量打破了部分天然气分子中让原子紧密连接的化学键，使新解放出的碳原子和氢原子得以跟周围的氧原子结合，放出更多能量，破坏更多天然气分子内的化学键，这样推动反应一直进行下去。化学键的快速重连产生的能量一泻千里，就形成了爆炸。

请注意，化学键依赖于电磁力。带正电的质子吸引带负电的电子（"异性相吸"），让原子组成分子。这就意味着，从气体分子相安无事地混合在一起到化学键断裂重组产生能量并带来爆燃，其间熵的跃迁是在电磁力的驱动下完成的。我们日常生活中见到的熵增过程，很多都是这种情况。

虽然在地球上不太常见，但在宇宙中反复上演的事件中，朝向熵增的演化往往是由大自然的其他作用力驱动的，即万有引力和核力（强核力让原子核保持不散架，弱核力产生放射性衰变）。而且也跟我们现在已经看到的电磁力的情形一样，由万有引力和核力照亮的通往高熵的道路也未必是坦荡通途。会有障碍，也经常有。宇宙克服这些障碍的方式——我划燃一根火柴的宇宙版——很不容易察觉，但我们都应该好好关注一下。在万有引力和核力的指引下，在走向熵增的宇宙中形成的短暂结构有恒星和行星，而在我们这个地球上还有生命。这些法相庄严的有序结构是大自然的主力，利用万有引力和核力驱动着宇宙向熵可能的最大值挺进。

我们先来看一下万有引力。

万有引力、秩序与第二定律

自然界的作用力中数万有引力最弱，这用最简单的演示就可以证明。拿起一枚硬币，你手臂上的肌肉就击败了整个地球的引力（重力）。无论你觉得自己是弱不禁风还是身强力壮，打败一颗行星的引力都凸显了万有引力内在的柔弱。我们之所以能意识到万有引力，唯一的原因是这种力可以累加：地球上的每一点都在拉动硬币上的每一点，拉动这本书的每一点，以及你身上的每一点。由于整个地球非常大，这些拉力加在一起，就形成了我们能感觉到的向下的力。但是两个较小的物体，比如说两个电子间的万有引力，就只有两者之间电磁斥力的百亿亿亿亿亿分之一。

万有引力内在地柔弱如斯，所以我们之前讨论熵的时候压根儿就没提它。在日常情景中，比如水汽在浴室里扩散，或香气在整栋房子里飘荡，就算我们把重力效应考虑进来，我们对熵的讨论也几乎不会有任何变化。当然，重力会把分子轻轻往下拽，让靠近浴室地面的水汽密度稍微高一点点，但影响实在太小，对定性理解来说无关紧要。但是，如果我们把注意力从日常生活中转移到涉及大量物质的天文过程，就会发现熵和万有引力之间有非常重要的相互影响。

我承认，现在我要解释的观念有点挑战性，所以无论什么时候，如果你觉得我们的讨论对你来说太过超纲，你都可以直接跳到下一部分去看总结摘要。但坚持和我一路同行的回报也会很值得，你将理解在一个越发无序的宇宙中，万有引力是如何自发塑造出秩序来的。

　　想象一下烤面包场景的宇宙版。假设现在不是你的房子，而是一个巨型盒子，比太阳还大得多，飘浮在除它之外空无一物的太空中。假设现在也不是香气从你的烤箱里溜出来，而是盒子中间有一团气体（确切地说，假设是一团氢气，氢是元素周期表上最简单的元素），其分子正慢慢向外渗出。按照面包香气弥散至整栋房子的经验，我们会预期，这团气体会通过分子扩散向高熵状态演化，直到分子均匀地填满整个盒子。但是现在我们要稍微改一下。跟烤面包的例子不同，我们加进这团气体的分子特别多，以至于万有引力也变得重要了：由于气体分子数量巨大，所有分子施加的万有引力加起来，会让每个分子所受的万有引力都显著影响该分子的运动。这对我们的结论又会有什么影响呢？

　　来，设身处地一下，假设你就是一个向外运动的气体分子。你在离开气团中心，感受到所有别的气体分子施加在你身上的万有引力在把你往后拽。这个作用力会让你放慢速度。速度放慢就意味着温度下降。因此，随着这团气体云向外膨胀，总体积增加，其外围温度也下降了。记住这一点，然后跟我一起跳到更接近这团气体中心的地方，用那里分子的视角来看看。离中心越近，比起你之前在遥远的外围时，你所受的万有引力会越大。实际上，如果分子足够多，合起来的万有引力足以完全阻止你向外移动，而且还会拉着你往里走。这样你就会落向气团中心，落下去的速度也会越来越快。速度越快意味着温度越高，因此随着万有引力导致气体云团的中心向内收缩体积变小，其温度也升高了。

参照烤面包的例子，我们会预计，随着时间流逝，气体会均匀散布在整个盒子里，温度也会变得处处一致；但其实我们看到的是，在万有引力起作用时，系统的发展过程全然不同。万有引力导致某些分子被拉向更热、更稠密的中心，而另一些分子则往外飘向更冷、更分散的"壳层"。

这些结果也许看起来也没什么大不了，但现在我们已经发现了宇宙中最具影响力、引我们走向秩序的指挥之一是什么样子了。我来详细说说。

你在早上握住一杯咖啡，然后发现这杯咖啡比刚倒出来的时候还热，这种事儿从来没有过。这是因为热只会从高温流向低温，因此你那杯热咖啡会把一部分的热传递到温度更低的环境中，让这杯咖啡的温度下降。[12] 对我们这团巨大的气体云团来说也一样，热会从炽热的中心流向冰冷的壳层。现在，如果你觉得这样的热流动会让中心变冷外壳变热，让内外的温度彼此变得更接近，就像热量从你的咖啡传递到空气中，让热马克杯的温度与室温更接近了一样，我也不能怪你。但是——这非同寻常，也非同小可——在万有引力主导这场表演时，结论恰好相反。随着热从中心流出，中心会变得更热，而壳层会变得更冷。

这当然很反直觉，但要理解这一点，也只需把我们已经强调过的几点连起来看。壳层在吸收中心所放的热时，这份额外的能量会让云团胀得更厉害。向外运动的分子仍然会受万有引力向内拉的作用，因此速度会进一步放慢。[13] 总的结果是，膨胀的壳层温度会下降，而非上升。反过来，中心部分随着放热，会因能量降低而被进一步压缩。向内运动的分子跟万有引力施加的拉力是同一个方向，因此一边落下去又一边加速，这样被压缩的中心温度就会上升，而非下降。

要是你的咖啡也这么玩儿，我肯定要建议你快点喝。你等得越久，这杯咖啡往周围空气中散发的热量会越多，本身也会变得越热。这对咖啡来说是天方夜谭，但对于大到足以让万有引力发挥主导作用的气体云团来说，情况正是如此。

花点时间好好想想这个结论，你会意识到我们碰到的是一个自我放大的过程，跟信用卡债很像：你欠的越多，找你收的利息就越多，债务就会滚雪球似的越滚越大。对气体云团来说，其中心在一边收缩一边温度上升的同时，还会向较冷的壳层释放更多热量，并让中心进一步收缩，温度进一步上升。与此同时，壳层吸收的热会让壳层进一步膨胀，温度也进一步降低。中心和壳层间越来越大的温差会让热流动得更加剧烈，驱动这个滚雪球似的循环。

如果没有干预，也不改变环境条件，这种自我放大的循环就会变本加厉地进行下去。面对堆积如山的信用卡债，你可以通过还钱或宣布破产来干预。对于变得越来越热的压缩中心，大自然则用了另一种新的物理过程来干预："核聚变"。如果一团原子变得足够热、足够致密，它们就会以非常大的力量向内撞在一起，跟燃烧天然气这样的化学过程相比，这些原子可以融合得更紧密。化学燃烧这种反应涉及的是原子周围的电子，而核聚变反应则是在原子中心加进去更多原子核。通过这样的紧密融合，核聚变产生了巨大的能量，表现出来就是粒子运动得极快。正是这样快速的热运动产生了向外的压力，能平衡掉万有引力的向内拉力。因此，中心处发生的核聚变阻止了收缩，结果就是一个密集、稳定、持续的热源和光源。

一颗恒星诞生了。

为了了解这个形成过程在熵的计分板上表现如何，让我们把贡献值都加起来。变成了恒星的气体云团中心，以及周围的气态壳层，都会受两种相互竞争的熵效应的影响。对中心来说，温度上升会导向熵增，而体积变小则导向熵减，只有通过详细计算[14]才能确定谁会胜出。而我们的结果是，减少的熵比增加的熵要多，因此中心处的熵，净值是下降了的。巨大引力团块（如恒星）的形成，确实是迈向更多秩序的变化过程。而对壳层来说，体积变大导向熵增，温度下降则导向熵减，仍然要通过详细计算才能知道谁是赢家。而我们的结果是，熵增超过熵减，因此壳层的熵净值是增加的。同样重要的是，计算证明，壳层增加的熵比中心减少的熵要多，这确保了整个过程总体上是熵增的，能当之无愧地赢得第二定律的认可。

　　此番连锁事件当然是高度理想化和简化了的，它表明即使没有工程师指导行动，即使热力学第二定律规定的熵总量必须增加仍然完全有效，恒星这种低熵、有序的团块还是能自发形成。比起蒸汽机，宇宙的环境更加奇特，但我们还是发现了熵两步舞的又一个例子。蒸汽机及其周围环境跳的是这样的热力学之舞：蒸汽机释放废热，使自己的熵减少，而环境吸收这些热，让自己的熵增加。跟这种情形一样，大到足以让万有引力发挥作用的气体云团也在跳着类似的两步舞：这样一个气团的中心会在万有引力的作用下收缩，从而减少自身的熵，但它在同一过程中也会放热，使周围的熵增加。一个局部有序的区域，就在一个无序程度猛增、超过该区域所获秩序的环境中创生了出来。

　　万有引力版的熵两步舞有个新特点，就是能自我维持。气团在收缩、放热时，温度也上升，让更多的热外流，驱动两步舞的舞步继续下去。与之相对，蒸汽机做功并放热时，温度则会下降。如果不燃烧更多燃料重新加热蒸汽，蒸汽机就会停转。这也是为什么蒸汽机需要聪明的智能来设计、建造并驱动，而收缩的气体云团创造出来的有序区域——恒星——则是由没有意识的万有引力塑造和驱动的。

聚变、秩序与第二定律

　　我们来盘点盘点。

如果万有引力的影响极小，第二定律会驱使系统走向均质化。事物四散开来，能量弥散出去，熵增加。如果这就是全部，那宇宙的故事从头到尾都会很乏味。但如果物质足够多，多到让万有引力可以产生重要影响时，第二定律就会马上180度大转弯，让系统远离均质化。物质在此处凝聚，在彼处扩散。能量在此处集中，在彼处弥散。熵在此处减少，在彼处增加。因此，执行第二定律指令的方式，很敏感地依赖于万有引力。如果万有引力足够大，或说物质足够多也足够集中，有序结构就能形成。有了这些，逐渐展开的宇宙的故事就大大丰富了起来。

上面我们说过，此过程的主角是万有引力。相比之下，带来聚变的核力似乎只能是配角。核力所做的似乎仅限于干预：聚变产生向外的压力，阻止恒星在万有引力作用下向内坍缩。实际上，科学家常会漫不经心地总结道，万有引力才是宇宙中所有结构的终极来源，完全不认可核力的作用。不过也还有一种更宽宏的评价是，万有引力和核力享有一种平等的伙伴关系，二者协同运作，推进着第二定律的叙事。

关键在于，核力也在跳熵的两步舞。原子核聚变后——比如在太阳里，氢核聚合成氦核，每秒好多亿亿亿次——会产生结构更复杂、组织更精密、熵也更低的原子团。在这个过程中，原来原子核的质量，一部分转化成了能量（$E = mc^2$ 的规定），而大部分则表现为光子爆发的形式，这加热了恒星内部，并驱动恒星表面发光。正是通过这种熊熊燃烧的恒星火光，也就是向外喷发的光子洪流，恒星把大量的熵都传递给了环境。实际上，就跟我们在蒸汽机及收缩气团的例子中发现的一样，环境的熵增量要比核聚变导致的熵减量大，这确保了熵值的净增，第二定律的尊严也再次得以保全。

天然气和氧气需要催化（比如我划燃的火柴）才能引发化学燃烧，同样，原子核也需催化才能迸发核聚变。在恒星中，起这个催化作用的只有万有引力，让物质在中心处向内撞在一起，直到变得又热又密，足以点燃聚变。聚变一旦开始，就能为恒星提供数十亿年的动力，一边无穷无尽地合成复杂的原子核，一边提取原本无法获得的熵的宝藏，再将其通过光和热向外散发。下一章我们将讨论，这些产物——复杂的原子，稳定流泻的阳光——对于形成包括你我在内的更丰富多彩、更错综复杂的结构来说不可或缺。因此，虽然对于恒星的形成及为其维持稳定的环境来说，万有引力是决定性的作用力，但数十亿年来，冲在前面负责熵增的是核力。从这个角度来看，万有引力的角色是从主角变成了长篇双人舞中不可或缺的舞伴。

拟人化一下的话，结果就是宇宙巧妙地利用了万有引力和核力，夺走了原本深锁在宇宙的物质组分之内、未得开发的熵。若无万有引力，粒子就会均匀散开，就像香气弥漫整栋房子那样，达到能达到的最高熵状态。但有了引力，粒子就会被压缩成由核聚变支撑的大质量、高密度球体，把熵推得高上加高。

　　在万有引力的催化和在核力的得力执行下，这个版本的熵两步舞，是由在整个宇宙中都清晰可见的物质来跳的。这个过程从大爆炸之后没多久就开始主宰宇宙的舞步，形成了大量的恒星，这种有序的天文结构。而这些恒星的光和热，至少在一个例子中，让生命有了涌现的可能。我们将在下一章探讨的生命的涌现过程，这涉及跟熵地位相当的另一位大佬，"演化"，而这个发展过程塑造了宇宙中最精妙、最复杂的结构。

4

信息与活力

从结构到生命

1953 年，生物学家弗朗西斯·克里克给 1933 年诺贝尔物理学奖得主、量子力学奠基人之一埃尔温·薛定谔写了封信。这封信的开头写得很谦逊："亲爱的薛定谔教授：沃森和我有一次聊到我们是怎么进入分子生物学领域的，然后发现我们俩都受到了您的小书《生命是什么》的影响。"提到薛定谔的这部著作后，克里克的兴奋之情溢于言表："我们觉得您可能会对随信所附的论文感兴趣——您会发现，您的'非周期晶体'这个词似乎非常贴切。"[1]

克里克提到的沃森当然就是詹姆斯·沃森，克里克"随信所附的论文"的共同作者。这些论文才刚发表，而其中一篇注定将跻身 20 世纪最著名的科学论文之列。这篇文稿在期刊上印出来还不到一页的篇幅，但事实证明已经足以展示 DNA 的双螺旋几何结构，并为克里克、沃森和伦敦大学国王学院的莫里斯·威尔金斯赢得 1962 年的诺贝尔奖。[2] 值得注意的是，威尔金斯也说，是薛定谔的著作激发了他的热情，让他确定了遗传的分子基础。用威尔金斯的话说："是这本书让我开动了起来。"[3]

薛定谔 1944 年的《生命是什么》是以他前一年在都柏林高等研究院的系列公开讲座为基础写成的。在介绍自己的讲座时，薛定谔说，他的题目很有挑战性，"这些讲座也称不上受欢迎"，但即使可能要以失去受众为代价，他还是想全面探索这个主题，这种投入值得赞美。[4] 尽管如此，1943 年 2 月连着三个周五，第二次世界大战的战火仍在这片大陆上肆虐，还是有四百多人——包括爱尔兰总理、多位要人和富有的社会名流——挤满了坐落在三一学院校园里灰色石质的菲兹杰拉德楼顶楼的演讲厅，聆听这位维也纳出生的物理学家尽其所能，探讨生命科学。[5]

薛定谔自称，他的任务是在一个主要问题上取得进展："在一个生命有机体的空间范围内，在空间和时间上发生的事件，要如何用物理学和化学来解释？"或者用大白话来说：岩石和兔子不一样，但怎么不一样，为什么不一样？二者都是大量质子、中子和电子的集合，而所有这些粒子——无论是岩石中的还是兔子身体里的——都受完全一样的物理学定律支配。那么，在兔子体内发生了什么，使它体内的粒子集合与组成岩石的粒子集合有那么深刻的区别？

这是物理学家会问的那种问题。物理学家往往是还原论者，因此经常会在复杂现象之下寻找一些解释，而这些解释依赖的性质和相互作用要属于简单的组分。生物学家通常以生命的核心活动来定义生命：生命吸收原料，为其自我维持功能提供动力，再排出该过程产生的废物，在最成功的情况下还会进行繁殖。而薛定谔想为"生命是什么"这个问题，找到一个利用生命最基本的物理学基础来解答的答案。

　　还原论非常诱人。如果能确定是什么让粒子的集合有了生命，是什么分子魔法点燃了生命之火，我们就能朝着理解生命的起源，以及生命在宇宙中的普遍（或不普遍）存在，迈进一大步。半个多世纪过去了，尽管物理学尤其是分子生物学取得了巨大进步，我们还是在追问着薛定谔问题的各种变体。虽然在将生命（或者更一般而言，物质）分解为组成部分方面我们已经取得了重要进展，但研究者仍然面临着一项艰巨的任务：必须解释清楚当这些组分集合起来按特定组态来安排时，怎么就出现了生命。这种综合是还原论纲领的重要组成部分。毕竟，对活物检查得越是精细，就越难看到这个活物是活着的。把注意力放在一个水分子、一个氢原子或者一个电子上，你会发现谁都没有带个标记说自己是活物还是死物、有生物还是无生物的组分。生命要从集合行为、大规模组织和大量粒子组分的总体协调中才能辨识出来——就算只是一个细胞，也包含着上万亿个原子。想通过关注基本粒子来追本溯源地理解生命，无异于逐个音符、逐件乐器地欣赏贝多芬交响曲。

薛定谔自己在他第一场讲座中就以某种方式强调了这个要点。如果躯体或大脑会因为一个或几个原子的运动偏离常轨就受到损害，那么这个躯体或大脑的生存前景就比较堪忧了。薛定谔指出，为了不这么脆弱，躯体和大脑都由大量的原子组成，这样即便单个原子随机乱动，二者也还是能保持总体上高度协调的功能运作。因此，薛定谔的目标不是要证明生命是驻留在单个原子中的，而是要以对原子的理解为基础，对大型集合怎么能聚集为有生之物这一问题，构建出物理学家的解释。在他看来，这番探寻涉及极广，很可能需要拓宽科学的概念结构的基础。确实，在《生命是什么》的那篇涉及了意识的后记中，薛定谔引述了印度教《奥义书》来提出，我们都是"全在、全悟的永恒自我"的一部分，而我们每个人对自由意志的运用也反映了我们的神圣力量。这看法颇让有些人错愕，也令他失去了他第一位出版商的青睐。[6]

尽管我对自由意志的看法跟薛定谔不同（我会在第 5 章讨论这些内容），但我确实和他一样，偏爱更宽泛的解释图景。要借助一系列层层嵌套的故事，深奥的谜团才能清清楚楚地解开。无论是还原论还是涌现说，无论是数学工具还是形象手法，也无论是科学还是诗歌，我们从各种各样的角度来面对这个问题，好拼凑出最为丰富的理解。

层层嵌套的故事

在过去几个世纪，物理学自身的嵌套故事集已经日臻完善，这些故事各自按与自身相关的不同距离尺度组织起来。我们物理学家不遗余力地想刻进学生心中的方法，其核心就是这样一套故事集。要了解被棒球巨星迈克·特劳特猛挥球棒击得瞬间变形的棒球如何回弹为原来的球形，需要分析棒球的分子结构。无数微观物理作用力正是在分子结构层面让变形复原，并让棒球进入轨道。但要理解棒球的轨迹，这种分子视角就没用了。当棒球旋转着急速飞出左外野围栏时，追踪上亿亿亿个分子的运动所需的海量数据会变得完全无法理解。碰到轨迹问题时，你得从分子杂草中抽身而出，去考察棒球整体的运动。你得讲述一个相关但并不相同的层次更高的故事。

这个例子说明了一个简单但关涉广泛的认识：是我们问的问题，决定了讲什么故事能带来最有用的答案。是叙事结构，为大自然最偶然的一种性质赋予了价值。在每种尺度上，宇宙都要有条有理。牛顿对夸克和电子一无所知，但如果你告诉他棒球离开迈克·特劳特的球棒时的速度和方向，他睡着觉都能算出来这颗棒球的轨迹。从牛顿的时代至今，物理学有了很大进步，现在我们可以探测更细微的结构层次，这也极大丰富了我们的理解。但每个尺度上的描述本身也都有意义。假使并非如此——就比如说，理解棒球的运动需要理

解其粒子的量子行为——那就很难看出来，我们怎么才能有
所进步。长久以来，分而治之都是物理学的战斗口号，这个
战略也赢得了激动人心的胜利。

　　还有项同样重要的任务是把这些个别的故事综合起来，
变成无缝衔接的叙述。肯尼斯·威尔逊就把对粒子物理学
和场物理学的这种综合推向了最精细的形式，并因此获得
了 1982 年的诺贝尔奖。[7] 这位威尔逊创建了一种数学手段，
可以在一系列不同尺度下分析物理系统——从特别小的、比
如说比大型强子对撞机能探测的还要小得多的尺度，到一个
多世纪以来一直都能达到的比前者大得多的原子尺度——然
后系统地将这些故事衔接起来，从而清晰阐释了随着尺度迁
移到自身的特定领域之外，每种故事是如何将叙事重担移交
到下一个尺度的。这种方法叫"重正化群"，是现代物理学
的核心内容。这种方法展现出了，当我们把关注转去另一种
尺度时，用来在原尺度上分析物理现象的语言、概念框架和
方程需要作何改变。物理学家们利用这种方法发展出了不同
叙述嵌套的集合，并勾勒出了每种叙述如何将信息传达给相
邻的叙述，并从中得到了已获大量实验和观测证实的细节翔
实的预测。

　　尽管肯尼斯·威尔逊的方法是为现代高能粒子物理学
（量子力学及其推广，即量子场论）的数学工具量身打造，
但其总体认识是广泛适用的。理解世界有很多种方式。在科
学的传统架构中，物理学管的是基本粒子及其各种组合，化

学管的是原子和分子，生物学则是生命。这种分类法提供了一个用尺度来划分科学的方式，尽管粗疏但还算合理，今天仍然有人这样做，但在我上学的时候这种方式比现在更是明显得多。但最近，研究者们探究得越深，就越认识到理解各学科间的交叉内容必不可少。各门科学不是独立王国。如果把关注点从生命转到智慧生命，那么其他交叉领域——语言、文学、哲学、历史、艺术、神话、宗教、心理等等——就会成为年代叙事的中心。就算是最顽固的还原论者也承认，从分子运动角度来解释棒球轨迹是滑天下之大稽，援引这样的微观视角来解释击球手面对投手挥臂投球、观众欢声雷动、快球迅速逼近时的感觉，更是只能贻笑大方；反而是用人类思考这一层面的语言讲述的更高层次的故事，提供了好得多的见解。但是，这种更合适的人类层面的故事必须跟还原论阐释相容，这也是关键所在。我们是有物理之身的生灵，要服从物理学定律。因此，无论是物理学家大声疾呼只有他们的解释框架才最为根本，还是人文主义者对还原论肆无忌惮的自高自大嗤之以鼻，都没什么好处。将各学科的故事融为精心编织的叙述，才能集萃出更完善的理解。[8]

　　这一章我们将站定还原论的立场，后面几章则会从与之互补的人文主义感受的角度来探讨生命和心灵。现在我们将讨论生命所必需的原子和分子成分的起源，特定环境——地球和太阳——如何出现（正是在这个环境中，原子和分子刚好能以正确方式混在一起，生命因而得以出现并蓬勃发展），还将通过研究一些为所有生命共有的奇妙微观物理结构及过程，来探索地球生命的深层一致性。[9] 虽然我们不会回答生命起源的问题（这仍是个未解之谜），我们还是会看到，地球上的所有生命都可以追溯回共同的单细胞祖先，而这一点清楚表明了一门关于生命起源的科学到最后一定要解释的内容。这也将引导我们从前几章建立的广泛适用的热力学视角来研究生命，清晰阐明生物不仅彼此之间有深深的亲缘，而且与恒星和蒸汽机也颇有共通之处：生命是宇宙用来释放物质中潜藏的熵的又一种方式。

我的目标不是成为百科全书，而只是想提供足够细节，让你能感受到大自然的节律，感受到从大爆炸直到地球上生机勃勃的现在都一直在反复回响的那些规律。

元素的起源

把任何本有生命的东西拿来研磨一番，揭开其复杂的分子机制，你都会发现同样的 6 种原子大量存在：硫、磷、氧、氮、碳、氢——学生们有时也会用首字母缩写 SPONCH 来记住这组元素（墨西哥有种棉花糖饼干也叫这名字，你可别弄混了）。这些生命所必需的原子成分从何而来？现有的答案展现了现代宇宙学中最成功的一个故事。

要建造任何原子，无论它有多复杂，配方都很简单。把适当数量的质子和适当数量的中子一起塞进一个严严实实的球（原子核）里，外边用跟质子数量相同的电子包围起来，再把电子安排进由量子物理决定的特定轨道。就这样。难点在于，这些原子组分不会像乐高积木似的刚好严丝合缝地扣在一起。这些粒子彼此会大力地推来拉去，让组装原子核的任务变得无比艰难。尤其是质子，都带有相同的正电荷，因此要冲破彼此的电磁斥力需要非常高的压力和温度，彼此也要靠得非常近才能让强核力开始主导局面，把这些质子都锁在强大的亚原子怀抱中。

紧随大爆炸之后的残酷环境，比此后任何时候、任何地方所能遇到的任何情况都要极端得多，因此似乎是克服电磁斥力将原子核组装起来的理想环境。质子和中子混在一起碰来撞去，密度和能量都极高，因此你可能会认为，聚集现象会自动发生，按照元素周期表一种接一种地生成新的"原子类"。实际上，乔治·伽莫夫和他的研究生拉尔夫·阿尔菲在20世纪40年代末就是这么提的（伽莫夫是位苏联物理学家，他1932年第一次试图叛逃苏联时，划着一艘主要装着咖啡和巧克力的小艇就想穿越黑海）。

他们也说对了一部分。他们抓住了一个要点，就是在最早的时刻宇宙的温度确实太高了。太空中满是能量极高的光子呼啸来去，任何刚开始形成的质子和中子结合体，都会被这股大力洪流冲散。但他们也认识到，就在大概一分半钟之后——考虑到早期宇宙的发展瞬息万变，这是很长一段时间了——情况变了。这时，温度降到了不再能让典型光子的能量压倒强核力，质子和中子的结合体终于得以存续。

第二个要点后来才变清晰，那就是打造复杂原子是个错综复杂的过程，颇耗时间。这个过程需要完成一系列非常特别的步骤：规定数量的质子和中子要先融合为各种不同的团块，然后要有幸遇到特定的互补团块并与之聚合，就这样一直进行下去。就跟美食菜谱一样，这些组分的结合顺序也至关重要。还有个事儿会让这个过程难上加难，就是有些中间团块并不稳定，即形成后往往很快就会分解，这样"烹饪"过程就会中断，合成原子的速度也就放慢了。这个阻碍事关重大，因为随着早期宇宙的快速膨胀，温度和密度稳步下降，这意味着实现聚变的窗口期很快就会过去。创世后大约10分钟，温度和密度就降到了核反应所必需的阈值以下。[10]

先是阿尔菲在自己的博士论文中量化了这些考虑，之后又有很多研究者继续完善，最后我们发现，在紧随着大爆炸的那段时间里，合成的只有头几种原子类。通过数学计算，我们可以得出这几种元素的相对丰度：约75%的氢（1个质子），25%的氦（2个质子、2个中子），痕量的氘（一种重氢，有1个质子和1个中子）、氦-3（一种轻氦，有2个质子和1个中子）和锂（3个质子、4个中子）。[11]对原子丰度的详细天文观测已经证实，这些比例完全准确，这是数学、物理学在详陈大爆炸后数分钟内发生了哪些过程方面的大胜利。

那么更复杂的原子，比如对生命而言不可或缺的那些呢？针对这些原子的起源的提法，可以追溯到20世纪20年代。英国天文学家亚瑟·爱丁顿爵士（有人问他作为仅有的能理解爱因斯坦广义相对论的三个人之一是什么感受时，他的著名回应是"我在努力想第三个人是谁"）的想法很正确：恒星灼热的内部也许会成为更复杂的原子类的宇宙慢炖锅。这个提议经过很多杰出的物理学家之手，包括诺奖得主汉斯·贝特（我获得教职后最早的办公室就在他隔壁，他每天下午 4 点都绝对会大打喷嚏，我都能拿来对表），而最重要的可能是弗雷德·霍伊尔（在 1949 年 BBC 的一次广播节目中，他轻蔑地提到宇宙是在"一次大爆炸"中创造出来的，无意中创造了科学史上最为言简意赅的一个诨号[12]），他将这个提法变成了一种成熟、可预测的物理机制。

紧随大爆炸之后的环境瞬息万变，相比之下，恒星则提供了稳定的环境，能维持数百万甚至数十亿年。特定中间团块的不稳定在恒星中也会拖聚变通路的后腿，但如果你要打发的时间足够多，这活儿也还是能干完。因此跟大爆炸的情形不同，在氢聚变成氦之后，恒星中的核合成反应还远没有结束。质量足够大的恒星会继续把原子核挤压在一起，迫使这些原子核聚变为元素周期表上更复杂的原子，同时在这一过程中产生大量的光和热。例如，20 倍太阳质量的恒星，前 800 万年都会用来把氢聚变成氦，并用接下来的 100 万年把氦聚变成碳和氧。从这时开始，随着恒星的中心温度越来越高，"传送带"也会不断加速：这颗恒星会用大约 1000 年来耗尽储存的碳，将其聚变为钠和氖，接下来的 6 个月进一步聚变生成镁，接着 1 个月是硫和硅，再然后只用 10 天把剩下的原子聚变耗尽、变成铁。[13]

到铁这儿我们就要停一下了，理由很充分。在所有原子类中，铁的质子和中子结合得最紧密。这很重要。如果你想塞更多质子和中子进去好创造更重的原子类，你会发现铁原子核没什么兴趣参与。原子核的熊抱把 26 个质子和 30 个中子紧紧抱在一起，已经挤出并释放了物理上能释放的最多能量。要再加质子和中子进去，就要有能量的净输入，而不是输出了。因此我们走到铁这一步后，恒星通过聚变有序地产生更大、更复杂的原子同时释放光和热的过程，就告一段落了。就像落到你家壁炉炉膛里的灰烬一样，铁不能再燃烧了。

那么，所有那些原子核更大的原子类，包括铜、汞、镍等很实用的元素，金、银、铂等深受情感喜爱的原子类，以及镭、铀、钚等超级重的原子类，该怎么办呢？

科学家已经确定，这些元素有两种来源。如果恒星的核心已经主要是铁，聚变反应就不再能产生向外推的能量和压力，来对抗万有引力向内的拉力。这时恒星就会开始坍缩。如果恒星的质量够大，坍缩会加速变成非常强烈的"内爆"，使核心的温度一飞冲天。内爆的物质从核心中弹出，触发强烈的冲击波喷涌而出。随着冲击波声势浩大地从核心向恒星表面挺进，遇到的原子核都会被剧烈压缩，从而聚合形成大量更大的原子核。在混乱的粒子运动大漩涡中，元素周期表上所有更重的元素都能合成。在终于抵达恒星表面时，冲击波就会把这顿原子盛宴吹向太空。

重元素的另一个来源是中子星之间的剧烈碰撞，这种天体是大约 10—30 倍太阳质量的恒星经历了死亡的苦痛后形成的。中子星主要由中子组成，而中子就像变色龙一样，可以转化成质子——对形成原子核来说是好兆头，因为这样就有了大量合适的原材料。但还有一个障碍，就是要形成原子核，这些中子需要从中子星强大的引力控制中解放出来，而中子星之间的碰撞就在这时派上了用场。碰撞会抛出一缕缕中子流，而中子不带电，所以不会有电磁斥力，更容易聚集成团。在这些中子当中有一些摇身一变成为质子（此过程会释放电子和反中微子）之后，我们就有了复杂原子核的物料供应。2017 年，科学家探测到了中子星碰撞产生的引力波（紧跟在首次探测到引力波之后，那一次是两个黑洞碰撞引发的），让这种碰撞从理论领域的纸上谈兵变成了观测事实。一系列分析已经确定，中子星碰撞产生更重元素的效率比超新星爆发要高，产量也更大，因此很有可能，宇宙中的重元素大部分都是通过这种天体物理级的猛烈碰撞产生的。

各种原子类在恒星中聚变生成并在超新星爆发中抛射出来，或是在星体碰撞中被抛出并聚合成粒子流，就这样飘在太空中，一起旋转，形成巨大的气体云团，在历经漫长岁月后，重又聚集成恒星和行星，并最终变成我们。这就是组成宇宙间万事万物，以及你所见过的万事万物的原料的起源。

太阳系的起源

我们的太阳才刚过 45 亿岁，在宇宙中算是新来乍到。这个太阳并不在宇宙初代恒星之列。在第 3 章我们曾看到，物质密度、能量密度的量子差异随着暴胀被拉伸到整个宇宙空间，而那些恒星先驱便起源于这些差异。对这些过程的计算机模拟表明，最初一批恒星在大爆炸后约 1 亿年就点燃了，它们在宇宙舞台上的亮相可一点儿也说不上细致优雅。最早的恒星有点儿像猛犸象，质量是太阳的数百倍甚至可能数千倍，燃烧得非常剧烈，因此很快就燃尽了。质量最大的那些在生命结束时有一场猛烈的引力内爆，因此会一直坍缩下去直到形成黑洞——这是物质的一种极端组态，我们后面的旅程中会重点关注。质量较小的早期恒星会在剧烈的超新星爆发中结束生命，这样的爆发不只是会在太空中广布复杂原子，也启动了下一轮星体形成。撕裂恒星的超新星冲击波会让恒星的原子成分猛烈聚合，同样地，在太空中雷霆万钧的冲击波也会压缩与其遭遇的分子云团。被压缩过的区域密度更大，因此会对周围施加更大的万有引力，吸入更多粒子成分，开始新一轮万有引力滚雪球效应，走向下一代恒星。

根据太阳的组成（即太阳现在包含的各种重元素的量，由光谱测量确定得出）来推断，太阳物理学家认为，我们这个太阳是宇宙中第一批恒星的孙辈，是第三代新生儿。至于说太阳起初是在哪里形成的，还相当不确定。人们研究过的一个候选对象是一个名为"梅西耶67"（M67）的区域，在约3000光年之外，该区域有一组恒星的化学组成表现得跟太阳很像，这提示了这些恒星跟太阳或有很近的亲戚关系。但还有个难题悬而未决，就是解释清楚太阳系的太阳和行星（或者各行星随后可以从中形成的原行星盘）是如何从那么遥远的星体育婴室喷射出来并迁至这里的。对可能轨迹的部分研究指出实际上梅西耶67不可能是太阳的诞生地，但也有另一些研究，援引了各种的修正假设，得出了更令人鼓舞的结论。[14]

我们可以更有把握地说，大概47亿年前，可能有一阵超新星冲击波穿过含有氢、氦和少量更复杂原子的云团，压缩了云团的一部分，让这部分的密度比周围更大，施加更强的万有引力并开始向内吸入物质。接下来几十万年间，这个区域的气体云团继续收缩，而且旋转，开始只是缓慢旋转，随后越来越快，就像一位优雅的滑冰运动员在旋转时收回双臂。滑冰运动员在旋转时会受到向外的拉力（运动员的衣服上如果有松散的缘饰，会因此展开），旋转的云团也同样如此，其外部区域会扩散、摊平，变成一个圆盘，围绕着核心处较小的球形区域旋转。在接下来的五千万到一亿年中，这个气体云团缓慢而稳定地上演了我们在第3章讨论过的由万有引力驱动的熵两步舞：万有引力挤压球形核心，使之越发炽热和致密，同时周围的物质则会冷却、变稀薄。核心处的熵减少了，而周围熵增的幅度则超过核心的熵减。最后，核心处的温度和密度就跨过了引发核聚变的阈值。

太阳诞生了。

接下来几百万年，太阳形成时留下的碎屑，虽然只是之前旋转星盘的千分之几，还是在无数次万有引力的滚雪球效应中聚集起来，形成了太阳系的行星。更轻、更易挥发的物质，比如氢和氦，还有甲烷、氨和水，可能会被太阳强烈的辐射破坏，因此在太阳系更冷的外部区域聚集得更多，并在那里形成了木星、土星、天王星和海王星这几颗气态巨行星。更重、更结实的成分，如铁、镍和铝，更能经受靠近太阳的较高温环境，于是聚合成了水星、金星、地球和火星这几颗较小的带内岩质行星。这些行星的质量都比太阳小得多，因此能通过自身原子固有的抗压缩能力来支撑自己不大的重量。行星核心也会升温增压，但远达不到引发核聚变的水平，因此形成了相对温和的环境，而生命——至少我们这种形式的生命，也可能是宇宙中所有生命——都应对此感激不尽。

年轻的地球

地球形成后的最初 5 亿年叫"冥古宙"(Hadean period)，用的是希腊冥界之神哈德斯 (Hades) 的名字，表示这是个地狱般的时代：火山到处喷发，熔岩四处奔涌，硫黄和氰化物的有毒浓烟遮天蔽日。但现在也有科学家思忖，海神波塞冬似乎才是年轻地球的代表，他的名字很可选。关于海洋变化的议题仍有争议，其所依赖的证据不过只是蛛丝马迹。虽然我们没有那个早期时段的岩石样本，研究人员还是找到了早期地球的熔岩在冷却并凝固下来时形成的古老的半透明斑点，名为"锆晶"。事实正在证明，锆晶对理解地球的早期发展至关重要，不仅因为这种晶体几乎算是坚不可摧，挺过了数十亿年的地质冲击，还因为这种晶体起着微型时间胶囊的作用。锆晶在形成时捕捉了环境中的分子样本，通过标准放射性定年，我们可以得出其时间戳记。仔细分析锆晶中的杂质，我们能得到古代地球状况的样本。

在西澳大利亚州发现的锆晶能追溯到 44 亿年前，也就是太阳系和地球形成才几亿年的时候。分析过这些晶体的详细组成后，研究人员指出，古代地球的状况可能比以前认为的要宜人得多。早期地球可能是个相对平静的水世界，表面主要被海洋覆盖，小块陆地点缀其间。[15]

这并不是说地球的历史中没有激动人心的戏剧时刻。诞生大约五千万到一亿年之后，地球很可能和一颗火星大小的行星"忒伊亚"相撞了。这次撞击令地球的地壳蒸发，抹杀了忒伊亚，还激起了一团尘埃和气体，吹向数千千米外的太空。时光流转，这团气体和尘埃在万有引力作用下聚集起来，形成了月球这颗太阳系中较大的行星卫星，每晚都在提醒我们有过那次激烈的碰撞。另一个提醒来自季节。我们会经历酷暑和寒冬，这是因为倾斜的地轴会影响阳光入射的角度：夏季太阳直射，而冬季阳光只能斜射。地轴倾斜也很可能是因为跟忒伊亚碰撞过。后来地球和月球也都经历过被较小的流星猛烈撞击的时期，只不过没有行星撞击那么吓人就是了。月球上没有风蚀，也没有地壳运动，因此那些伤疤都留了下来。而地球经受的暴打虽然今天已看不出多少痕迹，但当时也同样惨重。早期有些撞击可能曾经部分甚至全部蒸发了地球表面所有的水。尽管如此，锆晶"档案"中的证据表明，在形成后几亿年之内，地球可能就已经冷却到足以让大气中的水汽成云致雨，填满江河湖海，形成的地形跟我们今日所见已无太多不同。至少阅读锆晶可以得出这个结论。

地球需要多长时间才能渐渐平息下来，并积累大量的水——无论是多少亿年还是还要久得多——这个问题的争议非常大，因为它直接关系到另一个问题：在我们的地质史上，生命最早是何时出现的。虽然说有液态水的地方就会有生命会太过了些，但我们可以有一定信心地说，没有液态水就没有生命，至少不会有我们熟悉的这种生命。

我们来看看为什么。

生命、量子物理和水

水是自然界最常见也最有影响力的一种物质。其分子组成 H_2O 之于化学，正如爱因斯坦的 $E = mc^2$ 之于物理学，都是各自学科最著名的式子。了解了这个分子式的细节之后，我们就能认识到水的独特性质，并为薛定谔在物理学和化学层面上理解生命的大业树立一些关键思想。

至 20 世纪 20 年代中期，世界上很多顶尖物理学家都感觉到，以前公认的体系即将迎来彻底的改变。几个世纪以来，牛顿理论在预测运动轨迹，无论是行星公转还是石块飞过的时候，都是在为"精确"一事设立金标准，但应用到像电子这么小的粒子上时却遭遇了惨败。杂乱无章的数据从微观世界不断冒出来，牛顿思想的静海也变得动荡不安了。物理学家很快发现自己只有拼命挣扎才能免遭没顶之灾。在跟尼尔斯·玻尔一起精疲力竭地紧张计算了一夜之后，维尔纳·海森堡茫然地穿过哥本哈根一座空荡荡的公园，发出了一声哀叹，很好地总结了当时的情形："大自然有可能像我们在这些原子实验中看到的那样荒谬吗？"[16] 答案是响亮的一声"是"，1926 年由一位谦逊的德国物理学家马克斯·玻恩给出，他引入了全新的量子范式，打破了概念上的死局。他主张，电子（或任何粒子）只能用它在任何给定位置被发现的"概率"来描述。突然之间，熟悉的牛顿世界让位给了量子现实：在牛顿世界中对象总有确定的位置，而在量子现实中，一个粒子可能在这里、那里或完全另一个地方。而且，概率框架中内在的不确定性远远谈不上是缺陷，而是揭示了量子现实的一个固有特征，但很久以来，这个特征都被极有见地但又明显失于粗糙的牛顿框架给忽略了。牛顿以他能看到的世界为基础构建了自己的方程。过了几百年我们才了解到，在我们人类靠不住的感知之外，还有一种意想不到的现实。

玻恩的提案在数学上非常精确。[17] 他解释说，薛定谔几个月前发表的一个方程可以用来预测量子概率。这对薛定谔和其他所有人来说也都是闻所未闻。但是，科学家按照玻恩说的去做，结果发现数学上确实奏效。非常奏效。之前，数据或是只能被为之特设的经验规则解释，或是完全无法解释，现在它们终于能通过系统的数学分析加以理解了。

在应用到原子身上时，量子视角抛弃了原来的"太阳系模型"，不再认为电子是在绕着原子核旋转，就像行星绕着太阳公转一样。量子力学从自己的立场出发，设想电子是一团围绕在原子核周围的模糊不清的云，这团云在任何给定位置的密度就指示了在该点发现这个电子的概率。这个电子在概率云较薄的地方不太可能被发现，在概率云比较厚的地方则很可能被发现。

薛定谔的方程从数学角度明确了这一描述，确定了电子的概率云的形状和密度概况，并精确规定了每团这样的概率云能为原子容纳的电子数目——对我们目前的讨论来说，这一点最为关键。[18] 这方面讲细了就会很快变得过于技术化，但要理解基本特征，我们可以把原子的原子核想成是圆形剧场的中心舞台，而原子的电子就是坐在周围一层层座位上看表演的观众。在这个"量子剧场"中，将薛定谔的方程应用于原子，就决定了电子"观众"如何就座。

如果你有过在真正的剧场中爬台阶的经验，那么就和你预想的一样，层级越高，电子抵达这个层级所需的能量就越多。因此，如果原子处于可能的最平静状态，即能量最低的组态时，其电子可视为最守秩序的观众，只有较低层座位被完全占满后才会进入较高层座位。由于原子处于能量最低的状态，没有哪个电子会爬得更高，除非绝对必须如此。每一层能容下多少个电子？薛定谔的方程给出了答案，这是在所有量子剧场都适用的通用消防条例：方程明确规定，第一层最多容纳 2 个电子，第二层 8 个电子，第三层 18 个，等等。如果原子有能量提升，比如说被高能激光击中，则原子中的部分电子就可能被充分激发，跃至更高层级，但这种容光焕发都持续不了多久。激越的电子很快就会落回原来的层级，（以光子的形式）发射出能量，让原子回到最平静的组态。[19]

方程还揭示了另一个特性，这就是原子的一种强迫症，也是全宇宙中的化学反应最重要的动力。原子非常厌恶没有完全填满的层级。有些层级全空着？没问题。有些层级全填满了？也成。但电子只占了部分座位？那原子可要抓狂了。有些原子很幸运，生来就有的电子数量刚好够满座。氦原子有两个电子来平衡原子核中两个质子所带的正电荷，这两个电子就开开心心地坐在了第一层。氖原子有 10 个电子，跟氖原子核中 10 个质子的正电荷对应，这些电子也同样开开心心地先坐满了第一层的两个位子，然后刚好占满能容纳 8 个电子的第二层。但对大部分原子来说，平衡质子数所需的电子并不能完整地填满层级。[20]

那这些原子怎么办呢？

　　这些原子会跟别的原子类调剂余缺。如果你这个原子的最外层还需要两个电子才填满，而我这个原子最外层只有两个电子，那我把我的两个电子捐献给你，我们俩就都满足了对方的渴望：这次捐献让我们俩的最外层都圆满了。同时也要注意，你接受了我的电子之后会带负电，而我捐出电子之后会带正电——因为异性相吸，咱俩就会抱成一团，形成电中性的分子。要不就是，比如你我都需要再来一个电子才能填满我们的最外层，那我们可以达成另一种类型的交易：咱俩各捐一个电子出来形成一个共用电子对，这样也能互相满足双方的渴望，而且在共用电子对的联结下，我们也会合成为一个电中性的分子。这种通过让原子结合在一起来填满电子层的过程，就是我们所谓的化学反应。这个过程也为地球上乃至整个宇宙中生命系统内发生的同类反应提供了模板。

　　水就是一个很重要的例子。氧原子有 8 个电子，2 个在第一层，6 个在第二层。因此，氧原子会想再得到 2 个电子来把第二层填满，达到满座的 8 个电子。有个现成的来源就是氢原子。每个氢原子都只有 1 个电子，形单影只地在第一层上犯着焦灼。氢原子如果有机会再得到 1 个电子把这层填满，肯定很乐意，于是氢和氧达成协议，共享 1 个共用电子对，这样就完全满足了氢原子的需求，也让氧原子离极乐的轨道状态更进一步，只差 1 个电子了。再纳入第二个氢原子，同样跟氧原子共享 1 个共用电子对，结果就会皆大欢喜。对这些电子的共用让 1 个氧原子和 2 个氢原子结合在一起，于

是形成了水分子 H_2O。

　　这番结合中的几何特征有深远的影响。原子间的推力和拉力把所有水分子都塑造成了一个很宽的 V 形，氧原子位于顶点，两个氢原子待在 V 字的两个上端。虽然 H_2O 不带电，但由于氧原子疯了一样想填满自己的电子层，所以会把共用电子对护在自己身边，导致整个分子的电荷分布偏向一边。分子的顶点、即氧原子的位置带负电，而两个上端、也就是氢原子待的地方，带正电。

　　电荷在水分子中如何分布，看似是种隐秘的细节。但并非如此。事实证明，这个特点对生命的涌现至关重要。由于水分子中的电荷分布不均衡，水几乎可以溶解一切。带负电的氧原子顶点会紧紧抓住任何哪怕只带一点点正电的对象，而带正电的氢原子端也会紧紧抓住任何哪怕只带一点点负电的对象。水分子的两头同心协力，就像带电的爪子一样，任何对象只要浸在水中的时间够久，几乎都会被水分子拆散。

　　最常见的例子是食盐。1 个食盐分子由 1 个钠原子和 1个氯原子结合而成，在靠近钠原子的地方稍微带一点正电（因为钠原子给了氯原子 1 个电子），而靠近氯原子的地方稍微带一点负电（因为氯原子从钠原子那里得到了 1 个电子）。把食盐丢进水里，水分子中（带负电的）氧原子那一侧就会紧紧抓住（带正电的）钠原子，而（带正电的）氢原子那一侧也会紧紧抓住（带负电的）氯原子，把食盐分子撕开，使之溶解成为溶液。发生在食盐身上的过程，在很多很多其他物质上也会发生。细节会有所不同,但水的电荷分布不对称,使之成为不可思议的溶剂。就算洗手不用肥皂,水的电极性还是会辛勤工作,溶解异物并将其带走。

　　除了在个人卫生方面的作用,水抓住一个东西就不放的能力对生命来说也不可或缺。细胞内部就是微型化学实验室,其运转需要细胞的大量成分快速移动:营养进去,废物出来,化学物质混合起来形成细胞功能所需的物质,等等。是水让这一切成为可能。水占了细胞质量的 70% 左右,是生命的摆渡之流。匈牙利生理学家、诺奖得主阿尔伯特·圣捷尔吉妙语连珠地总结道:"水是生命的材料和温床,也是生命的母亲和媒介。没有水就没有生命。生命直到学会长出皮肤,长出这个把水装在里面随身携带的袋子之后,才得以离开海洋。我们仍生活在水中,只是现在水在我们身体里面。"[21] 这是诗,是对水和生命的优雅颂歌;这也是科学表述,虽然至今尚无任何论据能确立这一表述的普遍有效性,但我们并不知道有哪种生命形式能质疑水的必要性。

生命的一致性

　　在考察过简单原子和复杂原子的合成、太阳和地球的起源、化学反应的本质及水的必要性之后,现在我们准备好来研究生命本身了。虽然从生命的诞生开始讨论似乎顺理成章,但要处理这个至今仍未解决的话题,也最好先来探索生命本身的典型分子性质。过去 30 年，我都在寻找大自然基本作用力的统一理论，对我这样的人来说，探索生命的分子性质，揭示了令人惊叹的生物一致性。我们并不知道地球上从微生物到海牛一共究竟有多少不同的物种，不同研究估计的数值低则数百万，高则上万亿。无论具体是多少，这都是个巨大的数字。不过，物种的丰富性也掩盖了生命内部机制的唯一本质。

对有生命的组织研究得够仔细的话，你就会遇到生命的"量子"——细胞——我们可以认为，这是形成有生组织的最小有生单位。且不管其来源如何，细胞的共同特征非常多，未经训练的人在查看个别样本时，会对分清老鼠和獒犬、海龟和狼蛛乃至苍蝇和人束手无策。很令人震惊吧。我们的细胞当然必须显示出明显且重要的区分标记。然而并没有。过去几十年人们找到的原因是，所有复杂的多细胞生命都来自同一种单细胞祖先。细胞彼此相似，是因为其谱系是从同一个起点扩散出来的。[22]

这个认识很能说明问题。生命的表现形式非常丰富，因此也许有多种不同的起源。一直往上追踪海洋软体动物的世系，最后也许会揭示出一个起点，而对袋熊或兰花如法炮制也许又会抵达另外的起点。但各种证据都强烈表明，在寻找生命的起源时，各条世系最后都殊途同归，汇聚到同一个祖先那里。生命有两个普遍存在的性质让这个结论更有说服力，每个性质也都说明了所有生命共有的深层共性。第一个性质是我们比较熟悉的，跟信息有关：细胞如何对指引生命维持功能的信息进行编码并加以利用。第二个性质同样重要，但没那么广为人知，它跟能量有关：细胞如何驾驭、储存并有效利用执行生命维持功能所需的能量。在这两个性质中我们都会清楚地看到，尽管地球上的生命千姿百态、蔚为大观，但生命过程的细节却都一模一样。

生命信息的一致性

要看出兔子是活的，一种办法就是看兔子怎么运动。当然岩石也可以运动。激荡的河水可以把岩石冲向下游，火山爆发也能把它抛向高空。区别在于，岩石的运动完全可以理解，甚至可以预测，只要知道作用在岩石上的外力就行。给我的关于河水和火山喷发的信息足够多，我可以相当出色地指出会发生什么事情。但要预测兔子的运动就难了。在薛定谔所谓的兔子的"空间范围"内发生的活动，即其机体内部活动，是其运动的决定性因素。兔子抽动鼻子，转动脑袋，跺脚，所有这些动作都让它看起来有自己的意志。兔子或其他任何生命形式（包括我们）是否真的有这种自主的意志，是一个已经争论了几百年的问题，下一章我们也会好好讨论它，所以这会儿我们还是先别在这上面纠结了。现在我们可以一致同意，岩石内部的活动对于我们观察到的岩石的运动实际上没有任何影响，但兔子协同一致、错综复杂且自我导向的运动提示我们，它是活的。

这个判断并不万全。自动化系统可以执行大致相仿的动作，而且随着技术的进步，其模仿生命的能力也会变得越发高超。但这样说只是要突出更大的一个要点：我们所考察的这种运动，来自信息和执行之间、也可以称为软件和硬件之间的相互作用。对自动化系统来说，这种描述就是字面意思：无人机、自动驾驶汽车、扫地机器人等等都由软件控制，软件采集环境数据作为输入，而本身则作为输出决定机载硬件（如机翼、转子、轮子等）去执行何种响应。对兔子来说，上面的描述就是一种比喻了，尽管如此，用"软件/硬件"范式来思考生命也特别管用。兔子用感官从环境中采集数据，用"神经计算机"（兔脑）运行这些数据，然后沿神经通路发送承载信息的信号：吃三叶草、跳过落下来的树枝等等，并产生身体动作。兔子的运动来自其内部处理和传输的一组复杂指令，此种指令会流经兔子自身的身体结构：生物软件驱动生物硬件。这样的过程在岩石那里完全没有。

如果我们一头扎进兔子身上的某一个细胞，也会遇到类似的情况，不过是在小尺度上上演。细胞的绝大部分功能都由蛋白质来执行，这种大分子能催化、调节化学反应，运输必需物质，并控制一些细节特性，如细胞的形状和移动。蛋白质是由 20 种更小的基本单位"氨基酸"结合而成，就跟英语单词都出自 26 个字母的不同组合一样。单词要有意义，就需要字母以特定顺序排列；蛋白质也一样，能派上用

场的蛋白质也需要氨基酸按照特定序列连接起来。如果任由
这种组装过程瞎碰运气，那所需的氨基酸能恰好以正确顺序
一个接一个连接起来形成特定蛋白质的可能性，只会无限接
近于零。只是 20 种不同的氨基酸连接起来组成一条长链的
方式数量，就会让这一点显而易见：对一条有 150 个氨基酸
的长链（这还只是个小蛋白）来说，就有大概 10^{195} 种不同
的排列方式，比整个可观测宇宙中的粒子总数还要多得多。
就像人们常说的，让一群猴子随机敲打键盘，几十年也敲不
出一行比"生存还是毁灭"更像样的句子，同样，随机性也
带不来生命所需的特定蛋白质。

　　因此，复杂蛋白质的合成需要一套指令来详细说明每一
步过程：把这个氨基酸接在那个氨基酸上面，然后再接上这
个，接下来又是那个，如此等等。也就是说，蛋白质合成需
要细胞层面上的软件。每个细胞内也确实都有这样的指令。
这些指令的编码者是 DNA，这是维持生命的一种化学物质，
沃森和克里克发现的就是这种物质的几何结构。

　　每个 DNA 分子都会呈现出著名的双螺旋形状，这是一
架扭曲的长梯，横档就是一对对叫"碱基"的短分子杆，一
般标记为 A、T、G 和 C（术语对我们来说无关紧要，不过
还是可以说一下，这几个字母分别代表腺嘌呤、胸腺嘧啶、
鸟嘌呤和胞嘧啶）。特定物种的成员大都有相同的字母序列。
对人类来说，DNA 序列的长度约为 30 亿个字母，而你的序
列跟爱因斯坦、居里夫人、莎士比亚或是任何人的序列相比，

有别之处都不到四百分之一，大致相当于每 500 个字母当中才有 1 个不同。[23] 但是，当你为自己跟历史上任何一位最受尊敬的名人（或最臭名昭著的恶棍）的基因如此相近沾沾自喜时，也别忘了你的 DNA 序列跟随便哪只黑猩猩的序列也有 99% 的重合。[24] 基因上失之毫厘，效果就会差之千里。

碱基在配对组成 DNA 梯子的横档时遵循一套严格的规则：梯子一侧的 A 短杆跟另一侧的 T 短杆相连，而一侧的 G 短杆则要跟对侧的 C 短杆相连。因此，梯子一侧的碱基序列能唯一决定对侧的序列。也正是在这个字母序列中，在其他重要的细胞层面的信息之外，我们还发现了哪个氨基酸该跟哪个连起来的特别指示，指导着针对特定物种的一组蛋白质的合成，这些蛋白质对此种形式的生命来说必不可少。

所有生命都以同一种方式对构建蛋白质的指令编码。[25]
下面这段可能失于琐碎，但以下就是这种编码方式的工作原理，是刻写在所有生命中的分子层面的莫尔斯电码。在 DNA 分子的某一侧，3 个连续字母表示 20 种氨基酸中的某一种。[26] 比如序列 CTA 表示亮氨酸，序列 GCT 表示另一种，丙氨酸，GTT 则表示缬氨酸，等等。如果你查看一个 DNA 片段的一侧上附着的横档时读到了 CTAGCTGTT 这样 9 个字母的序列，那就表示你得将亮氨酸（头 3 个字母，CTA）接到丙氨酸（GCT，接下来 3 个字母）上，然后再把缬氨酸（GTT，最后 3 个字母）接上去。一个由比如说 1000 个首尾相连的氨基酸组成的蛋白质分子，可以由 3000 个字母组成的特定序列来编码（任何这种序列的起始位置和结束位置也会编码为特定的 3 字母序列，就好像我们这段话的开头要空两格，结尾要画个句号一样）。这样一个序列就是一个"基因"，是组装蛋白质的指导蓝图。[27]

我列出这些细节有两个原因。首先，看到代码可以让"细胞层面的软件"这个概念更明晰。给定一段 DNA，我们就可以从中读出指导细胞内部工作的指示，这么复杂的协调性在无生命物质中完全不存在。其次，看到代码可以发现生物学家说这是一种普遍现象时是什么意思。每一个 DNA 分子无论是来自海藻还是古希腊剧作家索福克勒斯，都会用同样的方式编码建造蛋白质所需的信息。

这就是生命信息的一致性。

生命能量的一致性

蒸汽机需要稳定的能量供应才能反复推动活塞，生命也是一样，需要有稳定的能量供应来执行从生长到修复、从移动到繁殖等必不可少的功能。对蒸汽机来说，我们是从环境中提取能量：我们燃烧煤炭、木材或别的燃料来产热，供蒸汽机的内部机制消耗，推动蒸汽膨胀。生物也是从环境中提取能量：动物从食物中提取能量，而植物则借助阳光。但和蒸汽机不同，生命一般不会当即使用这些能量。生命过程远比蒸汽的膨胀和收缩复杂得多，需要有一个更精细的输送和分配能量的系统。生命需要把来自其燃烧燃料的能量储存起来，并按照细胞组分的需求，定期、可靠地分发。

所有生命都依同种办法解决能量的提取和分配难题。[28]
生命想到的万能解决方案，就是此刻在你我乃至就我们所知的其他一切生命体内正在发生的一系列复杂过程，它们当属于大自然最让人啧啧称奇的成就。生命通过一种缓慢的化学燃烧过程从环境中提取能量，再把这些能量储存起来，方法是给所有细胞中都内建了的生物电池充电。然后，这些细胞电池组会成为稳定的电源，为细胞的分子合成供能，并用这些量身定制的分子为所有细胞组分运送、传输能量。

听起来好像挺难理解，也确实挺难理解，但也至关重要。所以我们还是稍微拆解一下。就算你没能理解所有细节也没关系。就算只是走马观花，也能展现出生命为其内部运作提供动力的方式有多奇妙。

在生命处理能量的过程中居于核心地位的化学燃烧叫"氧化还原反应"。名字不太吸引人，但典型例子——原木燃烧——可以说明为什么这么命名。原木燃烧时，木头中的碳和氢把电子出让给空气中的氧（还记得吧，氧就盼着电子呢），这些原子于是就结合为二氧化碳分子和水分子，并在此过程中释放能量（火是热的正是这个原因）。氧得到电子，我们称其为被"还原"（你可以当成是氧对电子的渴盼得到满足，心情复原了），而碳和氢再把电子出让给氧，我们称它们被"氧化"了。放在一起，我们就有了氧化还原反应。

　　科学家现在用"氧化还原"这个词用得更广泛，用来指电子在化学成分之间传来传去的多种反应，无论其中是否有氧参与。不过，着火的原木仍然能视作与描述化学燃烧有广泛相关性的范本。饥肠辘辘的原子为填得半满的电子层所苦，从能捐出电子的原子那里强取豪夺，于是有大量本被禁闭着的能量在这个过程中释放了出来。

　　在活细胞中——确切点儿，就只说动物细胞好了——类似的氧化还原反应也会发生，但从你吃早餐时摄入的原子中取下的电子并没有直接交给氧，这一点很重要。假如直接移交，放出的能量就会引发某种类似于细胞火焰的东西，而生命已经了解了避免这种后果的好处。食物捐献的电子不会直接交给氧，而会经历一系列中间氧化还原反应，在终点依然是氧的长途跋涉中一步一顿，每一步都释放出少许能量。就好像体育场露天看台上有个球顺台阶滚落下来那样，电子从一个分子受体跳到另一个，每个受体都比前一个更渴望电子，这保证了每跳一步都会释放能量。在所有受体中，氧是最渴望电子的，它就在台阶的最下面等着电子，等电子终于抵达时，氧会紧紧抱住电子，挤出电子仍然能提供的最后一点点能量，就这样结束掉能量提取过程。

　　植物当中的过程也大致一样。主要的区别是电子的来源。在动物那边，电子来自食物，而植物这里的电子来自水。阳光照射植物绿叶中的叶绿素，把电子从水分子中夺走，泵出其中的能量，使之进入类似的提取能量的氧化还原反应链条。因此，支撑所有生物的所有活动的能量，都可以追溯到同一个过程，即由跳来跳去的电子执行的一连串细胞层面的氧化还原反应。这也是为什么阿尔伯特·圣捷尔吉继续他的诗性思索时会若有所思地说："生命不过是一个寻觅休憩之所的电子罢了。"

值得强调一下，从物理学的角度来看，这一切非常令人惊讶。能量就是硬通货，宇宙中所有的来来往往都可以用它来支付。这种硬通货是用多种货币铸造出来的，而各行各业都可以挣到这种硬通货。其中一种货币是核能，产生自众多原子类的裂变和聚变反应；另一种货币是电磁能，产生自大量带电粒子彼此的推推拉拉；还有一种是引力能，来自大量有质量物体的相互作用。然而尽管这些过程多得不计其数，地球这颗行星上的生命利用的却只有一种能量机制：电子依特定的电磁化学反应顺序，一步步向下跳跃，从食物或水出发，最后结束在氧的紧紧拥抱中。

这种能量提取过程为什么会成为生命最依赖的机制，又是如何成为的？没有人知道。但跟在遗传代码那里一样，这种普遍性再次且强烈地说明了生命的一致性。为什么所有生物都以同一种方式给自己供能？最直接的答案是，所有生命肯定都来自一个共同祖先，一个单细胞物种，而研究者认为该物种很可能在大约 40 亿年前就已经存在了。

生物学与电池

电子从一个氧化还原反应跳到下一个氧化还原反应时会释放能量，我们不断跟踪这些能量的后续旅程，发现生命一致性的证据也变得越发令人信服。这些能量被用来给所有细胞中都内建了的生物电池充电。接下来，这些生物电池为分子合成提供动力，而所合成的分子特别适合在整个细胞中有需要的地方随时随地运送和传输能量。这个过程很精密，但在所有生命中都是这同一个过程。

粗略一讲的话是这么回事。电子跳进氧化还原反应中的某个电子受体分子张开的双臂时，接受电子的分子会抖动一下，于是这个分子相对于周围紧紧围绕着自己的其他分子而言，其朝向会有改变，就像齿轮向前转动了一个棘齿一样。这个三心二意的电子随后会跳进下一个氧化还原受体，第一个分子这时咔嗒一声转回原位，而新接受电子的分子则会经历同样的抖动。随着电子一步步往下跳，这个模式也会一直进行。接受电子的分子抖动一下，向前转动一齿，改变朝向；失去电子的分子也抖动一下，后退一齿，恢复原来的朝向。

电子这样依次跳动并让分子抖动，就完成了一项不易觉察但又意义重大的任务。分子们来来回回前后转动棘齿时，也推动了一群质子，迫使这些质子穿过周围的一层薄膜，并堆积到一个很薄的夹层里，这相当于一个非常拥挤的牢房，或者说得乏味一点，就是个质子电池。

在普通电池中，化学反应迫使电子聚集在电池的某一侧（阳极／负极）。这些电荷相同的粒子会相互排斥，意味着一有机会这些粒子就会逃出生天。如果按下开关让电路变成完整回路，你就释放了这些被禁闭的电子，使之涌出阳极，穿过设备——灯泡、电脑、手机等——并最终回到电池的另一侧（阴极／正极）。电池虽然常见，但设计却极为精妙。电池将能量储存在挤成一团的电子中，它们时刻准备着，只等一声令下，就将能量释放给我们选择的用电设备。

在活细胞中我们碰到的情况与此类似，只不过被禁闭的是质子而非电子，但这个差异没带来什么区别。和电子一样，质子也都带有同样的电荷，因此也会互相排挤。细胞中的氧化还原反应将质子打包成紧密的一团时，这些质子也在时刻准备着一有机会就逃之夭夭，并不想被迫跟其他质子待在一起。因此，细胞中的氧化还原反应就给基于质子的生物电池充了电。实际上，因为质子全都挤在一层极薄的膜（只有几十个原子那么厚）的一侧，所以电场（薄膜电压除以薄膜厚度）非常强，能达到几千万伏每米。细胞生物电池实在不弱。

那么，细胞会拿这些迷你发电厂干什么呢？这时的情形更令人吃惊。薄膜上有很多纳米尺寸的涡轮附着。被迫挤成一团的质子在获准穿过薄膜上的特定区域回流时，就会让这些小小的涡轮转起来，像是一阵狂风会让风车转动一样——过去好几百年，人们用这种风力驱动的旋转运动来将小麦或其他谷物研磨成粉。细胞里的风车也在做类似的研磨工作，但不是把什么结构磨成粉，而是建造某种结构。分子涡轮在转动时反复将输入的两种分子（ADP，即二磷酸腺苷，外加一个磷酸基团）挤在一起，合成一种分子（ATP，即三磷酸腺苷）作为输出。形成的每个 ATP 分子的成分都被涡轮强制结合，因此处于很紧张的态势：带电的成分互相排斥，但又被化学键紧紧扣在一起，因此就跟压缩的弹簧一样，只等着被释放。这种状态非常有用。ATP 分子可以在细胞中穿行，一旦有需要就能打开化学键释放出储存的能量，而各成分粒子在放松之后，也会进入能量较低、更加舒适的状态。正是 ATP 分子解体释放出的这种能量，为细胞功能提供了动力。

　　我们来看几个数字，这样这些细胞发电厂永不停歇的活动就更能一目了然了。让一个典型的细胞活一秒所需的能量储存在大约一千万个 ATP 分子中。你体内有数十万亿个细胞，这意味着你每秒要消耗掉的 ATP 分子数量级为万亿亿（10^{20}）。每个 ATP 分子在用掉之后都会分解为原材料（ADP和一个磷酸基团），而质子电池驱动的涡轮又会将这些原材料重新拼装，变回新鲜出炉、满血复活的 ATP 分子。这些 ATP 分子又重新上路，在整个细胞中递送能量。因此，要满足你身体的能量需要，细胞上的涡轮必须非常高产才行。就算你读书飞快，一目十行，在你读完这句话的时间里，你的身体也已经合成了约 5 万亿亿个 ATP 分子。现在呢，又是 3 万亿亿个。

小结

暂且不管细节的话，结论就是，来自食物的高能电子（或是植物中因阳光而活跃起来的电子）沿着一段化学台阶逐级而下，每一步释放的能量都在给所有细胞中都有的生物电池充电。这些储存在电池里的能量后面会用来合成分子，而这些分子对能量的作用就好比快递公司的卡车对包裹的作用一样：把能量包可靠地运送到细胞内任何需要能量的地方。这是驱动所有生命的普遍机制。我们的每一个行动、每一次思考背后，都是这么一种能量通路。

而在简单领略了关于 DNA 的种种细节后，要点也呼之欲出：这些驱动细胞的过程虽然复杂，看似精雕细琢，却普遍存在于所有生命之中。这种一致性，再加上 DNA 为细胞指令编码的方式的一致性，强烈表明了所有生命都起源于一个共同的祖先。

爱因斯坦想为大自然的各种作用力找到一种统一理论，今天的物理学家也梦想着找到一个更宏伟的综合理论来囊括所有物质乃至时间和空间；同样地，在大量看似截然不同的现象中寻找一个共同的核心，是非常诱人的。所有生命的深层内部运作机制——我的两条狗安静地趴在地毯上，窗边的灯吸引了好多虫子嗡嗡乱飞，附近池塘里响起阵阵蛙鸣，我还能听到远处有郊狼在嚎叫——所有这些都依赖于同样的分子过程。怎么样，了不起吧。所以我们把细节放一边，在结束本章之前先暂停一下，让自己好好想想这些奇妙的结论。

演化前的演化

关键认识不但能带来意想不到的清晰，还能激励我们更深入地挖掘。所有这些复杂生命的那位共同祖先是怎么来的？再进一步，生命是怎么开始的？科学家尚未确定生命的起源，但我们的讨论已经清楚表明，该问题由三部分组成：生命的遗传方面，即存储、利用和复制信息的能力是怎么来的；生命新陈代谢的方面，即提取、存储和利用化学能的能力是怎么来的；将遗传和新陈代谢的分子机器包裹成自给自足的"口袋"（细胞），这又是怎么做到的。关于生命起源的故事，肯定要明确回答这些问题。但就算还没有完全理解，我们也可以求助于一个解释性框架：达尔文演化论。几乎可以肯定，在未来的生命起源叙事中，这是必不可少的一部分。

我最早学到达尔文演化论时，我的生物老师说得好像这理论就是个脑筋急转弯的机灵答案似的，一旦理解了，就会让人一拍脑门大喊一句："我怎么就没想到？"我们的问题是要解释在地球上栖居的这些多姿多彩、丰富多样的物种都是怎么来的。达尔文的答案可以归结为两个相互关联的想法：首先，在有机体的繁殖中，后代通常跟父母相似但不会完全相同，或者按达尔文的话说，繁殖会产生受修饰的后代；其次，在一个资源有限的世界里存在生存竞争，有些个体获得了一些生物修饰，能使其在生存竞争中更加成功，更有可能活到能繁殖的年龄，因此也能把这些促进生存的特征传给后代。随着时间推移，成功修饰的不同组合慢慢累加起来，促使一开始的种群开枝散叶，形成不同的新物种。[29]

达尔文演化论简单又直观，简直不证自明。但是，无论这个解释框架有多令人信服，如果没有数据支撑，达尔文演化论还是不会成为科学共识。光符合逻辑可不够。对达尔文演化论的信心来自科学家几乎一边倒的支持，他们追踪了有机体结构的渐变，并描述了很多转变带来的适应性优势。假如没有这样的转变，或是这些转变没有任何明显规律，又或是这些转变跟相关生物个体的生存或繁殖能力毫无关系，那达尔文演化论都不会进入小学课堂。

达尔文并没有明确说出生物后代受修饰的生物学基础是什么。生物是怎么把性状传给后代的？这些性状中有一些又为什么会以修饰过的形式遗传下去？达尔文那个时代没人知道答案。当然，人们都能看出来小玛丽长得像爸爸妈妈，但还要经过很多发现，人们才能了解性状遗传的分子机制。对这些细节一无所知的达尔文能提出演化论，说明了演化论思想的普遍性和力量，说明它超越了鸡毛蒜皮的细节。直到近一个世纪后的 1953 年，人们发现了 DNA 结构，才让遗传的分子基础大白天下。沃森和克里克语带谦抑，轻描淡写地结束了自己的论文，而这段话也说得上是世上最有名的结语："我们并非没有注意到，我们假定的特定配对直接提示了遗传物质的一种可能的复制机制。"

　　沃森和克里克揭示了生命复制某些分子的过程，而这些分子里正储存着细胞的内部指令，这样一来，指令副本就可以传给后代了。我们已经看到，指挥细胞功能的信息编码在碱基序列中，而碱基就是沿 DNA 这架扭曲的梯子两侧的扶杆排开的那些横档。细胞准备繁殖，打算一分为二时，DNA 梯就会从中间分开变成两列，每列都是一条碱基序列。因为序列是互补的（此列上的 A 保证在彼列的相应位置有一个 T，此列的 C 也保证在彼列的相应位置有一个 G），所以每一列都为复制另一列提供了模板。再把新碱基跟与其匹配的、已经分开的每一列原碱基连起来，细胞中就形成了原始 DNA 链的两个完整副本。细胞随后分裂时，每个子细胞都会得到一套副本，遗传信息也就从上一代传给了下一代——这就是沃森和克里克"并非没有注意到"的复制机制。

　　如上所述，复制过程会产生完全相同的 DNA 链。那么新性状或者说修饰性状可能是如何在子细胞中出现的？因为错误。没有哪个过程会尽善尽美。错误虽然不多见，但还是会突然冒出来，有时系出偶然，有时是受环境影响，比如高能光子（紫外线或 X 射线）就可能会破坏复制过程。因此，子细胞继承的 DNA 序列有可能会跟母细胞提供的 DNA 序列不同。多数时候这样的修饰没什么影响，就像《战争与和平》第 413 页上有一个错字不会影响阅读一样。但有的修饰会影响细胞功能，结果可好可坏。好的结果能增强适应性，更有机会遗传给后代，因此能在种群中扩散开来。

有性繁殖让情形变得更为复杂，因为遗传物质不是被简单复制，而是要把父母双方的贡献融合在一起。但尽管这种繁殖方式代表着地球生命史上很重大的一步——其起源仍然争讼不止——达尔文的原则也仍然适用。遗传物质的复制和融合使遗传性状出现变异，而最有可能代代存续的性状，就是提高了有这些性状的后代的生存和繁殖前景的那些。

对演化来说至关重要的一点是，在从亲代到子代的延续过程中，DNA的修饰在数量上通常很少。这种稳定性保护了以前的世代积累下来的基因改进，确保了好的基因不会迅速退化乃至消失。下面的数字可以让你感受一下这种变化有多罕见：悄悄混进来的复制错误，比例大概是每1亿个碱基对出错1个。这就好像中世纪的一位抄写员，每抄写30遍圣经写错1个字母一样。而就算是这么小的比例也是大大高估了，因为99%的拼写错误都会被每个细胞中都在运行的化学校对机制修复，这就让最终错误率降低到了大概每100亿个碱基对才有1个出错的地步。

就算是这么小的基因修饰，如果经许多世代积累，还是能在物理上、生理上引发巨变。这个结论并非显而易见。见识过眼睛有多神奇、脑的能力有多强大或是细胞中的能量机制有多复杂的人，也许会得出结论：如果没有智慧的引导，这些系统不可能演化出来。如果演化发生在我们熟悉的时间尺度上，那个结论就算合情合理。但并非如此。生命已经演化了数十亿年，这可是几十万个上万年。如果用打印机里的一页纸代表 1 年，那么 10 亿年堆起来就是将近 100 千米那么高的一摞。想象这些页面组成了一本翻页动画书，那么这本书的厚度比 10 个珠穆朗玛峰还高。每页上的图画就算跟前一页只有一点点不一样，这摞纸开头和结尾的图画也很容易就像从变形虫到黑猩猩那样天差地别。

这并不是说演化过程中的改变是遵循着什么精心设计的计划，一页一页，从简单到复杂，逐步、有效地进行的。实际上，自然选择带来的演化更应该描述为通过试验和错误来创新。创新来自遗传物质的随机组合和突变，试验就是让不同的创新在生存的竞技场上较量，而错误，按定义讲，就是失败了的创新。这种实现创新的方法，会让大部分生意血本无归。随机尝试一种可能性，然后再换一种，巴望着早晚有一天总有一种可能性会在市场上大放异彩——来，试试看跟你的董事会推销这个策略。但大自然却大量地拥有一种对商业来说非常稀缺的资源：时间。大自然一点儿都不着急，也不需要达到什么最低标准。通过稍做随机改变的方法来创新，相应的代价大自然可以承受。[30]

另一个同样也很关键的因素是，并没有一本单独、独立的演化翻页动画书。生物体占据了地球的每处犄角旮旯，在这些生物体内，每一次细胞分裂都在为达尔文式的叙事添砖加瓦。其中有些故事线最后无疾而终（不利的基因修饰），大部分故事对发展中的情节毫无增益（遗传物质原封不动地传续）。但还有一些带来了意想不到的转折（能增强适应性的基因变异），它们就会发展为自己的演化动画书；而实际上，许多这些故事线会承载着互相依赖的情节和次级情节，所以一本动画书里的演化叙事可能会受另一本的影响。因此，地球上的生物丰富性当然反映了演化历史很是漫长，但也反映了大自然写下的历史有很多种。

跟很多健康的研究领域一样，几十上百年来，达尔文演化论也一直饱受争议并不断完善。物种以何种速率演化？不同时期演化的速度会差别很大吗？有没有很长一段时间都没有什么变化，而后又有短暂的快速变化时期？还是说变化总是逐步渐进的？对那些可能降低生物体生存前景但同时又能增加其繁殖可能性的性状，我们该如何看待？让基因能发生代际改变的机制总共都有哪些？我们又该如何面对演化记录中的断层？其中一些问题让人们在科学上吵得不可开交，但没有人对演化本身产生丝毫怀疑——这才是关键。任何解释框架的细节都可以，也应该，且将会随时间的发展不断完善，但达尔文理论的基础是坚如磐石的。

那么问题来了：达尔文框架是否关系到比生命更广泛的领域？毕竟那些基本要素——复制、变异和竞争——并不局限于生物。打印机能复制页面，光学失真会让复印件产生变异，打印机的无线接收器也在竞争有限的带宽。或者我们来想一个比办公室打印机更接近生命但也绝不是生命的情况：已经有能力复制自己的分子。DNA 是个典型例子，让我们记住它。但 DNA 的复制——把拧成麻花的梯子劈开，随后把左右两侧都重建为完全合格的 DNA 分子——需要细胞中的大量蛋白质，因此要求生命过程已经就位才行。

所以我们还是假设有一种分子在任何生命于任何地方出现之前很久就已经能自我复制了。我们不需要先设一个明确的复制机制，但为了有具体的心理印象，也许可以想象这种分子是漂在一大锅化学浓汤中，像分子磁铁一样强烈吸引着能组成自己的组分，并提供一套模板来把这些组分装配成一个模仿自己的分子。再想象这个复制过程就跟真实世界的所有过程一样，并不完美。新合成的分子多数时候跟原初的分子一模一样，但也有时候不大一样。经过很多很多分子世代以后，我们就能建立起一个生态系统，其中有一个谱系的分子，都是原初分子的变异体。

在任何环境中，原材料和资源都是有限的。因此随着我们这个生态系统中的分子不断复制，那些复制最高效也最准确的分子——速度快、成本低，但远远不到失控的程度——就会占上风。这样的分子就可以得到最"适应"的称号，并随着时间推移，逐渐在分子群体中占据主导地位。因不完美复制而产生的随后每一次突变，都会为分子的适应性提供进一步的修饰。所有生命都遵循这一点，所有无生命的事物也同样如此：能增强分子适应性的修饰将胜过未能做到此点的那些。适应性越强的分子越多产，"人口"数据也会倒向它们。

以上描述的就是演化的分子版："分子达尔文主义"。这种描述展现了完全只遵循物理学定律的一群群推来挤去的粒子，为什么能变得更擅长"复制"这种我们一般只跟生命联系在一起的事。如果想探寻生命的起源，上述结论表明，分子达尔文主义很可能是最初的生命出现之前那段时间里的关键机制。这种提法有一个版本远未成为共识但也已拥趸者众，它基于一种"能文能武"的特殊分子：RNA。

走向生命起源

早在 20 世纪 60 年代，就有大量杰出的科学家，包括弗朗西斯·克里克、化学家莱斯利·奥格尔和生物学家卡尔·乌斯，把注意力放在了 DNA 的近亲，一种叫 RNA（核糖核酸）的分子上面。大约 40 亿年前，这种分子可能开启了一个分子达尔文主义的时代，而在此之后就出现了生命。

RNA 这种分子可以大派用场，是所有生命系统的重要组分。你可以把 RNA 想成短一些的单边 DNA 分子，只有一条链，上面连着一列碱基。RNA 在细胞中有多种作用，其一是作为化学介质，提取"拉开"的 DNA"拉链"上不同小片段中的"印记"，就像你分开上下颚时牙医可以给你的牙齿做个模子一样。这些信息随后会被传送到细胞中的其他位置，指导特定蛋白质的合成。所以像 DNA 一样，RNA 分子中也含有细胞信息，因此也是细胞软件的一部分。但 RNA 和 DNA 之间有一项重要区别：DNA 满足于发布金口玉言，只想成为指导细胞活动的智慧源泉，而 RNA 则愿意亲力亲为地去干化学过程中的体力活儿。实际上，细胞中有一种能将氨基酸扣在一起以形成蛋白质的微型工厂叫"核糖体"，其核心处就有一种特殊的 RNA（核糖体 RNA）。

因此，RNA 既是软件也是硬件，能指挥也能催化化学反应。而在这些反应中，有些又能促进 RNA 本身的复制。复制 DNA 的分子机器要用到大量复杂的化学齿轮组，而RNA 自身就可以促进其自我复制所必需的碱基对的合成。想想这里的意味：RNA 分子融合了软件和硬件功能，让我们有望绕过先有鸡还是先有蛋的难题。如果一开始没有分子软件说明如何组装的指令，那要怎么组装分子硬件？但如果一开始没有分子硬件这种执行合成的基础设施，那又怎么合成出分子软件？而 RNA 分子两种功能都有，融合了鸡与蛋，因此有能力推动分子达尔文主义时代的前进。

这就是"RNA 世界假说"。该假说设想在生命出现之前，有一个满是 RNA 分子的世界。这些分子依照分子达尔文主义演化了不知多少代以后，形成的化学结构组成了最初的细胞。虽然细节还远未敲定，但科学家们也已经描绘了这个分子演化阶段可能的样子。20 世纪 50 年代，诺奖得主哈罗德·尤里和他的研究生斯坦利·米勒把他们认为组成了地球早期大气的气体成分（氢气、氨气、甲烷和水蒸气）混在一起，用电流模拟雷击来刺激这杯气体鸡尾酒，并做出了著名的宣布：所得的棕色沉渣里含有氨基酸，即蛋白质的构

件。虽然后来的研究表明，米勒和尤里一开始配制的混合气
体没有准确反映地球早期大气的化学组成，但是用别的做到
了准确配制的气体鸡尾酒（包括米勒和尤里他们自己调制的、
用来模拟活火山产生的有毒烟雾的一种混合物，但很奇怪，
这个实验结果半个多世纪都无人问津[31]）进行的类似实验，
也同样成功产生了氨基酸。此外，现在从星际云团、彗星和
陨石中也都已经探测到了氨基酸。因此，很可能是早期地球
上有一锅化学浓汤，将能自我复制的 RNA 分子跟大量各种
各样的氨基酸混在了一起。

请继续想象，在 RNA 分子不断复制的时候，一次偶然
的突变促成了一桩新鲜事儿：突变的 RNA 诱使环境浓汤中
的一些氨基酸首尾相连组成长链，产生了最早的蛋白质雏形
（这种过程有个简略版现在就发生在核糖体中）。如果偶然之
间，这些简陋的蛋白质中有一些恰好提高了 RNA 的复制效
率——毕竟促进反应本来就是蛋白质的功能之一——它们就
会得到丰厚的回报：这些蛋白质会让突变的 RNA 成为主导，
而大量新鲜出炉的突变 RNA 也会帮助合成更多这样的蛋白
质。双方齐心协力，形成了一个自我强化的化学循环，让这
种偶然的分子畸变变得司空见惯。斗转星移，这些不断处心
积虑的分子说不定就突然撞见了另一个化学创新，变成扶杆
成双的梯子，即 DNA 的雏形。而事实也将证明，这种双链
结构对分子复制来说更稳定也更高效，于是逐渐篡夺了复制
过程，把 RNA 贬黜为辅助角色。偶然形成的分子口袋——

细胞膜——也因将化学物质集中在隔离区域，保护其不受环境破坏，从而进一步提高了适应性。而在这些化学结构群的各个角落，最初的细胞雏形所必需的结构也将组装出来。[32]

后来的生命也许就是这样诞生的。

RNA 世界假说只是众多提法中的一个。这个假说最重视生命的遗传方面——包含遗传信息并通过复制将信息传给后代的分子。就算这个假说被证明是正确的，我们也还需要解释 RNA 本身的起源；也许还有个更早的分子演化阶段让 RNA 从更简单的化学成分中产生了出来。另一些假说则更重视生命的新陈代谢这一方面——促进化学反应的分子；这里的场景不是有个能自我复制的分子可以起蛋白质的作用，而是直接从可以自我复制的蛋白质分子开始。还有一些假说设想了两种截然不同的发展方向，其一带来可以自我复制的分子，另一个带来能促进化学反应的分子，两个进程只是后来才融合为能执行繁殖和代谢等基本功能的细胞。

生命的化学前身最早是在哪里形成的，关于这个问题的假说也比比皆是。有些研究者认为，达尔文随口提出的"温暖的小池塘"不大像那么回事儿，因为在数亿年的时间里，陨石碎片都在雨点般地落到地球上，让地球表面可没那么宜居。[33] 即便如此，生物学家大卫·迪默还是指出，对生命起源来说，必不可少的是一个在干湿之间交替循环的环境，就比如池塘或湖泊边缘的陆地。他的团队研究表明，这样子的干湿循环可以促使脂质形成薄膜，即"细胞膜"，包在

里面的分子片段就可以被诱导连成更长的链，就好像 RNA
和 DNA。[34] 化学家格雷厄姆·凯恩-史密斯提出，构成黏
土层——不断将原子锁进有序、重复的式样从而得以生长的
结构——的结晶颗粒也许就曾形成一个早期的复制系统，而
更复杂的有机分子在走向生命的历程中表现出的类似行为不
过是步其后尘。[35] 地球化学家迈克·拉塞尔和生物学家比
尔·马丁提出并发展的另一个竞争学说也很有说服力：海底
裂缝中会涌出一股股富含矿物质的暖流，它们生自海水与构
成地幔的岩石的相互作用。[36] 这些所谓的"碱性热液喷口"
会沉淀为从海床上升起的石灰岩烟囱，有些能长到高达五十
多米，比自由女神像还高。烟囱上到处都是坑洼缝隙，化学
物质源源不断从中喷涌而出。这种假说设想，在烟囱中形成
的大量涡流里，分子达尔文主义表演了它在化学上的拿手好
戏，产生了能自我复制的分子。时光流转，这种分子的复杂
性和复制精度也越来越高，最终孕育出了地球上的生命。

研究前沿全是这种细节。到现在为止，想在实验室中重
现这些过程的努力都很引人入胜，但还是没有结论。我们还
没有做到从零开始创造出生命。有一天，也许就在不远的将
来，我们就能做到这一点，对此我不太怀疑。与此同时，关
于生命起源的问题，一种统领一切的科学叙述也正在涌现。
一旦分子有了复制能力，偶然的错误和突变就会让分子达尔
文主义有了用武之地，推动化学混合物沿着适应性增加这个
至关重要的方向一路向前。这个过程进行了好几亿年，因此

有机会建造生命的化学架构。

信息物理学

至此你可能认为，生命的分子在有机化学的学习上肯定成绩一流，要不然它们怎么知道自己该做什么？DNA 怎么知道要从中间一分为二，让露出来的碱基去跟互补的碱基相连，形成分子复制品？RNA 怎么知道要复制 DNA 片段，再把这些信息输送到相关细胞结构处，而那里的另一些截然不同但又有关系的分子也知道怎么读取这些遗传代码，并将氨基酸按正确顺序连成能发挥作用的蛋白质？

分子当然什么都不知道。分子的行为受盲目无心、无知无识的物理学定律的支配。但问题依然存在：这些分子怎么能始终可靠地执行一系列极为错综复杂的化学过程？于是，问题就回到了我复述过的薛定谔《生命是什么》一书中的首要问题：岩石中的分子不管怎么运动都受物理学定律的支配，兔子体内的分子不管怎么运动也都受物理学定律的支配，那么二者有何不同？现在我们知道了，组成兔子的粒子还服从于另一种影响——兔子体内的信息档案，或说细胞内的软件。但重点、要害、关键是，这些信息并不会取代物理学定律。物理学定律无可取代。实际上，就好像水滑梯不会取代万有引力定律，但其形状会引导滑梯上的人沿着他们本来不会遵循的特定轨迹下滑，同样地，兔子那写在化学排列中的细胞软件，也在通过其形状、结构和组成，引导各种分子沿着它们本来不会遵循的轨迹前进。

这些分子是如何发挥引导作用的？因为组成分子的原子的排列细节有所不同：某个分子可能吸引这个氨基酸，排斥那个氨基酸，对其他氨基酸又完全无动于衷；要不就像能匹配上的乐高积木块一样，某个分子也许只跟另一种特定分子才能扣在一起。所有这些都是物理学。原子和分子推推拉拉或是扣在一起时，都是电磁力在起作用。因此，重点在于细胞中的信息并不抽象，这些信息并不是分子需要学习、背诵和执行的一组自由漂浮的指令，而是用分子排列本身来编码的信息。这些排列能诱使其他分子来碰撞、加入和相互作用，而生长、修复、繁殖等细胞过程，都要靠这些分子活动来实现。即使细胞里的分子没有意图或目标，也完全不被注意，它们的物理结构还是让这些分子能完成高度特化的任务。

从这个意义上讲，生命的过程就是完全由物理定律描述的分子漫步，同时也讲述了一个以信息为基础的更高层故事。岩石就没有更高层面的故事。用物理学定律把岩石分子的推推搡搡跌跌撞撞描述一番，也就完事儿了。但用同样的物理学定律把兔子分子的推推搡搡跌跌撞撞描述一番，事儿可没完。还差得远呢。叠加在还原论故事上的，还有额外一套完整的故事，讲的是兔子体内分子的独特排列，是它们精心编排出了一系列有组织的分子运动，而兔子细胞中更高层面的过程，又是由这些分子运动来实施的。

　　实际上，对兔子和我们来说，这样的生物信息也在更大的尺度上组织了起来，受其引导的过程不只在个别细胞中，也在各种细胞集合中进行，从而设立出了"复杂协同"这一标志性属性。你伸手去够一杯咖啡，组成你的手、胳膊、身体和脑子的每个分子的所有原子的运动都遵循物理学定律。我很乐意再说一遍：生命不会也不可能违背物理定律。什么也不能。但是，你体内的大量分子可以通力合作，协调其整体运动，让你的胳膊伸过桌子，让你的手抓住马克杯，此类事实体现了大量的生物信息，它们承载在原子和分子的各种排列中，指导着丰富、复杂的分子过程。

　　生命是由物理学谱写的。

热力学与生命

　　按达尔文的说法，从分子到单个细胞再到复杂的多细胞生物，所有结构的发展都是在演化的指引下进行的。而按玻尔兹曼的说法，从飘散的香气到叮当作响的蒸汽机再到燃烧的恒星，所有物理系统的展现方式都是熵所构画的。生命同时服从于这两种指导性的影响：生命来自演化，也在演化中不断完善；生命也和所有物理系统一样，要遵守熵的指令。在《生命是什么》的最后几章，薛定谔探讨了这两方面看似紧张的关系。物质结合形成生命后，会在很长时间里都保持有序状态。而随着生命不断繁殖，也产生了更多的按有序结构排列的分子集合。在所有这一切当中，熵、无序和热力学第二定律何在？

薛定谔在他的答案中解释说，生物体通过"汲取负熵"[37]来对抗熵增，这个说法几十年来没有带来太大困惑，也未招致尖刻的批评。但是很明显，尽管薛定谔用了有些不一样的说法来表达，他的答案就是我们一直在说的"熵两步舞"。生物并非孤立系统，因此任何时候要核算第二定律都必须把环境也包括进来。就以我为例吧。半个多世纪以来，我成功阻止了我的熵冲上云霄。我能做到这一点，是通过摄入有序结构（主要是蔬菜、坚果和谷物），然后缓慢燃烧这些结构（通过氧化还原反应，来自食物的电子沿体育场的看台逐级而下，最后跟我吸入的氧气结合），用放出的能量驱动各种新陈代谢活动，并以废物和热的形式把熵排放到环境中。总之，两步舞让我的熵仿佛能够对着第二定律鼻孔朝天，但同时环境也在孜孜不倦地支持我，让总熵仍能昂然向上。燃烧、储存和释放能量以驱动细胞功能的过程，比驱动蒸汽机的相应过程复杂得多，但从熵的角度讲，其中的基本物理学是一样的。

除了薛定谔选择的表达方式之外，还有一个没那么大惊小怪的问题是，高质低熵的营养物质是怎么来的。从动物开始顺着食物链往下追查，我们遇到了植物，它们直接靠阳光滋养。植物的能量循环又是一个熵两步舞的例子。入射太阳光的光子被植物细胞吸收，将电子激发至更高能的状态，然后细胞机器就能利用这些电子（通过一系列氧化还原反应引导电子一级级跳下看台）驱动多种细胞功能。因此这里，来自太阳的光子就是低熵高质营养物，先被植物吸收并用来支撑生命过程，之后再以高熵的、降级的形式作为废物排出（地球每吸收一个来自太阳的光子，都会将一组数十个没那么有序的，能量耗尽、四散开来的红外光子送回太空）。[38]

　　沿这条路向低熵的来源更进一步，我们就得知道太阳的起源，这就跟我们在第 3 章讲的万有引力故事接上了头：万有引力将气体云团挤成恒星，使其内部的熵减少，并通过放热使周围环境的熵增加。到最后，核反应开始，恒星点亮，光子向外喷涌而出。如果这颗恒星是太阳，那么抵达地球的这些光子就是驱动植物新陈代谢的能量的低熵来源，这清楚显示了为什么研究者们喜欢说是万有引力维系着生命。虽然这么说也对，但现在你应该已经知道，我喜欢在论功行赏的时候公允一点，所以我既会称赞万有引力让物质结成团块，保证了稳定的星际环境，也会赞美核聚变在数百万乃至数十亿年间都在源源不断地提供稳定的高品质的光子流。

　　是低熵燃料创造了生命，而核力携手万有引力，又是低熵燃料的源泉。

广义生命论？

　　在 1943 年的讲座上，薛定谔强调，科学发展的洪流浩浩荡荡，所以"让一个人超出狭小的专门领域再去充分掌握多一点点知识，也已经近乎不可能了"。[39] 因此他鼓励大家探索自己的传统智识立足点之外的领域，以此来拓展自己的专业知识范围。在《生命是什么》中，他大胆地将自己作为物理学家的教育背景、直觉和感受力用到了生物学谜题上。

接下来的几十年间，知识变得越发专门化，而呼应薛定谔的跨学科号召的研究者也越来越多，很多人也对此表示了关注。来自高能物理、统计力学、计算机科学、信息论、量子化学、分子生物学和天体生物学等等多个领域的研究者，一起建立了富有洞见的新方法来探索生命的奥秘。在结束本章前，我将重点关注一项拓展了热力学思想的研究有何进展，如果这项计划有朝一日能够成功，就有可能帮助我们回答科学上最深刻的一些问题：生命是不是出现的可能性特别渺茫，以至于在这个包含数千亿个星系、每个星系都有数千亿颗恒星而很多恒星又有行星环绕的宇宙中，只出现了一次？还是说生命是某些基本且相对常见的环境条件的自然结果，甚至是不可避免的结果，也就是说宇宙中充满了生命？

要解决所涉如此深广的问题，需要所涉同样深广的科学原理。迄今为止，我们看到了热力学广泛适用的大量证据，就连爱因斯坦都说，热力学是唯一一个他可以信心满满地宣称"永不会被推翻"的物理理论。[40] 也许在分析生命的本质——生命的起源和演化——时，我们还可以让热力学视角更进一步。

过去数十年，科学家们正是这样做的。相关的研究学科业已出现（名为"非平衡态热力学"），它系统分析了我们反复遇到的那些情形：高品质的能量快速流过一个系统，驱动熵两步舞，使系统能够对抗内部无序程度增加的趋势，免于被该趋势主导。比利时物理化学家伊利亚·普里高津因在该领域的开创性工作获得了1977年的诺贝尔奖。他开发了数学工具来分析一类物质组态：物质在受持续能量源的影响时，可能会自发变得有序——普里高津称之为"混沌中的秩序"。如果你的高中物理课上得不错，你可能见过一个简单但令人印象深刻的例子，就是"贝纳胞"。把一摊黏稠的油放在盘子里，加热盘子，刚开始不会发生什么，但如果你逐渐增加流经油的能量，随机分子运动就会一起产生肉眼可见的秩序。从上面看，你会看到一组小六边形蜂窝格纹铺满盘子。从侧面看，你会看到液体以稳定、规律的模式流动，从每个六边蜂窝底部升起，抵达顶部，再回到底部，形成循环。

　　从热力学第二定律的立场看，这种自发秩序完全出乎意料。此种现象会出现，是因为液体分子受了环境的特定影响：火苗一直在给油加热。这样持续注入能量会产生重要影响。任何系统都会偶尔出现自发的波动，暂时形成很小的局部有序模式，但通常这么小的波动很快就会消散，回复到无序状态。然而普里高津的研究表明，如果分子处于某种特殊组态，就会变得特别擅长吸收能量，结果就非常不一样了。如果这个物理系统从环境中得到的是稳定、集中的能量供应，这种特殊的分子模式就可以利用这些能量，维持甚至增强这种有序形式，同时将这些能量降级后（更难获取也更分散）的形式排入环境。这种有序模式据说会耗散能量，因此叫"耗散结构"。包括环境中的熵在内的熵总量会增加，但如果向系统中稳定注入能量，我们可以通过持续的熵两步舞来得到并维持有序状态。

生物体如何避免因熵而起的降级？对于这个问题，普里高津的描述跟薛定谔以来的物理解释颇有相似之处。并不是说贝纳胞是活的，而是说生物也是耗散结构，会从环境中吸收能量，利用这些能量维持或增强自身的有序形式，并将这些能量的降级形式排放回环境。普里高津的研究结果从数学角度精确阐述了他的口号"混沌中的秩序"；后来很多研究者推测，这一数学方法或可进一步发展，甚至对生命所必需的有序分子如何从地球早期随机分子运动的一片混沌中涌现出来这个问题，都可能产生深刻的认识。

在对这项研究的诸多贡献中，杰里米·英格兰最近的工作（它拓展了由包括克里斯托弗·亚辛斯基和盖文·克鲁克斯在内的研究者的早期成果）尤其激动人心。[41] 英格兰用巧妙的数学方法，梳理了热力学第二定律应用于被外部能量来源驱动的系统时可能的结果。为了对他的研究结论有点感觉，请想象你在操场上荡秋千。所有小孩儿天生就知道，你需要以正确的节奏踢腿、屈身，才能把自己荡起来，并保持稳定、有节奏的运动。而按基本物理，这个节奏取决于秋千座椅到悬挂点的距离。如果你踢腿的节奏不对，跟秋千对不上，秋千就没法有效吸收你踢腿提供的能量，你也就没法荡高。但假设这个特殊的秋千有个方面非同寻常：你踢腿的时候秋千的长度会变，于是秋千运动的周期就能调整为跟你的腿一致。这种"适应"能让秋千快速进入状态，吸收你提供的能量，迅速在每次循环中达到完美高度。此后虽然你踢腿动作的能量会被秋千吸收，但并不会让秋千荡得更高。实际上，你输入的能量在抵消摩擦力，以此让秋千的运动保持稳定，并在此过程中产生损失（热、声音等），在环境中耗散（假设你不会像我女儿那样胆大包天：她会等到秋千荡到最高点时从座椅上飞起升空，然后滚落在地，以此来耗散能量）。

而英格兰的数学分析表明，在分子层面，被外部能量来源"推动"的粒子可能会经历跟你在操场上玩的把戏类似的过程。起初无序的一组粒子可以调整其组态，从而"进入状态"：形成能更有效地从环境中吸收能量的排列，并利用这些能量维持或增强有序的内部运动或结构，随后将降级后的能量耗散到环境中。

英格兰把这一过程叫"耗散适应"。该过程可能提供了一种普遍机制，诱使特定分子系统站出来，跳起了熵两步舞。而这也是生物得以活命的方式——吸取高品质能量，利用后再以热及其他废物的形式把低品质的能量还回去——因此也许耗散适应对生命的起源来说至关重要。[42] 英格兰指出，自我复制本身就是耗散适应的有力工具：如果有一小团粒子变得很擅长吸收、利用并耗散能量，那么两团这样的分子会做得更好，四团、八团又会好上加好，以此类推。因此，能自我复制的分子可能是耗散适应的预期结果。而一旦能自我复制的分子登场，分子达尔文主义就可以起效，走向生命的旅程就开始了。

这些想法都还处于早期阶段，但我还是情不自禁地认为，薛定谔会对此感到高兴。利用基本的物理学原理，我们已经理解了大爆炸、恒星和行星的形成以及复杂原子的合成，而现在我们正要确定，这些原子能怎么组织成能自我复制的分子，它们十分擅长从环境中吸收能量，以建立并维持有序形态。分子达尔文主义有能力选择出越发具有适应性的分子集合，于是我们可以设想有些分子集合就可能获得储存并传输信息的能力。指导手册在分子集合中代代相传，保存了经过战斗考验的适应策略，这也是使分子占据统治地位的强大力量。作用了数亿年之后，这些过程也许就慢慢形成了最早的生命。

这些想法的细节无论是否能经住未来科学发现的考验，物理学所描摹的生命故事的轮廓还是已经初现端倪。如果事实证明这个故事像最近的研究表明的那样普遍，那么生命很可能是宇宙的常见特征。这样的结果也许令人激动，但生命是一回事，智慧生命又完全是另一回事。在火星或木星的卫星木卫二（"欧罗巴"）上找到微生物会是里程碑式的发现，但我们作为会思考、交谈、创造的生物，将仍然独一无二。

那么，生命又是怎样走向意识的呢？

5
粒子与意识
从生命到思维

从 40 亿年前最初的原核细胞，到今天人脑内的 900 亿个神经元在由 100 万亿条神经突触连接组成的网络中纠缠不休，这之间的某个时候，出现了思考和感受、爱和恨、恐惧和向往、牺牲和敬畏、想象和创造的能力——这些新获得的能力将引发令人叹为观止的成就，也将产生数不胜数的破坏。对此，阿尔贝·加缪曾说："一切从意识开始，也唯有经历过意识才有价值。"[1] 但直到近些年，意识在"硬科学"领域都是个不受欢迎的词。当然，老态龙钟的研究者在职业生涯的暮年转向关于心灵的边缘主题也许还能获得宽容，但主流科学研究的目标毕竟是理解客观现实。而在很长一段时间里，也在很多人看来，意识都算不上客观现实。对呀，在你脑海中喁喁私语的那个声音，也只有你脑海中才能听见。

这种姿态颇具讽刺意味。笛卡尔的"我思，故我在"总结的是我们与现实的关系。其他一切都可以是幻象，但思考一事，就连最顽固的怀疑论者也能确信。尽管作家安布罗斯·比尔斯说："我认为我在思考，因此我认为我存在。"[2]如果你在思考，那么你存在的理由还是很充分的。对科学来说，不关注意识，就是对我们所有人唯一能指望的对象置之不理。实际上几千年来，很多人否认死亡终将到来，办法正是把生存的希望寄托在意识之上。身体会死，这一点显而易见，无可否认。但我们内心看似持久的声音，以及填满了我们每个人主观世界的丰富思想、感觉和情感，都在自恃有一种虚无缥缈的存在，而有些人还曾想象，这种存在超脱于物质存在的基本事实之外。轮回主体"自我"、男人心灵中的女性成分"阿尼玛"、不朽的灵魂等——这种存在被赋予了很多名称，但所有这些名称都能让人想到，人们相信有意识的自我连接着某种比肉体更长久的东西，某种超越了传统的机械论的东西。心灵不仅仅是连接我们与现实的纽带，也许还把我们跟永恒连在一起。

为什么很久以来硬科学领域都抵制一切跟意识有关的对象，上述态度中包含的线索很能说明问题。在所论领域超出物理定律触角所及时，科学能做的回应就是火冒三丈，转身就走，快步回到实验室。这种不屑代表了科学的主导态度，也凸显了科学叙事中的重要空白。我们还没能对意识体验做出表述清楚、站得住脚的科学解释。对于意识如何呈现为由视觉、听觉和感觉组成的私人世界，我们还没有一锤定音的描述。而说意识超脱于传统科学领域，对这类断言我们也还无法回应，至少还无法理直气壮地回应。这个空白不太可能很快填补。曾经对思维冥思苦想的人几乎都能认识到，破解意识，也就是用纯粹的科学语言来解释我们的内心世界，是我们面临的最艰巨挑战。

牛顿在人类感官所能触及的那部分现实中发现了规律，并编制为自己的运动定律，就此点燃了现代科学的熊熊火炬。接下来的几个世纪里，我们认识到，要接过牛顿的火炬继续前进，需要开辟三条截然不同的道路：我们需要在比牛顿所虑小得多的尺度上理解现实，这条路带我们走向了量子物理学，让我们能解释基本粒子的行为表现，并理解了生命背后的生化过程，等等；我们也需要在比牛顿所虑大得多的尺度上理解现实，这条路带我们走向了广义相对论，让我们能解释万有引力，并理解了对生命的涌现来说必不可少的恒星和行星的形成，等等；而第三个方向在所有前沿探索中最是错综复杂——我们还需要在比牛顿所虑复杂得多的尺度上理解现实，我们预计这条道路会让我们能够解释粒子的大型集合为何能联合起来产生生命和思想。

牛顿在高度简化的问题上——比如说忽略太阳和行星怒海翻涌的内部结构，全都当成球形固体来看待——锻炼自己的脑力，他这样做是对的。科学这门技艺就在于明智地简化，让问题变得更易处理的同时又能保有足够的实质内容，确保得出的结论仍有意义，而牛顿无疑是个中大师。难处是，对一类问题有效的简化对另一类问题可能就没那么有效。把行星模型化为球形固体，你很容易就能准确算出其轨迹，但如果把你的头也模型化为球形固体，那么所得的对思想本质的见解恐怕就没多少有启发了。但要抛开徒劳无益的近似，揭示出像大脑这种包含如此多粒子的系统的内部工作原理，这个目标固然值得赞赏，但需要掌握的数学和计算方法，其复杂程度会远远超过今天最尖端的水平。

近年有了些变化，出现了一些新方法能观察和测量脑活动的特征，至少也能触及那些稳定伴随着意识体验的过程。当研究人员能用功能性磁共振成像（fMRI）来严密追踪支撑神经活动的血流，或是向脑深部插入探针探测沿着单个神经元发射的电脉冲，又或是用脑电图监测在整个脑内回荡的电磁波时，当数据显示出清晰的规律，既能反映观察到的行为，也能跟主观报告的内心体验相吻合时，将意识作为物理现象来对待的理由也就大大加强了。实际上，有了这些了不起的进步，受到鼓舞的研究人员大胆认为，为意识体验建立科学基础的时机已经成熟。

意识与叙事

好几年前，在一次关于数学在描述宇宙时有何作用的善意而又激烈的交流中，我断然告诉了一位午夜电视节目主持人，他不过是一袋子受物理学定律支配的粒子。虽然我不是开玩笑，但他没错过这个对我还治其身的机会（"嗨，用这么一句话来搭讪真是不错"）当然这也并非嘲弄，因为就这一点来说，对他成立的对我也同样成立。实际上，这句话来自我对还原论由衷的认同，而还原论认为，在完全理解宇宙基本成分的行为表现之后，我们就能讲述一个关于现实的严密、自洽的故事。最前沿的研究还有大量问题悬而未决（其中一些我们很快就会讨论），因此我们手头这个故事都还没打完草稿。但我仍然可以设想，未来某个时候，科学家能对任何时间、任何地点发生的任何事情背后基本的微物理过程都给出完整的数学表述。

这种希望有几分令人欣慰，也有几分与哲学家德谟克利特在 2500 年前的感想遥相呼应："甜是人云亦云，苦是人云亦云，热是人云亦云，冷是人云亦云，颜色也是人云亦云。但实际上，这些全都只是原子和虚空。"[3] 重点是，一切都从同一套成分集合中涌现，这套成分集合也都受同一批物理原理的支配。而几百年来的观察、实验和理论研究证明，这些原理很可能用几个符号写成的很小的数学方程组就能表达出来。那会是一个优雅的宇宙。[4]

这样的描述尽管非常有力，也不过是我们要讲述的众多故事中的一个而已。我们有能力转移注意力，重设研究尺度，也有大量各不相同的方式应对这个世界。完整的还原论描述会以科学为基础，然而对现实的其他描述、其他故事，也能带来很多人会认为更有关系的见解，因为这些故事更贴近经验。我们已经看到，讲述一些此类故事，需要新概念、新语言。熵帮助我们讲述了大型粒子集合中随机的故事和组织的故事，无论这些粒子是正从你的烤箱飘出来，还是正汇聚成恒星。演化帮助我们讲述了无论是有生还是无生的分子集合的机会和选择的故事：复制，突变，并逐渐变得更适应环境。

而许多人都认为更紧要的故事，聚焦的仍然是意识。容纳思想、情感和记忆，就是容纳人类体验的核心。而这个故事，需要令其视角跟我们迄今讲述过的任何故事都有质的区别。熵、演化和生命，都可以"外部性地"进行研究。我们能够用第三人称完整讲述这些概念的故事。我们是这些故事的见证人，而且如果我们足够勤勉，我们的讲述还能详尽无遗。这些故事是铭刻在摊开的书卷上，一目了然的。

围绕意识展开的故事可就不同了。一个涉及视觉或听觉、欣喜或悲伤、舒适或痛苦、放松或焦虑等内在感觉的故事，是一个依赖于第一人称叙述的故事。这个故事由思想意识在内心发出的声音讲述，读的是私人脚本，而我们每个人的脚本，作者似乎都是自己。我不只是体验到了一个主观世界，而且我明显有一种感觉，在这个世界中我能控制自己的行为。毫无疑问，说到你的行为的时候，你也会有类似的感觉。去他的物理学定律。我思，故我控制。在意识的层面上理解宇宙，就需要一个故事，能解释一份完全私人化又看似独立自主的主观现实。

因此，要把思想意识这件事说明白，我们要面对截然不同但又彼此相关的两大难题。单是物质本身就能产生充满了思想意识的感觉吗？我们意识到的独立自主的感觉，会不会只是物理学定律作用于组成脑和身体的物质的结果？对这些问题，笛卡尔的回答斩钉截铁：不。在他看来，物质和心灵间的明显差异反映了一种深刻的分别。宇宙有物质要素。宇宙也有心灵要素。物质要素能影响心灵要素，心灵要素也能影响物质要素。但这两种要素不一样。用现代语言来说的话就是，原子和分子不是思考的要素。

　　笛卡尔的立场很有诱惑力。我可以作证，桌子椅子、猫猫狗狗、花花草草都跟我脑袋里的思想不一样，我感觉你也会有类似的看法。构成外部现实的有形元素的粒子，以及支配这些粒子的物理定律，为什么会跟解释我的内在意识体验世界有关？因此对于理解意识，也许我们应该抱有这样的期待：它不只是将意识理解为一个更高层面的故事，也不只是一个将目光从外部转向内部的故事，而是一个根本不同种类的故事，需要一场概念上的革命，革命的程度与量子物理和相对论不相上下。

　　我完全支持知识革命。没有什么比能彻底颠覆既成世界观的发现更让人兴奋的了。接下来，我们将讨论某些研究意识的人设想中即将发生的剧变。但是出于很快就会揭晓的原因，我猜意识并没有感觉起来那么神秘。既是呼应我在午夜电视节目中的感叹，更是呼应一部分把自己的职业生涯都献给了这类问题的研究者，我期待着会有那么一天，我们只需要用到对构成物质的粒子和支配这些粒子的物理定律的传统理解，就能解释意识。这种解释又会带来它自己的各种革命，为物理定律建立起近乎不受限制的霸权，让它能任意地远播客观现实的外部世界，也能任意深入主观体验的内在世界。

阴影之下

并非所有的脑功能都像意识那样受到重视。很多神经活动都是在思想意识的表象之下协同展开的。你看日落的时候，每秒有数万亿光子撞击你视网膜上的感光器，你的大脑则忙着迅速处理这些光子携带的信息，勤勤恳恳地在图像中插值以解决盲点问题（在每只眼睛上，视神经与视网膜都是在盲点处连接，将数据传送到脑内的外侧膝状体，再传到视觉皮层上），不断抵消你眼睛转动、头部运动带来的作用，修正因眼部不规则而发生的光子受阻或散射的影响，再将每幅图像都上下颠倒，将每幅图中两只眼睛都看到的部分结合起来，等等。而当你静静凝视太阳最后的余晖时，你完全不会意识到你眼睛背后发生的这一切。而在你读这些话时，类似的描述也是成立的。思想意识的架构把大量视觉和语言数据的处理过程降格为不被注意的脑功能，让你可以专注于这些字词所代表的观念。还有更加与生俱来的活动日复一日地发生：走路、说话、心脏跳动、血液流淌、消化食物、伸缩肌肉，等等等等，它们发生时全不需要你的丝毫注意。

脑内充满了逃出内省审视的重要过程，这个假定有悠久的历史，也已经通过无数种方式表达出来。三千年前写下的吠陀引用了无意识的概念，而多少个世纪以来，敏锐的思想家在推测出思想意识无法品尝的心理特质的味道之后，也屡屡引用如下内容：圣奥古斯丁（"心灵是否太过狭隘，无法容纳它自己？容纳不下的部分又将安放何处？"[5]）、托马斯·阿奎那（"心灵看不清自己的本质"[6]）、威廉·莎士比亚（"请您反躬自省，/ 扪心自问，心灵它到底知道什么"[7]）、莱布尼茨（"音乐是对心灵隐藏的算术练习：心灵没有意识到自己在计算"[8]）。同样耐人寻味的是，虽然这些过程似乎隐藏在雷达之下，但仍然产生了意识过程能探测到的回波。比如，无意识的心灵解决问题、擅自提出解决方案的故事比比皆是。最精彩的故事来自德国药理学家奥托·勒维，1921 年复活节星期日前的那晚，他醒了一小会儿，潦草写下了刚刚梦见的一个想法。到了早上，勒维强烈感觉到他半夜写下的笔记里有个至关重要的见解，但无论怎么冥思苦想，他都无法解读这则笔记。这天晚上他做了同样的梦，而这次他马上去了实验室，照梦里的指引做了实验来验证他提出了很久的一个假说，即化学过程而非电过程才是细胞层面信息传递的核心。到了星期一，受梦境启发的实验做成了，而这个实验的成功最后让勒维获得了诺贝尔奖。[9]

大众文化往往将心灵的秘密工作与西格蒙德·弗洛伊德的贡献（虽然此前已有一批科学家致力于相关的想法[10]），

以及被压制的记忆、欲望、冲突、恐惧和情结的暗流（弗洛伊德认为这些暗流来回冲击着人类的行为）搅在一起。在现代，一个重要区别是，对心灵生活的推测、预感和直觉，如今会面对以前无法获得的数据。研究人员已经有了巧妙的办法来把目光投向心灵的背后得窥究竟，追踪思想意识层面之下的脑部活动。

有些研究特别引人注目，涉及一些失去一定程度神经功能的患者。20 世纪 80 年代末，彼得·哈利根和约翰·马歇尔记录了一个广为人知的案例[11]，是一名被称作 P. S. 的研究对象，她右脑曾受过伤。研究者估计，受过这种伤的人看任何图片都说不出图片最左侧的细节，P. S. 正是如此。例如，她会声称用深绿色线条画着一栋房子的两幅图一模一样，虽然其中一幅里的房子左侧正被火海吞噬。然而，在问到她更愿意把哪栋房子当作"家"时，P. S. 总是选没着火的那栋。研究者认为，虽然 P. S. 无法获得关于那团大火的思想意识，这个信息还是有暗中潜入，从幕后影响了她的决定。

健康的脑也能显示出对潜在影响的依赖。心理学家已经证实，就算你再怎么全神贯注，也无法留意到在屏幕上闪现的时间不到 40 毫秒的图像（而且还是夹在别的闪现时间更长、名为"掩蔽"的图像中间）。然而，这样的阈下图像能够影响有意识的决定。说"喝可乐"的阈下画面在电影院里一闪而过之后，软饮料的消费量会小幅上升，这个著名案例是 20 世纪 50 年代末一位绞尽脑汁的市场研究人员传出来的都市传说；[12] 但巧妙的实验室研究也针对特殊类型的秘密心理过程带来了令人信服的证据。[13] 例如，想象我们面对着一块屏幕，上面会闪现从 1 到 9 的数字，而你的任务就是将每个数字迅速按照大于 5 还是小于 5 来归类。如果给出的数字前面有个阈下闪现的数字，跟后面给出的数字位于 5 的同一边（比如 4 之前有一个 3 阈下闪现），那么你的反应速度会更快。相应地，如果给出的数字前面闪过一个跟给定数字不在 5 的同一边的阈下数字（比如 4 之前有一个 7 阈下闪现），你的反应速度就会更慢。[14] 虽然你并没有意识到有数字一闪而过，这些数字还是瞬间掠过了你的脑海，影响了你的反应。

结论就是，你的大脑偷偷地协调出来了一个调节性、功能性和数据挖掘方面的奇迹。这些脑活动虽然很奇妙，但并没有形成概念上的谜团。大脑沿着神经纤维快速发送和接收信号，从而控制生物过程，产生行为反应。要勾画出这些功能和行为背后精确的神经通路和生理细节，科学家们就要面对一项艰巨的任务：为密布着复杂的生物电路的广大地区绘出地图，且精确度要远远超出今天我们已经达到的水平。即便如此，我们已经了解到的一切都表明，无论有多困难，也无论有多需要创造力和勤奋，我们都完全有理由相信，我们熟悉的科学策略会取得胜利。

假如不是因为心灵有一种让人讨厌的性质，一切都会如上所述。但是，如果我们越过这个关于心灵的任务，转而考虑心灵中的各种感觉内容——我们认为这种内在体验是身为人类的本质——那么，有些研究者就对传统科学提出见解的能力得出了远没有那么乐观的不同展望。这就给我们带来了有些人所谓的，意识的"困难问题"。

困难问题

在写给现代科学的形成期最多产的通信者亨利·奥尔登堡的一封信中，牛顿指出："要更加断然地确定什么是光……以及光通过什么方式或行为在我们脑海中产生了色彩的幻影，并不那么容易。我也不会把猜想和定论混为一谈。"[15]牛顿是在努力解释最常见的经验：对某种颜色的内心感觉。以香蕉为例。当然，看到一根香蕉并确定它是黄色的，这不是什么大事儿。要是下载了合适的应用，你的手机也能认出颜色来。但就我们所知，你的手机报告说香蕉是黄色的时候，对黄色并没有什么内在感受。手机对黄色没有内心感觉，也不是透过心灵之眼看到了黄色。你才会这样。我也是。牛顿也是。他的困难是理解我们究竟是如何做到的。

这个困难所涉的问题远远超出了黄、蓝、绿等颜色的心理"幻影"。此时，我打着这些字，吃着爆米花，还放着轻柔的背景音乐，感觉到了一系列内在体验：指尖上的压力、唇齿间的咸味、无伴奏五重唱的美妙歌声、心里喃喃自语地对这个句子中的下一个措辞字斟句酌。你的内心世界正在采纳这些词，也许是从内心深处的声音那里听到了这些词；同时你可能还因为冰箱里最后一块巧克力派而正在走神。重点在于，我们的脑拥有大量的内心感觉——思想、情感、记忆、图像、欲望、声音、气味等等——这些都属于我们所说的意识。[16] 就跟牛顿和香蕉的例子一样，困难在于确定我们的脑如何创造并维持这些充满活力的主观体验世界。

为了彻底地理解这个难题，请想象你现在被赋予了超人的视觉，可以看到我的脑子里边，看见组成它的大概 1000 亿亿亿个粒子——电子、质子和中子——的每一个，它们每个都在碰撞和推搡、吸引和排斥、流动和散射。[17] 不同于烤面包中散发出的大型粒子集合或聚成恒星的那些，组成大脑的粒子是以高度有序的模式排列起来的。即便如此，把注意力放到任何一个这样的粒子上，你都会发现这个粒子在跟其他粒子相互作用，借助的是用完全相同的数学工具描述的完全相同的力，无论这个粒子是悬浮在你的厨房里、北极星的日冕中还是我的前额皮层中。而在这个数十年来从粒子对撞机和强大的天文望远镜得到的数据都能证实的数学描述中，没有哪怕一点蛛丝马迹能暗示这些粒子能以某种方式产生内在体验。一群没有心灵、没有思维也没有情感的粒子，聚在一起怎么就产生了关于颜色和声音、喜悦和惊奇、困惑和惊讶的内心感觉？粒子可以有质量、电荷和另外几种类似特征（比如核电荷，这是电荷的一种更奇特的形式），但所有这些特征似乎都跟和主观体验哪怕有一点点沾边的东西都毫无关系。那么，脑袋里的一团粒子——整个脑子也就是这么一团粒子——是如何产生印象、感觉和感受的？

哲学家托马斯·内格尔为这条解释鸿沟给出了一番令人回味无穷的标志性刻画。[18] 他问道，做一只蝙蝠是怎样的？请想象：你在空气中展翼高翔，穿过无尽的黑暗，不断发出急促的嗒嗒声，在树上、岩石上和昆虫身上产生回波，这让你能绘出周围环境的样子。你从回波中知道，有一只蚊子正在你前面往右边飞，于是你猛冲过去，享受了一小口美味。我们跟这个世界打交道的方式跟蝙蝠截然不同，因此我们靠想象带领我们自己进入蝙蝠的内心世界时，也就只能走到这儿了。即使我们对让蝙蝠成其为蝙蝠的所有基本物理、化学和生物学知识都有完整阐述，我们对蝙蝠的描述似乎仍然无法得到蝙蝠的"第一人称"主观体验。无论我们有多了解物质细节，蝙蝠的内心世界似乎都还是遥不可及。

对蝙蝠成立的对我们所有人也都成立。你就是一大群相互作用的粒子。我也是。虽然我了解你那些粒子是怎样让你报告说看到了黄色的——你的声道、口腔和嘴唇中的粒子只需把自己的运动编排一番来产生那样的外部行为就行了——但想要了解这些粒子如何让你形成关于黄色的主观内在体验的时候，我碰到的困难可就大多了。我知道你的那些粒子怎么能引起你的一颦一笑——这些粒子仍是只需恰当编排自己的运动——但想知道它们如何让你产生快乐、悲伤等内心感觉的时候，我就毫无头绪了。实际上，虽然我能直接触及我自己的内心世界，但想知道内心世界如何从我自身这些粒子的运动和相互作用中涌现的时候，我同样茫然无措。

当然，在试图用坚定的还原论语言解释很多别的事物，比如太平洋台风或剧烈的火山爆发时，我也会受阻。但这些事件以及这个满载着类似例子的世界所带来的挑战，只不过是如何描述数不胜数的众多粒子的复杂动态机制。若能克服这个技术障碍，我们就能成功。[19] 而这也是因为，其中并没有"身为台风或火山是怎样的"这样的内心感觉。就我们所知，台风和火山没有带有内在体验的主观世界。这里，我们不可能欠缺第一人称描述。但对于任何有意识的事物，这正是我们的第三方客观描述所缺乏的。

1994年，澳大利亚一位长发披肩的青年哲学家大卫·查尔默斯走上亚利桑那州图森市年度意识研讨会的讲台，把这个缺陷描述为关于意识的"困难问题"。并不是说"简单问题"，即了解大脑过程的机制及其在铭刻记忆、响应刺激和塑造行为中的作用，就很简单。只不过我们能够想象这类问题的答案大概会是什么样子：我们可以在粒子层面，或是更复杂的结构，比如细胞和神经元的层面，阐明原则上的方法，这样似乎也能条理一致。而设想关于意识的问题也有这样的答案，是这个困难激发了查尔默斯发表评论。他提出，我们不只是缺少一座从无意识的粒子到有意识的体验的桥梁，且我们如果是想利用还原论的蓝图——利用如我们所知的构成科学基础的粒子和定律——来搭建一座，也将无功而返。

这番评论一石激起千层浪：有的人同意，有的人不同意；从那时起，它就一直在意识研究领域回响。

玛丽二三事

我们很容易不把这个困难问题当回事儿。过去我自己的反应也可能是这样。被问到时我经常会说，意识体验不过是某种信息加工过程在脑内发生时的感觉。但因为核心问题就是解释为什么会有"感觉是怎样"，回应得那么快就等于认为这个困难问题一点儿都不困难，甚至都不是个问题。说好听点，这么回答是在认同很多人的看法，认为我们对思考的思考太多了。有些困难问题的狂热爱好者提出，要理解意识，我们需要引入传统科学领域之外的概念，而另一些人，即所谓的"物理主义者"则预计，只需援引物质的物理特性，构造巧妙、应用又富于创造性的传统科学方法，就能完成这项任务。物理主义者的看法确实就是我很久以来的观点。

但这些年我更仔细地思考了意识问题，也时常产生重大的怀疑。其中最不寻常的一刻，是我遇到哲学家弗兰克·杰克逊提出的一个很有影响的观点的时候，那比困难问题获得如此称号还要早十年。[20] 杰克逊讲了下面这么一个稍微有点戏剧化的简单故事。假设在遥远的未来有一位聪明姑娘叫玛丽，她色盲非常严重。从出生开始，她的世界里所有事物就都只呈现为黑白颜色。她的病情就连最著名的医生都束手无策，于是玛丽断定要靠自己来解决这个问题。玛丽梦想着能治疗自己的色盲，于是精心做了多年研究、观察和实验。通过这些，玛丽成了世界上有史以来最伟大的神经科学家，实现了人类一直未能实现的目标：完全揭开了关于脑的结构、功能、生理、化学、生物和物理方面的所有细节。她完全知晓了大脑的一切工作机制，无论是全局组织结构还是微观物理过程。当我们为湛蓝的天空惊叹不已、享受美味多汁的李子或是沉浸在勃拉姆斯第三交响曲中时，发生了怎样的神经发放过程和粒子连锁反应，她都了如指掌。

　　有了这样的成就，玛丽找到了治疗自己视力缺陷的方法，并做了矫正手术。过了几个月，医生准备拆开她的绷带了，玛丽也准备重新认识这个世界。玛丽站在一束红玫瑰前，慢慢睁开了眼睛。现在问题来了：第一次亲眼看到红色的玛丽，会了解到什么新的东西吗？现在终于对颜色有内在体验了，她会获得新的理解吗？

　　把这个故事在脑子里搬演一番，应该就非常明显：平生头一回体验到红色这种内心感觉时，玛丽就会喜不自胜。惊讶吗？惊讶得很。激动吗？当然激动。感动吗？深受感动。似乎不证自明，对颜色的初次直接体验，会扩展她对人类感知及其所能带来的内心反应的理解。这是很多人都会有的直觉，但杰克逊呼吁我们从这种直觉出发，想想可能有什么结果。玛丽已经知晓了大脑的一切物理工作机制。但通过这次识见，她显然还是拓展了知识。她得到的是意识体验方面的知识，相关的意识体验是随着大脑对红色的反应而来的。结论是什么呢？关于大脑的物理工作机制的完整知识还缺了点什么，这些知识不能展现或解释主观感觉。若是此类完整的物理知识无所不包，玛丽摘下绷带后不过会耸耸肩罢了。

　　我第一次读到这个故事时，突然之间觉得跟玛丽无比亲切，就好像我也经历了一次矫正手术，打开了一扇关于意识本质的原本模糊不清的窗户。原来的我不假思索地认定，脑内的物理过程就是意识，意识也就是这种过程带来的感觉，但现在这份信心突然动摇了。玛丽掌握了关于大脑所有物理过程的全部知识，但从上述情境来看，这样的认识应该说明显是不完整的。这表明涉及意识体验的问题时，物理过程只是故事的一部分，而非全部。杰克逊的文章在我读到之前很久就已经发表，各路专家都因这此文活跃起来，随后几十年间，玛丽引起了很大反响。

　　哲学家丹尼尔·丹尼特促请我们认真考虑，说玛丽对物理事实方面的知识无所不知，到底意味着什么。丹尼特的意思是，"完整的物理学认识"这个概念太新鲜了，所以我们严重低估了这个认识能带来的解释力。丹尼特认为，有了这么个无所不包的理解，从光的物理学到眼睛的生物化学再到脑神经科学，玛丽应该会在亲眼看到红色之前很久就已经能够觉察出红色的内心感觉是怎样的。[21] 解开绷带后玛丽可能会对红玫瑰的美丽有所反应，但看到玫瑰的红色只不过会确认她的预期而已。哲学家大卫·刘易斯[22] 和劳伦斯·尼米罗[23]都采用了不同的思路，他们认为玛丽获得了新的能力——识别、记忆和想象红色有什么内在体验的能力——但这一能力并没有构成新的事实，超出她先前掌握的范围。解开绷带后的玛丽未必会耸肩一晒，可能会"哇哦"一声，但这仅仅说明她对理解、利用旧知识的新方法感到高兴。就连杰克逊自己在深入思考玛丽的例子很多年后都一改初衷，开始反对自己最初的结论。我们总是通过直接体验来了解关于这个世界的知识，比如通过看到红色来理解感觉到红色是怎样的，也对这种方式太过熟悉，于是我们默认这种体验就是获得这种知识的唯一方式。而按杰克逊后来的说法，这没有足够的道理。虽然我们不了解玛丽的学习过程——芸芸众生都依赖于直接体验，唯有她靠的是演绎推理——但她既然完全掌握了相关的物理知识，就应该能确定看到红色会是怎样的感觉。[24]

谁是对的？是一开始的杰克逊和他初代方案的追随者，还是后来的杰克逊，以及所有确信玛丽看到玫瑰时什么新东西都没学到的人？

赌注很大。如果意识能够用这个世界的物理作用力作用在物质成分上的情况来解释，那我们的任务就是确定如何解释。如果不能，我们的任务就大多了。我们需要确定理解意识所需的新的概念和过程都有哪些，几乎可以肯定，这番探索之旅未来会到达的地方，将远远超出科学现在的边界。

在历史上，对于相互矛盾的观点，我们通过确认可检验的后果，自信地在波涛汹涌的人类直觉水域上航行。而到现在，还没有人提出过肯定能解决玛丽的故事带来的问题的实验、观测或计算；而揭示内心体验之源这种更有抱负的目标，就更不用说了。品评这些符合基本要求的观点时，我们考虑的主要因素是可信度和直觉上的吸引力，即我们将会看到的，能让各种不同观点都有自己一席之地的各种灵活尺度。

关于两个故事的故事

该采取什么策略来解释意识，在思想领域众说纷纭。最极端的要么将意识贬斥为只是一种错觉（取消式唯物主义），要么宣称意识是这个世界的唯一真实性质（唯心主义）。在两个极端之间，我们则见到了一条假说的谱系。有些在传统科学思想的范围内运作，有些处于目前科学理解的夹缝中，还有些则仍在加强我们很久以来都认为是在最基础的层面上定义了现实的那些性质。两个小故事可以让我们一窥这些提案的历史语境。

你如果偶然听过十八九世纪生物学圈子的讨论，应该很熟悉"活力论"。这个概念是要解决人们可能会叫作生命"困难问题"的东西：这个世界的基本成分都是无生命的，那为什么这样的成分集合起来就有可能获得生命呢？活力论的答案直截了当：这样的集合不可能有生命。至少仅凭这些成分本身不可能。活力论提出，缺失的成分是一种非物质的火花，或者说生命力，它能将生命的魔力赋予无生命的物质。

你如果曾在 19 世纪进入某些物理学圈子，可能会听过关于电和磁的激动人心的讨论，那时法拉第等人正在前所未有地深入研究这个越发引人入胜的领域。你可能会碰到这样一种观点，认为这些新现象可以用牛顿传下来的标准机械论科学方法来解释。找到流动的液体和微型齿轮的巧妙组合以解释这些新现象可能并不容易，但理解这些现象的基础已尽在掌握。由于预计传统科学推理大有希望，你也许会把这个问题叫作电磁方面的"简单问题"。

历史证明，两则故事所描述的期待都误入了歧途。用过了两个世纪的后见之明来看，生命带来的近乎神秘的不解之谜已不再那么神秘。虽然我们仍然无法完全理解生命的起源，但科学界基本上已经普遍公认，任何魔力火花都不需要。需要的只是粒子排布为一系列不同层级的结构：原子、分子、细胞器、细胞、组织，等等。有强烈证据表明，现有的物理学、化学和生物学框架，用来解释生命完全够用。关于生命的困难问题，尽管确实很难，但已被重新划归简单问题。

对电磁问题来说，认真做实验得到的数据要求科学家超越 19 世纪之前写在教科书上的物理现实的特征。现有的理解让位给了物质的一种全新物理性质（电荷），它呼应了一种全新的影响（电场和磁场充满空间），而这种影响经詹姆斯·克拉克·麦克斯韦创建的全新方程组（初始形式有 20 个方程）描述了出来。虽然已经解决，事实证明电磁方面的

"简单"问题可是很难的。[25]

很多研究者设想，未来可以用意识来总结活力论的故事：随着我们对大脑的了解越发深入，关于意识的困难问题会慢慢消失。虽然现在看起来还很神秘，但内在体验会逐渐被看作大脑生理活动的直接结果。现在我们缺乏的是对大脑内部工作机制的全面掌握，而不是各种全新的思想素材。按照这种物理主义观点，有一天人们回想起我们曾把如此激昂又无端的神秘感赋予意识，也许会哑然失笑。

另一些人则设想，电磁学的故事给意识带来了有意义的模型。如果你对世界的理解遇到了让你大惑不解的事实，你自然会试图将这些事实纳入现有的科学框架。但现有的模板也许不适合有些事实。有些事实也许能展现出现实的新性质。按这个阵营的说法，意识中充斥着这类事实。如果这个观点最终证明是对的，要想理解主观体验，就得对智力的竞技场实质性地重新排布，而潜在的深远影响也许会远远超出心灵问题的范围。

在这些提案中，有一个最为激进的来自大卫·查尔默斯，"困难问题先生"本尊。

万有理论

查尔默斯坚信，思想意识不可能从一堆无知无识的粒子中涌现出来，因此希望我们把电磁学的故事记在心里。19

世纪的物理学家用当时的传统科学拼拼凑凑地勉强解释电磁现象却徒劳无功，但他们仍能勇敢面对。我们也要像他们一样，用同样的勇气来承认，要揭开意识的神秘面纱，我们必须超越已知的物理性质。

但怎么超越？有一种简单而大胆的可能是，单个粒子本身被赋予了内在固有的意识属性——我们称之为"原意识"，免得你会想到兴高采烈的电子或古里古怪的夸克——这种属性无法用更基础的东西来描述。也就是说，我们对现实的描述必须扩展一下，好把注入自然界基本物质成分中的内在固有、不可还原的主观特性也包括进来。而很久以来都被我们所忽视的，正是物质的这一特性，这也是我们直到现在都没能解释意识体验的物理基础的原因。一团无知无识的粒子如何能创造出意识？创造不出来的。要创造有意识的心灵，需要有一团有"心"的粒子。大量粒子把自己的原意识特性聚在一起，就能产生我们熟悉的意识体验。因此这个提法说的是，粒子不但有一系列我们已经充分研究过的物理性质（质量、电荷、核电荷和量子自旋），还有我们以前忽视了的原意识特性。查尔默斯这是复兴了一种历史根源可以一直追溯到古希腊的信仰，"泛心论"，他认为意识可能跟粒子组成的一切事物都有关系，无论是蝙蝠脑还是棒球棒。

如果你想知道原意识究竟是什么，或者原意识是怎么注入粒子的，你的好奇心值得赞赏，但这个问题查尔默斯或其他任何人都回答不了。尽管如此，结合语境来看这些问题还是有帮助的。你要是问我关于质量或电荷的类似问题，很可能也要一脸失望地离开。我不知道什么是质量，我也不知道什么是电荷。我只知道质量会产生万有引力，且会响应这种力；电荷会产生电磁力，并对电磁力有所反应。因此，虽说我没法告诉你粒子的这些特征都是什么，但我能告诉你这些特征能干什么。同样，也许研究者无法描绘清楚原意识是什么，但仍然能成功建立起理论说明它能干什么：原意识如何产生意识并对意识做出响应。在很多研究者看来，对万有引力和电磁力来说，如果有人担心用行为和反应来代替内在定义等于是瞒天过海，那我们从关于这两种作用力的数学理论中得到的无比准确的预测，总可以让他们放下心来。也许有一天，我们也会有一个关于原意识的数学理论能做出同样成功的预测。但现在，我们还没有。

无论这一切听起来有多奇特，查尔默斯都认为自己的方法若是获得正确的理解，就完全在科学的界限之内。多少个世纪以来，科学家们一直都只关注现实的客观呈现。以此为目标，他们建立了能很好解释实验和观测数据的方程。但这些数据完全是第三人称视角可获得的。而查尔默斯说的是，还存在别的数据，关于内在体验的数据，可能也还存在别的方程，能抓住内在领域的模式和规律性。就是说，传统科学能解释外部数据，而下一个时代的科学将能解释内部数据。

很多年以来都有一场说法略有不同的动向一直在进行，即认为信息是所有物理通货中最基本的——该说法常常归功于物理学家约翰·惠勒，他因普及了"黑洞"一词而广为人知。为了描述世界的当下状态，我要提供详细说明所有正在舞动的粒子和正在整个空间中波动的场如何排布的信息。物理学定律将这些信息作为输入，产生描述世界后续状态的输出信息。依这个框架来看，物理学做的就是信息处理任务。

查尔默斯的提案即遵循这种思路，认为信息有两面性：一面是客观性，可为第三方触及，这样的信息数百年来一直是传统物理学的领域；另一面则是主观性，第一人称视角才可触及，而这种信息物理学迄今还有待考察。完备的物理学理论，不但需要包含外部信息，也需要包含内部信息，同时还需要一批定律来描述每种信息如何动态演化。对内部信息的处理将为意识体验提供物理基础。

爱因斯坦梦想着为物理学找到一个统一理论，即仅用一套数学形式就能描述自然界所有粒子、所有作用力的理论，人们把他追寻的这种理论叫"万有理论"。倒霉得很，这样言过其实的描述跟我自己的弦论领域倒是经常很契合，这也就解释了为什么我经常会被问到对意识问题有什么看法。毕竟，一个理论如果能够解释"万有"，那也应该能很好地容纳意识。但我经常告诉那些问我这个问题的人，掌握基本粒子的物理学是一回事，而要用这种理论来理解人类心灵，则完全是另一回事。创造科学手段，把大小和复杂程度都有极大差异的不同尺度连接起来，是我们要面对的一大科学难题。但如果查尔默斯是对的，那么意识将进入科学阐释的底层，即基本方程和原始成分所在的那层。这就意味着，有朝一日我们也许会有一种把信息处理的外部性和内部性、即客观的物理过程和主观的意识体验从一开始就结合起来的理解。这种理解就是一种统一理论。我会继续反对"万有理论"这样的说法——我希望科学家不要那么容易就能预测到我明天早餐吃什么——但上述理解也将石破天惊。

这个方向对吗？要是对的，我会激动万分：我们将站在现实的一个有待探索的全新领域的前沿。但你大概也已经猜到，有很多人都在怀疑，在努力寻找意识来源的过程中，科学是否需要进入这片如此奇特的土地。卡尔·萨根有句名言说，非同寻常的主张要有非同寻常的证据，也许很适合拿来指引方向。确实有强烈的证据表明，存在着一些非同寻常的东西，就是我们的内在体验；但远远还没有证据来证明，这些体验超出了传统科学能够解释的范围。

如果我们能确定产生主观体验需要哪些物理条件，那我们的理解也会加深。而这个任务，就是我们现在要思考的意识理论的核心。

心灵整合信息

大脑是一坨沟壑纵横、湿答答的细胞集合，可以处理信息，这些事实没有争议。脑部扫描和侵入性探针都已经证实，脑的不同部位都在专门处理特定类型的信息——视觉、听觉、嗅觉、语言等等。[26] 但信息处理这件事，本身并不是脑子的独特之处。很多物理系统，从算盘到恒温器再到计算机，都在处理信息；再考虑到惠勒前面提出的观点，那么在某种意义上，所有物理系统都可以看成信息处理器。那么，在各种信息处理方式中，是什么让导致了思想意识的这种方式与众不同的呢？这个问题指引着精神病学家、神经科学家朱利奥·托诺尼，也指引了神经科学家克里斯托夫·科赫的研究，并带来了一种叫作"整合信息理论"的方法。[27]

要对这个理论有点感觉，可以想象我送了你一辆全新的红色法拉利。无论你是不是高端跑车爱好者，看见这台跑车都会让你的脑受到丰富的感官刺激。传达车的视觉、触感、气味等性质的信息，以及从汽车上路时的动力到对奢侈和财富的联想等等更抽象的内涵，都马上交织为统一的认知体验。这种体验所包含的信息内容，托诺尼会描述为"高度整合"的。即使注意力主要集中在车的颜色上，也需要注意到，你的体验绝不是先有一辆无色的法拉利，然后内心再把它涂红，也不是先看到一个抽象的红色环境，然后你的内心再从中塑造出一辆法拉利来。虽然形状信息和颜色信息激活的是视觉皮质层的不同部位，你对法拉利的形状和颜色的意识体验却浑然一体，不可分割。你是把这些信息当成一个整体来体验的。按托诺尼的说法，这是意识的一种固有的内在性质：穿过意识体验的信息都会紧密地结合在一起。

意识的第二个内在性质是：能为心灵所容纳的事物，范

围极大。你内心的节目单简直无穷无尽：各种令人眼花缭乱
的感官体验，蠢蠢欲动的想象力，还有抽象的计划、思考、
担忧和期待，无所不包。这也意味着如果你把心思集中在某
种特定的意识体验，比如说红色法拉利上，那么此时的体验
会跟你所能拥有的海量其他心理体验都极为不同。托诺尼的
提案将这些结论提升到了定义性特征的高度：思想意识就是
高度整合同时也高度分化的信息。

　　大部分信息都没有这些性质。给红色法拉利拍张照片，
然后想想得到的数字文件。简单起见，别管比如图像压缩之
类的细节，就想象这个文件是一个数组，数值记录了图像中
每个像素的颜色和亮度信息。相机中的光电二极管响应法拉
利表面不同位置反射的光线，就产生了这些数字。这个信息
的整合程度有多高？由于每个光电二极管的响应都相互独
立——二极管之间并无通信和连接——数字文件中的信息完
全是各自为政。你可以把每个像素的数据都存成单独的文
件，总的信息内容也不会有变化。这就意味着其中全无任何
信息整合。数字文件中的信息分化程度又有多高呢？相机的
数字文件可以存成的图像多种多样，然而信息内容受到由彼
此独立的数字组成的固定数组的限制。就是这样。拍一张数
码相片不是为了深思死刑中的伦理问题，或是费劲巴力地证
明费马大定理。这个意义上，其信息内容极为有限，这也就
意味着相机在信息分化问题上得分并不高。

　　因此，你的大脑在构建一种心理表征时，其中的信息内

容会很快变得高度整合也高度分化；但相机在构建数码照片时，其中的信息就没有这两个特征。按托诺尼的说法，这就是为什么你会对法拉利有意识体验而你的数码相机没有。

为了量化这些考虑，托诺尼提出了一个方案：为任意给定系统中包含的信息指定一个数值，通常标记为 φ，φ 值越大表明分化得越厉害，整合得也越深，因此——按这个理论的逻辑——也就是思想意识的水平越高。因此这个方法呈现的是一个连续统，从信息整合及分化程度不高的简单系统（也许会经历意识的雏形）到你我这样的复杂系统（整合和分化程度足以产生我们熟悉的那种层级的思想意识），再到可能存在的信息能力及意识体验水平超过我们的其他系统。

跟查尔默斯的方法一样，托诺尼的理论也有泛心论的倾向。在这个提案中，没有任何内容是跟特定的物理结构必然绑定的。你体验到的思想意识存在于生物性的脑子里，但根据托诺尼和他的数学定义，φ 值只要足够大，那么无论是在神经突触中还是中子星上，都会有思想意识。在有些人，比如计算机科学家斯科特·阿伦森看来，这种倾向会给这个提案带来灭顶之灾。阿伦森的计算表明，如果将简单的逻辑门（最基本的电子开关）巧妙地连起来，形成的网络可以让 φ 值想有多大就有多大——跟人脑的数值相当甚至更大。[28]根据这个理论，这个电子开关网络也应该有意识。而这个结论是亚伦森——以及大部分人的直觉——都会觉得荒谬的。托诺尼怎么回应呢？他说，无论有多奇怪、多不同寻常，结论就是，这个网络会是有意识的。

现在你也许觉得，他不可能真的这么认为。但想一想，你是为什么不相信。一团两斤多重的肉，跟血液供应和神经网络正确连接之后，就有了我们熟悉的意识体验，这是怎么做到的？正是这个说法延续了你的轻信，而它是以科学迄今为止所揭示的全部内容为基础的。但出于你自己的内心世界，你也很愿意接受这个说法。接下来如果交给你另一样东西，没有身体，没有脑子，然后跟你说这东西也有意识，让你再延伸一下接受这个新说法也许看似是个重大事件，但其实相对而言并不过分。说一团黏软的灰色神经节有意识，能接受这么几近荒唐的说法，你已经是迈出了一大步。这并不是托诺尼的提案得以成立的论据，但它可以让我们清楚地看到，见惯不惊会扭曲我们对荒谬的感觉。

如果被证明是正确的，这种方法就能阐明一个系统若要产生意识体验，必须具备哪些性质。这将是实质性的进步。但以目前的形式，整合信息理论只会让我们思考，为什么具有意识是现在这样的感受。高度分化同时又高度整合的信息，是如何产生内在意识的？按托诺尼的理论，它就是产生了。或者说得更准确点，他的意思是这个问题可能问错了。在他看来，我们的任务不是解释意识体验是如何从一团纷乱的粒子中涌现出来的，而是确定要让一个系统有此种体验需要哪些条件。整合信息理论想做到的，就是这一点。虽然我能理解这种观点，但还原论的解释如此成功，我的直觉也深受其影响，因此除非能把包含我们所熟悉的粒子成分的各种物理过程跟心灵感觉联系起来，我是不会满意的。

现在我们要介绍的最后一种提案采用了不同的策略。这种阐释是彻头彻尾的物理主义，也为解开意识之谜带来了最有启发性的一种方法。

心灵塑造心灵

神经科学家迈克尔·格拉齐亚诺关于意识的理论，是从几个众所周知的脑功能性质开始的，这几个性质我们都很容易接受。[29] 要理解这些性质，我们先回到法拉利的例子。想象你看到了这台汽车光可鉴人的红色外表面，摸到了光滑的人体工程学形状的门把手，闻到了是新车无疑的气味，如此等等。直觉上我们会认为这是对外部现实的直接体验，但早在几个世纪前我们就已经知道并非如此了。现代科学对此有明白的阐释。法拉利的表面反射过来的红光，是一个以每秒约 400 万亿次的频率振荡的电场，并与以同样频率振荡的磁场垂直，而电场跟磁场都在以每秒 3 亿米的速度向你奔来。这就是红光的物理原理，也是你眼睛受到的刺激。[30] 请注意，在这番物理学描述中，没有"红色"这样的字眼。只有电磁场进入你的眼睛，刺激了你视网膜上的光敏分子，产生一个脉冲传到你脑内专门负责处理视觉信息、解读视觉信号的视觉皮质层之后，红色才会出现。红色是人类自己的建构，发生在脑海深处。新车的气味呢？情况类似。座椅、地毯和塑料包装的气态废物分子弥漫在车内，只有这些分子飘进你的鼻孔，扫过嗅上皮中的神经细胞感受器，产生一个脉冲，沿嗅神经传向嗅球，再将经过处理的信号传给不同的神经结构去解释，这之后，才会有新车气味这回事。跟红色一样，新车气味只发生在你的脑内。

　　因此当法拉利吸引了你的注意力时，会有一系列认知相关的数据处理过程启动。红色、气味、闪亮、金属质感、玻璃、轮子、发动机、马力、运动、速度等等，一系列物理性质和性能都在你脑内创造出来，并绑定到你心中的那台汽车上。这种阐述到现在听着仍然跟整合信息理论很像，但格拉齐亚诺的提案让这些认识走上了不同的方向。他的中心论点是，无论你对细节有多留神，你的心理表征总是大大简化过的。就连把车描述为"红色"，也只是汽车表面不同部位反射过来的大量相似但频率又不同的光——红色的多种色度——的简略表达：比如说驾驶侧车门上某个点反射的电磁波在以每秒 435 172 874 363 122 次的频率振荡，而引擎盖上的某个点反射的光振荡频率是每秒 447 892 629 261 106 次，等等。[31] 如果要处理如此过分丰富的细节，你的心会乱成一团。所以心灵会欣然接受"红色"，尽管只是概要性简化。内心中一直在发生大量的类似简化，也都是这种情况。对于你会在环境中遇到的几乎所有事物来说，这种概要性表征不只够用，也解放了你的心理资源，好用于其他维持生命的目的。很久以前，会因为物理世界汹涌而来的细节分心的头脑，很快就被吃掉了。活下来的头脑，都会避免被没有生存价值的细节消耗精力。把红色法拉利换成隆隆作响的雪崩或颤动不止的大地，你就能看到有利于快速反应的"萝卜快了不洗泥"式的心理表征有什么生存优势了。

如果你关注的不是汽车、雪崩或地震，而是动物和人，你也会形成类似的概要性心理表征。但在对这些物理形式的表征之外，你也会为这些动物和人的心灵形成概要性心理表征。你想知道他们的脑袋里都在发生什么：某只动物或某个人是敌是友，会带来安全还是危险，是想寻求共赢还是谋一己私利。迅速判断出我们遇到的其他生命是什么性质，显然有非常重要的生存价值。研究者把这种能力，这种在无数世代的自然选择中不断改善的能力，叫"心灵理论"[32]（我们直觉上认为生物或多或少都有跟我们类似的心灵）或"意向立场"[33]（我们把知识、信念、欲望因此还有意向都归给我们遇到的动物和人）。

格拉齐亚诺强调，你也会惯例性地把这种能力用到你自己身上：你会不断为自己的心灵状态形成概要性心理表征。你看着那台红色法拉利的时候，不仅会对这辆车形成概要性表征，也会对你倾注于法拉利的注意力形成概要性表征。你放在一起来表征法拉利的所有这些特征，都被一个概括你自己的心理焦点的额外特性加强了：这台红色法拉利光可鉴人，你的注意力也集中在这台法拉利的红色和光可鉴人上。

你就是用这种方式，来记录你与这个世界如何过从的。

　　跟对法拉利的表征一样，也跟你对其他人的注意力的表征一样，你对自己的注意力的表征也放过了大量细节：忽略了让你形成注意力的基本的神经元发放、信息处理和复杂的信号交换过程，而是描述了注意力本身，用大白话说就是我们通常所谓的"意识觉察"。而按格拉齐亚诺的说法，为什么意识体验在我们的内心好像无根之木，这就是核心原因。当大脑将自己对简化的概要性表征的喜好用在自己身上，用在自己的注意力上时，带来的描述刚好就忽略了产生这种注意力的物理过程。何以思维和感觉仿佛虚无缥缈，好似无中生有，游移在我们脑海中一般，也正是这个原因。如果你对自己身体的概要性表征忽略掉了手臂，那么你手上的动作看着也会缥缈得很。这也是为什么意识体验似乎跟由组成我们的粒子成分、细胞成分执行的物理过程大相径庭。困难问题看似很难——意识似乎超越了物理——只是因为我们的概要性心理模型让我们不易认识到将我们的思维和感觉与其物理基础连接起来的脑部机制。

　　像格拉齐亚诺的这种及其他已经提出和建立起来的物理主义理论[34]，其诱惑力在于意识就像生命一样，可以还原为没有生命、没有思维也没有情感的成分的适宜排列。当然，在我们和还原论认识大有希望的前景之间，还有一片广袤的神经学领域有待探索。但跟查尔默斯设想的那片不为人知的领地不同——在那里研究者需要穿过陌生的土地，劈斩不熟悉的荆棘——而物理主义者的探险大概不会有这么多异域惊奇。困难之处并不在于探索一个陌生世界，而是要用前所未见的细节来为我们自己的世界——脑——绘制地图。让一趟旅行成功且妙不可言的，正是我们会熟悉到地形。无需超科学的火花，也不需要物质具备新奇的性质，意识就是会出现。普普通通的物质，服从普普通通的定律，执行普普通通的过程，却也会具有绝不普通的思考和感受能力。

我碰见过很多反对这种观点的人。他们感到，只要企图把意识纳入对这个世界的物理描述，就是在贬低我们最珍贵的特性。他们认为，物理主义方案是那些被唯物主义蒙蔽了双眼、认识不到意识体验真正妙处的科学家弄出来的笨拙的方法。当然，没有人知道这一切会如何发展。说不定几百上千年过后，物理主义方案会显出其幼稚性。我对此表示怀疑。但即便承认这种可能性，我们也很该反驳如下预设：描绘出意识的物理基础就是在贬低意识的价值。心灵能有现在的种种能力，实是非凡。在实现其能力时，心灵只用到了让我的咖啡杯成为一体的那些成分和作用力，这更是非凡。意识会褪去神秘，但不会遭到贬低。

意识与量子物理学

数十年来经常有人提出，要理解意识，量子物理学必不可少。某种意义上这么说当然没错。包括大脑在内的物质结构都由粒子构成，而粒子的行为表现又受量子力学定律的支配，因此是量子力学支持着所有事物的物理基础，其中也包括心灵。但当意识遇上量子之后，称二者有更深层联系的评论者也并不少见；他们中很多人动了这番心思，是因为我们对量子力学的理解尚有空白，是世界上一些最有成就的科学家和哲学家历经一个世纪都没想透的。我来解释一下。

在迄今所建立的描述物理过程的全部理论框架中，量子力学是最精确的。量子力学的预测从没有跟可重复实验相矛盾过，有些最细致的量子力学计算结果，跟实验数据的差别不到十亿分之一。如果你对具体数字没感觉，大部分时候就对数字一扫而过也没什么问题。但现在别这样。记住我刚说的数字：以薛定谔的方程为基础进行的量子力学计算，跟实验测量的结果符合到小数点后至少第九位。[35] 面对如此成就，人类真的应该志得意满：因为这确实是展现了人类理智的伟大胜利。

但是，在量子理论的核心处，有一个难解之谜。

量子力学最主要的新特征是，它的预测是基于概率的。这个理论可能会断言，一个电子有 20% 的可能在这里被发现，35% 的可能在那里被发现，还有 45% 的可能在又一个地方被发现。如果接下来你将同一实验设计执行多次，每次都保证条件完全相同，以此测量这个电子的位置，你会发现叹为观止的精确程度：在你的测量中，电子正是有 20% 的时候在这里，35% 的时候在那里，45% 的时候又在另一个地方。这就是为什么我们对量子理论充满信心。

说量子理论依赖概率，现在听来可能也没多奇怪了。毕竟你抛硬币的时候，我们也用概率来描述可能的结果：硬币落下来有 50% 的可能正面朝上，还有 50% 的可能背面朝上。但这里有个区别——很多人都熟悉它，但还是会觉得震惊：在日常的经典描述中，你抛完硬币但还没查看之前，硬币要么正面朝上要么背面朝上，只是你不知道究竟哪面朝上而已。与此相反，在量子描述中，如果说一个粒子，比如说电子，有 50% 的可能在这里，50% 的可能在那里，那么在检查其位置之前，该粒子既不在这里，也不在那里：量子力学反而会说，粒子处于既在这里又在那里的模糊混合状态。如果概率分布让电子在很多不同位置出现的可能性都大于零，那么根据量子力学，这个电子就游移在一种模糊混合态之中：同时位于所有这些地方。这理论实在太奇怪了，完全违背经验，你也许想马上把它抛弃掉。若非量子力学解释实验数据的能力无与伦比，这种反应肯定既普遍又合理。然而，数据迫使我们只得对量子力学致以最高的敬意，因此我们科学家也只能孜孜不倦地为理解这一反直觉的特征而努力。[36]

问题是，我们努力得越多，事情就会变得越奇怪。量子方程中没有任何方面表明，现实会在测量中从很多种可能性的模糊混合态转变为你看到的单一、确定的结果。实际上，如果我们（看似特别合理地）假设，同一组大获成功的量子方程不只是适用于你正在研究的电子（及其他粒子），也适用于组成你的仪器、组成你乃至你的大脑的那些电子（及其他粒子），那么根据数学原理，这种转变完全不该发生。如果一个电子既在这里也在那里，那么你的仪器就该发现它既在这里也在那里，而去读仪器显示的结果时，你的大脑也该认为这个电子既在这里也在那里。就是说，在你进行测量之后，你在研究的这个粒子的量子模糊态，也该影响你的仪器、你的大脑，很可能还有你的思想意识，让你的思维也处于多种结果的模糊混合态中。然而无论做多少次测量，你都没有报告过这种情形。你报告说，你见到的是单一、明确的结果。这个难题就叫"量子测量问题"，它是要理解，在方程所描述的模糊的量子现实，和你总在体验到的清晰、熟悉的现实之间，为什么有这么大的悬殊。[37]

物理学家弗里茨·伦敦和埃德蒙·鲍尔[38]早在20世纪30年代，以及诺奖得主尤金·魏格纳[39]在几十年后都表示，意识可能是个中关键。毕竟，只有在你报告说你的意识体验是确定的现实，于是造成了你的报告跟量子力学的数学预测对不上号时，难解之谜才成为难解之谜。那么我们就设想，量子力学的规则适用于全部环节，从被测量的电子，到用于执行测量的仪器中的粒子，再到构成仪器显示屏上的读数的那些粒子。但当你去读仪器读数，感官数据流进你脑内时，有些事情就变了：标准的量子定律不再适用，而是出于思想意识的作用，某种别的过程接手了——一个确保你会认识到一个单一、明确结果的过程。因此，意识也许密切参与了量子物理过程，决定了在这个世界的演化过程中，很多种可能的未来只会留下一种，别的都会被消除，可能是从现实中被消除，至少也可能是从我们的认知意识中消除。

你可以看到其中的吸引力。量子力学很神秘，意识也很神秘。想想，要是两者的神秘有关联，或者竟是同一种神秘，再或者两种神秘竟可以彼此化解，那该多有趣呀。但我浸淫于量子物理学数十年，都没有见到过任何数学论证或实验数据能改变我长久以来对上述所谓联系的评价：极不可能。我们的实验和观测都证明，某量子系统如果受到刺激——无论是来自有意识的生命还是无意识的探测器——该系统都会因此摆脱概率性的量子迷雾，呈现为确定的现实。诱使确定现实出现的，是相互作用，而非意识。当然，要证实这个说法，或这个意义上的其他任何事情，我都需要运用自己的意识；如果我有意识的心灵不参与这个过程，我就无法觉察到这个结果。因此，没有充分证据表明，意识没有起到特别的量子作用。尽管如此，即使用最完善的方法，完善度远远超出对这两种明显不同的神秘之处所做的表面性等同，能找到的量子与意识之间的联系，仍会极为贫乏。

随着我们对量子力学的理解不断加深，我们对一切事物（包括身体和大脑）的功能背后的微观物理过程，也会描述得越来越详尽。从物理主义视角来看，意识也属于这些功能，因此总有一天会被纳入量子描述中。但除非有极大的惊喜，那么无论是在切近还是遥远的将来，量子力学教材都不会特别教授如何以意识为前提来运用相关方程。意识固然伟大，但还是会被理解为出现在量子宇宙中的又一种物理性质。

自由意志

很少有人会为自己的胰腺能产生糜蛋白酶，或三叉神经网络能让自己打喷嚏这样的事感到自豪。对于自身的自动过程，我们不会多感兴趣。如果有人问我我是谁，我会提到那些我可以用自己的心灵之眼看到、用自己内心的声音质询的思想、感觉和记忆。谁的胰腺都会合成糜蛋白酶，谁都会打喷嚏，但我愿意认为，在我的所思所感、所作所为中，有一种深刻、完整、内在固有的东西专属于我。跟这种直觉密不可分的，是一种非常普遍的信念，普遍到我们很多人从没认真思考过它，甚至稍微想想都没有：我们有意志，而且是自由意志。我们是自主的，自己说了算。我们是自身行动的最终来源。但我们真的是这样吗？

这个问题引发的哲学文献，比任何别的难题都多。两千年前，德谟克利特认为世界由原子和虚空组成，这个简陋的世界观初步预见了自然界的一致性，抛弃了众神的任意妄为，转而支持不可改易的定律。然而无论熙来攘往的林林总总是由神力还是物理定律完全控制，我们都得问，受自由意志支配的行动的空间，如果有的话，在哪里？[40] 一个世纪以后的伊壁鸠鲁也拒绝承认神的干预，但他也为科学式决定论正在扼杀自由意志而哀叹不已。如果我们承认众神的权威，那么只要我们正心诚意地尊奉他们，至少还有机会得到一些自由作为奖赏。但自然定律不为任何阿谀逢迎所动，完全不会给我们喘息之机。为了解决这个难题，伊壁鸠鲁设想原子会时不时自发地随机突然转向，反抗定律规定的命运，从而允许未来不被过去决定。这么想当然很有创意，但远非每个人都会认为，在自然界的定律中任意插入机会，就能是人类自由的可信来源。因此在接下来的诸多世纪里，自由意志问题仍然让一众备受尊敬的思想家先贤大伤脑筋，他们包括圣奥古斯丁、托马斯·阿奎那、托马斯·霍布斯、戈特弗里德·莱布尼茨、大卫·休谟、伊曼努尔·康德、约翰·洛克……一串长得根本写不完的名单，其中还要包括当今全世界哲学系中正在思考这些问题的许多人。

　　将自由意志抛诸脑后的论证，有一个现代版本。你我的体会似乎能够确证：行动可以反映出我们的思维、欲望和决策乃是出于自由意志，通过这些行动，我们又能影响现实的发展。但坚持物理主义立场的话，你我就都只不过是云集起来的粒子[41]，这些粒子的行为完全受物理定律的管辖。我们的选择是组成我们的粒子以某种方式穿过我们的大脑造成的。我们的行为是组成我们的粒子以某种方式穿过我们的身体造成的。而所有的粒子运动——无论是在大脑内、身体里还是在棒球中——都由物理原理控制，因此完全受数学规定的支配。数学方程基于组成我们的粒子在昨天的状态来确定它们今天的状态，我们任何人都毫无机会让数学法则停止作用，自由地去影响、塑造或改变由定律决定的发展方向。实际上，沿着这根链条一直上溯，大爆炸就是所有粒子的终极来源，在整个宇宙史上，这些粒子的行为都是由无情无义、不容商量的物理学定律支配的，而这些定律也决定了如今存在的一切事物的结构和功能。我们对个性、价值和尊严的感觉，取决于我们的自主性。但物理定律毫不让步，自主性只能退下。我们不过是被宇宙无情的规则来回敲打的玩物。

因此核心问题是，有没有什么办法不让自由意志眼睁睁地消解为受奴役的粒子运动。很多思想家都试过了，有些人还毅然决然地放弃了还原论。虽然有大量的数据确认了我们对支配单个粒子（电子、夸克、中微子等）的定律有深刻的理解，但当10万亿亿亿个粒子排列成人体和人脑时，这些粒子就不再（或至少不再完全）受微观世界基本定律的支配了。这种思路也设想，也许这样一来，微观尺度的定律禁止的宏观尺度的现象——尤其是自由意志——就可以发生了。

当然，也确实从来没有人做过必要的数学分析，来预测组成人的粒子按照定律该如何运动。这样的数学太复杂了，大大超出了我们最先进的算力。就连预测简单得多的对象——比如台球——的运动，都是不可企及的，因为在确定台球的初始速度和方向时，小小的一点不准确，都会在台球从桌边弹回来时被指数级地放大。所以在这里我要强调的不是如何预测你接下来的运动，而是你接下来的运动有定律管着。而且，即使所需计算超出了我们现在的能力，也从来没有丝毫数学、实验或观测上的迹象表明，这些定律没有完全掌控全局。超出预期的惊人现象当然能因为大量微观成分的协调运动而涌现，比如台风、老虎；但所有证据都表明，只要能为这么多相互作用的粒子组成的大型集合完成相应的数学计算，我们就能预测这些粒子的集体行为。因此，虽然逻辑上可以设想，也许有一天我们会发现组成人体和人脑的粒子集合不受支配无生命集合的规则影响，但这种可能跟科学迄今所揭示的一切关于世界运行情况的结果都相矛盾。

另一些研究者把宝押在了量子力学上。毕竟，经典物理学是决定论的：往经典物理学的数学工具、即牛顿方程中代入所有粒子在任一时刻的精确位置和速度，方程就会告诉你这些粒子在任一未来时刻的位置和速度。这么严格，未来完全由过去决定，怎么还会有空间留给自由意志？组成你的粒子的当下状态——读着这些词句，思忖着这些想法——是由这些粒子早前（甚至早在你出生之前）的组态决定的，所以肯定不是你的意志选择的。但在量子物理学中我们已经看到，方程只预测事物在未来某时刻会怎样的"可能性"。但在插入了概率（机会）元素后，量子力学应该说就给伊壁鸠鲁的"突然转向"提供了一个实验导向的现代版本，松开了决定论的紧缚。但语言太过散漫就可能骗人。量子力学的数学工具是薛定谔方程，其决定论程度不亚于经典的牛顿物理学的数学工具。区别在于，牛顿以世界的当下状态为输入，会为明天的世界算出一个独一无二的状态；而量子力学以世界的当下状态为输入，却会为明日世界的状态算出一套独一无二的概率表。量子方程摆出了很多种可能的未来，但每种未来的可能性都可以勒石为记，在数学意义上又是决定性的。跟牛顿一样，薛定谔也没给自由意志留下任何余地。

还有一些研究者转向了尚未解决的量子测量问题。可以理解。科学认识上的空白，至少在被填补之前都是很诱人的所在，也许隐藏着一些极有价值的内容。你应该还记得，这个空白就是，对于这个世界是如何从量子力学提供的概率性描述过渡到日常体验中的确定现实的，人们还没有共识。一个独一无二的未来是如何从量子力学的可能性清单中选出来的？而我们尤其感兴趣的是，自由意志会潜藏在相关答案里吗？很抱歉，不会。我们来考虑一个电子，根据量子力学，它有 50% 的可能出现在这里，50% 的可能出现在那里。对其位置的观测会显示什么结果——这里还是那里——你能自由选择吗？不能。数据表明结果是随机的，而随机结果不是自由意志的选择。数据同样确证，多次这样的实验积累起来的结果存在统计规律：在这个例子中，一半的结果是发现这个电子在这里，还有一半结果是发现它在那里。即使在统计学意义上，自由意志的选择也不能受数学规则的管控。但这个例子及其他所有例子中的证据都表明，数学确实在起管控作用。因此，虽然量子概率是怎么过渡到经验确定性的仍是未解之谜，我们还是很清楚自由意志跟这一过程毫无关系。

要想自由，我们就不能是被物理定律牵着线的木偶。物理定律究竟是决定性的（如在经典物理学中）还是概率性的（如在量子力学中），对现实如何演变以及科学能做出何种预测有深远意义。但就自由意志问题来说，这个区别无关紧要。如果基本定律一直起作用，不会因为没有人类输入信息就停止运转，且就算粒子刚好位于身体和大脑中也同样适用，那就没有自由意志什么事儿了。实际上，所有已经进行的科学实验和观测都表明，早在我们人类出现以前，各种定律就一直在统治着这个世界，从未中断过；在我们出现之后，这些定律还是继续毫无中断地统治着世界。

总之，我们是由受自然界的定律支配的大型粒子集合组成的物理存在。我们的所作所为，所思所想，只相当于这些粒子的运动。跟我握手，就是组成你的手的粒子在上下推动组成我的手的粒子。说声你好，就是组成你声带的粒子跟你喉咙里的空气粒子碰撞，引发这些粒子的连锁反应，让它们穿过空气，撞击组成我耳膜的粒子，在我脑内引发另一批粒子的涌动，我就是这样听到你说的话的。我脑内的粒子响应上述刺激，产生"手握得真紧"的想法，发出由另一些粒子携带的信号，传给组成我手臂的粒子，驱动我的手跟你的粒子协同运动。所有观测、实验和有效的理论都证明，粒子的运动完全受数学规则控制，因此我们不能干预粒子由定律决定的进程，就像我们不能改变圆周率的值一样。

我们的选择看似自由，是因为自然定律的作用被深深掩盖在基本层面之下，我们无法目睹。我们的感官发现不了自然定律在粒子世界中的运作。我们的感觉和推想都集中在日常的人类尺度和行动上：我们思考未来，比较行动方案，权衡可能性。因此当组成我们的粒子行动起来时，在我们看来，这些粒子的集体行为就好像是出于我们的自主选择一般。但是，我们如果有前面提到的超人视角，能够在基本成分的层面上分析日常现实，那就会认识到，我们的思想和行为就相当于复杂的粒子移动过程，这个过程能产生强烈的自由意志之感，但实际上完全受物理定律支配。

如果就此结束我们的讨论，就会忽略自由意志话题的另一个版本。这个版本不仅符合我们对物理定律的理解，也抓住了一个至关重要的性质，重要到你可以把这个性质当成人之所以为人的定义性特征。

石头、人类和自由

想象你挨着一块石头，都自顾自地、懒洋洋地待在公园的长椅上。我从旁边走过，你突然看到有根粗壮的树枝断了，朝我砸了下来。你从长椅上一跃而起，猛推了我一把，让我们都脱离了危险。要怎么解释你的见义勇为？组成你的所有粒子和组成那块石头的所有粒子都遵守同样的定律，所以你和石头都没有自由意志。但从长椅上一跃而起的是你，而石头只会继续默默待在那里。要怎么解释呢？

　　你救了我但石头没有，是因为组成你的那些粒子高度有序，组态也令人叹为观止，因此能执行精心编排的动作，而组成石头的那些粒子不可能做到这些。[42] 我走过时，你可以挥手，说声你好，或是告诉我你把弦论的方程解出来了，或是做开合跳，或是把我从掉落的树枝下救下来，等等等等，有极大量的可能。从我脸上弹开的光子进入你的眼睛，树枝断裂发出的声波震颤着钻进你的耳朵，吹到身上的一阵风带给你触感，还有大量别的外部和内部刺激……这一切都会引发你全身各处粒子的连锁反应，所携带的信号会产生丰富的感觉、想法和行为，而这些产物本身也是另一些粒子的连锁反应。我应该谢天谢地，因为响应树枝断裂这一刺激的粒子连锁反应让组成你的粒子立即行动了起来。相比之下，那块石头对刺激的响应就要沉默得多。光子、声波和触压只会带来最简单的反应。也许，组成那块石头的粒子会微微颤动，温度也略微升高，或者因为一阵特别强的风，整块石头的位置可能也会稍微移动一下。也就这样了。在这块石头之内，没多少事情发生。让你如此特别的，是你复杂的内部组织方式让你可以做出大量的响应行为。

　　因此重点在于，评价自由意志时，如果把注意力从对终极原因的狭隘关注转到更广泛的对人类反应的解读上，会有很大收获。我们的自由并非来自我们无法影响的物理定律。我们的自由是可以展现出行为——跳跃、思考、想象、观察、研讨、解释等等——其他粒子集合大都做不了这些。人类的自由关乎的不是意志做出的选择。科学迄今揭示的一切都只是在一再强调，在现实的发展过程中，这种有意志力周旋其间的情形是不存在的。很久以来，无生命世界的行为都被局限在一个非常狭窄的响应范围内，而人类的自由就是从这个范围的束缚中解放出来。

　　对自由的这种理解不需要自由意志。你的见义勇为当然值得赞赏，但它也是出自物理定律的作用，因此并非自由意志的产物。但是组成你的粒子可以从长椅上一跃而起，稍后还能回想起这个动作并因为这样的回想而感动，这就非常惊人了。这些事情，聚在石头中的粒子可远远做不到任何一件。而正是这些表现为众多思想、感受和行为的奇妙能力，抓住了人之所以为人的本质，即人类自由的本质。

　　我用"自由"一词来描述遵循物理学定律而非自由意志的行为，可能看起来像是在玩弄字眼。哲学中的相容论学派很久以前就已经指出，重点在于，谈自由与物理学的关系，并不会一切尽失；思考与物理定律相容的其他种类的自由会大有好处。至于说如何做到，有各种各样的提议，但这些理论似乎全都哭丧着脸带来了坏消息："如果按照对自由意志的传统理解，那么你跟一块石头没有分别。"但接着，就在你气呼呼地转过身去时，这些理论又全会高喊："振作起来！你还有大量别的自由，它们本身就很让人满足。"[43] 在我所主张的理解中，这样的自由就是行为不再囿于有限的范围。

　　就我个人而言，这些各式各样的自由让我觉得非常自

在。我坐在这里，在键盘上敲出我的想法时，尽管认识到在
基本粒子的层面上，我所思所想、所作所为的一切都隶属于
物理定律的展现，全不受我控制，但我并不苦恼。对我来说
重要的是，我的粒子集合不会像我的桌子、椅子或咖啡杯，
它能执行大量各式各样的行为。实际上，组成我的粒子刚刚
写出了这个句子，我也为此感到高兴。当然这种反应也不过
是我的粒子大军在执行量子力学的行军令，但这并不会损害
这种感受的真实性。我自由，不是因为我能取代物理定律，
而是因为我庞大的内部组织结构解放了我的行为反应。

相关性、学习和个性

　　要放弃自由意志的传统概念，似乎还需要我们对很多珍
视的东西放手。如果现实的展现，包括有感觉生物的展现，
皆由物理定律决定，那我们的行为可还有意义？我们可不可
以只是袖手旁观，什么都不做，等着物理自然而然地进展？
个性还有存在的空间吗？我们极为看重的那些能力，比如学
习和创造的能力，还能起什么作用？

　　我们先来看最后这个问题。考虑这个问题的时候，想想
扫地机器人的例子会很有帮助。扫地机器人拥有传统意义上
的自由意志吗？你可别脱口而出，我提这个问题也不是为了
捉弄你。我们大多数人都会认为，扫地机器人没有自由意志。
但是，扫地机器人在你家客厅地板上游走，碰到墙壁、柱子

和家具时，其内部的粒子组态就会重排——导航图和内部指令都会更新——而这些变化，会修饰这台扫地机随后的行为。这台机器在学习。实际上，扫地机在面临挑战，即需要绕开所遇物体时，所采用的解决方案——避开楼梯，绕过桌腿，等等——就展现了创造力的雏形。[44] 学习和创造不需要自由意志。

你的内部组织结构，即你的"软件"，比扫地机器人精细得多，也让你拥有了更精密的学习和创造能力。在任一特定时刻，组成你的粒子都处在某个特定排列之下。你的体验，无论是来自外部的遭遇还是内心的思虑，都会重组这个排列，这样的重组会影响你的粒子随后如何行动。也就是说，重组过程更新了你的软件，调整了指导你后续想法和行为的指令。灵光乍现、愚不可及、妙语连珠、深情相拥、不屑一顾、英勇壮举，所有这些行为都是你自己的粒子集合从一种排列变成另一种排列带来的。你观察所有人、所有事物对你的行为如何回应，你的粒子集合也随之再次变动，更改其排布方式，好进一步调整你的行为。在你的粒子成分层面上看，这就是学习。而重新排布如果带来了全新的行为，它也就产生了创造力。

上述讨论凸显了我们的一个核心论题：现实有各不相同但相互关联的多个层面，要解释它们，需要层层嵌套的故事。你要是满足于仅在粒子层面上描述现实如何展现的故事，就不会有动力去引入学习和创造（同样还有熵和演化）等概念。

你只需要知道粒子集合如何不断地重排自己的组态，而这些信息又承载于基本定律（再加上对过去某时刻这些粒子的状态的详细说明）之中。但是，我们大多数人不会满足于这样的故事。我们大多数人都发现，额外讲一层故事，使它既与还原论的描述相容，又聚焦于我们更熟悉的更大尺度，这会带来很多启发。这些故事的主角是你、我及扫地机器人这样的粒子聚合体，正是在这样的故事中，像学习、创造（以及熵和演化）这样的概念，成了不可或缺的语汇。描述扫地机器人的还原论故事会记录千百亿亿个粒子的运动，而更高层面的故事则可能说，扫地机的传感器识别到自己处于楼梯边缘，于是将这个危险的位置存入内存，然后倒转路线，免得被摔个粉碎。这两种故事完全相容，虽然一种用的是粒子和定律的语言，一种用的是刺激和响应的语言。扫地机的响应中包括通过更新内部指令来修饰未来行为的能力，因此学习和创造的概念对更高层面的故事来说必不可少。

当说到你我时，这种层层嵌套的故事就更有所谓了。还原论的叙述将你我都描述为粒子集合，这样的见解固然重要，但也有限。比如说，我们承认，我们跟所有的物质结构一样，由同样的材料构成，受同样的定律支配。但更高层面的故事、人类的故事，是讲述你我如何生存的故事。我们苦思冥想，我们挣扎奋进，我们成功也失败。用这些我们耳熟能详的语汇讲述的故事，仍然必须跟用粒子的语汇讲述的还原论叙事完全相容。但在日常生活中，这些更高层面的故事说明问题的能力无与伦比。在跟妻子共进晚餐时，我不太有兴趣去听一个讲述她的 10 万亿亿亿个粒子如何运动的故事，但如果她告诉我自己正在酝酿的想法、要去的地方、要见的人，我一定会全神贯注。

在这种更高层面的叙述中，我们说得就好像我们的行动很有所谓，我们的选择影响重大，我们的决定也富有意义。在一个物理定律说一不二的世界中，我们的行动、选择和决定真的重要吗？是的，当然重要。10 岁的我在充满天然气的烤箱中划燃了一根火柴，这个动作自有其后果：它引发了爆炸。更高层面的叙述展现了一系列相互关联的事件：觉得饿了，把比萨饼放进烤箱，打开天然气，等着，划燃火柴，被火焰吞噬。这样叙述很准确，也很有见地。物理学并不否认这个故事，也不会贬低它的意义，而是会扩充这个故事。物理学告诉我们，在人类层面的故事背后还有另一种叙述，是用定律和粒子的语言讲出来的。

值得注意且有些令人不安的是，这些背后的故事表明，在我们更高层面的故事中，有种普遍存在的信念有错误。我们觉得我们的选择、决定和行动的终极发出者都是我们自己，但还原论的故事明明白白地告诉我们并非如此。无论是我们的思想还是行为，都无法逃出物理定律的手心。尽管如此，我们更高层面的叙事中最核心的部分，有因果联系的事件序列——我的饥饿感造成我把比萨饼塞进烤箱，这引得我去检查温度，最后导致我划了火柴——非常清楚，也非常真

实。想法、响应和行动都很重要，会产生后果，是不断展开
的物理链条中的环节。我们的经验和直觉预见不到的是，这
些想法、响应和行动所以会出现，皆出自经过物理学定律规
范的前因。

责任也扮演了一份角色。虽然我的粒子成分，进而我的
行为，都完全受物理定律的管辖，但"我"要严格地为我的
行动负责（这种负责任的方式也许我们不大熟悉）。在任一
时刻，我就是组成我的那些粒子集合；"我"只不过是标明
我的特定粒子组态（虽然是动态的，还是保持了足够稳定的
模式，可以带来连贯一致的身份同一性[45]）的一个方便字眼。
因此，我的粒子的行为就是我的行为。物理控制着组成我的
粒子，从而也成为这些行为的基础，这件事当然挺有意思的。
承认这些行为并非出于自由意志，也很有价值。更高层面的
描述会表示，我的特定粒子组态——我的粒子成分排列成错
综复杂的化学和生物网络（包括基因、蛋白质、细胞、神经
元、突触连接等等）的方式——以一种对我来说独一无二的
方式做出响应，而上面的结论并不会贬低这一高层描述。你
我的所说所想、所做所感皆有不同，是因为我们的粒子排列
不同。我的粒子排列会学习、思考、合成、互动、响应，会
为我采取的每一项行动印上我的个性，标上我的责任。[46]

人类做出多种响应的能力，彰显了将我们的探索一路引
至这里的核心原则：熵的两步舞，和自然选择下的演化。熵
两步舞解释了，在这个越发无序的世界中，有序的团块是如

何形成的，以及其中某些团块，即恒星，为何能在稳步输出光和热的同时还可以保持数十亿年的稳定。演化则解释了，在一个有利的环境中（如沐浴在恒星稳定的温暖中的行星），粒子集合为什么能聚合为有助于复杂行为的模式，促进从复制到修复、从能量提取到代谢过程、从运动到生长等一系列活动。获得了思考与学习、交流与合作、想象与预测等进阶能力的粒子集合更适合生存，也更适合产生拥有类似能力的类似集合。演化于是选出了这些能力，并在代代传承中对它们不断改进。时光流转，有些集合断定自己的认知能力非同凡响，到了已经超越物理定律的地步。这些集合中一些思想最为丰富的，一边体验到了意志的自由，一边又认识到了物理定律那寸步不让的控制，于是开始对这种矛盾大惑不解。但事实上二者没有矛盾，因为物理定律没有被超越。也不可能被超越。实际上，这些粒子集合需要重新评估自己的力量，且关注点不该是支配粒子本身的定律，而是每个粒子集合——每个个体——都能展现也都能经历的、极为复杂也极为丰富的更高层行为。这样重定取向之后，这些粒子集合就能讲述一番关于奇妙的行为和体验的、给人启迪的故事，其中充满了感觉上好像很自由，说起来也好像能自主控制，但实际上完全受物理学定律支配的意志。

面对这个结论，有些人会畏缩不前。我当然也有过。虽然我提出的论据在理智上已经说服了我，但它们并没有消除我的深刻而强烈的印象，就是我总觉得，我能自由控制我脑内发生的一切。这种印象所以强烈，很大程度上是因为我们太熟悉它了。很多人尝试过能影响心灵的物质，他们都能证明，经过大脑的粒子哪怕只是稍微换一下，那种熟悉的感觉也会改变。脑内的力量平衡可以改变。心灵似乎也有它自己的心灵。几十年前，在美丽的阿姆斯特丹我有过一次这样的体验，它带给了我这辈子最可怕的一个夜晚。我的心灵创造出了一个内部世界，其中有无数个我的分身，每个分身都想拼命破坏其他分身体验到的现实。一个我要是受迷惑认为它体验到的是"真"现实，另一个我就会拆穿那个世界的把戏，抹去前一个我关心的所有人和事物，同时展现出另一番"真"现实，这另一个我就自信满满地栖居其中——结果就是噩梦般的一幕幕不断重演。一遍又一遍。

从物理学的立场看，我只是把一小撮外来粒子引入了我的大脑，但这一变化足以消除我熟悉的印象，让我不再以为我自由控制着内心正在进行的活动。还原论层面的叙述范本（粒子受物理定律支配）仍然完全有效，而人类层面的叙述范本（拥有自由意志的可靠心灵穿行在稳定的现实中）则被颠覆了。当然，我提出这种影响心灵的例子并不是要证明或否认自由意志，但此番经历让我有了发自肺腑的理解，而没有这次经历，这份理解还是会很抽象。我们对自己是谁、有何能力以及自己似乎可以施行自由意志的感觉，全都来自在我们脑袋里运动的粒子。对这些粒子做一番手脚，那些熟悉的性质就会消失。在这种体验的帮助下，我对物理学的理性把握和我对心灵的直觉感受变得一致了。

　　日常经验和日常用语中总会明里暗里地提到自由意志。我们说到做出选择和决定，说到取决于这些决定的行动，以及这些行动对我们和我们所接触的人的生活产生的影响。同样，我们对自由意志的讨论并不意味着这些描述没有意义，或需要取消掉。这些描述的所用语言，适合于人类层面的叙事。我们确实做了选择，确实做了决定，确实采取了行动，而这些行动也确实产生了影响。这一切都是真实的。但人类层面的故事必须跟还原论叙述相容，因此我们需要改进我们的语言和预设。我们本以为我们的选择、决定和行动在我们每个人这里有其最终源头，是由我们独立的行为主体性产生的，来自超越物理定律的深思；但现在我们得把这种观念弃置一旁了。我们需要承认，尽管对自由意志的感觉是真实的，但施行自由意志的能力——人类的心灵能够超越控制物理进程的定律——并不真实。如果我们通过重新阐释"自由意志"来表示这种感觉，那么我们人类层面的故事就能跟还原论叙述相容了。随着我们将关注重点从最终源头转向获得解放的行为，我们也将拥有无可辩驳、极为多样的人类自由。

　　跟生命起源一样，意识和反思的出现，或开启对自由意志的感觉，这些都没有明确的时间。但考古记录表明，在10万年前甚至更早，我们的祖先就已经有了这样的体验。早期人类已经站起来很久了。现在我们可以环顾四周，开始思考：所以我们用这些能力都做了什么呢？

6

语言与故事

从心灵到想象

模式 / 规律是人类经验的核心。我们存活至今，是因为我们能感觉到世界的节律并做出响应。明朝定与今日不同，但在无数熙来攘往的背后，我们依靠的是持存的性质。太阳照常升起，岩石向下滚落，水也会流往低处。这些，还有我们每时每刻都会遇到的无数类似的规律，深深影响了我们的行为。本能必不可少，记忆至关重要，因为规律始终存在。

数学表达的就是模式 / 规律。用几个符号，我们就能简洁、精确地概括出模式。伽利略对此有精妙总结，他断言，一部像圣经那样确凿无疑地展现上帝的自然之书，会是用数学语言写成的。接下来的几个世纪，思想家都在讨论这番见解的一种世俗版本。数学是由我们人类所创，描述我们所遇模式的一种语言吗？还是说数学是现实的来源，能将世上的各种模式表达为数学真理？我的浪漫情感倾向于后一种看法。想想看，我们的数学操作触及了现实的真正基础，多奇妙啊。但我如果不这么感情用事，就会承认数学是一种我们自创的语言，而创造这种语言的部分原因，是我们放任了自己对模式的过度偏好。毕竟，做一大堆数学分析，对生存用处不大。靠思考素数或化圆为方问题，我们的祖先很难填饱肚子，再想有机会生儿育女更是难上加难了。

　　而在现代，爱因斯坦在揭示大自然的节律方面展现了无与伦比的能力，也在此方面将标准设出了新高。然而，尽管爱因斯坦的遗产用几条数学语句就能简练、精确、全面地概括出来，他在初涉现实深处时却并非总是从方程着手的。甚至都不是语言。他说："我经常用音乐思考。"[1]"我用话语来思考的情形少之又少。"[2]也许你的思考过程跟爱因斯坦类似，但我不是。在冥思苦想一个难题的时候，我偶尔会有灵光乍现的一瞬，见到脑内的某些潜意识过程。但在我认识到这些的时候，就算我是用心理意象来看清通向解决方案的道路，要说欲辩已忘言，或是要跟音乐扯上什么关系，都会太牵强了。我能在物理学中取得进展，靠的是摆弄方程式，再把结论用普普通通的句子潦草地写在笔记本上，而这样的笔记本摆满了我一个又一个书架。我全神贯注的时候经常会自言自语，大部分时候没动静，但有时也会发出声来。在这个过程中，话语必不可少。维特根斯坦曾总结道："语言的界限就意味着我的世界的界限。"[3]虽然我觉得他的这个总结太一概而论——我毫不怀疑在语言之外还有一些至关重要的思想和体验性状，这一点后面我们还会论及——但如果没有语言，我进行某种心理演练的能力就会削弱。话语不仅在表达推理过程，而且让推理有了生命。或者就像美国非裔女作家托妮·莫里森无比优雅地说的那样："人固有一死，这可能就是生命的意义。但我们也都会使用语言，这可能就是衡量我们生命价值的标尺。"[4]

除了独一无二的天才（甚至可能他们也不例外），语言对放飞想象力来说必不可少。有了语言，我们就能明明白白地说出对现实世界的一番观感，哪怕只是匆匆一瞥，其中也包含了极为丰富的可能性。我们可以在心中构想出亦真亦幻、或远或近的意象。我们可以传授好不容易得来的知识，用简便易行的教导代替难如登天的自主发现。我们可以分享计划、统一意图，以便协调行动。我们可以把个人的创造力联合起来，形成强大的共同力量。我们可以审视自身，认识到我们虽然由演化塑造，却还是有能力拔高自己，超越生存需求。我们也可以惊叹于，经过精心安排的喉音、滑音、擦音、塞音的集合，竟能传达出对时间和空间本质的深刻见解，带来关于爱与死的动人画面："威伯从没忘记过夏洛。尽管他也珍爱她的子女和孙辈，但没有一只新来的蜘蛛能代替夏洛在他心中的位置。"*

---

* 出自美国作家怀特（E. B. White, 1899—1985）的儿童文学作品《夏洛的网》，书中描写了小猪威伯和蜘蛛夏洛的友谊。

有了语言，我们就能开始书写一套集体叙事，给故事加上外衣，让经验变得有意义。

最初的话语

尽管有"女士，我是亚当"*这种杜撰出来的话，还是没有人知道我们是何时开口说话，又为什么说话的。达尔文推测语言起于歌唱，并认为有猫王那种天赋的人更容易吸引配偶，因此能孕育出更多有浅吟低唱天赋的后代。假以时日，他们悠扬的歌声总有一天会慢慢转化为话语。[5] 博物学家阿尔弗雷德·拉塞尔·华莱士也发现了基于自然选择的演化，但没有得到达尔文那么多赞誉，他对这个问题有不同的看法。他坚信，自然选择不可能帮我们了解人类在音乐、艺术特别是语言方面的能力。华莱士认为，在生存的竞技场上，我们的会唱歌、会画画、会唠叨的祖先，不会比他们那些更低调的同胞过得更好。华莱士只能看到一条前路，在读者众多的《评论季刊》上他这样写道："因此我们必须承认这种可能性：在人类的发展过程中，有一个更高的智慧出于更高尚的目的引领着同一批法则。"[6] 演化的法则必定曾被神圣的力量驾驭，并指向了交流和文化的发展方向，否则它只能

---

* 原文例子为 Madam, I'm Adam，回文修辞，传说是亚当对夏娃说的、也是人类所说的第一句话。——编注

是盲目的。达尔文读到华莱士的文章后大吃一惊,在页边空白处重重写下"不"[7],并给华莱士致信:"我希望你还没有完全扼杀我的、同时也是你自己的孩子。"[8]

在随后的一个半世纪里,针对语言的起源和早期发展,研究者们建立了各式各样的理论,但就跟擂台赛一样,每一种看似令人信服的提案都会遇到新的对手。关于宇宙的早期演变,人们的共识可要多得多了。虽说听起来可能有点奇怪,但这也是有原因的。宇宙的诞生留下了诸多遗迹,堪称宝库,但语言的诞生什么也没留下。无处不在的微波背景辐射,氢和氦等简单原子尤为丰富的存在,以及遥远星系的运动,都为宇宙最早阶段发生了哪些过程提供了直接印记。而语言的最早表现形式是声波,会很快消散于无形,产生后转瞬就无影无踪。因为缺乏确凿的遗迹,研究者们于是有空间自由构建语言的早期历史,结果不出所料,出现了大量各不相同甚至往往互相矛盾的理论。

尽管如此,人们还是普遍认为,人类语言与动物界的其他任何交流方式都有天壤之别。假设你是只普通的长尾黑颚猴,你能够发声示警,警告你这个群体里别的猴子,正在逼近的捕食者是豹子(短促高频尖叫)、鹰(反复低频喷鼻)还是蟒蛇(拟声标记为"查特")[9];但假若要聊一聊昨天一条蟒蛇从你身边滑过时你感到的恐惧,或是想说清楚明天去突袭附近某个鸟巢的计划,你就只能茫然无措了。你的语言技能仅囿于意义固定的特定表达构成的封闭小集合,且只能表达此时此地发生的事。其他物种显见的交流方式也大同小异。伯特兰·罗素曾总结道："狗没法讲一篇自叙出来；它无论叫得多么意味深长，也没法告诉你，自己的父母是君子固穷。"[10] 人类的语言则完全不同，它是开放的。我们并非只能使用固定、有限的短语，而是能组合、重组有限集合中的音素，产生错综复杂、层次分明、近乎无限的声音序列，传达近乎无限的各种想法。说起昨天的蛇、明天的巢，我们都能信手拈来，就跟说到独角兽在梦中飞翔，或夜幕降临时我们愈加惊恐不安一样。

　　但再往下看，我们就会碰到争议。出生后用不了几年，也没有正式教导，我们怎么就能流利掌握一种乃至多种语言？是我们的大脑长得专门就适合习得语言，还是说我们沉浸在文化之中又本来就倾向于学习新事物，这就足以解释了？人类语言是像长尾黑颚猴的警告声那样，一开始只是意义固定的发音集合，后来才分出词语，还是一开始只是一些基本音，后来发展为词和短语？我们为什么会有语言？是演化直接选择了语言，因为它能带来生存优势，还是语言只是其他演化发展、如脑容量变大的副产品？而在这成千上万年间，我们都在谈些什么，又为什么谈论这些呢？

　　诺姆·乔姆斯基是最具影响力的现代语言学家之一，他主张，人类拥有习得语言的能力，是因为我们每个人具备一套固有的"普遍语法"——这一概念可谓源远流长，可以一直追溯到 13 世纪的哲学家罗杰·培根，他认为世界上很多语言都有共同的结构基础。现代语言学界对这个词有各种各样的阐释，多年来乔姆斯基也改进了该词的含义。在一种争议最少的理解中，普遍语法提出的是，在我们与生俱来的神经生物构成中，有一些东西给了我们语言的底色，这是一种我们整个物种都有的大脑推进器，推动我们所有人去倾听、去理解、去言说。推理过程如下：要不是拥有随时准备好处理大量口头信息的强大心理储备，每天都在生活中被杂乱无章、零零散散、随心所欲的语言狂轰滥炸的小孩子，怎么可能吸收那么多精确的语法结构和规则？而且，因为任何孩子都能学习任何语言，所以心理储备不可能特别针对哪种语言：心灵必须能抓住所有语言都有的普遍核心。乔姆斯基提出，可能是发生在大约 8 万年前的一起神经生物事件，"大脑稍微重连"，让我们的祖先获得了这种能力，引发了认知大爆炸，炸得语言在整个物种中都清晰可见。[11]

认知心理学家史蒂文·平克和保罗·布鲁姆在语言问题上高举达尔文主义的旗帜，提出了一种没那么量身定制的历史。在他们的理论中，语言的出现和发展依赖的是一种我们熟悉的模式：渐变的逐步积累，且每次变化都能得到某种程度的生存优势。[12] 当我们的狩猎采集祖先在平原和林间漫步时，交流的能力——"一群野猪在 11 点钟方向吃草""小心巴尼，他看上威尔玛了""把磨快的石头这样装在手柄上更好"——对团体的有效运作来说至关重要，对共享日渐增长的知识而言也不可或缺。因此，有能力与别的大脑交流的大脑在竞争激烈的生存和繁殖竞技场上占优，这推动了语言能力的改善和广泛传播。另一些研究者则确认了一系列适应性变化，包括呼吸控制、记忆、符号性思考、意识到他人的心思、形成团体等等，也许就是在这些变化的协同作用下语言得以产生，虽然语言本身可能跟这些适应性变化的生存价值没什么关系。[13]

我们说话说了多久？这问题也没人确定。遥远的过去实际上并没有留下语言证据，但在考察过可信的考古替代品之后，研究者们还是提出了语言最早可能出现的时间范围。人工制品，比如装柄的工具（将凿过的石头或骨头牢牢固定在手柄上）、洞穴艺术、几何图形雕刻、精细珠饰等等，证明至少早在 10 万年前，我们的祖先就从事了规划、符号性思考和高级的社会互动。我们总是倾向于把这么复杂的认知能力跟语言联系起来，因此可以料想，当我们的祖先磨尖他们的长矛和斧头时，或是爬进黑暗的洞穴去画飞鸟和野牛时，他们也在闲聊明天的打猎，或是昨晚的篝火。

说话能力更直接的证据来自另外一类考古学见解。追踪颅腔尺寸增长及口腔和喉部结构变化的科学家得出结论，如果我们的祖先说话的意愿非常强烈，那他们可能早在一百多万年前就已经有交谈的生理能力了。分子生物学也提供了线索。说话需要发声和口腔都高度灵活，而在 2001 年，研究人员发现了一项对这种能力或许必不可少的遗传基础。英国有个家庭，三代人都有语言障碍——语法有困难，也难以协调正常说话所需要的口部、面部和喉咙的复杂动作——在研究这家人时，研究人员注意到了一桩基因上的不幸：在一个位于人类第 7 号染色体上、名为 FOXP2 的基因上，有一个字母变了。[14] 患病的家庭成员都有这个指令性错误，因此这个错误跟语言和说话功能的紊乱都大有关系。早期媒体在报道这一发现时，管 FOXP2 叫"语法基因"或"语言基因"，这种抓人眼球的标题惹恼了知根知底的研究人员，但撇开过于简化的夸张不谈，FOXP2 基因表现得确实是正常说话和语言功能必不可少的成分。

有趣的是，与 FOXP2 基因关系紧密的变体在很多物种中都有发现，包括黑猩猩、鸟类和鱼类，于是研究人员得以追踪该基因在演化史上的变化。在黑猩猩身上，由 FOXP2 基因编码的蛋白质跟我们的只有两个氨基酸不一样（该蛋白质共有 700 多个氨基酸），而尼安德特人的这个蛋白质跟我们的一模一样。[15] 我们的尼安德特兄弟会说话吗？没人知道。但这条侦查线索表明，说话和语言功能的基因基础，可能出现在我们跟黑猩猩分道扬镳之后，即几百万年前；但也在我们跟尼安德特人各奔前程之前，即约 60 万年前。[16]

人们提出的语言与这些历史标记——古老的人工制品、生理结构、基因图谱——之间的联系，构思都很精巧，但皆属试探性质。因此，基于这些标记来研究世界上最初的话语可能出现的时间，会得出非常宽泛的跨度，从几万年前到几百万年前都有。善于质疑的研究者也指出，拥有说话的生理能力和心理才智是一回事，真正说话则完全是另一回事。

那么，是什么促使我们说话的呢？

我们为什么说话

我们远古的祖先为什么会打破沉默，对这个问题人们有不少想法。语言学家盖伊·多伊彻指出，研究者认为最初的话语"来自喊叫和招呼，来自姿势和手语，来自模仿和欺骗的能力，来自梳毛，来自唱歌、跳舞和韵律，来自咀嚼、吮吸和舔舐，也来自太阳底下几乎所有其他活动"。[17] 这份清单固然讨人喜爱，但大概更多反映的是别出心裁的理论思考，而非语言的历史先声。不过，这份清单中的某一种，或某几种因素的结合，也许确实能告诉我们相关的故事，所以我们还是来看看其中的几种提议，了解一下我们最初的话语来自何处，又为什么能存续下去。

古时候，在人们想出把婴儿背在背带里的办法之前，妈妈要想用两只手干活儿，只能把婴儿放下。那些哭哭啼啼、咿咿呀呀的婴儿会把妈妈的注意力拉回去，而妈妈的反应，可以想见很可能也是语音——柔声低语，哼着调子，咕咕哝哝——再加上给人抚慰的面部表情、手势和触摸。按这个提法，婴儿的咿咿呀呀和妈妈体贴入微提高了婴儿的存活率，也就选择了发音，让我们的祖先走向了词句和语言。[18]

要是母婴的这一套说法对你没用，那么也请注意，手势也提供了一种直接的方式来交流基本而又重要的信息——朝这个对象点点头，向那个地方指一指之类。我们有些非人灵长目近亲，它们虽然没有能说的语言，但能熟练运用手势和身体姿势传达一些基本的想法。而在受控的研究环境中，黑猩猩已经学会了好几百种手势，分别代表不同的行动、对象和想法。所以我们的口语也可能源于早期阶段基于手势和姿势的交流。而随着我们的双手越来越忙于制造和使用工具，更加复杂的群聚也让姿势语言效率低下、不敷使用——晚上很难看清，一群人一起打猎或觅食时也很难看到所有人的手和身体——因此发音可能为分享信息提供了一种更有效的方式。很多人每逢说话手就会动，有时还是先动手后动口，我也是这样的人，因此这种解释在我看来特别有道理。

但要是姿势说仍让你心存疑虑，那就考虑一下演化心理学家罗宾·邓巴的提案：语言是作为一种广泛存在的社交活动——梳毛——的有效替代品出现的。[19]假设你是只黑猩猩，那么通过给你社群里其他黑猩猩认认真真地抓虱子、剥落死皮和其他残屑，你能交到朋友、建立同盟。你的小团体里有些成员会投桃报李，而地位更高的那些会注意到你的付出，但并不会也为你抓虱子。梳毛仪式是有组织的活动，能培养和维护群体的等级、派系和联盟。早期人类可能也有类似于梳毛的社交活动，但随着群体规模的增大，个体维护这样的关系需要投入大量时间。友谊、伴侣和同盟不可或缺，但确保食物够吃也同样重要。怎么办呢？邓巴说，这个困境可能就激发了语言的出现。可能在某个时候，我们的祖先用话语交流代替了手工梳毛，这让他们能快速分享信息——谁在对谁做什么，谁在骗人，谁在阴谋篡位，等等——用几分钟的闲话换掉了几个小时的抓虱子。最近有研究表明，我们今日聊天，有 60% 的内容都是八卦，有些研究者指出，这个惊人的数字（特别是对我们当中那些基本聊不来闲天的人来说）反映了语言在诞生之初的主要目的。[20]

　　语言学家丹尼尔·多尔进一步阐述了语言的社会作用。经过一番范围广泛、令人信服的分析，他提出语言是大家共同构建出来的工具，有特定且极为重要的功能：让个人有能力引导他人的想象。[21] 在语言出现之前，主导我们的社会交流的是我们的共同经验。我们如果都看到了什么、听到了什么或者尝到了什么，就可以用手势、声音或图像来指称。但要交流并非人人都有的经验，就很困难了，更不用说像是表达抽象思维和内心感觉这样的艰巨挑战。而有了语言，我们就能战胜这些挑战。有了语言，我们的社会交往市场也大为扩张：你可以用语言描述我也许从未有过的经历，通过话语，你能在我的心中唤起你描述的景象。我也能如此对你。经历了数千年、数万年，我们的祖先虽然仍未发展出语言，但他们的福祉变得越来越依赖于协调一致的共同行动——合作猎取大型猎物，燃起受控制的火堆，为一大群人做饭，给予子代照护和指导 [22]——于是，他们打破了非话语交流的限制，让语言来到世间，建起了大为扩充的社会舞台，不仅囊括进了我们的共同经验，还有我们共有的思想。

以上及几乎其他所有关于语言起源的提案，都在强调"口头语言"这种语言的外在表现形式。乔姆斯基则以他特有的方式来了个 180 度大转弯，提出语言促成的最早化身形式，可能是内在思维。[23] 处理信息、制订规划、预测、评估、推理和理解，这些只是当思维能够利用语言之后，我们祖先两耳之间的内心声音能够冷静、自信地完成的部分基本任务。按这个看法，口语是随后发展起来的，就像给早期型号的个人电脑加上扬声器那样。就好像在开口说话之前很久，我们的祖先虽然缄口不言，但会苦思冥想着自己每天的工作，只是将这些思考全都埋在心底。乔姆斯基的看法很有争议。研究者们曾指出，语言有一些内在特征似乎是为了将内心的概念表达为口语而设计的（尤其是音系和大部分语法结构），这就表明语言从一开始就是用于外部交流的。

尽管语言的起源仍是个谜，但有一点毫无疑问，且也是我们前进的道路上关系最为重大的一点，就是语言和思想出现了强烈混合。无论是否有内在的语言先于其外部发音，也无论发音是否出于歌唱、照料婴儿、动作示意、八卦、公共交谈、大脑尺寸变大或别的什么因素的推动，一俟人类的心灵有了语言，我们这个物种跟现实的过从方式就准备好了发生天翻地覆的变化。

这个变化的发生，将借助人类最普遍、最有影响力的一种行为：讲故事。

讲故事与直觉

　　乔治·史密斯很着急。他右手的手指一直轻扣着红木长桌的乌木镶边。他刚刚知道，博物馆修复石头的行家罗伯特·雷迪要好几天才会回来。好几天。他怎么等得起？三年来，他每天都会匆匆穿上大衣，抓起用橘子酱和斯提尔顿干酪精心准备的三明治，一路左闪右躲穿过人群和马车跑向大英博物馆，在那里度过午休时间剩下的每一分钟，认真研究在尼尼微的一次考古发掘中发现的硬质泥板碎片。他家里很穷，14岁就辍学去当银行雕版师学徒，似乎不会有多远大的前程。但乔治也是个天才，他自学了古亚述语，成了解读楔形文字的专家。博物馆馆长很喜欢这个中午在这里逛来逛去的怪孩子，也很快发现这孩子比他们任何人都更擅长识读楔形文字，于是给了乔治全职职位，把他招进了他们这个"独立王国"。只几年过去，现在乔治已经从数千块泥板碎片中拼出了第一块完整的泥板，并破译了上面的大部分内容。他发现了，或者说自认为发现了一个由三角形和楔形切口讲述的天大秘密，是一个比旧约中挪亚方舟的故事更古老的洪水神话，但他需要罗伯特·雷迪小心刷去挡住文本重要部分的尘土。乔治快尝到胜利的滋味了。一想到这一发现将让他的生活迈入新篇章，他就激动得浑身发抖，情不自禁。乔治不想等了，决定冒险一试，自己来刷。

　　好吧，我有点儿脑补过度了。真实的乔治·史密斯还是选择了等待。过了几天，罗伯特·雷迪回来了，使出看家本领，于是我们这个种族最古老的成文故事，早在公元前三千纪即已写就的美索不达米亚《吉尔伽美什史诗》，就这样重见天日。以上我自由发挥进行的重述，是说书人——我们人类——很久以来也一直在做的：时而适度（比如此处）、时而激进地改写现实（关于乔治·史密斯的已知史实[24]）。这么做有时是为了增强戏剧性，有时是为了后人，还有时是为了享受编造奇闻逸事的一时之快。那些创作《吉尔伽美什》的人是出于什么动机（这个故事很可能是由多个世代的许多声音共同创造的），无人知晓。但在这个充满了战争和梦境、傲慢和嫉妒、腐败和清白的故事中，各色人物和他们的所思所虑跨越数千年，仍然栩栩如生。

　　这正是引人注目之处。《吉尔伽美什》写定至今许已有5000年之久，而面对我们的衣食住行、我们如何生活和交流、如何医病、如何生育，历史已经见证过一次次的变迁，但在缓缓展开的叙事中，我们仍能一眼认出自己。吉尔伽美什和他的同袍兄弟恩奇都一起踏上征程，这将考验他们的勇气、他们的品德，最终也会让他们认清自己到底是谁——俨然一部新石器时代的《末路狂花》*。在后来的征程中，吉尔伽美什徘徊在已无生命的恩奇都旁边，愁肠百结，而他的哀悼之词却是我们多么熟悉的语言："他把他的朋友，像新娘

---

* 1991年上映的重要公路电影，主角是一对朋友（女性）。

似的用薄布蒙罩。[他]像雄鹰一样在朋友身边逡巡，和被
夺走幼仔的母狮不差分毫。他前后徘徊，左右跳蹿。他一簇
簇地拔下卷曲[毛发]，一边扯碎身上的华服，[像]把某种
禁制抛掉。"*,[25] 跟很多人一样，我了解这种处境。多年前，
我在我那套无电梯小公寓的各间房里左冲右突，不知道该躲
去哪里，只想拼命逃避父亲骤然离世的消息。即使隔了成百
上千代人，我们和祖先之间还是有那么多共通之处。

这不只是因为我们人类一直在悲恸、哀悼、激动、喜悦、
探索和惊奇，我们也全都渴望表达这一切，想通过故事来呈
现这一切。《吉尔伽美什》也许是现存最古老的成文故事，
但如果我们这个物种5000年前就已经在写故事了，那我们
开始讲故事的时间肯定还要早得多。我们现在也还在讲，这
么久以来我们一直都在讲。问题是为什么要讲故事？为什么
我们不去多猎几头野牛野猪，或是多采些根茎果实，倒要花
时间去想象乖戾众神的莽撞行为或是奇幻世界之旅？

你可能会回答，因为我们喜欢故事。是，我们当然喜欢，
不然我们为什么明天就要交报告，今天还要偷闲去看电影？
不然我们为什么在推开"正事"继续享受没读完的小说或是
正在追的连续剧时，会有一种罪恶的快感？但这样解释只是
刚开了个头，远非大功告成。我们为什么吃冰激凌？因为我

---

* 中译本有《吉尔伽美什》（世界英雄史诗译丛），赵乐甡译，译林出版社，
1999年6月。选段可见第59—60页。此处据本文所选英译译出。

们喜欢冰激凌？是，当然喜欢。但演化心理学家已经雄辩地论证过，分析可以更深入一些。[26]

我们的祖先中，有些人喜欢摄入高密度能量源，比如多肉的水果、成熟的坚果等，日子过得紧巴巴的时候，这些人更容易应付，因此也能产生更多后代，嗜甜嗜脂的遗传偏好也因此传开。今天我们对开心果味哈根达斯的渴望，虽然不再被认为能促进健康因而获得赞许，但实是往昔岁月中必不可少的卡路里搜寻活动的现代遗存。这是达尔文的自然选择在行为倾向层面的体现。并不是说基因决定行为；我们的行动出自复杂的混合因素，它们是各种生物、历史、社会、文化及偶然影响，都铭刻在我们的粒子排列中。但我们的口味和本能是这一混合的重要组成部分，并在促进生存演化的过程中强烈地影响了上述各种因素。我们可以学会新把戏，但从遗传进而本能的角度来讲，我们都是学不会的"老狗"。

那么问题就变成了，达尔文演化论是否不但能解释我们的饮食口味，也能解释我们的文学口味？我们的祖先为什么愿意把宝贵的时间、精力和注意力，花在乍一看似乎并不能增加我们的生存机会的讲故事上面？虚构故事尤其令人费解——想象出的人物在不存在的世界里面对虚构的挑战——了解这种人的丰功伟绩能带来什么演化效用？演化的脚步在适应的版图中随机游走，从不停歇，有效避开了华而不实的行为倾向。假如有某个基因突变能让我们远离讲故事的本能，把时间腾出来多磨几支长矛，或是多找到几具水牛尸体，那么它似乎能带来生存优势，并且久而久之逐渐胜出。但并没有这样的情况。或许出于某种原因，演化错过了这个机会。

研究者一直在尝试找出原因，但线索极少。上溯几千代人，无论是证明讲故事在我们祖先当中非常普遍还是非常有用的证据，都几乎没有。这也凸显了为行为寻找演化论基础的研究中普遍存在的一个难题，后面各章中我们也会遇到这个难题的各种面目。从自然选择的观点来看，重要的是某种行为在历史的长河中给我们祖先的生存和繁殖机会带去了什么影响。因此，值得信赖的解释需要对古老的思维方式有完善的理解，因为这种思维方式成功适应了我们祖先的生存环境。但是，人类最早走出非洲可以追溯到约 200 万年前，而历史记载只能提供最后 0.25% 的信息。研究人员对过去的历史已经展开了间接探究，包括仔细研究古代人工制品，对今天仍然存在的狩猎采集人群进行民族志分析并外推，以及研究脑结构来寻找对古时适应性困境的认知回响。拼拼凑凑的证据很难理论化，但仍然可以带来多种看法。

其中有一种看法认为，想发现讲故事在适应方面有何作用和高超之处，实在是缘木求鱼。特定的行为倾向也许只是其他演化发展——确实提高了生存机会、因而也确实是按自然选择的常见方式进行演化的那些发展过程——的副产品。斯蒂芬·杰伊·古尔德和理查德·勒文丁在一篇著名论文中旗帜鲜明地强调，总的方针是，你不能对演化挑三拣四 [27]：演化有时候只提供一揽子交易。人类这种由灰白质构成的硕大脑子里充满了密集互联的神经元，一方面固然十分适合生存，但也许其设计中也内在地有什么东西确保了这样的脑会对故事沉醉不已。比如试想，我们作为社会性生物的成功一定程度上取决于有军事和政治价值的情报——谁上台，谁下台，谁强大，谁脆弱，谁可信赖等等。因为这些信息有适应效用，因此只要有这样的信息，我们就倾向于关注。一旦拥有这样的信息，借分享它们来换取社会地位的提升就也并不鲜见。虚构故事里满是这类信息，因此尽管其叙事是虚构的，我们经适应性塑造的思维还是很容易活跃起来，去倾听和重述。因此，自然选择对那些愈加擅长社会生活的脑子会青眼有加，但在听它们讲故事讲得如痴如醉时也会翻白眼。

信了吗？很多人——我自认为也是其中一员——觉得，鉴于大脑有种种创新能力，说它会陷入一种无处不在、绝对处于中心地位但跟适应性却毫不相干的行为，可没什么说服力。讲故事的经历也许有不少方面是演化过程一揽子交易的一部分，但如果讲故事、听故事再重讲这些故事只能算附带的闲扯，那你也会预计，演化会找到办法摆脱这种浪费。那么讲故事的天性可能是如何在适应性发展中保留下来的呢？

在寻找答案时，我们必须注意游戏规则。对很多行为来说，要编造一个事后诸葛亮式的适应性作用都很容易。而且我们不能重新运行演化过程来检验这些看法，因此恐怕会得到一堆"就是如此"的故事。最让人信服的提案都是以某种适应性挑战（一旦克服就能带来更多繁殖机会的那种）开始，并会指出某种（或某套）行为根本就是为适应这一挑战而好好设计出来的。达尔文对我们嗜甜的解释堪称典范。人类要生存、繁衍，就要满足最低热量需求。热量摄入不足可能是灾难性的，面对这种可能，偏爱高糖食物有很明显的适应性价值。假如你来设计人的心灵，而且也知道人体的生理需求和祖先身处的环境状况，这时很容易想到你在给人脑编程时也会鼓励身体尽量随时多吃水果。所以自然选择会采取这种策略一点儿都不意外。有鉴于此，这里的问题就是，是否有类似的适应性考虑，让你在给人类心灵编程时，能让它去创作、讲述和倾听故事。

确实有。讲故事可能是心灵排演现实世界的方式，是由大脑来实现某类游戏活动，此类活动在很多物种中都有记录到，能提供一种安全的方法来练习和改进关键技能。杰出心理学家及全才史蒂文·平克特别简洁地表达了这个观念："生活就像下棋，故事情节就像著名弈局的棋谱，认真的棋手会研究这些棋谱，这样就算有一天他们发现自己陷入了类似的困境，也早就做好了准备。"[28] 平克设想的是，我们每个人都通过故事建立了一份"心理目录"，列出应对生活中可能出现的意外转折的策略，一有需要即可查阅。从抵御阴险狡诈的部落成员，到追求可能的婚配对象，从组织集体狩猎，到避开有毒的植物，从教导幼童，到分配稀少的食物……我们的祖先在寻求把基因传给后代的过程中，要面对的困难接连不断。浸入虚构的故事，去努力克服大量的类似困难，能让我们的祖先改进应对策略。因此，在给大脑编码时让它喜爱与虚构故事打交道，是一种很明智的办法，可以省力、安全、高效地将更广大的经验基础提供给心灵，以便其运转。

有些文学学者反驳说，虚构的人物面对的是假想的挑战，他们所采取的策略，一般而言无法或至少不合适移植进现实生活。[29]文学理论家乔纳森·戈特沙尔诙谐地总结道："最后你可能会像滑稽的疯子堂吉诃德或惨遭欺骗的包法利夫人一样跑来跑去——他俩都因为混淆了文学幻想和现实而误入歧途。"[30]当然，平克并不是说我们要原样照搬在故事里见识过的行动，而是说我们可以从中吸取教训——戈特沙尔表示，这种方法用心理学家兼小说家基思·欧特利引入的一个比喻来稍微转换一下，也许能传达得更充分：别去想心里的卷宗了，我们来说说飞行模拟器。[31]故事给出的是虚构的国度，我们在其中追随着经验远比我们丰富的人物。在故事这块钢化玻璃的保护下，我们通过借来的眼睛密切观察着大量未曾经历的世界。正是通过这样的模拟情节，我们扩展并改进了直觉，使之更加敏锐、灵活。面对不熟悉的事物时，我们不会去心里的"知心姐姐"那儿翻检答案，而会通过故事在内心形成一种更细微的感觉，它关乎如何响应及为何如此——这种内在的认识会指导我们未来的行为。培养内在的英雄气概，是与风车作战一事所发出的遥远的召唤——这就是我，以及很多别人，读罢阿隆索·吉哈诺的冒险故事时的感受。

　　我们将故事的适应性效用比作飞行模拟器，那对模拟器本身我们该如何设置呢？什么样的故事才能让模拟器运转起来？我们可以采用创意写作入门课课纲第一页上的答案。讲故事的一条铁律是要有冲突，有困难，有麻烦。吸引我们的是需要清除里里外外各种艰难险阻才能达成目标的人物。他们的旅途，无论是字面意义还是象征意义上的，都让我们坐立不安，猛翻书页。当然，故事里最抓人的部分在人物、情节和讲故事的技巧本身上都采用了让人惊讶、愉悦乃至肃然起敬的手法，但对很多故事来说，去掉冲突，故事就无甚可观了。在叙事的飞行模拟器上运行的内容，其达尔文式效用也是如此，这绝非巧合。没有冲突、困难或麻烦，故事就失去了其适应性价值。如果约瑟夫·K.乐于承认无端之罪，对不公的惩罚也逆来顺受，那这个故事三两下就能翻完了。没有别的叙事调整能带来足够的冲击。如此，桃乐丝也会欣然交出红宝石鞋，走下黄砖路，融入了东国。*只模拟晴好的天空、教科书般完美的发动机和模范乘客，都不能让飞行员准备得更好。排演现实世界的用处，是在碰到毫无准备的情况下会很难应付的情境时体现出来的。

　　关于故事的这个观点也许也能解释，为什么你我以及所有人，每天都会花上几个小时编造我们不太可能记得、更不

---

* 约瑟夫·K.是卡夫卡长篇小说《审判》的主人公。桃乐丝（多萝西）是系列童话《绿野仙踪》（又译《奥兹国历险记》，有改编的影视、动画作品）的主人公。正文中相关叙述皆是所对应作品情节的反面假设。

太可能跟人分享的故事。我说每天，意思是每天夜里，而我说的故事，就是我们在快速眼动（REM）睡眠中产生的那些。弗洛伊德写出《梦的解析》已逾百年，但关于我们为什么会做梦，人们仍没有共识。我会读这本书是因为初中上过的一门课，名叫"卫生"（对，真的就叫这个名字），是一门有些怪异的必修课，由学校的体育老师和运动教练来上，主要讲急救和一般的卫生标准。因为教学内容不够填满整个学期，这门课还强制要求学生来做报告，主题只要有点儿关系就行。我选了睡眠和做梦，但可能太当回事了，竟去读了弗洛伊德，还花课余时间爬梳研究文献。对我来说，同时也是对全班来说，最令人叫绝的是米歇尔·茹韦的著作，他在20世纪50年代末探索过猫的梦中世界。[32] 茹韦部分地破坏了猫脑（你想知道究竟的话，就是蓝斑核），去除了通常会防止梦中的念头刺激身体活动的神经模块，结果就是睡着了的猫做出了蹲伏、弓背、抓挠、发出嘶声等行动，很可能是对想象中的捕食者和猎物做出的反应。要是你不知道这些动物在睡觉，你可能会以为它们在练习猫科功夫。最近有些针对大鼠的研究，它们用了更精细的神经探针，结果表明，大鼠的脑在梦中的活动模式，与它们在清醒状态下学习新迷宫时被记录到的模式非常接近，研究人员甚至能追踪到梦中的大鼠重走之前迷宫的进程。[33] 猫和大鼠做梦时，肯定是在排演跟生存有关的行为。

我们跟猫和啮齿动物的共同祖先生活在约七八千万年

前，因此，如果跨越已分化数千万年的物种去推演出一个猜测性结论，肯定会招致一大堆警示。但可以设想，我们沉浸在语言中的心灵会产生梦境，也许是出于类似如下的目的：提供认知和情感锻炼，借以强化知识、练习直觉——故事"飞行模拟器"的夜间课时。也许这就是为什么一般而言我们每个人的一生中都会有整整七年时间闭着眼睛，身体近乎瘫痪，消费着我们自己创作的故事。[34]

但本质上说，讲故事并不是唯一的手段。讲故事是我们去他人的心灵中栖居的最有力办法。而作为高度社会化的物种，我们暂时移居他人心灵的能力，也许对我们的生存和主导地位来说都至关重要。这也为将故事编码进人类行为节目单中提供了有意义的设计理由——好显出我们的讲故事本能有什么适应性功用。

讲故事与他人的心灵

物理学家间的专业讨论通常会涉及用五彩缤纷的方程表达的专门行话。这种材料可不会吸引那些挤在篝火边的人靠拢过来。但是，如果你知道如何解读那些方程和行话，那么它们讲出来的故事也可以激动人心。1915 年 11 月，精疲力竭的爱因斯坦即将完成广义相对论，他要用这堆方程解释一个很久以来的谜团，即水星轨道为什么跟牛顿的预测稍有偏离，结果让他大受震动，甚至感到了心悸。近十年来，他一直在复杂数学那变幻莫测的水域中航行，而此番计算有了结果，就等于第一次看到了陆地。套用阿尔弗雷德·诺斯·怀特海后来的评述就是，爱因斯坦的大胆探求已经安全抵达了理解之岸。[35]

我从没有过那么重大的发现。很少有人有过。但就算是平淡无奇的发现，也能类似地让人心旌摇荡。人在那些时刻会有一种与宇宙深刻联结的感觉。说真的，这就是故事在抽象数学和专门语言中置入的内容。故事详尽阐述了宇宙及其中的事物，关于其诞生、衰老和转变。故事提供了一种方式，让我们能以此中才有的独特视角来体验宇宙。故事提供了一条门径，能通往各种现实领域，而这些领域是我们哪怕在最令人满意的情形中也完全意想不到的。借由经实验和观测确证的数学工具，我们得以与奇怪又奇妙的宇宙彼此沟通。

我们用自然语言讲述了数千年的故事，也起着类似的作用。通过故事，我们从通常的单人视角挣脱出来，短暂地换一种方式栖居在这个世界上。我们借说书人的眼睛和想象体验这个世界。在我们周遭的其他心灵中，一个个独特的世界正渐渐展开，而故事的飞行模拟器就是我们进入这些世界的门户。用美国作家乔伊丝·卡萝尔·奥茨的话说，阅读"是唯一的一种方式，借此我们才会不由自主、常也是不能自已地悄悄溜进别人的皮囊、别人的声音、别人的灵魂……从而进入我们一无所知的意识"。[36] 没有故事，他人心灵间的细微差别就会跟没有量子力学知识的微观世界一样含混不清。

　　这种独特的故事属性有没有演化方面的影响？我们能生存下来，很大程度上是因为我们是高度社会化的物种。我们能以群体形式生活和工作。我们的合作并非完美和谐，但足以彻底颠覆生存概率的计算结果。人多不仅增进了安全，还让我们更能够创新、参与、委托和协作。而对如此成功的群体生活来说，最重要的是我们通过故事吸取到了多种多样的对人类经验的见解。心理学家杰罗姆·布鲁纳指出："我们主要是以叙事的形式，将我们的经验和对人间事件的记忆组织起来。"[37] 这让他怀疑，"如果我们人类没有以叙事的形式组织和交流经验的能力，这种集体生活是否还有可能"。[38] 通过叙事，从万众瞩目的期待到令人发指的罪行，我们探索了人类的行为有多包罗万象；从崇高的雄心壮志到千夫所指的暴行，我们见证了人类的动机可以有多广泛；从令人欢欣鼓舞的胜利到令人心碎的丧失，我们看到了人类有哪些真性情。文学学者布莱恩·博伊德曾强调指出，叙事就此使"社会景观更广阔、更易领略，也具备了更多开放的可能性"，让我们充满了"渴望要了解我们这个世界，不只通过我们自己的直接体验，也通过他人的体验——甚至都不只是真实的他人"。[39] 无论是通过神话、故事、寓言来讲述，甚至只是润色日常事件，叙事都是我们社会本性的关键。有了数学，我们得以与别的真实密切交流；有了故事，我们得以与他人的心灵彼此沟通。

　　我小时候经常和父亲一起看最初的《星际迷航》剧集，

现在这个传统也在我和我儿子身上复现了。道德故事和太空歌剧加上一定量的哲学思考，对那些喜欢英雄探险的人来说极富吸引力。续集《下一代》中有一集叫《达穆克》，特别引人入胜，它讲述了故事在文明形成过程中的非凡作用。塔玛丽安人是类人的外星种族，完全通过寓言交流，因此皮卡德船长直接用语言交流对他们来说，就好像他们一直提到的一大堆陌生故事在皮卡德船长看来一样，都非常费解。最后，皮卡德终于掌握了他们以寓言为基础的世界观，并通过讲述《吉尔伽美什》，实现了跨物种的心灵交汇。

对塔玛丽安人来说，生活和社群的模式是铭刻在一系列共同故事中的。我们的心理模板没那么一根筋，但即便如此，叙事还是为我们提供了一个基本的概念图式。人类学家约翰·托比和心理学家勒达·科斯米德斯，两人都是演化心理学领域的先驱，他们一起指出了原因："我们从唯一的（非天生）信息源只是个体自身经验的有机体演化成现在的样子还没多久。"[40] 而经验，无论是今天与时代广场上熙熙攘攘的人群竞争的经验，还是在新生代的非洲大草原上组织协调集体狩猎的经验，都会打包成故事的样子来传递信息。如果我们有前一章提过的那种神奇的超人视角，能一直看到粒子，那这些经验包可能会有不同的特征：也许我们就得用粒子轨迹或量子波函数来组织我们的思想和记忆了。但从普通的人类视角来看，经验的调色板在叙事中五彩缤纷，因此我们的心灵适应了用故事来给宇宙上色。

　　但也请注意，形式是一回事，内容是另一回事。尽管经验已经给故事结构注入了魅力，我们还是会用叙事来组织我们远远超出人类经历界限的认识。科学进步就是绝佳的例子。一个孤零零的物种开始征服隐藏着极大奥秘的现实世界，最终形成了很多相当惊人的见解，这样的故事着实可以成为富有戏剧性和英雄主义的素材。但是，要衡量这些故事的科学内容是否成功，其标准可说与我们用来衡量人类征程的标准有天壤之别。科学存在的理由是要揭开遮蔽客观现实的面纱，因此科学叙述必须满足逻辑标准，并经得起可重复实验的认真检验。这是科学的力量，但也是科学的局限。科学严格地遵循一套标准，把主观因素降到了最低，因此它确定的结果超越我们物种的任何具体成员。薛定谔极为重要的量子方程告诉了我们关于电子的很多情形——有了一个方程，就能把这些微小粒子如何来去极为精确地描绘出来，比对地球上任何其他事情的描述都更精确，这是多么激动人心啊——但是关于薛定谔或我们所有人，数学并没有讲出多少信息。这是科学自豪地为量子大历史付出的代价，事实也许会证明，这种量子历史叙事的关涉远远超出了我们小小的现实一隅，可能会横扫所有空间乃至所有时间。

　　而我们讲述的关于各色人物（无论是真实的还是虚构的）事迹的那些故事，关注点则有所不同。我们的存在完全是主观的，也不可避免会受种种限制，但这些故事展现了我们的存在可以有多丰富。安布罗斯·比尔斯有个扣人心弦的故事，在鹰溪桥上的一次军事处决中只占很短的一瞬，*但浓缩了欧内斯特·贝克尔所说的"内心对生命的极度向往"。[41] 通过故事，我们看到了这种向往的放大版。当我们想到精疲力竭但又兴高采烈的贝顿·法夸尔伸开双臂去拥抱自己的妻子，而绞索突然间让他、也让我们浑身一震，这时，从他想象出来的逃出生天中，我们对于身为人类有何意义有了更丰富的感觉。通过语言，故事突破了我们自身的狭隘经验强加给我们的限制。巧妙擘画的言辞引导着我们在想象中前行，于是，我们对共同的人性有了更深刻的感触，对作为社会性物种如何生存也有了更精微的理解。

　　故事无论是事实还是系出虚构，也无论是在表达象征意义还是字面意义，讲故事的冲动都是人类共通的。我们通过感官来领略这个世界，在追求连贯一致、设想可能性的过程中，我们寻找模式、发明模式并想象模式。我们用故事来阐述发现。这个过程持续不断，也是我们安排自己的生活、为生存赋予意义时的核心。那些或真或幻的人物对或平常或超常的情境做出反应，他们的故事构成了一个虚拟的宇宙，而人类也参与其中，这深深影响了我们的反应，也改进了我们的行动。遥想未来，也许有一天我们将接待来自遥远世界的访客，我们的科学叙事包含的真理他们很可能也已经发现，因此没什么可说的。但我们的人性叙事，就像在皮卡德和塔

---

* 指比尔斯的著名短篇小说《鹰溪桥上》，后文法夸尔是其中的人物。

玛丽安人的故事中那样，会让他们认识我们到底是谁。

神话故事

在科学共同体中，研究成果要想流传起来，就要能解释令人想破头的数据，解决棘手的理论问题，或是让我们能够完成以前遥不可及的壮举。科学发展的绝大部分领域仍然是专家的地盘，但也有一些成功超越了其他领域，形成了广泛的文化影响。通常情况下，这些领域都超越了具体的科学细节，而涉及重大的科学关切：宇宙是如何开始的？时间的本质是什么？空间是乍看起来的样子吗？如果你领会了科学对这些重大问题的最精妙答案，你对现实的看法几乎一定会被扭转。原始空间急剧膨胀之后形成了一颗普普通通的恒星，有一颗小小的行星绕着这颗恒星转，而我们就是这颗行星，这个认识不断提醒我去想，我们是如何融入这番宏伟图景的。如果有谁的运动状态跟我并非完全一样，那么时间在我这里的流逝速率就跟在他那里不一样，这个事实振聋发聩，总让我陷入无尽的沉思。我们表面上的三维现实也许只是更壮丽的空间膨胀中的小小薄片，这种可能性也令人兴奋不已，让我乐于就此展开想象。

数千年来，很多文化也都产生了能够脱颖而出的故事，广泛影响了其所在社群对现实的看法。这些就是文化中的神话：被足够重视以至于获得了神圣感的故事。定义神话极为困难，但我们打算用神话来表示这样的故事：它们会援引超自然行为主体来探究文化中的重大问题——该文化的起源、长期践行的仪式、为世界增添秩序的特殊方式等。神话因为能恒久流传、有广泛的吸引力，还汇集了最基本的阐释，所以能成为共同文化遗产的基础，成为悲剧和胜利、历史和幻想、历险和反思的大全集，能够定义民族、塑造社会。

　　学者们致力于建立有见地的方法来解读、阐释神话已经有很长时间了。20 世纪初，人类学家詹姆斯·弗雷泽爵士提出，神话源于我们的远古同胞试图解释令他们迷惑的生命及自然现象的努力。精神分析学家卡尔·荣格认为，通过"原型"——他猜测这是无意识心灵中的固有普遍模式——神话表达了人类经验的共同特性。神话学家约瑟夫·坎贝尔则支持"单一神话"，即各种神话故事都有同一个主要模板：一个并非心甘情愿的角色受到了使命的召唤，经历了一场充满危难的历险和死里逃生的成人礼，最终回到家乡——这是位重生的英雄，他的征程给我们的现实感带来了强烈震撼。[42]语文学家米夏埃尔·威策尔最近提出，普遍模板的最清晰涌现，不在单独的神话层面，而只有在我们考虑所有文化传统的神话集合之后才会发生——他认为，那会是这样一条环环相扣的故事线，贯穿世界从鸿蒙初辟到寿终正寝的全过程。在援引了语言学、群体遗传学和考古学的看法之后，威策尔主张，这些叙事中的共性可以一直追溯到源于非洲的一种早期神话形式，它也许早在 10 万年前即已出现。[43]

以上及其他举不胜举的提法，激起了激烈的争议和批评：有人支持，有人诋毁，时而兴盛，时而衰落。部分学者指出，虽然为神话找到单一种大全式解释非常吸引人——这种解释将帮我们认清塑造了我们远古遗产的普遍特性——但人类生活如此复杂，又是在光线黯淡的不确定历史中展开的，因此也许并不适合单一解释。就本书目标而言，解释的覆盖范围可以更有限些。宗教学者、作家凯伦·阿姆斯特朗提出了最简明的总结，指出神话"几乎总是植根于对死亡的体验和对灭绝的恐惧之中"[44]，即使我们稍微保守一点，把"几乎总是"弱化为"常常"或"很多时候"，仍然会有指路明灯导引我们前进。

几个例子：吉尔伽美什听说，似乎有个人，众神赐他永生，他便不惜一切代价——穿过广袤的荒野，突破蝎人的阻挠，跨过死神的水域——去学习如何从本来无法避免的结局中脱身的秘诀。印度神话中迦梨女神的故事，核心就是死亡：她过于完美，激怒了她神圣的同胞，于是他们用闪电砍下了她的头颅。[45]非洲西部的科诺族，其创世神话的核心也是死亡：死神萨认为自己的女儿被另一位创世神、赐予人类土壤和植物的阿拉坦甘纳诱拐了，为了复仇，他判令让所有人类都终有一死。死亡也是大洋洲毛伊故事的重要主题：波利尼西亚的精灵女神、"了不起的夜之希娜"正在熟睡，半神毛伊探过她凶狠的下巴，想挖出她的心脏，好让自己长生不老——但希娜醒了过来，用剃刀般锋利的牙齿把毛伊撕成了碎片。[46] 随便打开一本你喜欢的世界神话集，走不了多远你就会来到死神门前。这些人物为自己的生命而战，却给世界带来了死亡，这样的故事与很多讲述世界被整个毁灭的故事都有相似之处，而威策尔指出，此种毁灭"也许会表现为全世界最终都陷入火海——冰岛史诗埃达中'诸神的黄昏'、波斯琐罗亚斯德教神话中熔融的金属河、印度神话中湿婆的毁灭之舞和大火、印度东北部蒙达族神话中的大火、玛雅神话及其他中美洲神话中的水与火等等，还有埃及神话中，创世神亚图姆最后毁灭了世界"。[47] 如果这些故事让你欲罢不能，那还有无数别的故事讲了毁灭，里面有铺天盖地的冰、无尽的寒冬，还有全世界到处都有的大洪水。

怎么回事？为什么会有这么多危险、死亡和毁灭？叙事喜欢冲突和麻烦；除非我们是想颠覆叙事通则，否则没有这些内容，我们就很难找到一个可以讲一讲的故事。把冲突和麻烦跟处于神话核心的关天大事——地方和民族的来历，种种生存方式的道理——融合起来，故事中固有的困境就被推向了极端。这个过程几乎不可能有其他面貌。等到我们有了语言、开始讲故事的时候，我们就获得了超越当下生活的能力。我们可以轻松地驶向过去和未来。我们可以规划和设计，协调和沟通，预见未来并做好准备。这些能力的效用显而易见，但心理如此机敏之后，我们也拥有了那些曾经存在但不复存在的人的记忆。我们推断出所有生命都有其终点，这个模式从未有人打破；我们认识到，生与死紧紧相拥，无法拆散。生与死，是存在的双重特性：思考起源也就唤起了对终局的疑问；反思如何度过一生，也就是反思生命的缺席时刻。死亡不可避免，这个认识对此时此刻的我们来说有如泰山压顶，而且可以想见，在终局的到来更加变幻无常的时代更是如此。这也就无怪乎死亡和毁灭会成为突出的主题了。

　　但是，为什么这些古老的故事中满是狂暴的巨人、喷火的巨蛇、牛头人身的怪物等类？为什么是可怕的幻想故事，而不是可怕的现实世界？为什么去看《吵闹鬼》《驱魔人》，而非《拯救大兵瑞恩》《落水狗》？基于认知科学家丹·斯珀伯的早期工作[48]，认知人类学家帕斯卡·博耶给出了一个答案。一个概念如果想以足够的力量紧紧抓住我们的注意力，让我们记住并告诉别人，就必须足够新颖，能让我们大感意外，但又不会离谱到我们立马觉得太过荒谬的地步。博耶指出，某个灵感如果"最轻微地违反直觉"——意即它只有一处或最多两处违反了我们根深蒂固的期望——就会处于认知的最佳位置。[49]隐形人？没问题，只要隐形是唯一反直觉的特征。一条用《陆军野战医院》主题曲把微积分问题的答案哼唱出来的河流？太傻了，所以几乎所有人对此都会嗤之以鼻，转身就忘。与神话故事中事关重大的主题一致，我们遇到的主人公也非同小可，但他们作为违背人类想象力的构造，也只是最低限度。因此毫不奇怪，这些主角的身体形态、思维过程乃至人格特征再怎么说都是我们非常熟悉的，即便他们的力量超出了我们穷毕生所见得出的预期。

　　驱动神话创作引擎的另一个气缸是语言。一旦我们有了描述风雨大作、树木燃烧、蛇无声滑过等常见事物的结构的能力，语言在叙事方面就给了我们一个现成的"土豆先生",*让我们可以自由组合、搭配。巨石和会说话的人只需一步调换，就可以变成更让人着迷的语言混搭：巨人和会说话的石头。语言释放了认知能力，任由我们想象各种未曾经见的组合，引导我们去体验新奇。[50]拥有这种力量的心灵，就能以新方式看待老问题。这样的心灵也会创新，假以时日，它们会掌控并重塑这个世界。

　　给创新风暴播下种子的，还有我们的心灵理论——我们天生就倾向于认为，我们遇到的任何事物都有心灵，甚至可能拥有行为主体性。就像在我们前面对意识的讨论中那样，当我们遇到其他人，就算距离遥远，也没有直接接触，我们也会立即认为这些人具有跟我们多少有些相似的心灵。从演化的角度来说，这是好事：他人的心灵能产生我们能较好预知的行为。对动物来说也是如此，所以我们本能地也让动物拥有意图和欲望。但有时候，正如心理学家贾斯汀·巴雷特和人类学家斯图尔特·格思里所强调的，我们做过了头。[51]从演化的角度来说，这也可以是件好事。误以为远处月光下的一丛灌木是一头狮子在休息，没什么大问题；以为刚听到的声音是风在吹动树枝，但其实是一头豹子正在逼近，那就

---

*　一种美国儿童玩具，土豆形"脑袋"上可以组装各种五官和服饰。——编注

没命了。在荒郊野地分派行为主体性时，做得不够不如做得过头（当然也有上限），成功的 DNA 分子以及这些分子搭乘的讲故事媒介，早已把这个教训牢记在心。

　　几十年前，在对我来说相当罕见的一次露营科考中，我被要求在林间独处一小段时间。我带了一块防水布、一条睡袋、三根火柴、一个小罐头、一支钢笔和一个本子，结果发现自己前所未有地孤独。无论是在现实中还是精神上，我都没有做好准备。我好好找了些树枝成功搭建了一个临时的低矮屋顶，防水布却被树枝刺破。我第一次尝试生火，结果用光了所有火柴也没成功。日薄西山，恐惧开始蔓延，我打开睡袋匆匆钻进去，死死盯着就悬在我脸上的防水布，惊慌失措。在我住惯了城市的耳朵听来，在我过度发挥的想象力看来，每一阵风，每一声脆响，都是一头熊或者美洲狮。我没有英雄主义式的幻想，但似乎无穷无尽的每一秒，感觉都像是我出生入死的成人礼。我拿出钢笔，草草画了两只圆眼睛，一只脏兮兮的鼻子和一张歪歪扭扭的嘴，嘴角还微微翘起；拿钢笔在防水布上画并不理想，但断断续续的蓝色线条和坑坑洼洼的塑料布已经够了。我仍是孤身一人，但感觉没那么孤独了。如果说夜间林中每一个声音都被认为有心灵，那么我的涂抹就也有。我的"荒岛余生"只不过三天，我就已经创造了自己的"威尔逊"。*

---

* 电影《荒岛余生》中，主人公在一个"威尔逊"牌排球上画了一张脸，

演化给我们徐徐注入了一种倾向，让我们总爱想象周遭充满了有思考和感受能力的事物，有时还幻想这些事物能提供帮助和建议，但更多时候则认为周围这些事物是在密谋规划、阻挠出卖、攻击报复。过分地认为世上的声音和骚动是在一心制造危险和毁灭，可以救你的命；拥有能将现实成分混合成一堆奇异事物的灵活认知，可以孕育创新；为原本普普通通的主人公赋予惊人的超自然属性，可以吸引注意力并促进文化传播。这些因素结合起来，阐明了那些吸引了我们祖先想象力的故事，那些为穿行于古代世界提供叙事性指引的故事，都是什么样的。

时光流逝，一些最为经久不衰的神话故事，将孕育出世界上最具变革性的一种力量：宗教。

将其当成自己的好朋友。

7

大脑与信仰

从想象到神圣

我想象，等我们终有一天跟地外智慧生命接触时，他们也会讲述一段一直在尝试寻找意义的历史。能建造望远镜、制造飞船、深入宇宙空间并倾听其中闲谈的生命，肯定也能够反思自身。随着智力走向成熟，去探索和理解的冲动也会表现为将意义注入经验的强烈愿望。回答过足够多"如何"的问题后，"为何"的问题也会接踵而至。在我们地球上，生存压力迫使我们的早期同胞成为技师。他们需要学习如何制作石器、青铜器和铁器。他们需要掌握狩猎、采集和农耕的技术。但在满足基本生存需求的同时，我们的祖先也在殚精竭虑于那些我们同样在努力解决的问题——关于起源、意义和目的的问题。生存下来，就是为了激起对生存为何重要的追问。技师终会变成哲学家，或科学家，或神学家，或作家，或作曲家，或演奏家，或美术家，或诗人，或其他的献身者。他们献身于多种思想体系和创造性表达的万千变化和组合，而这些体系和表达有望对一些重要问题产生洞见，这些问题正是我们即便在果腹之后很久仍然为之备受煎熬的问题。

经久不衰的故事和神话表明，这些问题中最为坚挺的，是有关生死存亡的问题。世界如何开始，又将如何终结？我们为什么此刻还在这里，下一刻就不复存在？我们去了哪里？彼岸还可能有什么样的世界？

想象另一些世界

大概 10 万年前，在今天以色列北部下加利利地区的某个地方，一个四五岁的孩子可能正在安静地玩耍，也可能正在淘气，结果头部遭到一记重创。我们并不知道这孩子的性别，但就假设她是个小女孩好了。受伤的原因我们也不清楚，也许是从又高又陡的石坡上绊倒滚落，也许是从树上摔了下来，还可能是被惩罚得太厉害了，等等。我们知道的是，这记重创造成了她头骨右前侧开裂，脑部受损，而后一直忍受到十二三岁的样子才去世。这些事情我们是从一些骨骼残骸中钩沉出来的，它们出土于卡夫泽（Qafzeh），这是已知最早的墓葬遗址之一，对它的发掘自 20 世纪 30 年代即已开始。尽管这处墓葬遗址中还发现了另外 26 具残骸，这个小女孩的埋葬方式还是很特别。有两头鹿的角交叉放在她胸前，一端放在她手掌上，按研究人员的说法，这样放置是有葬礼仪式的证据。鹿角会不会是无意中放成这样的装饰？有可能。但可能性大得多的还是研究团队的判断，即设想这个被命名为"卡夫泽11号"的孩子在10万年前是按早期人类制定的仪式下葬的，那时的他们已在认真思考死亡，努力想要理解死亡的意义，有可能也在思考死后的世界。[1]

对于那么久远的事情，结论肯定是试探性的，但对年代更近些的墓葬的发掘还是让上述解释更加可信了。1955年，在莫斯科东北方向约200千米的多布罗戈村（Dobrogo），亚历山大·纳恰洛夫开着弗拉基米尔陶瓷制品厂的挖掘机作业时，发现挖出来的黄褐色壤土中混杂着骨头。结果这就是从最著名的旧石器时代墓葬遗址之一松希尔（Sunghir）挖出来的第一批骨头，后来的发掘进行了好几十年。其中有一处墓葬尤其令人震惊：一个男孩和一个女孩，死亡时约10到12岁，他们头抵头埋在一起，看起来就像是两副年轻的心灵永远融在了一起。他们的遗体下葬超过3万年，遗体上装饰着迄今发现的最精致的一批墓葬品。北极狐齿做成的头饰，象牙的臂环，还有十几只象牙长矛，穿了孔的象牙圆盘，以及一万多颗象牙雕成的珠子，很可能本来是缝在两个孩子殓服上的——李伯拉斯*的粉丝大概会为之莞尔。研究人员估计，就算以每周工作100小时的疯狂节奏，要完成这些饰品，也

---

* 李伯拉斯（Władziu Valentino Liberace），美国著名钢琴家，20世纪六七十年代在美国堪称家喻户晓，喜珠光宝气，造型常极尽奢华艳丽。第66届戛纳电影节入围作品《烛台背后》即其传记电影。

轻松就能花掉一位工匠一年多时间。[2] 这么大的投入至少也是在强烈暗示，通过仪式安葬是用来超越"死即终结"的策略的一部分。身体也许停歇了，但一些重要特性会继续存在，而它们也许能被精心制作的陪葬品加强、抚慰、尊崇或满足。

19 世纪人类学家爱德华·伯内特·泰勒认为，在引导早期人类得出这一结论上，梦境有着难以抗拒的影响。[3] 我们很容易想象，每晚都发生超出常轨的事，一件比一件古怪，这一定是在不断告诉人们有一个睁着眼睛无法进入的世界。从对已故亲朋的拜访中醒来，无论是感到安慰还是害怕，都会让人有一种他们依然存在的感觉——当然，不是以他们曾经存在的方式，也不是在此间，而是以一种虚无缥缈的方式伴我们左右。书面记录虽然非常晚近才出现，但也通过大量实例表明梦境能提供通向不可见现实的窗口，借以支持上述揣测。古代苏美尔人和古埃及人将梦解释为神的指示，《旧约》和《新约》中神的意志往往也通过梦境显示。现代对澳大利亚原住民等与世隔绝的狩猎社会的研究也表明，"梦幻时代"有至关重要的作用，它代表着一片永恒的国度，所有生命都发源于此，也将回归其中。* 如梦似幻的出神状态在

---

* "梦幻时代"（Dreamtime 或 Dreaming）又译为"黄金时代"，是早期人类学家用来指澳大利亚原住民宗教文化世界观的术语。它非指某个历史时期，而是一个超越时间的文化概念，表示的是有神力的英雄先祖居于世间的时候。该词源于中澳大利亚地区阿兰达（Aranda）族语言中的 alcheringa 一词，也有学者认为不应译为"梦幻时代"，而是更近于"永恒、混沌未凿"的含义。

不少传统中也都常见，这些传统中有以打击乐和狂舞加持的仪式，仪式能持续数个小时，还能诱人进入受催眠般的痴想，参与者将其描述为自己被送去了不同层面的现实之中。[4]

即使是清醒的时候，对于超越可见世界的现实，也少不了各种暗示：在天上地下都起作用的强大力量，日常生活中变幻莫测的事情，频繁出现的生死攸关的危险。我们在社会性背景下演化得很成功，这让我们的大脑倾向于认为其他存在也是出于跟我们一样的经验而行动的。当闪电来袭、洪水泛滥、大地震动时，我们想的依然是，有个会思考的存在主宰着这一切。可以想见，面对这些，我们的祖先默认了他们在这个变动不居的世界中影响力有限，作为回应，他们召唤出居于不可见世界的人物来行使他们不具备的力量。

不管有意还是无意，这种反应都非常聪明，让我们得以将本是随机的事件书写成连贯一致的故事；得以想象看不见的世界，那里满是我们熟悉的虚构人物；得以将或真实或想象的姓名和长相赋予那些一直留意着我们的所作所为、并最终掌控我们命运的存在；得以将终有一死重塑为一扇大门，通往那些不可见的更高层世界——卡夫泽11号、她二十多位洞中同伴及无数代祖先就穿过了这扇大门；得以反复讲述他们的故事，而这些叙事援引在其他毗邻世界中得以展现的人类个性、怪癖、积怨、嫉恨及各种行为举止等等，来解释我们在自己的世界中舍此无法解释的事情。

我们远古时代的艺术尝试进一步提供了线索，表明我们在倾情关注着其他世界。在世界各地的岩壁上，探险家发现了数以万计的图画，其中有些可以追溯到四万多年前。这些岩画展现了各种动物，从狮子到犀牛蔚为大观，继而还有创造出来的混合物种，如鹿女、鸟男等。在这些形象中，人形只起次要作用，就算画出来，往往也只是寥寥几笔。人类手印也非常多，它们只是许多压出的轮廓混乱地重叠在一起，其含义我们只能猜测——是在尽力触及另一个国度，渴望能像岩石一样看似恒久长存，印刻下华美的装饰，还是留下远古版"到此一游"？他们的意图已然消散，只给我们留下纳罕。百思不解的我们，在舞动的男巫和垂死的野牛身上，看到了一股创造性力量最早的努力，而这股力量我们似乎也有。透过岩石的表面往下看，我们瞥见了回以凝视的自己。

这既让人激动，也内藏陷阱。邂逅远古文化亲族的诱惑力，也许会诱使我们赋予他们的创造性作品过多的意义。也许，洞穴艺术不过是早期有意识心灵的无心涂画，或者拔高一点说，也许它们展现了一种古老的审美动力，有人称之为"为艺术而艺术"。[5] 推想生活在几百个世纪之前的人有什么灵感是件很有风险的事，所以我们最好别想多了。但想想要来到这些遗址中的至少某些地点，要经过怎样的磨难——考古学家大卫·刘易斯-威廉斯描述了今天的探险家，很可能还有那时的洞穴艺术家，要如何"在地下沿着漆黑一片的狭窄通道蹲踞前进乃至匍匐爬行一千米以上，滑过泥泞的岸边，涉水穿过地下湖和暗河"[6]——"为艺术而艺术"的解释似乎就没那么可信了。就算我们的远古同胞身上有特别浓烈的波希米亚劲头儿，也多半会选择用更容易的方式满足纯粹的艺术冲动。

那么也有可能，我们的艺术家祖先是在举行魔法仪式，好确保狩猎大获成功，这个想法是考古学家萨洛蒙·莱纳赫在 20 世纪初提出的。[7] 如果小小的洞穴探险和绘画就能确保我们满心欢喜地搞到必需的晚餐，那这点付出又算得了什么？[8] 再不就是像刘易斯-威廉斯提出的那样（他是在发展宗教史学家米尔恰·伊利亚德早先讨论过的想法），也许洞穴艺术源于萨满教的精神旅行。随着神话叙事的追随者越来越多，萨满——一些灵性领袖，他们能够脱颖而出，是因为他们能让别人、可能也包括自己相信，他们有能力前往由那些伴我们左右的"特殊现实"构成的看不见的国度——便成了这个世界与另一个世界之间的媒介。旧石器时代洞穴绘画的灵感，也许是萨满在与神话人物洽谈，或是导引想象出来的动物时，在出神之际体验到的幻象。

分在不同大陆又相隔数千年的作品却有惊人的相似之处，这似乎表明洞穴艺术可以有单一的总括性解释。就算这么想有点儿太过野心勃勃，其中也还是有一个典型特征令考古学家本杰明·史密斯深信不疑："洞穴绝不仅仅是'画布'。洞穴是举行仪式的地方，是人们与住在另一个国度的灵和祖先交流的地方，是充满意义和共鸣的地方。"[9] 按史密斯及很多持类似观点的研究者的看法，我们的祖先深信，通过艺术和仪式，他们可以影响到灵的力量。尽管结论如此信心满满，但当我们回首 2.5 万年、5 万年乃至 10 万年前时，细节皆如雾里看花，因此不太可能说我们有朝一日会确切知道是什么激励了我们的远古同胞。即便如此，我们还是能看到虽显试探但仍连贯一致的解释。我们看到，祖先们举行葬礼，以仪式化的方式将逝者送往别的世界；创作艺术，以想象超出自己经验范围的现实；讲述神话叙事，祈求于强大的灵、不朽的存在和死后的世界——总之，会为后世称之为宗教的东西，其方方面面正汇集到一起，我们无须花多大力气，就能看到对生命无常的认识就缠杂在这些源流中间。

宗教的演化根源

我们能不能用宗教信仰在远古时代的迅速发展来助力解释宗教实践为全世界广泛采用的现象？帕斯卡·博耶等支持宗教认知科学的人认为可以。博耶指出，即使依最宽泛的谱系去看宗教信仰实践，也能看到一致适用的演化基础：

> 对宗教信仰和宗教行为的解释，可以在所有人类心灵的运作方式中找到。我确实是意指所有人类，而不仅仅只是宗教人士的心灵……因为在这里，重要的是我们在这个物种中拥有正常大脑的所有成员身上都能找到这样的心灵特性。[10]

此段的论点是，在漫长的时段中，经过无尽的争夺演化优越性的斗争，人脑形成了一些固有特征，是它们让我们为宗教信仰做好了准备。这并不是说有"神之基因"或"虔敬树突"。博耶借助的是认知科学家和演化心理学家在近几十年对大脑建立的一种理解，这种理解是对我们熟悉的一项比喻——将心灵比作计算机——做了改进。它没有把大脑比作通用计算机，等着执行从经验中获得的任何程序，而是比作了专用计算机，与自然选择所设计的程序硬连线，好增加我们祖先的生存和繁殖机会。[11] 这些程序支持着博耶所谓的"推断系统"，即一套专门的神经过程，它们擅长应对如下类型的挑战——从掷长矛到求偶再到建立同盟——或许就是这套系统决定了，谁的基因能成功传下去，谁的不能。博耶的中心论点是，这些推断系统很容易被宗教的固有特质采用。

我们已经见识过一套此种推断系统，就是"心灵理论"，我们据此将每个人内心都体验过的那种行为主体性，赋予我们在外部世界遇到的各种具体存在。这种过量赋予行为主体性的倾向有适应性好处，也解释了我们为什么总是喜欢想象，周围——无论是天上还是地下——到处都有心灵在关注我们。其他推断系统还有我们对心理学和物理学的直观把握：无须正式受教育，我们也会对心灵和身体的能力有基本理解。推断系统，再加上我们会被最轻微地违反直觉的概念吸引（还记得吧，这样的概念只会在很少几处违反我们的直觉性预期），于是，我们为什么会紧紧抓住神和灵这样的概念（我们为这些行为主体赋予人类一般的心灵，但对他们的肉身和身心两方面的力量的期待却各有不同）也就没有什么神秘的了。正常的大脑也有社会推断系统，可以比如说追踪人际关系，确保当事人受到公正待遇。如果我为你做了什么，那你也得为我做点什么，可别弄错了，我会记在小本本上的。这种互惠的利他表现，可能就是各宗教传统中都很常见的信徒与超自然存在者之间通常都会有的交易性质的关系的来源：我献祭、我祈祷、我行善，但在明天到来的战斗中，你要支持我。另一方面，如果倒了大霉，我们都会轻易将其归咎于我们个人或集体未能满足神的期望。

博耶在自己的著作《宗教解释》中充分发展了这些思想，其他研究者对类似主题也有各种阐述。[12] 但我的寥寥数语传达了此种理解的要点：生存斗争深深地塑造了大脑的演化，而从中胜出的大脑会具备张开双臂拥抱宗教的特质。这就是我前面说的演化一揽子交易的一例。对宗教信仰的偏好本身可能没有适应性价值，但它是跟另一组确因适应性功用而被选中的大脑特性捆绑在一起的。这并不意味着我们都会信教，就好像虽然自然选择让我们嗜甜，但也不意味着我们都会对糖衣甜甜圈不能自拔。然而这确实意味着，大脑的推断系统会特别容易受世界上各种宗教表现出来的那些特征的影响。实际上这种共鸣正是这些特征在世界各宗教中一直存在的原因。无论是神是鬼、是邪是魔、是圣是魂，宗教中这些别出心裁的形象都是不断演化的人类心灵的高明向导。我们关注、宣传它们，也依其行事，这些形象因而广为传播。[13]

　　这就完了吗？"适者生存"原则装配了我们的心灵，而适合生存的心灵很容易对宗教敏感？那我们设想宗教在解释比如生命和宇宙的起源、死亡的意义等种种看似无法解释的问题时肯定发挥过作用（对很多人来说是仍在发挥作用），这又是怎么回事？博耶及众多提出类似看法的人都并不否认宗教在处理这些问题上的作用，但他们也主张，这些考虑不足以解释宗教为什么会出现，为什么会有现在这些特点。宗教问题上的"房间里的大象"，正是人类的心灵，不首先关注心灵演化出了怎样的本性，我们就会忽略主导力量。

　　博耶和学术同行们提出的上述问题难以回避，也很有见地。但就跟在大脑、心灵、文化这片极其复杂的领域中的所有理论建设一样，这方面也很难得出能让所有现代人，或至少认真思考眼前问题的那些人都心悦诚服的明确结论。此外，就算宗教认知科学成功表明我们生来就特别易受宗教思想的影响，宗教从演化的附属产物、从早期认知适应的单纯副产品到当今的地位，还有很大的空间。另有研究者主张，宗教无处不在，也许是因为它对增强我们的适应能力做出了自己的贡献。

为团队两肋插刀

　　狩猎采集部落在扩大氏族规模的同时会面临一个关键的

问题：个人组成的集体在越来越大，如何确保其中的合作和忠诚？对于亲族，有个想法指出，自然选择下的演化可以不费吹灰之力地解决这个问题，这个想法可以一直追溯到达尔文，其后几十年也有一系列著名科学家继续阐发，包括罗纳德·费希尔、J. B. S. 霍尔丹和威廉·唐纳·汉弥尔顿。[14] 我之所以对我的兄弟姐妹、孩子和其他近亲都很忠诚，是因为我们的基因有很大一部分是相同的。从一头猛冲过来的大象前救下我的姐妹，我就提高了跟我的一样的基因片段继续存在并传给后代的可能性。我都不需要知道这一点。行此英勇壮举之时，我肯定不会去计算未来基因库里的相对丰度。但根据标准的达尔文式逻辑，我保护亲族乃至为他们牺牲自己的本能倾向会被自然选择选中，因此在跟我的基因图谱有很大比例一样的后代身上，这种行为还会继续下去。推理过程直截了当，但也带来了问题：如果群体增长到不再只包括亲族，是否仍然有基因胡萝卜来挥舞合作的大棒？

　　如果你能找到一种方式，让我认为，或至少表现得像是更大群体中的成员也都属于我的大家庭，问题可能就解决了。但怎样才能做到这一点？前面我们聊过，故事能加强我们对他人心灵的理解，因而或许对共同生活有所助益。有些研究者，比如演化生物学家大卫·斯隆·威尔逊，发展了社会学家埃米尔·涂尔干在 19、20 世纪之交力主的一些想法，进一步发挥了这种适应性作用。[15] 宗教就是故事，是经由教义、仪式、习俗、象征、艺术和行为标准加强了的故事。

通过给这些活动戴上神圣的光环，让践行这些活动的人建立情感上的彼此忠诚，宗教扩大了亲族关系的俱乐部。宗教向无关人员发放会员资格，让他们觉得自己是一个紧密团结的群体的一分子。尽管我们的基因没那么多重合，但由于我们的宗教联系，我们很愿意一起工作，互相保护。

这样的合作很重要，非常重要。我们已经看到，人类能够兴盛，很大程度上是因为我们这个物种能够集中脑力和体力，能在群体中生活和工作，能分担责任，能有效满足集体的需求。这些因宗教结成群体的人有更强的社会凝聚力，这使他们成为远古世界中一股更强的力量，而按这个论证逻辑，这也确保了宗教隶属关系能发挥适应性作用。

这个观点引发了长达数十年的争论。每当有人老调重弹，用群体凝聚力来解释宗教的演化作用，就会有研究者捶胸顿足，视之为解释大家普遍认同的亲社会行为的陈词滥调、下下之选；然而抛弃这种理论，这些行为的适应性价值又难以捉摸。[16] 此外，合作的适应性价值本身就非常复杂：如果一个群体中大家通常愿意合作，那么自私的成员就可以从中渔利。自私的人可以占友善同伴的便宜，让自己获得大量非分的资源，从而不正当地增加生存和繁殖的可能性。他们的自私倾向也会传给后代，让后代也倾向于做同样的事；时光流逝，他们那些容易相信别人的同伴，连同他们易受宗教影响的特性，就会灭绝。宗教的适应性成就就此为止。

支持宗教基础的人也承认社会凝聚力的问题，但强调这只是一个方面。局限在一个孤立群体内，其他人都很愿意合作，那么潜藏的自私者肯定会胜出。但我们讨论的群体——更新世的狩猎采集者——并不孤立。他们会互动，会战斗。而根据对考古记录的某种解读，他们的战斗相当致命。在一个大家都愿意合作的集体中，所有人都致力于群体利益，在战斗中往往表现更好。达尔文自己是这么阐述的："生活在同一个地方的两个原始人部落开始竞争时，如果（其他情况相同时）其中一个部落有很多勇敢、共情且忠诚的成员，他们总是会互相提醒危险所在，互相援助和保护，那么这个部落就会表现更好，征服另一个部落。"[17] 此外，那些因虔信已逝祖先或守护神灵而奉献的人，对其事业的投入会更加可靠、热忱。[18] 因此，要确定哪一类基因性状在基因库中更游刃有余，我们不但必须考虑群体内部对自私更有利的动态，也要考虑群体之间对合作更有利的动态。假设经过几千数万代人后，群体间动态的成功支配了生存计算，那么对群体的忠诚会占主导地位，宗教的社会凝聚力也会因而获胜。

但想象中的胜利仍然是探讨性的，因为它取决于"群体间的影响大过群体内部力量"这一预设，且也远远不是所有人都相信这就是我们的整个狩猎采集史生死存亡的确切写照。让怀疑者更受鼓舞的是，对合作行为的解释也可以来自更实际的考虑：博弈论数学。在极端自私和极端无私的行为之间，群体中的个体成员可以采取的策略有无数种。我也许倾向于无私，但如果你骗了我太多次，我自私的那一面就会出来报复。或许你一旦失去我的信任，我再也不会给你第二次机会；也或许你回报我几次之后，我会给你一个机会来重获信任，等等。在采取大量不同策略的个体组成的大型群体中，会发生什么？当然，不同的合作策略会带来不同的生存价值，因此经过一代代人之后，这些策略本身会经历达尔文式的选择。研究人员利用数学分析和计算机模拟，让不同策略互相竞争，发现其中有种策略——"你投桃，我报李；你阴我，我还击"——总会胜过其他策略，包括那些自私得多的策略。理论分析因此表明，此种得当的合作有助于生存。[19]对反对者来说，这表明，合作可以通过自然选择天然地产生和传播，不需要参与者有共同的宗教信仰。

几十年的唇枪舌剑之后，现在有些研究者声称，这些争议终于获得了解决。但由于两边的支持者都有这样的评述，因此对宗教在更新世所起的促进生存的"社会黏合剂"作用该如何评价，共识仍未达成。这个问题很复杂。宗教结合了故事的魅力、赋予行为主体性的倾向、仪式带来的安慰、获得解释的欲望、社群的安全、认知违背预期时的吸引力等等一众诱人的特质，是一项丰富而复杂的人类产物，其起源过于遥远，而关于那个时代，无论是古老的生活习惯还是群体内部冲突，都罕有过硬的数据。毫无疑问，争议还将继续。

另一种情形也完全有可能，就是在评价宗教可能有的适应性功用时，关于群体凝聚力的争论遗漏了故事中极为重要的一部分。不同研究者都已指出，宗教对适应性的影响，在个人层面最为明显。

个体适应与宗教

在探讨语言起源问题时，有种提法突出了流言八卦在维护等级、促进联盟方面的作用。现代人也许觉得这样聊天过于轻浮，但心理学家杰西·贝林却认为八卦是宗教在古代社会发挥适应性作用的关节所在。在我们获得说话能力之前，我们中间的捣蛋分子可能会行为不端——偷吃的、偷情、打猎时当逃兵——但看到这些行径的人如果数量不多，地位也低，罪犯就有可能免于惩罚。一旦语言广获使用，情况就变了。就算只有一次作奸犯科但大家都在说，罪犯也会声名受损，繁殖机会直线下降。贝林指出，如果一个可能行事不轨的人想着老天有眼，想着有个强大的目击证人就在风中、树上或是空中徘徊，他就不太可能行越轨之事，也就不太可能成为流言蜚语的素材，进而不太可能被社会抛弃。这样一来，他就更有可能生育后代，把他敬畏神明的本能遗传下去。宗教倾向保护了他的血脉，因此会自我延续。[20]

贝林做了一些实验，交给孩子们一项很有难度的任务，然后任由这些孩子独立完成，结果得到了支持自己结论的证据。在没有监督的情况下，研究人员的发现跟一般人的预期一致：很多孩子会作弊。但是，有些孩子被告知有看不见的目击者在房间里，是一个很友好但会一直紧紧盯着的存在，结果这些孩子遵守规则的可能性就大得多。即使有些孩子声称自己完全不相信真的会有看不见的存在，他们也同样更可能遵守规则。贝林的结论是，比起已经深受文化影响的成人的心灵，孩子的心能提供更直接的窗口来窥见人类的固有天性（他这么说也合理），也倾向于按照有个不可见的存在一直在监视的情形来行事。古时候，正是这种倾向鼓励了个体的亲社会行为，令个体能保护自己的声誉，增加繁殖机会，从而进一步传播了这种倾向本身，即易受宗教影响的倾向。

实验社会心理学家提出宗教还有另一种适应性作用，这些人花了数十年时间进一步发展了欧内斯特·贝克尔的设想，而正是贝克尔的著作《死亡否认》，让我们踏上了第1章里的征程。这些研究者认为，知道我们终会死去，这种恐惧"本可把我们的祖先变成在遗忘的快车道上颤动的一团团原生质"。[21]进而他们指出，能挽救我们的，也许就是或在字面意义上，或在象征意义上让对生命的应许超越肉体的死亡。贝克尔自己也提出了一个很让人信服的例证：人类的一项伟大创举，就是利用超自然力量来设法解决对终有一死的觉知。要减轻短暂无常带来的痛苦，需要有一种会永远存在的缓和剂，这在真实的物质世界里不可能有。

的确，你可能会发现，我们身强体壮的祖先在稀树大草原上因焦虑而挤成一团、一动不动，这样的情形很难理解。然而，通过精心设计的社会心理实验，研究者指出，即使在现代社会，我们无意中也会明显受有死觉知的影响。有这样一个实验，亚利桑那州法院的各位法官被要求对被控轻罪的被告提出一个罚款额。在向法官提供的书面说明中，包括一份标准的人格特征问卷，其中一半还额外问了几个问题，要求法官思考到自己终有一死的情况（比如"想到自己的死亡，会引发什么情绪"）。现实世界本来无法无天，要维系控制，社会须共同努力，而法律法规就是共同努力的一部分——是堡垒，抵御刚好潜伏在文明边界之外的危险——因此研究人员预计，那些想到了终极危险即自身死亡的法官，执行起法律法规来会更严苛。预测可谓一语中的。但就连这些研究人员也觉得，两组法官提出的罚款额，差距之大令人瞠目。平均来讲，想到死亡的法官开出的罚金是对照组的 9 倍。[22]

研究人员强调，如果经过刻苦训练、日夜浸淫在冷静公平的标准中的司法人士，尚且会因稍稍意识到一点人终有一死的情况而大受影响，那么我们就应该停下来想想，要不要对与此类似、但同样在我们每个人内心深处隐隐作祟的影响不屑一顾。实际上，随后有数百项研究（给不同出生国家的不同被试分配不同任务、以不同方式激起他们的死亡觉知等等）表明，从投票到排外偏见，再到创造性表达乃至宗教归属，这种影响可以在很大范围测量到、表现出来。[23] 贝克尔坚持认为（这些研究也支持这一点），对终有一死的觉知原本可能削弱人的意志，而文化的演化在一定程度上减轻了这种影响。因此从这个角度来看，如果你对这种削弱的可能性嗤之以鼻，这是因为文化在起作用。

帕斯卡·博耶，就是我们开始讨论宗教的演化根源时说到的那位，反对宗教具有这种作用。他指出："一个纯宗教的世界多半跟一个全无超自然存在的世界一样可怕，很多宗教与其说带来安慰，不如说是产生了大团浓重的阴霾。"[24]但在贝克尔的拥护者看来，宗教情感不是要让人做好准备面对冢中枯骨，也完全不是像博耶想象的那样会给虔诚的追随者投下黑影，而是或许会带来更温和的好处，让病人没那么灰心丧气。也许远古时代的宗教活动用更柔和的光照亮了死亡，并把日常经验变成了更持久的叙事——这是宗教体验的有益结果，威廉·詹姆士称其是在提供了"安全的保障和平和的性情"的同时，徐徐注入了一种"新的激情，就像给生命增添了一份礼物，所采取的形式要么是抒情诗的魅力，要么是诚挚和英雄主义的吸引"。[25]

对于宗教为什么兴起，以及它为什么能一直顽强地存续至今，迄今显然还没有达成共识。不是因为缺少想法：被自然选择选中的大脑的额外用途，带来群体凝聚力，平复生存焦虑，保护名声和繁殖机会等等，想法很多。但可能是因为历史记录过于零散，我们无法从中得出最终结论；或是宗教所起的作用也许非常多样化，无法用包罗万象的解释来统摄。但我仍然倾向于认为，宗教与我们对有限生命的突出认识有关，正如斯蒂芬·杰伊·古尔德总结的那样："大脑变大让我们了解到了……人不免终有一死。"[26] "所有宗教都始于对终有一死的觉知。"[27] 但宗教是不是因为将这种觉知转化为能增强适应能力的优势所以才站稳了脚跟，则完全是另一个问题了。

大脑有着精妙的秩序，能产生大量思想和行动，有的跟生存直接相关，有的不是。实际上，正是这种能力，这种行为的丰富多样性，为我们第 5 章讨论过的种种人类自由提供了基础。毋庸置疑，通过这些行动，我们将自己跟宗教牢牢连在了一起，几千年来已将其发展为影响遍及全球的制度。

宗教根源概述

在公元前一千纪，印度、中国和犹大王国有一批性格坚韧且富有创新才能的思想家，他们重新审视了古代神话以及各种生存方式，给世界带来了很多发展变化，其中就有哲学家卡尔·雅斯贝尔斯所谓的"人类至今仍赖以生存的世界各宗教的发端"。[28] 就这些彼此分道扬镳的发展变化有何种程度的关联，学者们交相问难，但对它们的结果都有一致的看法：随着信徒写定故事，选出洞见，将那些由天选先知传布并经代代人口耳相传、已盖上神圣戳记的指令综合起来，宗教系统变得越来越有组织了。当然，最后形成的内容千差万别，但这些文本都对指引本书探索的那些问题非常痴迷：我们来自何处？又将去向何方？

在印度次大陆用梵文写成的几部吠陀经（明论）是现存最早的文字记录之一，部分内容可追溯到公元前 1500 年。

吠陀及《奥义书》（后者是一系列内容丰富的评注，可能写于公元前 8 世纪之后），都是韵文、真言和散文的大合集，构成了后来印度教的圣书——现在地球上每 7 位居民就有 1 人信奉印度教，即全球约 11 亿人。我还不到 10 岁的时候，就对这些作品有过一次亲身体验。

那是 20 世纪 60 年代末，我和父亲、姐姐在阳光明媚的纽约中央公园散步，空气中尽是"爱与和平"的反越战气息。我们在"诗人步道"旁边的"瑙姆堡壳形演奏台"停了下来，那里聚集了一大群哈瑞奎师那的信徒，正在活力四射地击鼓、吟唱、手舞足蹈。*其中有位信徒瞪着眼睛泪流满面，一边随着节拍跳动，一边专注地盯着太阳，表达一种热切的星际寒暄。我突然发现其中一个鼓手是我哥哥，他一袭长袍，剃了光头，只在顶上留了一小撮头发。至少我，震惊万分。我还以为他上大学去了。很显然，父亲是在借这次出游，向我们介绍哥哥的生活有了新方向。

接下来的几十年，我跟哥哥的交流时断时续，但每次讨论时，吠陀都是我们交流的中心或高度相关的话题。很难

---

* 诗人步道（Poet's Walk）正式名为"绿荫文学步道"（The Mall and Literary Walk），是中央公园内唯一的直道，长约 400 米，十分宽阔，夏季绿树成荫。其南端有包括莎士比亚在内的多位著名作家雕像，故而得名。瑙姆堡壳形演奏台（Naumburg Bandshell）为银行家瑙姆堡（Elkan Naumburg）在 1923 年捐资所建，常用来举办免费露天音乐表演，盛时观众可达数万人。哈瑞奎师那（Hare Krishna）正式名为"国际奎师那觉知协会"，是一个基于印度教某宗派的大型宗教团体，主要活动包括教授瑜伽和推广素食，信徒众多。

说是我自己的兴趣被这些交谈激发了出来，还是手足之间从截然不同的角度切入类似问题时自然就会出现这样的谈话。古人对宇宙起源的思考对我来说相当陌生，了解这些当然让我感到充实："那时既没有不存在，也没有存在；既没有空间范围，也没有空间以外的天空。是什么在搅动？在哪里搅动？又是在谁的保护下？那里的水是否深不可测？那时既没有死亡，也没有不死。昼与夜没有明显的征象。那股力量靠自己的冲动呼吸着，却没有动静。除此之外，什么都没有。"[29] 我被人类对感受现实节律的普遍需求打动了。但对我哥哥来说，吠陀的意义不止于此。对于我用数学工具研究的宇宙学，经文提供了更宏大的图景。这些言辞既是诗歌，巧妙捕捉到了开端是如何开始的；又是比喻，叙述了时间之前的时间那谜一般的性质；还是沉思，也许是共同的沉思——大家围在噼啪作响的火堆边，笼罩在令人敬畏但又极度神秘的墨色星穹之下——其中的词句表达着"究竟为什么会有宇宙"这个表面上的谜团。但是，古代的赞歌和诗句，那些肢解千头原人创造日月和大地的想象故事，*以及其他众多召唤用的神圣祭品，并不能解释宇宙的起源。经文反映的是，我们寻求模式／规律、渴望解释、适应生存的心灵创造

---

* 原人（Purusha）是四部吠陀之一的《梨俱吠陀》中提到的人类始祖，是一个千头千足千眼的巨人，后来被宰割、献祭给众神，肢体化为宇宙间万物，与中国的盘古创世神话颇有相似之处。有学者认为中国盘古神话即源于印度原人神话，反映了远古时期以人献祭的风俗。

了一套鲜活生动的故事，为生存提供了一套象征框架：我们何以来至世间，该如何行事，我们的行动又会有什么后果，以及生与死的本质。从这些断断续续的友爱笔触中，我发现吠陀是在我们熟悉的现实这片流沙底下寻找稳定之物，寻找某种恒常的特性。这种描述，我和我的很多同行也会很愿意用来刻画基础物理学的任务。这两种科目有着同样的迫切，都想看到日常经验所能接触的表象之外的东西。但是，二者各自认为能推进这项任务的解释，性质完全不同。

公元前 6 世纪中叶，在今天的尼泊尔诞生了一位王子：乔达摩·悉达多。他在学习吠陀中成长起来。他见自己锦衣玉食，普通人的生活却遭受的种种苦痛，因而心神不宁。按那个人人传讲的故事里所说的，乔达摩决定放弃特权去周游世界，寻找能减轻人类苦难的方法。由此产生的洞见，经他的追随者主要在他去世后进一步发展和传扬，就形成了佛教，如今地球上每 12 个人中就有 1 人、即五六亿人信奉。佛教思想在传播过程中形成了很多教派，但全都有一个共同的信念，即认为感知俱为虚幻，无法通向现实。这个世界有些性质也许看似稳固，但实际上一切都变动不居。佛教虽然起源于吠陀，却跟吠陀不同，它否认实存背后有不变的基底，并将人类苦难的根源归因于未能认识到万物的无常。佛陀的教诲勾勒了一种生活方式，它许诺经此能对真理产生一番未经扭曲、更为清晰的看法，且跟吠陀一样，此种觉悟之路也包括一系列转生，而最终目标是寻求达到超越欲望、痛苦和自我的永恒极乐状态，从而终结轮回的循环（涅槃）。为了理解人终有一死的费解之处，早期人类想象出另外的世界，此生结束后，生命还可以在那里继续；如果说这都是令人赞叹的心理策略，那么印度教和佛教的思想就更叹为观止了。死亡被重新想象成循环过程中的新开端，而这个循环的目标，却是最终从生命中永久解脱出来。循环一旦终结，就会进入独立实存的概念都不复存在的境界。我们的无常，成了通向超越时间之永恒的神圣仪式。

因为印度教和佛教追求超越日常感知幻象的真实，而这也是过去一百年最让人惊喜的科学进展所具有的特征，所以已有各种文章、书籍和电影号称在宗教和现代物理学之间建立了联系，堪称初具规模。虽然人们可以在看法和用语中找到相似之处，但在哪怕只是含糊阐述的两类不同思想之间，我所见的也不过是比喻性的共鸣。现代物理学的普及描述，无论是我的还是别人的，通常都会为了更加易懂而限制数学表达，但毋庸置疑，数学才是科学的根底。话语无论多么精心挑选和雕琢，都只是在转述方程式。将这样的转述用作跟其他领域交流的基础，几乎永远不会超出以文会友的水平。

这个判断至少跟灵性领域中一些最重要的声音一致。好几年前，我受邀参加有某位高僧的一个公开论坛。在讨论中，我指出有很多书都在阐述，现代物理学如何总结了几千年前远东的发现，并询问高僧觉得这些说法是否站得住脚。他的回答直截了当，给我留下了深刻印象："说到意识，佛教有重要的话可说；但说到物质现实，我们就要看你和你的同行了。你们才是看透了物质现实的人。"[30] 我还记得我当时想到，如果全世界的宗教和灵性领袖都能效仿他简单、无畏和诚实的榜样，那该多好。

大概跟佛陀在印度周游差不多同时，犹大王国的犹太人被巴比伦人击溃，被迫开始流亡。为了将他们的身份认同形成经传，犹太领袖收集了面貌各异的书面记载，监督写下口述史，由此产生了"希伯来圣经"的早期版本——这份文件会继续演变，成为亚伯拉罕诸教的神圣文本，如今地球上每2 位居民就至少有 1 位、即约 40 亿人信奉此类宗教。[31] 犹太教、基督教和伊斯兰教的神全知全能、无处不在，是万事万物的唯一创造者——对世界各地的很多人来说，如果谈及宗教，无论话题是世俗的还是神圣的，他们会想到的主要形象就是这样一个概念。

《旧约》讲的是它那广为流传的起源故事。好吧，讲了两个这样的故事。第一个故事历时 6 天，起初是形成了天地，最后是男人和女人的创生；第二个故事只讲了 1 天，男人很早就创造出来了，然后在他第一次打盹的时候，女人便也登场。随后一代代人很快接连出现，但《旧约》没怎么提主人公死后去了哪里。除了有几处简单提到复活之外，没什么地方讲到来世。犹太教神秘主义者和解经者后来提出了无数想法，说的都是不死的灵魂在等待另一个世界，但没有哪种阐释能调和那么多来源和评论。500 年后，基督教建立了一种神学教义，认为永恒的灵魂能长久保持自己的身份，远远超过这些灵魂在尘世上的时间，这就抹除了未定之数。又过了500年，伊斯兰教提出了自己包罗万象的信仰体系，解决的也是类似的问题，它跟基督教一样也推崇终将到来的审判日，在这一天，死者将复活，被认为有资格的人将得到褒奖，进入永恒的天堂，而其他人则会永堕地狱。

我们简单审视过的这几种宗教，合起来算地球上每4位居民就至少有3人信奉。鉴于信众有好几十亿，宗教参与的性质和方式自是天差地别，如果再加上目前全球各地也有人信奉的四千多种小规模宗教，信仰的范围和教义的具体内容就更加广泛了。即便如此，所有宗教中还是有一些共同的特质，比如都赞颂一些人物，他们高瞻远瞩，或都能够调用一些故事，它们关于一切如何开始又将如何结束，我们都将去向何方，去那里的最佳方式是什么等等。更深层的共同点是，人们普遍预期信徒会采取一种关乎神性的思维方式。这个世界到处都是能告诉我们如何生活的故事，也到处都是声称能指导我们该如何行事的说法。那些依附于宗教教义的故事和说法能脱颖而出，高踞所有其他故事之上，是因为在信徒心目中，这样的故事能让人产生各种信仰。

‥

对信仰的迫切需求

好几年前，我正为一个耗神费力的项目的收尾阶段忙得不可开交，这时我收到了一份邀请，请我去华盛顿州的一个集会发表主题演讲。我心不在焉地接受了邀请，也没去认真了解一下这个活动。过了几个月，演讲迫在眉睫，这时我才意识到我是被安排在"蓝慕沙启蒙学院"演讲。这个组织的领导人叫杰西奈，她声称自己能跟一位名叫"蓝慕沙"(Ramtha) 的三万五千岁的武士沟通，他来自消失的雷姆利亚大陆（这地方显然经常跟消失的亚特兰蒂斯交战）。我简单搜索了一下，结果找到一些视频片段，其中之一来自早年的一期"梅尔夫·格里芬秀"。在这期节目里，杰西奈头往后一仰，又咔的一下前倾，进入出神状态，压低嗓音，说话方式介于"星战"中的尤达大师和女王之间，好让我们相信她就是那位雷姆利亚圣人的化身。*我小女儿在我背后看着，拼命忍笑也没忍住。我要不是因为接受了邀请而羞愧难当，也会笑出来。但那是演讲的前一天，已经没法全身而退。

一到那里我就碰见了几百个人蒙着双眼、伸着双臂在一大块草地围场里转来转去。引导我的人解释说，每个人身上

---

* 本段中的"蓝慕沙"相关内容：雷姆利亚大陆 (Lemuria) 又称"狐猴洲"，是据大陆漂移假说出现之前的陆桥假说推断曾经存在的古大陆，位于印度洋海域，在马达加斯加和印度次大陆之间（以解释狐猴的分布）；很多神秘学著作中出现过关于这块陆地的传说，认为该大陆上曾存在高度发达的古代文明，并启迪了华夏文明等，但 1 万年前因一次灾难沉入海底，这些传说与关于亚特兰蒂斯（大西国）的种种传说颇有类似。梅尔夫·格里芬 (Merv Griffin) 是美国电视节目主持人和媒体大亨，在 1962—1986 年间主持同名脱口秀节目。文中提到的这期节目播出于 1985 年，面对杰西奈自称蓝慕沙附身，格里芬表示这是"来我节目的第一位三万五千岁的嘉宾"。

都别着一张卡片，上面是他们写的自己的人生梦想；眼前的练习是要通过"感受"去找到提前放在草地上的跟自己这张一样的卡片。他告诉我，成功找到卡片是确保梦想实现的关键一步。我问："大家找得怎么样？""棒呆！这次已经有一个人找到了跟她匹配的卡片。"接下来碰到的是蒙眼弓箭手。我保持着安全距离，并对让我一试身手的恳请敬谢不敏，尤其是在我注意到有个拍照的悄悄加入了我们的队伍之后。蒙眼弓箭手取得的成功与蒙眼搜寻者不相上下。最后有位约莫二三十岁的年轻女性也加入了我们，她会心灵感应，能说出洗过的一副牌中连续几张牌都是什么。她预测道："方片7。见鬼，怎么是梅花6。不过我也只错了一个点。黑桃9。啊，是方片3。啊哈，方片在这儿呢。"就这么进行下去。她告诉我，她每天会练习好多个小时，觉得自己还要更刻苦一些。

　　面对聚在这里的人，以及在后来的主题演讲上，我都忍不住给出了一些基本的论断，很多我们都已在本书中有所涉及。我解释道，我们是一个满世界寻找规律的物种。在很大程度上，这是好事。经历了多少个世代，自然选择让我们能够识别人和物体的外观和运动规律，让我们仅凭几个视觉线索就能快速识别。我们能从动物行为中发现规律，这让我们可以预计什么时候能安全接近，什么时候最好掉头走开。从岩石、长矛等等物体投出之后的运动方式中我们也找到了规律，这种能力对我们的祖先寻找下一顿饭食尤其有用。我们借模式/规律形成了沟通的办法，并联合起来形成从部落到国家一系列群体，发挥着世界上最强大的影响力。总之一句话，识别规律的能力就是我们赖以生存的办法。但是，我继续说道，有时我们做过了头。有时我们被自然选择选中的规律探测仪过于敏感，特别容易宣布找到了信号，宣布发现了并不存在的规律，想象出并不存在的关联。有时我们也会将意义赋予毫无意义的对象。根据基本的数学知识我们知道，平均而言每 4 次会有 1 次能猜中扑克牌的花色，每 13 次会有 1 次能猜中点数。但这一规律丝毫不能反映心灵感应能力。太阳打西边出来的时候——好吧，应该比这还要少见——你随便走进一块草地就能找到跟你匹配的卡片，但这完全不代表你的梦想就能实现。我问道，你们有没有注意过，惊人的巧合有多少时候没有发生？

　　与会者都挤在一个很宽敞的仓库里，听至此处，大家欢呼起来，表示赞许，很多人起立鼓掌，这令我既感激又困惑——我也是这么对所有聚集者说的：我是在告诉你们，你们寻找深层现实的途径，你们正在践行的方式，不会有任何结果。再次热烈鼓掌。

　　后来在图书签售的时候，不少与会者低声澄清："我们当中很多人都不太信在这儿搞的那一套，但重要的是得有人说出来。但那里还是有点儿别的什么，我们能感觉到。我们到这个学校来，是因为我们需要跟其他同样迫切地寻找深层真理的人在一起。"我明白。我理解这种迫切。物理学史就是一系列的大事件，在其中，英勇的数学及实验探索一次次

表明，那里还是有点儿别的什么——往往是一些奇怪又奇妙
的东西，为此我们需要改变对现实的理解。有充分理由相信，
我们目前的理解虽然能以惊人的精确度解释大量数据，但仍
只是暂时的，因此我们物理学家预计，未来这种修订会有很
多很多次。但经过许多世纪的努力，我们改进了研究工具，
这些工具就是数学和实验方法，它们构成了科学实践的严格
体系。我们把这些方法教给学生，传给研究同行。我们用这
些方法窥探现实世界的隐藏性质——这些可靠的方法已被证
明有此能力。

　　我对标新立异的说法并无成见。比如，如果通过精心设
计的可重复实验来研究从一副牌里感知暗牌的能力，而收集
到的数据比随机瞎猜的结果要好，或者有坚实数据证明我们
这个物种当中有人能跟来自一片消失已久的大陆的古代圣人
通灵，我都会很感兴趣。非常感兴趣。但如果没有这样的数
据，没有任何理由期待这些数据可能就要出现，也没有任何
论证能说明为什么前述说法没有跟我们明显知道的现实世界
运作机制完全矛盾，那么我们很快就可以得出：我们没有一
点根据相信任何此类说法。

　　那么问题来了：去相信有一个不可见的全能存在创造了
宇宙，他能倾听和回应我们的祈祷、监督我们的言行并分发
奖惩，这有任何根据吗？在得出答案的过程中，我们值得花
点时间让信仰这个概念更充分地丰满起来。

信仰、信心和价值

几乎无一例外，那些问我信不信上帝的人说到"信"这个词时，意思会跟他们问我信不信量子力学时如出一辙。实际上，经常有人同时问我这两个问题。我喜欢用"信心"——对确定性的一种度量——来回答这些问题：我对量子力学很有信心，因为该理论精确预测了世界的诸多特征，比如电子的磁偶极矩，精度超过小数点后 9 位；而对上帝的存在就没多高的信心，因为缺乏严格数据的支持。这些例子表明，信心本质上是来自算法对证据做出的冷静判断。

确实，物理学家在分析数据并宣布结果时，会用久经考验的数学程序来量化他们的信心。通常，"发现"这个词只有当信心超过一个数学阈值后才会用到：被数据的统计偶然性误导的概率必须小于约三百五十万分之一（这个数字看似随意，但却是统计分析中自然地涌现出来的）。当然，就算是这么高的信心水平也不能保证"发现"是真的。后续实验得到的数据可能会要求我们调整信心；这时，仍然是数学提供算法来计算如何更新。

虽然我们当中很少有人靠这些数学方法过日子，但我们的很多信念，都是通过尽管不那么明显但仍然类似的分析推理得出的。我们看到杰克和吉尔在一起，会想他们会不会是一对；我们老是看到他两在一起，就会对这个结论越来越有信心。后来我们了解到，杰克和吉尔是姐弟，于是我们不再相信之前的考量。* 就这样进行下去。这是个迭代过程，你可能会期待它最后会收敛在反映这个世界的真实属性的一批信念上。但真实情况未必如此。演化过程配置我们的脑内流程时，不是要让它们形成与现实相一致的信念，而是要让它们偏爱的信念能产生提高生存机会的行为。这两方面考虑无须一致。我们的祖先如果仔细研究过引起他们注意的所有声响，可能会发现其中大部分无须引入有意志的行为主体就能解释。但从增强适应性的角度来看，他们苦苦寻找真相不会带来什么好处。经过数万代之后，我们的脑谢绝了高度精确，转而选择了粗糙但好用的理解。敏捷的回应往往胜过深思熟虑的考量。在信仰的戏剧情节中，真理是重要人物，但很容易被生存和繁殖抢去风头。

　　演化还继续丰富情节，往演员阵容里又增加了一位：情感。1872 年，也就是提出自然选择演化论十多年后，达尔文出版了《人和动物的情感表达》，在其中，达尔文坚信，情感表达的主要驱动力是生物意义上更适应生存的大脑，而非文化。根据对自己孩子的密切观察，广泛散发的问卷，以及他在长途科考期间搜集的跨文化数据，达尔文提出，像高兴时会微笑、尴尬时会脸红的一类倾向，是普遍存在的。你可以期待在世界各地的文化中都能清楚看到这些反应。随后一个半世纪，研究人员接过达尔文的旗帜，寻找也许能解释

---

* 以上涉及电影《杰克和吉尔》（2011）的内容。——编注

各种人类情感的适应性作用，研究可能负责产生情感的神经系统。研究表明，恐惧确实是最原始的情感——从一开始，对危险快速产生行为及生理反应就有显著的适应性价值。舐犊之情推动了父母去照料无助的后代，这很可能就是远古时期的适应。尴尬、内疚和羞愧尤其跟大型群体中的有利于生存的行为有关，因此很可能是群体规模增加后出现的适应性。[32] 说这些跟我们这里的关系是：适应性压力让我们有了处理语言、讲故事、制造神话、践行仪式、创造艺术并追求科学的人类心灵，同样的，它也塑造了我们丰富的情感表达能力。我们的演化发展过程一直跟情感交织在一起。我们的心灵获得了生存能力后，有复杂的运算综合了其中的理性分析和情感响应，信仰就应运而生。[33]

　　我们的信仰运算同样取决于一系列因素，包括社会影响、政治力量和赤裸裸的眼前考虑。人在小时候，其信仰会受父母权威的强烈影响。妈妈或爸爸说这是真的？那就是真的。英国生物学家理查德·道金斯曾指出，自然选择会偏向于那些把能增强生存能力的信息传给自己孩子的父母，因此相信爸爸妈妈的话有演化意义。到后面，很多人会开始自己的信仰运算——研究、讨论、阅读和质疑——这个过程往往会因早已存在的期望或接触到其他人的信仰而存在偏见。我们当中大部分人也会扩充自认为值得信赖的权威名单——老师、领导、朋友、官员及其他指定专家。我们必须这样。没有谁能重新发现，或哪怕只是验证一下几千年积累下来的知识。我做过一个梦，其实是个噩梦，梦见自己回到了博士论文答辩现场，评审人低声轻笑着告诉我，支撑物理学中量子力学"定律"的所有实验和观测都是编出来的。我在这个精心炮制的恶作剧中首当其冲，完全被我尊敬的先贤权威和我信任的一众同侪误导了。尽管梦中的情景不太可能发生，但事实是我自己只验证过这门学科的重要实验中很小一部分的结果。也可以说，大部分结果我都是出于信仰接受的。

我的信心来自几十年来的第一手经验，我见证了物理学家们如何专注于小心地积累数据、坚持不懈地拷问各种假说并只留下符合一套严格的通用标准的那些，借此将人的主观性降到最低。但就算是如此孜孜不倦，历史的偶然和为情感推动的人类偏见还是会找到路子渗透进来。"哥本哈根诠释"是量子力学的一种理解方式，它能进入主流，部分地可以归因于该理论开创之初广有影响力的几位强势人物。读者可以参阅拙作《隐藏的现实》中的讨论，但假如量子力学不是由这群人创立的，那么此种正式的科学结论仍会存在，但我恐怕这种诠释角度不会在这数十年间享有如此的主流地位。科学的美妙之处在于，通过不断研究，一个时代的学说会被下一个时代认真地重新考虑，理论从而被推动着越发接近客观真理这一目标。但就算是在为客观性设计的学科中，这也需要过程，需要时间。

难怪在杂乱无章又充满情感的人类日常尝试中，信仰的范围十分广泛又富有想象力，尽管有时也令人困惑和懊恼。

在形成信念／信仰时，有些人无论是在内容上还是策略上都指望科学。有些人依赖权威，有些人则依赖社群。有些人是被迫的，有时细微难辨，有时昭然若揭。有些人最信任的是传统，也有些人让直觉统领一切。而在心灵的潜藏层面，即通常都不被注意的处理中心里，我们全都采取了所有上述策略的高度可变的独特组合。此外，也没有什么能阻止我们持有互不相容的信仰，阻止我们按这些信仰的建议采取行动。我很愿意承认，我时不时也会敲敲木头求好运、向逝者祝祷或是求老天保佑。所有这些都不符合我对这个世界的理性信念，但我仍然对自己偶尔辟邪消灾的偏好甘之如饴。实际上，暂时跳出理性的苛求会有某种快感。

还须注意，尽管有专业哲学家收钱审查信仰——揭示隐藏的假设、让人们留意有问题的推论——但现在我们大部分人，以及当初我们的祖先，并不会这样去做。大部分人生活中的很多信仰都未经检验。也许这就是信仰本身多样化的适应性。钻牛角尖的人往往注意不到食物短缺或狼蛛正悄悄逼近。这也意味着，在评价某某怎么会相信这些那些时，设想信仰来自深思熟虑和彻底的盘问，往往大错特错。正如博耶曾指出的："我们假设，超自然行为主体的概念……是呈现给心灵的，某个决策过程会认为这些概念有效并接受，或者认为无效并拒绝。"但由于这些想法刺激了大脑的很多推导中心——从对超自然行为主体的探测到心灵理论，再到追踪逻辑关系等等——而自然选择已经让这些中心能够自行其是，远远到不了能惊动知觉的地步，因此理性的法官和陪审团模式"对于这些概念如何获得又如何表征来说，也许是相当失真的一种看法"。[34]

即使是信仰概念可以合理地应用其上的对象，也会明显地随时代而变化。凯伦·阿姆斯特朗指出，那些贯彻古老的厄琉息斯秘仪的人"要是被问到是否相信珀耳塞福涅真的像神话中说的那样堕入了地下世界，会感到困惑不已"。*, [35]这就相当于问你是否相信有冬天。"相信有冬天？哦，季节嘛，就是有啊。"你大可以这么回答。同样，阿姆斯特朗设想，我们的祖先会跟接受冬天一样欣然接受珀耳塞福涅的旅行："因为不管往哪儿看，你都会看到生与死不可分割，看到大地死去又重生。死亡着实可怖又不可避免，但它并非终结。去砍修一株植物，扔掉砍下来的死枝，这株植物反而会萌出新芽。"[36]神话并不希求有人信仰。神话并没有引发过信仰危机，须经信仰者极其慎重的深思熟虑才得解决。神话提供的是诗性的纲要，这是比喻式的思维方式，它会渐与神

---

* 厄琉息斯秘仪（Eleusinian mysteries）是古希腊时期雅典西北部厄琉息斯镇一个秘密教派的年度入会仪式。该古代原始宗教可以追溯至公元前两千纪，到公元 4 世纪末才最终被基督教完全取代，前后流传了约 2000 年。该教派崇拜女神得墨忒耳及其女儿珀耳塞福涅。得墨忒耳掌管农业和丰收，在女儿被冥王掳走成为冥王妻子后无心生产而游荡人间，丰饶的大地陷入了饥荒。游荡至厄琉息斯镇，得墨忒耳一度任初生王子的乳母，秘仪就跟她这段经历有关。后来得墨忒耳到冥府找到了女儿却无法带她回家，后宙斯出面，定下珀耳塞福涅每年在地面生活 6—8 个月（种植期），其余时间（冬季）住在冥府，这就是四季循环的由来。

话展现的现实密不可分。

或许这跟自然语言长久以来的发展也有相似之处。[37]
在努力做出强调、进行创意性表达的时候，说话人会在言辞
中撒下一个又一个比喻。我刚刚也这么做了，但估计各位几
乎都没注意到。我们会往炖菜里撒盐，往糕点上撒糖，然而
我说的"撒下比喻"只是一个平淡无奇的比喻，肯定很少会
有哪位读者，会因为这句话想到有一只手在刚烹调出来的语
句盛宴中轻撒字词。时光流转，比喻实在是被用滥了，一开
始也许还有的一点诗性后来就逐渐消散了（水汽才会消散，
诗性不会的），比喻也变成了吃苦耐劳、默默起作用的日常
用语（老黄牛才吃苦耐劳，词语不会）。一言以蔽之，比喻
成了字面义。也许在神话和宗教的概念上也有类似的过程上
演。也许这些概念一开始在看待世界方面只是能引起共鸣的
诗意比喻方式，但随着时间推移，它们逐渐失去了诗意，褪
去了比喻义，转变成了字面义。

我最接近这种字面义的时候就是承认有某种神明存在。
我承认，谁都不能排除这种可能性。只要这位据说存在的神
的影响力不会以任何方式"修饰"我们用数学定律就能完美
描述的现实进程，那么祂就跟我们观察到的一切都相容。但
仅仅是相容，距离解释方面的必要性还是有巨大的鸿沟。我
们倚赖爱因斯坦和薛定谔的方程、达尔文和华莱士的演化论
框架、沃森和克里克的双螺旋，还有一长串其他科学成就，
不是因为这些成就跟我们的观测相容（当然相容），而是因

为它们为理解我们的观测提供了强大、详尽、富有预测性的解释框架。就这一衡量标准来说，宗教教义并没有达标。当然，很多忠实信徒认为这个标准无关紧要；但问题是，若从其字面义去理解宗教，这种态度就行不通。将某项宗教主张解读为其字面义所示的对世界的断言，它就会跟已经确立的科学定律相矛盾，那么它也就是错误的。错误无疑。这种情况下，支持字面解读就等于承认蓝慕沙存在。

然而，如果我们愿意离开字面义，在拣选经文的时候不考虑我们认为冒犯或过时的元素，而从诗意和象征义的角度解读故事和表述，或更简单地，将其作为虚构性阐述的元素，那么宗教教义（甚至是蓝慕沙的教义）仍然完全可以成为理性论述的一部分。有诸多理由可能会吸引我们这样去做：看到我们的生命在一个更大的、对有些人来说也更令人满足的叙事中展开，而几乎无须考虑宗教的超自然性质和比喻性主张，也许能让我们感到愉悦和欣慰；将宗教故事解读为感人至深的档案，认为它们在象征意义上捕捉到了人类境遇的本质特性，也许能让我们收获价值；去建立一套解释性系统，使特定的宗教教义能与科学理解协调一致，也许能让我们享受一番挑战；给我们与世界的过从中加上一层神圣情感，一层能增强体验但又不否定理性的饰面，也许能让我们体会到其中的神益；归属于某宗教带来的团结一致和相扶相持，也许能让我们从中受益；参加宗教仪式，奉献此生，在日历上标出将我们跟可敬传统联系起来的圣日，也许能让我们的情感更加充实。以上种种接触宗教的方式能带来活力、驱力、指引和社群关系，对有些人来说，这些收获会为他们铺设一条让生活更丰富、更有意义的道路；以上种种接触宗教的方式不需要相信这些宗教内容都是真的，而是反映出对宗教内容之价值的信仰，无论这些内容本身是否真实。

一百多年前，威廉·詹姆士给出了一种理解宗教体验的视角，并真心诚意地分析了这种体验，而且与前文提到的高僧对物理和意识的看法交相辉映。詹姆士强调，尽管科学培育出了超越个人影响的客观方法，但只有在考虑过我们的内心世界——"自然现象的可怕和美丽，黎明和虹霓的'希望'，雷霆的'呼声'，夏雨的'温柔'，星辰的'崇高'，而不是这些现象所遵循的物理定律"[38]——之后，我们才谈得上去建立一番对现实的完整描述。跟笛卡尔一样，詹姆士也强调，我们的内心体验实际上是我们唯一的经验。科学也许是在寻找客观现实，但通达这种现实的唯一门径，是心灵的主观过程。因此，人类心灵一直是借产出主观现实来解释客观现实。

也因此，如果宗教实践——更准确的说法或许是灵性实践——被当作是对内心世界的探索，是借由对现实的必然主观的体验展开的向内的旅程，那么某种教义是否反映了客观真理的问题就变得次要了。[39] 宗教追求或灵性追求不需要追寻外部世界那些可证明的方面；还有一整个内心世界有待探索，从詹姆士提到的可怕和美丽、希望和呼声、温柔和崇高，到人类其他众多建构，包括善良和邪恶、敬畏和恐惧、惊叹和感激等等我们自始至终一直用来颁行价值、找到意义的概念。我们对自然界的单个粒子无论盯得多紧，对大自然的基本数学规则无论追寻得多勤恳，都不可能看到这些概念。只有在粒子的特定复杂排列演化出思维、感受和反思能力后，这些概念才会出现。能有一批批这样不断翻腾的粒子集合运行于物理定律的严格控制之下，却依然能把上述特质带来世间，这是多么令人惊叹和满足啊。

说语言中锐利的比喻是被岁月磨平的，对我来说，这个比方引出了一个显而易见但也很说明问题的重要事实：世界上很多宗教都很古老。这一点极为重要。这个事实告诉我们，几百年甚至数千年来，宗教实践一直吸引着人们的注意力，并带来了多种组合形式的仪式结构，让人们对自己在世界上的位置产生感觉，指引人的道德情感，启发人创作艺术作品，提供参与重大叙事的机会，应许死亡并非终点，当然也用严厉的惩罚来威吓，鼓动一些人投身你死我活的战斗，证明越雷池者理应被奴役或处死，等等等等。有些挺好，有些挺糟，还有些特别糟。但凭着所有这些，宗教传统一直延续至今。宗教显然没有在物质现实的可证实基础方面给出什么见解——这是科学的范畴——但却为一些追随者提供了一丝融贯感，因而给生活赋予了语境，将熟悉和陌生、欢乐和艰辛都放进了更宏大的故事之中。也正因此，世界上备受尊敬的宗教都提供了将各时代的追随者都连接起来的世系。

我的成长历程是比较犹太式的。我们全家都会在重要节日参加服务，我也在本地一所希伯来语学校念书。每年都有新学生涌入，这意味着每年的课程都要从希伯来语字母表重新开始，这时我会静静坐在一边，一页页翻看《旧约》。我向父母苦苦抱怨，但说实话，我喜欢读撒母耳、押沙龙、以实玛利和约伯的故事，还有所有别人的故事。一年年过去，我跟宗教越发疏远，也感觉没什么正式参与的必要。后来在牛津大学读研究生时有一次休假期间，我跑去以色列旅游。有位过于热心的拉比不知怎的得到风声，说是有位美国青年物理学人正在耶路撒冷街头闲逛。他找到了这个人，让"也在研究宇宙起源"的塔木德学者将他围起来，并说服——好吧，是迫使——这位毕恭毕敬的二十五六岁的学生前往他的寺庙，用传统的皮质经文匣行头把他的胳膊和前额包了起来。* 对拉比来说，这展现的是神的旨意。这名学生注定要被带回队伍。而对这名学生来说，这是内心并无信念却不得不在强压下参与神圣的宗教实践。这名学生终于解开皮匣离开寺庙的时候，他知道自己已与此类境况无缘。

　　但在我父亲去世时，每天都有一组十位严守教规的犹太人来到我家，在起居室背诵卡迪什祷文，这给了我们莫大安

---

* 本段中涉及犹太文化的内容：拉比（rabbi）是犹太人中的学者、老师，也是很多宗教仪式的主持人，社会地位极高；《塔木德》（Talmud）是犹太宗教文献，地位仅次于《希伯来圣经》，形成于公元前 2 世纪到公元 5 世纪间，记录了犹太律法、条例和传统；经文匣（Tefillin）是犹太人在祈祷时佩戴在胳膊上和头上的两个黑色皮质小盒子，以质地坚硬的兽皮制成，盒里有手抄圣经经文，佩戴经文匣象征着从意念（头）到行动（手）时刻遵守神的话语。

慰。＊我父亲本身并不信教，但还是被一个可以追溯到几千年前的传统欣然接受，经历了在他之前已经在无数人身上实行过的仪式。他们唱诵的宗教词句无关紧要。这些词句是用阿拉姆语写成，是一些古音的集合，是一首抑扬顿挫的部落诗歌，我没什么兴趣去了解翻译。在那些短暂的时刻中，对我来说重要的——你愿意的话也可以说是我的信仰的本质——是历史与联结。对我来说，这就是文化遗产的宏伟。对我来说，这就是宗教的庄严。

＊ "一组十位"（minyan）是犹太教举行正式礼拜仪式时所需的法定人数，这些人年龄均须超过 13 岁。卡迪什（Kaddish）祷文常用于犹太人的丧礼。

8

本能与创造

从神圣到崇高

1824 年 5 月 7 日，贝多芬出现在维也纳克恩顿门剧院（Kärntnertortheater）的舞台上，参加他的第九交响曲也是他最后一部交响曲的首演。这是贝多芬近 12 年来第一次公开演出。节目宣传说贝多芬只会协助指挥，但随着观众不断入座且期待越发高涨，贝多芬也不能自已了。首席小提琴手约瑟夫·玻姆说："贝多芬自己指挥了，也就是说，他站在指挥台前面，整个人像个疯子一样摇来摆去。某个刹那他会陡然挺直身子，下一瞬间又蹲到地上；他手舞足蹈，四处乱窜，就好像想亲自演奏所有乐器、唱整个合唱队的声部一样。"[1]贝多芬有严重的耳鸣——他自己说是耳朵里在咆哮——在此时这个年纪，他已经差不多全聋了。因此，到管弦乐队奏响最后的胜利音符时，他已经不知不觉落下了几个小节，仍在猛烈指挥。女低音歌手轻轻拉住贝多芬的袖子，让他转过身来，面对手帕狂挥、大声欢呼的观众。贝多芬热泪盈眶。他怎么知道，自己只能在心中听到的声音，会在人性之心中激起普遍共鸣呢？

我们的神话和宗教展现了我们祖先想要理解这个世界的集体努力。我们那些囊括了故事、仪式和信仰的传统，时而带着同情，时而带着无以名状的残暴，一直在寻求能解释我们迄今为止的旅程、并敦促我们由此继续前进的叙事。作为个人，我们已经在这条道路上艰难跋涉，依靠本能和聪明才智保障生存机会，同时为我们为什么应该关心这个问题寻找着节律和理由。在旅程中，有些人会以惊人的全新方式领会到现实的融贯性，借在文学、艺术、音乐和科学等领域的成果提出他们的反思，这些成果会重新定义我们的自我感，丰富我们与世界的联系。这种创造精神，很久以前就在雕凿小像，涂画洞穴，讲述故事，此刻它则准备好了起飞。

伟岸的心灵——尽管罕见，每个时代都会出现，都发乎本心，有些还为想象中来自神的灵感所塑造——会发现表达超验的新方式。这些心灵的创造性历险将带来超越推论和验证的各种真理，它们将为人类本性中原本一直沉默的决定性品质赋予声音。

创造

对模式/规律的敏感性，是我们最强大的生存技能之一。

我们已经一再看到，我们观察规律，体验规律，而最重要的是还从规律中学习。骗我一次，该你羞愧；骗我两次，虽然说该我羞愧还有点为时过早，但若再三再四，说责任在我似乎也合情合理了。从规律中学习，是演化铭刻在我们DNA中的一项重要生存技能。造访地球的外星人也许靠别的生化机制活命，但理解起模式这个概念来大概毫无难度；几乎可以肯定，能分析模式也是他们从生存斗争中胜出的原因。

　　然而，这种跨星系的交流可能并不是心灵的完美交汇。我们敝帚自珍的某些模式也许会让我们的外星访客如堕五里雾中。我们把特定颜料安排在白色画布上，从大理石块上切下特定部分，或是在推来挤去的空气分子中制造特定的振动——形成符合特定模式的光线、纹理和声音——而且在接触这些模式时，我们人类能感觉到现实以一种我们从未觉得会有可能的方式展开了。在短暂但又似乎无限的一瞬间，我们会感到自己在世界上的位置变了，就好像被运送去了另一个世界。外星人如果也有过此类体验，自是能理解我们在说什么；但在我们说起对创造性作品的内心感受时，他们也有可能两眼茫然。在描述这种体验时语言也只能到此为止，因此这些外星人从一块大陆看向另一块大陆时也许会露出困惑的表情，因为他们会看到我们这个物种的大量成员，有时孤身一人，有时成群结队，把自己包裹在艺术和音乐的世界里时是那么的聚精会神、专注汲取、打着拍子、旋转不停。

　　如果我们对艺术表现的反应即让外星访客感到困惑，那我们从事艺术创作一事带给他们的困惑只怕更多。空白的稿纸。大团的黏土。一尘不染的画布。尚未成型的大理石块。等着作曲家灵光闪现挥笔写就，或是一旦写就则等着演奏的乐谱；或等着唱出来，等着舞出来。我们这个物种中有些成员日日夜夜想着从无形中提炼出形象，或是将声音倾注进无声之中。有些人会把生命力内核都用来实现这些想象图景，在空间和时间中制造为人景仰、憎恶甚或忽视的，或被认为是存在之本质的模式。弗里德里希·尼采说："没有音乐，生命就是一场错误。"[2] 或就如萧伯纳在剧作《回到马修撒拉时代》中借人物艾克拉西亚之口所说的："没有艺术，现实世界就会粗俗得无法忍受。"[3] 不过，是什么点燃了想象的火花？是被自然选择所塑造的行为本能催化的吗？还是说长久以来我们把宝贵的时间和精力花在艺术追求上，其实跟生存和繁殖机会没什么关系？

　　也没谁问我们的意思，就把我们推搡进了这个世界。一旦来到这里，我们就被赋予了拥抱生命的片刻时光。驾驭创造性，制成一些我们能掌控的东西，一些本质上属于我们的东西，一些反映我们到底是谁的东西，一些捕捉到我们对人之存在的独特看法的东西，是多么振奋人心啊。也许我们中间很多人会拒绝跟莎士比亚、巴赫、莫扎特、梵高、艾米莉·狄金森、乔治娅·欧姬芙等互换身份的机会，但争着抢着想要这样的机会、从而获得他们的创造才能的，也会大有人在。用我们亲手打造的灯塔照亮现实，用流经我们编织的特定分子排列所承载的作品感动世界，精心打磨出能经受时间考验的体验——是啊，听起来全都好浪漫。对有些人来说，创作过程中有一种魔力，一种不可遏制的自我表达冲动。另一些人则看到了提升地位、得到尊重的机会。对还有一些人来说，这是在向永恒致意：我们的艺术创作，用美国新波普艺术家基思·哈林的话说，就是"追求永生不朽"。[4]

如果创作和消费想象力的作品是最近才有的人类行为，或者这些活动在人类历史上只是偶一见之，那它们就不太可能反映我们演化已久的人性的普遍特性。毕竟有些东西，比如喇叭裤和炸香蕉段，只是来自偶然的怪癖，因此梳理其历史脉络的细节也得不到多少启发。但事实是，从遥远的过去开始，只要在有人居住的陆地上，我们就一直在唱歌、跳舞、作曲、绘画、雕塑、刻凿和写作。上一章我们见到的洞穴壁画和精心制作的陪葬品，可以追溯到三四万年前。可作为艺术表现之证据的蚀刻和手工制品，早在几十万年前即已出现。[5] 我们面对的是一种无处不在的行为，然而它又不像饮食和生育一样，把生存价值摆在明处。

有着现代感受力的你，可能不会觉得这有多令人困惑进而震撼。体验一部让灵魂跃然纸上或是让人潸然泪下的作品，就是超越了单调乏味的日常生活，谁能不为这样的体验激动万分？但就像我们吃冰激凌是因为我们嗜甜这种流于表面的结论一样，上述解释只关注了我们的切近反应，因此只能看到创造性倾向的最直接动力。能更深一层吗？为什么我们的祖先那么愿意从无比切近的生存挑战中抽身而出，把宝贵的时间、精力和功夫花在想象力上？

性与奶酪蛋糕

在见识到早年同胞讲故事后，我们也有过类似的疑问，而最有说服力的答案用了飞行模拟器的比喻：通过创造性地使用语言，我们体验了熟悉的和不熟悉的视角，这让我们得以拓宽、改进我们对现实世界中各种遭遇的反应。通过讲故事、听故事、润色以及重述故事，我们把玩了各种可能性却不必承担后果。我们沿着一条条以"如果……会怎样"开头的小路前行，并通过推理和想象，探索了极为丰富的可能后果。我们的心灵在想象的经历构成的图景里自由游荡，这给了我们的思维一种全新的灵动性，这种灵动性则颇可表现出生存价值。

在我们思考更抽象的艺术形式时，这种解释需要重新审视。引人入胜的故事会讲述艰苦卓绝的战斗和扣人心弦的诡谲旅程，想到心灵能借此美化"英勇"理想，这是一回事；但认为心灵借聆听更新世的伊迪丝·琵雅芙和伊戈尔·斯特拉文斯基*能锻炼适应能力，应该说完全是另一回事。在体

---

* 琵雅芙（Édith Piaf）是 20 世纪法国著名女歌手，斯特拉文斯基（Igor Stravinsky）是 20 世纪非常重要的现代乐派作曲家。

味音乐——就此而言也可以是体味绘画、舞蹈或雕塑——与克服在远古世界中遇到的困难之间，应该说有巨大的鸿沟。

孔雀的尾巴是演化上的著名谜题，达尔文受此启发，认为天生的艺术感也有其潜在的适应性功用。色彩鲜艳的大尾屏让雄孔雀很难找到藏身之处，有快速逼近的捕食者追赶时也很难逃脱。那么，雄孔雀为什么会演化出这么壮观、美丽但显然不利于适应的结构呢？在错愕良久后，达尔文得出的答案是，雄孔雀的尾屏尽管在生存斗争中也许会成为沉重枷锁，却也是其繁殖策略必不可少的部分。觉得雄孔雀尾屏很有吸引力的，可不只我们人类：雌孔雀也是如此。雌孔雀会被鲜艳的羽毛吸引，因此雄孔雀的尾部覆羽越是超凡脱俗，它就越有可能找到交配对象。继而由此产生的后代有很大机会继承父亲的特征和母亲的品位，将一场基因战争传播开来，而在这场战争中取胜不是靠获得更多食物或保证自己更安全，而是靠长出更华丽的尾屏。

这就是"性选择"的一例。性选择是一种达尔文式演化机制，其齿轮由生殖机会驱动。夭折的孔雀肯定无法繁殖后代，正因如此，自然选择更青睐那些生存下来的个体。但一只雄孔雀就算活得很久很成功，如果所有可能的交配对象都避开它，那它也同样无法繁殖后代。要影响后代的生物组成，生存下来是必要条件，但不充分。产生后代至关重要，因此能提升交配机会的特征享有选择优势，有时甚至不惜以安全为代价。[6] 这种成本不会是天文数字——为了不危及生存，尾巴的笨重是有限度的——但也未必毫无代价。尽管雄孔雀尾的例子最为方便，但类似考虑在众多物种中也完全适用。白"胡子"的侏儒鸟趾高气扬地狂跳"冲撞舞"，好引诱潜在的交配对象；萤火虫闪烁着催眠般的求爱信号，成功点亮了快闪灯光秀；雄性园丁鸟精心打造单身爱巢，将枝叶、贝壳甚至五颜六色的糖纸堆叠起来，这种极尽奢华的表现明显只有一个目的，就是吸引未来的园丁鸟太太。[7]

1871年，达尔文出版了两卷本著作《人类的由来及性选择》，在其中首次提出了"性选择"概念，但这一概念没有马上成为热门。在他的很多同时代人看来，说在野蛮的非人类动物王国中行为也许取决于审美反应，似乎是不可思议的。[8] 但达尔文所设想的，不是鸟类或蛙类迷失在诗意的遐想中，凝视泛着红光的太阳沉入地平线；他提出的审美感只跟择偶有关。尽管如此，达尔文认为动物王国的大量成员都有"审美趣味"[9]，这似乎还是有点儿轻慢了。阿尔弗雷德·华莱士就认为人类的审美情感是上帝的赐予，在他看来，达尔文这个提法很不得体。[10]

但若不借助对美的天生敏感性，我们要如何解释动物王国中上演的无数择偶戏码中都绝对会有的那些方面——华丽的身体装饰、创意性展示乃至身体构造？嗯，还有一种没那么高举的理解方式。我们再来看一下孔雀尾。我们人类也许觉得雄孔雀的羽毛很美，但对雌孔雀而言，雄孔雀的羽毛激起的则可能是某种对遗传来说相当重要的本能反应。羽毛绚丽的雄孔雀身强体健，因此繁殖出强壮后代的可能性也更高。而雌孔雀跟大部分物种的雌性一样，能产生的后代比雄性少得多，因此对健美的雄性产生了特别强烈的偏好。两相结合，每次都消耗资源因而非常珍贵的受精，也就提高了成功率。[11] 靓丽的羽毛大张旗鼓地展现出潜在配偶的强壮和活力，因此被此类尾屏吸引的雌孔雀更有可能产下健壮的小孔雀。而接下来，这些小孔雀平均而言也得到了更渴望也更能长出灿烂羽毛的基因，于是这些特征在子孙后代中进一步传播。从性选择的角度分析，美貌可不肤浅。美貌相当于公开的凭证，证明了潜在伴侣的适应性。

择偶无论是出于美感还是对健康的评估，带来的偏好都能解释身体和行为上颇有代价的特征，而这些特征本身对生存很难说有什么好处。而这种描述似乎也能解释我们这个物种长期以来、基本上也很普遍的艺术活动，因此也许性选择可以说明问题。达尔文认为有这个可能。他用性选择来解释人类对在身上穿孔、涂色的癖好，并认为音乐能引起的强烈反应是性选择塑造人类交配需求的演化结果。那些最会唱歌跳舞的男性，或是文身最迷人、打扮最夺目的男性，也许会成为挑三拣四的女性的目标，因此更容易繁殖出有艺术品位的后代。青年男女相遇时，艺术天分可能决定了男孩是否会形单影只地打道回府。

最近，心理学家杰弗里·米勒和哲学家丹尼斯·达顿将这个观点进一步发挥，指出人类的艺术能力为有眼力的女性提供了一个适应性的指标。[12] 技艺精湛的手工艺、创意展现和充满活力的表演，不仅显示出火力全开的身心，也证明了艺术家相当具备生存所需的各项条件。归根结底，只有凭借物质资源和非凡的身体条件，艺术家才能在缺乏生存价值的活动中挥霍时间和精力（更新世的艺术家显然一点也不会饿着肚子）。根据这一观点，艺术事业相当于一种自我推销的策略，让有天赋的艺术家和有鉴赏力的配偶结合，产生更可能拥有类似性格的后代。

把性选择当成人类艺术活动的演化驱力，这个观点很有意思，但带来的更多是矛盾而非一致。研究者提出了很多问题：艺术天分是身体健康的准确信号吗？朴素的智能和创造力这类特质本身就具有无法撼动的生存价值，艺术能力会不会因为跟这些能力交织在一起，所以只是自然选择就能解释艺术倾向，而用不到性选择？性选择理论关注的是男性艺术家，那么如何用它来解释女性的艺术实践？也许最大的问题是，更新世的公共艺术活动，还有那个时代的求爱仪式、婚配实践，很大程度上只是我们的猜测。当然，卢西恩·弗洛伊德和米克·贾格尔*的情场得意或许是传奇，但如果这些故事能告诉我们艺术技能或舞台表现对早期人类繁殖机会有多重要，会怎么样呢？考虑到这些，布莱恩·博伊德经过深

---

* 卢西恩·弗洛伊德（Lucian Freud）是精神病学家西格蒙德·弗洛伊德的孙子，英国艺术家；贾格尔（Mick Jagger）是英国滚石乐队主唱，被誉为"摇滚史上最受欢迎和最有影响力的主唱之一"。两人均有多任妻子。

思熟虑后总结道："性选择一直只是艺术的一套额外传动装置，不是引擎本身。"[13]

在艺术的适应性功用问题上，史蒂文·平克提出了一个完全不同的观点。他有一段话支持者和批评者都经常引用，他在这段话中指出，除了语言艺术，所有艺术都等于营养失衡的甜点，专为呈给痴迷于模式的人脑。正如"奶酪蛋糕带来的感官冲击自然界里任何别的东西都比不了，因为这种产物来自大剂量的惬意刺激，是我们明确为了按下愉悦按钮而调制的"，[14] 同样，按平克的说法，艺术在适应性方面也是毫无用处的创造，只用来刻意刺激人类感官，而感官才是为提高我们祖先的适应性而演化出来的。这不是价值判断。平克措辞激烈的论述充满了文化暗示，表明他对艺术非常喜爱；但这也是在冷静地评估艺术是否服务于一项特殊任务，即它是否在远古世界中提高了我们的祖先，而非那些没有艺术细胞、对音乐无动于衷、笨手笨脚、俗不可耐的近亲们的基因传给下一代的机会。平克认为，正是就这个目标来说，艺术无关紧要。

演化当然促使我们采取了一系列旨在提高我们生物适应性的行为，包括觅食、求偶、结盟、退敌、保障安全及指导后代。平均来讲，能带来更多成功繁殖机会的可遗传行为更能广泛传播，也会成为战胜特定适应性挑战的首选机制。在形成某些行为时，演化机制挥舞的"胡萝卜"之一是愉悦：你如果觉得某些能提高生存机会的行为令你愉悦，就更有可能实施它们。因其有益于生存，这些行为也更有可能让你活到足以繁殖后代的时候，并让后代也有类似的行为倾向。如此，演化就产生了一系列自我强化的反馈循环，让那些能增强适应性的行为更令人愉悦。在平克看来，艺术切断了反馈循环，割裂了适应性益处，转而直接刺激我们的快感中心，产生令人满足的体验，但从演化机制的角度看，这属于不劳而获。我们喜欢艺术能带给我们的感受，但无论是创作还是欣赏艺术作品，都不会让我们更适应生存、更有吸引力。从生存的角度看，艺术都是垃圾食品。

平克以音乐为范例，充分展示了这种艺术体裁跟适应性毫无关系。他认为，音乐是听觉的寄生虫：能唤起情感的听觉敏感性很久以前对我们的祖先确有生存价值，音乐不过是搭了它的便车。比如说，频率为谐波（频率是基波整数倍）的声音表明声源是单一、可辨别的——基本的物理学原理就能表明，如果是线性物体，无论是捕食者的声带还是空心骨头做成的武器，其振动频率往往都会填满一条谐波序列。我们祖先中那些能对这种井然有序的声音产生更愉快的反应的人，会更留意这种声音，因此对自身所处环境也更有自觉。强化了的认知会让生存的天平向他们倾斜，让他们更加健康快乐，这也促使听觉变得更加敏感。而对信息量丰富的声音，从雷声、脚步声到树枝的断裂声，接受度的增加也会让我们更加专注，对环境的觉知也会进一步提升。因此，我们那些对声音更敏感的祖先就具备了适应性优势，这就促进了听觉

敏感性在后代中的传播。按平克的说法，音乐劫持了这种对
声音的敏感性，这就好像开车纯为兜风：感官固然愉悦，却
无适应性价值。奶酪蛋糕人为刺激了我们对超高热量食物的
古老的适应性偏好，同样，音乐也人为刺激了我们对包含超
高信息量的声音的古老的适应性敏感。

　　平克将负罪的快感与精妙的体验等量齐观，这听着可不
怎么顺耳。他是故意的。重点并不在于贬低我们的艺术体验，
而是要拓宽我们对意义的认识。当然，为人类的某种行为找
出其演化基础，展露出盖在我们 DNA 上的不可磨灭的批准
戳记，这里面当然有令人相当满足的东西。想到被广泛视为
人类最高成就的"艺术"在我们这个物种的生存竞争中发挥
了重要作用，是多令人高兴啊！但无论有多高兴，这种解释
都未必为真，也并非必要。生物适应性不是唯一的价值标准。
我们可以让自己超越于生存关切，用想象力表达出美好的或
是令人不安、令人心碎的一些东西，这一切都同样美妙。意
义不需要有适应性功用。多年前我们一家人在某间本地餐馆
吃晚饭，在服务员把奶酪蛋糕送到附近一张桌子上时，我一
直在节食的妈妈直感到必须起身致意，这种尊敬不仅是对甜
点本身，也是对普遍存在的人类行为，而在平克看来，正是
这些人类行为让这种甜品在适应性方面有其所归。

想象与生存

我们已经认识到，艺术无须为缺少适应性功用而自惭形秽，但这一认识没能阻止研究人员继续为艺术的持久性及无处不在的特性寻找直接的达尔文式解释，即尝试找到将艺术活动与我们祖先的生存机会直接联系起来的解释。而人类学家埃伦·迪萨纳亚克强调，要进行这种探索，就有必要把艺术实践放到我们祖先的生活环境中去考虑。她指出，在整个人类历史中，艺术和宗教都并非"每周为它花一个早上，或是没别的什么事情好做时"的业余闲事，"也并非可以彻底弃绝的多余消遣"。[15] 无论是为了装饰洞穴而深入地下世界，还是为了进入"连通彼世"的出神状态而疯狂地击鼓、舞蹈、歌唱，艺术都和宗教一样，被编织在古代生活的织锦中，它就可能有适应性作用。

如果外星人造访旧石器时代的地球，并赌哪个物种会在100万年后成为地球的老大，估计不会有谁在"人属"上押太多注。但通过将力量和智慧汇集在一起，我们得以战胜那些比我们更大、更强也更快，还拥有更完善的嗅觉、视觉和听觉的生物。当然，我们能取胜是因为我们足智多谋、富有创意，但最重要的原因是我们非常社会化。前面几章我们讨论了好些机制，从讲故事到宗教再到博弈论，它们可能都促进了我们有建设性地聚成群体的能力。但这些行为虽然极为重要却也极其复杂，因此为之寻求单一解释可能过于狭隘了。对我们大为成功的群体化倾向而言，这些机制的各种混合可能一直都很重要，迪萨纳亚克及其他研究者也都指出，亲社会行为的影响力清单，应该扩大到将艺术也包括在内。

如果你我都相信，我们彼此都能理解和预见对方的情感反应——即使我们会遭遇陌生的挑战，要寻求新的机遇——那么我们就更有可能成功合作。艺术可能就是实现这个目标的关键。如果你和我还有我们所在群体中的其他人都经常参加同样的仪式化艺术活动，通过活力四射的节奏、旋律和动作彼此融汇，那么我们一同经历的这些强烈的情感历程，就会带给我们团结一体的感觉。任何人只要曾经长时间跟别人一起击鼓唱歌、手舞足蹈，都会知道这种感觉；如果你未曾经历，我强烈推荐你去试试。这些共同的情感经历非常强烈，也都表现得事关重大，因此会将我们融为一个更加忠诚的整体。哲学家诺埃尔·卡罗尔同样一直在探索这些思想的前沿，他强调："艺术要做的就是去团结并教诲在某文化中受其影响的一批人，以此来激发和塑造情感。"[16] 也确实，文化这一概念——一组分布广泛的共同传统、习俗和看法——依赖于艺术实践及体验方面的共同遗产；情感上更容易共鸣的群体，其成员更有机会存活，并将此类行为倾向遗传给后代。

现在，假如你对用群体凝聚力来解释宗教的适应性功用无动于衷，那么用群体凝聚力来为艺术提供适应性解释可能同样也无法把你打动。但就跟讨论宗教时的情形一样，我们不必局限于关注群体。艺术可能直接在个人层面上就有其适应性功用，这个看法我觉得特别有说服力。艺术提供了一个不受庸常真理和司空见惯的物理现实束缚的舞台，让心灵在探索各种想象中的新奇事物时不必循规蹈矩、按部就班。如果心灵只是一丝不苟地坚信真实情形，那么它能探索的可能性王国就会全面受限。而如果心灵习惯于在真实与想象之间自由跨越，同时也一直能清醒地区分这两个领域，那么它也必定擅长打破传统思维的条条框框。这样的心灵，也为创新和发挥才智做好了准备。历史清楚地表明了这一点。我们把科学技术上很多最伟大的突破都归功于这样一群人：在看待历代前辈思想家都大感不解的问题时，他们思维灵活，能从不同的角度考虑这些问题。

爱因斯坦得出相对论的关键步骤不是由新的实验或观测数据推动的。那时他是在研究跟电、磁、光有关的一些已经广为人知的事实。但是，爱因斯坦的大胆之举是打破了一项当时广受认可的预设——时间和空间恒定——令光速可变；取而代之，他预设光速恒定，令时间和空间可变。这番口号式的总结不是为了介绍狭义相对论（相关内容可参阅比如拙作《宇宙的琴弦》第二章），而是为了指出，这一发现有赖于想象力对现实的"乐高积木"进行简单但也根本性的重排，将一批象征模式颠倒过来——我们对这种模式过于熟悉，因此大部分人都完全忽视了颠倒它的可能性。这种创造性的调动，跟最高水平的艺术创作实是异曲同工。在著名钢琴家格伦·古尔德看来，巴赫的天才之处表现在系统安排各条旋律线的能力上："在移调、转位、逆行或节奏转换时，[这些旋律线]仍能展现出……全新但又全然和谐的面貌。"[17]爱因斯坦的天才之处在于一种同样非比寻常的类似能力：能够重新奠定理解的基石，重新构筑已经审慎研究数十年甚至数百年的概念，并按全新的蓝图将这些概念组合起来。爱因斯坦说自己在思维过程中是用音乐思考，经常抛弃方程式和文字而用视觉去探索，这个说法也许没那么出人意料。爱因斯坦的艺术就是听到节律、看到规律，而这些节律和规律展现了现实之运作机制中的深层一致性。

　　无论是爱因斯坦的相对论还是巴赫的赋格，都不是能拿来活命的东西，但每一件都是人类能力的绝佳范例，没有这样的能力，我们的物种就无法兴旺。科学才能与解决现实世界的困难之间是有更为明显的关联，但心灵若是能借用类比和比喻来推理，用颜色和质感来表现，用旋律和节奏来想象，也必定是能培育出更为丰茂的认知版图。这一切都是要说，对于推进思维的灵活性、直觉的流畅度而言，艺术很可能极为重要——我们的亲人在制作投枪、发明烹饪、利用轮子的时候，以及后来谱写B小调弥撒的时候，再后来打破我们僵化的时空观念的时候，都需要这些特质。数十万年来，艺术活动可能一直都是人类认知能力的游乐场，给我们的想象力提供了安全的训练场并为其注入了强大的创新能力。

　　还须注意，我们讨论的艺术的各种适应性作用——促进创新、加强社会纽带——是同时发生的：创新是创造力的马前卒，群体凝聚力是实施的大军。要在这场无情的生存斗争中取胜，需要二者兼备：将创造性想法成功实施。艺术处于二者的结合点，这表明艺术有适应性作用，而不仅仅是按下愉悦按钮。当然，艺术也可能只是拥有创造之心的大体量脑子在适应性方面无关紧要但能让人极为愉悦的副产品，但对很多研究者来说，这种看法对艺术塑造我们与现实互动的能力没有给予足够的关注。对这一点，布莱恩·博伊德言简意赅："通过完善和加强我们的社会性，通过让我们更愿意利用想象力资源，通过提高我们在以自己的方式塑造生活方面的信心，艺术彻底改变了我们和这个世界的关系。"[18]

我倾向于认为，磨砺才智、锤炼创造性、扩大视野和打造凝聚力，说明了艺术何以对自然选择而言如此重要。从这个视角出发，艺术就跟语言、故事、神话和宗教一起，成了人类心灵进行象征性思考、假设性推理、自由想象和协同工作的工具。在时光的大量流逝中，正是这些能力造就了我们在文化、科学和技术方面都极为丰富的世界。与此同时，即便你认为艺术在演化上的作用更接近奶油甜点，我们也一定会一致同意，无数的艺术形式在人类历史上一直稳定存在，也一直很有价值。这就意味着，有些互动模式不倚重经语言传达的事实信息，而它们已经被内心生活和社会交流接受。

关于艺术与真，这告诉了我们什么？

艺术与真

大概 20 年前，一个阳光明媚的秋日，层林尽染，满山欲燃。我在高速上独自驾着车，从纽约回上州老家。突然间，一条不知打哪儿冒出来的狗横穿公路，我猛踩刹车，但就在车完全停下来之前，我听到刺耳的连续两声，是我的前轮和后轮先后碾过了那条狗。我跳下车，把仍然清醒但几乎一动不动的狗捧到副驾座位上，下高速沿乡间公路一路狂奔，想找个兽医看看。几分钟后，那条狗不知怎的直直坐了起来。我把手轻轻放在它头上，它就重重地往后靠向座背，头跟身体仿佛固定了起来。我停下车，它抬起头，眼睛定定地往上看。疼。害怕。认命。似是混合了这一切。随后它的身体更重地倒在我手上，好像无法忍受独自离开一般。它死了。

我有过养的宠物死掉的经历。但这次不一样，那么突然，那么强烈，又那么暴力。时光流逝，打击慢慢消退了，但最后那一刻仍然挥之不去。我那个理性的自我知道，我给一件虽然不幸但实是司空见惯的事情赋予了过多意义。尽管如此，我偶然碰到的这只动物从生到死的转变——虽是无心之失，却毕竟是我一手造成——还是给我加上了一种出乎意料、不可思议的牵绊。这里面包含着某种"真"。不是命题为真，也不是事实情况那种。我没法做出有意义的衡量。但在那一刻，我觉得我对世界的感觉有了些微变化。

我还可以找出另外一些经历，每一次都以其独特的方式给我留下了类似的感受：第一次把我的头胎孩子抱在怀里，缩在旧金山郊外山上的岩缝里听头上狂风怒号，听到我的小女儿在学校的聚会上独唱，折腾了几个月都没解出来的方程突然解了出来，在巴格玛蒂河岸上看着一个尼泊尔家族为族里的一位逝者举行火葬仪式，从挪威特隆海姆滑雪场的专家级雪道上滑下——啊不对是滚下来——竟还安然无恙。你也会有自己的清单。我们每个人都有。这些经历中的体验牢牢攫住我们的心神，激起情感反应，甚至没有（或许正因为没有）理性的语言可以描述，我们也仍然认为它们很有价值。令人费解却又很可能司空见惯的是，尽管我自己的信息处理过程完全基于语言，我也并不觉得需要用言辞来展现上述体验。想到这些体验时，我不觉得哪里不理解，需要用语言来澄清。这些体验不需要任何阐释，就扩展了我的世界。就是在这些时候，我内心的叙述者就知道，是时候休息一下了。充分审视的人生未必是清晰讲述的人生。

最引人入胜的艺术可以将我们的身心引入某种罕有的状态，堪比那些对我们最具影响力的现实遭遇，都能塑造并加强我们与真的互动。讨论、分析和解读可以进一步影响这些体验，但最强大的影响不依赖于语言中介。实际上，就算是以语言为基础的艺术，最感人的体验、最持久的印记，也仍然是图像和感觉。美国诗人简·赫什菲尔德曾优雅地描述道："当作家将完全正确的新形象带入语言时，关于存在，我们可了解的就变多了。"[19] 诺贝尔文学奖得主索尔·贝娄也曾谈及艺术能扩展可知范围这一独特的能力："只有艺术能全方位穿透由傲慢、激情、智力和习俗树立起来的表面现实。还有另一种现实，一种我们未能看到的真正现实。它总给我们送来暗示，而只有通过艺术，我们才能领悟这些暗示。"贝娄进一步发展了普鲁斯特提出的思想，他指出，没有这另一种现实，存在就会沦为一套"表达实用目的的语汇，我们是把这些目的错称为了生活"。[20]

生存基于大量准确描述世界的信息。而进步，传统意义上是指我们加强了对周围环境的控制，这需要清楚地理解这些事实是如何与自然界的运行机制统合起来的。这些就是形成实用目的的原材料，也构成了我们所谓的客观的"真"的基础，往往与科学理解联系在一起。但这种知识无论有多全面，也都不能详尽阐述人类的体验。艺术的"真"则触及了另一个完全不同的层面，讲述的是更高层面的故事，用英国作家约瑟夫·康拉德的话说就是，这类故事"吸引了我们生命中不依赖于智慧的那一部分"，面向的是"我们感到高兴和惊奇的能力，我们生活中的神秘感；我们的悲悯、审美和痛苦的感觉；与天地万物……在梦中，在欢乐中，在悲伤中，在抱负中，在幻觉中，在希望中，在恐惧中……交游的潜藏感受……这就将全人类——逝者、活人直到尚未出生的人——都紧密联系在了一起"。[21]

从刻板的追求逼真中解脱出来，又经过了数千年的发展，创作本能充分探索了康拉德对艺术之旅的想象所显示出的情感范围，也能提供贝娄所说的真正现实在意兴阑珊之际向我们耳语时使用的直白语言了。尤其是作家，他们创造了一个又一个人物世界，虚构的人生带来了从更高层面研究人类活动的机会。奥德修斯充满艰辛、忠诚不渝的复仇之旅，麦克白夫人包藏野心与罪恶的魔爪，"麦田守望者"霍尔顿·考尔菲德不可遏制的反叛本能，阿提克斯·芬奇安静但不可动摇的英雄主义精神,* 包法利夫人在人际联结上的悲剧，桃乐丝曲折的自我发现之路——这些作品让我们洞察到了各种经验，拓展了艺术的真，这都为原本勾画粗疏的人类本性增添了深度和立体感。

　　视觉和听觉作品不以语言为中心，提供的是更具印象主义色彩的体验，但视听作品也能跟文学作品一样甚至更能激发康拉德所说的那种超越智慧的情感；贝娄的真正现实，有多种声音、多种方式与我们交流。我每每听到弗朗茨·李斯特的《死之舞》心头都会不由自主地升起一股不祥之感，勃拉姆斯的第三交响曲会唤起未获满足的深深渴望，巴赫的《恰空舞曲》是崇高的典范，贝多芬第九交响曲的终章《欢乐颂》对我、当然也对世上大部分人而言都是我们这个物种有史以来最乐观的表达。还有带歌词的音乐：伦纳德·科恩的歌曲《哈利路亚》歌颂了不完美的生活中无与伦比的本真

---

* 阿提克斯·芬奇（Atticus Finch）是小说《杀死一只知更鸟》中的人物，正直律师的典范，有评论称其"塑造了种族正义最不朽的小说形象"。

性，朱迪·嘉兰对《绿野仙踪》的歌曲《彩虹之上》那简洁优雅的演绎捕捉到了对青春的纯真向往，约翰·列侬的名曲《想象》则体现了畅想可能性会带来怎样的朴素力量。

我们每个人都有生活中的点点滴滴，都能想起一些以某种方式感动过我们的作品，无论是文学还是电影，雕塑还是舞蹈，绘画还是音乐。通过这些动人的经历，我们"大肆挥霍"着人类生活在这个星球上不可或缺的特质。但这些高层次的邂逅远非甜点那样的无营养热量，而是提供了舍此便极难甚至绝无可能获得的洞察力。

创作了包括《彩虹之上》在内的大量经典作品的作词家伊普·哈伯格说得很简单："文字能让你想到一种思想。音乐能让你感受到一种感受。但一首歌，会让你感受到一种思想。"[22] 感受到一种思想。在我看来，这捕捉到了艺术之真的精髓。哈伯格强调，思考属于智性，感受属于情感，但"感受到一种思想，就是艺术过程了"。[23] 这个结论以语言和音乐的联系为基础，但其实也把艺术更广泛地联系了一起。艺术引发的情感反应荡漾着穿过思想的水库，水库中的思想就在意识之下蠢蠢欲动。对于不用词语的作品，这些体验没这么直接，感受也更开放。但所有艺术都能够让我们感受思想，产生各种各样我们不太可能从有意识的沉思或事实分析中得到的"真"，这各种各样的真，确实超越了智慧，超越了纯粹理性，超越了逻辑的边界，甚至也无须证明。

别弄错了。我们确实都是一袋袋粒子，身体和心灵方面都是，关于这些粒子的物理事实可以充分说明它们如何表现，如何相互作用。但这些事实，这个粒子层面的叙事，只为我们人类如何在饱含着思想、感知和情感的复杂世界中穿行这个色彩丰富的故事打上了单色光。当我们的感知将思想和情感糅合起来，当我们想到思想时也能感受到它们，这时，我们的体验就更进了一步，跨越了机械论阐释的界限，进入了原本未知的世界——一如普鲁斯特强调过的，这值得欢庆。他指出，只有凭借艺术，我们才能进入另一个秘密宇宙，只有这样的旅程才是真的"从一颗星飞往另一颗星"，这样的旅程也无法用"直接且有意识的方法"导引。[24]

　　普鲁斯特的看法聚焦的虽是艺术，却也跟我长期以来对现代物理学的看法产生了共鸣。他曾经说："唯一真的发现之旅，不是到访陌生的土地，而是拥有他人的眼睛，借他人的、上百人的眼睛来看这个宇宙。"[25]多少个世纪以来，我们物理学家一直靠数学和实验来重塑我们的眼睛，揭示先辈们未能触及的层层现实，使我们能以震撼性的新方式观看熟悉的景观。有了这些工具，我们发现，在大力研究了我们浸淫许久的这些领域之后，最奇特的国度已从中浮现。而为了获得这些知识，为了更广泛地利用科学力量，我们依然必须遵循不可动摇的指令，忽略我们每个人作为截然不同的分子和细胞集合在这个世界上的独特之处，转而关注现实的客观属性。对剩下的部分，那些"太过人性"的真，我们层层嵌套的叙事就有赖于艺术了。正如萧伯纳所说："用镜子观照，可以看见你的脸，用艺术作品观照，可以看见你的灵魂。"[26]

富有诗意的永生

常有人问我，宇宙最令我震撼的一件事是什么。我没有现成的答案。有时我会说是相对论中的时间延展性，别的时候我会说是量子纠缠——爱因斯坦称之为"幽灵般的超距作用"。但还有的时候，我会干脆说是我们很多人在小学都学过的东西。仰望夜空，我们看到的是好几千年以前的星星；借助强大的望远镜，我们更可以看到数百万年甚至数十亿年前的遥远天体。这些天文光源中有一些可能早已消亡，但我们仍能看见它们，因为它们很久以前发出的光线仍在传播。光带来了一种仍然在场的错觉。这种现象不只恒星才有。从你我身上反射出的射线若不受干扰，也能带着你我的印记穿行到任意时空：一份诗意的永生，以光速飞驰在宇宙中。

在我们地球上，诗意的永生有着另一种形式。我们渴望尽可能长久的生命，但这份渴望没有得到回报，至少到现在还没有，很可能永远也不会有；但创造性的心灵可以在想象出来的各种世界中自由游荡，可以探索不朽，可以在永恒中漫步，可以沉思为什么我们会追求、鄙弃或惧怕无尽的时间。几千年来，艺术家就是这么做的。大概2500年前，希腊抒情诗人萨福就曾为变化的必然性发出哀叹："你们啊，孩童，快去追求紫罗兰色缪斯女神美丽的赠予／还有里尔琴那宜歌宜曲的悦耳清音；/ 而我——年迈已攫住我曾经柔嫩的肌体。"作为缓和，诗人还提到了关于提托诺斯的醒世故事：提托诺斯本是有死的凡人，众神赐他永生，但他仍会受年老的折磨，结果不得不忍受衰老直至永恒。部分学者认为这首诗真正的结尾是这样一行——"爱神厄洛斯已赐予我太阳的美丽与辉煌"*——并指出萨福通过诗歌表达了对生命的热切追求，期待能超越衰败，得到永不老去的青春光彩；通过诗歌，她想象着得到了象征性的永生。[27]

这是一种否认死亡的图式，我们这些有死凡人可以寻求凭借英雄成就、卓越贡献和创造性作品继续活在其中。要进入这种永生不朽的尺度，需要以人类为中心，将追求的目标从永恒调整为文明的存续——代价极大，但一俟认识到这里的象征性不朽不同于字面义的不朽，它是真实的，调整的代价也就得到了补偿。唯一的问题是战略规划。哪些生命会被铭记？哪些作品会长久存续？又如何确保我们的生命、我们的作品能位列其中？

萨福之后又过了两千年，莎士比亚深入思考了艺术和艺术家在影响世界铭记哪些对象时的作用。在谈到他想象中要

---

* 本段所引萨福诗作对应洛布经典文丛坎贝尔译本的第 58 首，但所据是另一英译（详见本章尾注 [27]）。原诗有残缺，此处所引英译据文意做了补充，中译也据此译出，读者亦可参考《萨福：一个欧美文学传统的生成》（田晓菲编译，三联书店，2003 年，109 页）中阙文一仍其旧的译本。提托诺斯的故事是：黎明女神爱上提托诺斯，携其远至天涯海角，并向宙斯为他祈求永生，但忘了索要永葆青春。因此提托诺斯虽可永生，却仍会不断衰老。

撰写的一篇墓志铭时，莎士比亚写道："直到全部生息寂灭，/ 你仍活在世间，全仗我笔力千钧。"莎士比亚断言，这个好处他自己得不到："（有我诗章）汝之名得享长生，/ 我一旦辞别，当处处化为乌有。"当然，我们继续了莎士比亚的游戏：被后世诵读的，是诗人的词句，墓志铭的主题不过是诗人实现永生——尽管是象征性的——的工具。实际上，好几个世纪过去了，活下来的是莎士比亚。

离开弗洛伊德所在的维也纳圈子后，奥托·兰克进一步发展了自己的观点，认为追求象征性的永生，是人类行为的首要动力。在兰克看来，艺术冲动反映的是心灵掌握了自己的命运，已经有勇气改写现实，并开始从事塑造独特自我的终身事业。艺术家接受人终有一死——我们都会死，就这样，看开点——借此提升精神健康，并将对永恒的渴求转移到创造性作品所承载的象征性形式上。这个看法为饱受折磨的艺术家这种陈旧形象换了个视角。按兰克的说法，通过艺术创作来应对终有一死，是一条清醒之路。或者用作家、评论家约瑟夫·伍德·克鲁奇的类似描述来说就是："人类需要永恒，人类充满抱负的整个历史都可以证明；但在所有可能性中，人类唯一能得到的就是艺术带来的永恒。"[28]

这种动力是不是在几万年前就已经在起作用，因此能解释为什么我们会将精力花在跟谋生、避难等即时需求没什么关系的事情上？这种动力是否能解释，为什么数千年来，艺术追求都一直是人类所有文化结构的主线？两个答案都是肯定的。无论兰克无所不包的畅想是否一语中的，我们都完全可以想象，我们的远古祖先感觉到了自己终有一死，渴望紧紧抓住自己的世界，印刻上一些自己创作的标志性的、持久的东西。我们完全可以想象，人类的心灵中会喷涌出一种迫切的需要，要去打破原本只是汲汲于生存的关切；随着时间的推移，这份迫切也会在跟艺术家一起进入各种想象世界的共同喜悦中不断强化和改进。

　　因为缺乏证据，我们对遥远过去的分析只得蜕变成合理的猜测，但现代的我们确是遇到了一件又一件深入反思有死性与永恒的作品。[29] 对于人类不能接受死亡就是终局这一情况，诗人沃尔特·惠特曼多有所思："你担心死亡正在逼近？如果我有此担心，我现在就会死，／你觉得我会愉快、顺当地走进湮灭吗？……／我发誓我觉得现在只有永生不朽！"* 而对威廉·巴特勒·叶芝来说，拜占庭这座古城是一个目的地，在那里他或许能从他将死的肉身中解脱，从人类的忧虑中解放，获准进入一个超越时间的国度："就让我的心不断憔悴吧；欲壑难填的它已然病重，／系在这只垂死的生灵身上。／我的心已不识自己；请将我纳入，／纳入那永恒的诡计。"[30] 作家赫尔曼·梅尔维尔则明确表示，就算汹涌的水面看似已经平息，有死性也仍然跟我们一起航行："所有人生来颈上都套着绞索，但只在被死亡突如其来攫住的关

* 出自惠特曼诗作《思考时间》（To Think of Time）——编注

头，有死的凡人才会认识到生命的危险安静、微妙，无所不在。"[31] 埃德加·爱伦·坡将对死亡的否认在文学上推向了极端，为因抗击死神最亲密拥抱而早夭的受害者发声："我惊怖地尖叫：我的指甲嵌入、掐伤了大腿，血浸湿了棺材；在同样的疯狂下，我也去撕扯这木头监狱的壁板，划破了手指，磨秃了指甲，很快就在力竭中停了下来。"[32] 在《热铁皮屋顶上的猫》中，田纳西·威廉斯通过虚构的家长"大老爹"波利特指出："一无所知——对死一无所知——倒是福分啊。人就没那个福分，他是能把死想象出来的唯一生灵，"因此，"人如果有了钱，就会买买买、买个没完。我想，人会把能买的全买了，个中原因就是他心灵深处有个疯狂的愿望，指望他买的东西里能有一件流传千古！"[33]

陀思妥耶夫斯基借他的小说《罪与罚》中的角色斯维德里加依洛夫之口，表达了一种不同的观点，一种厌倦了要对永恒感到敬畏的观点："我们总是认为永恒是一个无法把握的概念，一个硕大无朋的东西！它为什么一定要硕大无朋呢？其实，它也可能完全不是那样的东西，而是一间小屋子，像乡下一间被熏得黢黑的浴室，各个角落都布满了蛛网，这才是永恒。您看，我有时觉得永恒就是这样的。"[34] 这种感慨，作家西尔维娅·普拉斯也曾表达过："哦上帝，我不像你／在你虚空的黑色中／星星粘得到处都是，这些鲜艳愚蠢的五彩纸屑／我厌倦永恒，从未想得到它。"[35] 而作家道格拉斯·亚当斯也在《生命、宇宙及一切》中通过"无尽延寿"

的哇噢拜戈（Wowbagger）这位意外获得永生的角色轻松地提了提这种感想，这位仁兄计划通过把宇宙中所有人按字母顺序挨个儿骂个遍，来打发他可怕的倦怠。[36]

这一系列情绪，从渴望到鄙弃，说明了一个更重要的问题：我们认识到分配给我们的时间有限，这一认识推动着我们在艺术上倾注了大量活力，以此去跟永恒概念打交道。被审视的生命也去审视死亡。对有些人来说，审视死亡就是放飞想象力，挑战死亡的统治地位，质疑死亡的高高在上，创造出死亡无法触及的世界。无论研究者多么用心地争辩艺术的演化功用、其在打造社会凝聚力方面的作用、对创新思维的必要之处以及在原始冲动的万神殿中的地位，艺术都为我们提供了最让我们动情的手段，来表达我们认为最重要的内容，其中就包括生与死、有限与无限。

对很多人来说，包括我在内，此类表达的最浓缩形式就是音乐。音乐可以让你全然沉浸其中，只消短短的几个瞬间，就会让我们感到好像跨出了时间的藩篱。大提琴演奏家、指挥家巴勃罗·卡萨尔斯将音乐的力量描述为"为平凡的活动赋予精神的热忱，给瞬息的事物插上永恒的翅膀"。[37] 正是这份热忱，让我们觉得自己组成了更宏大的东西，而这东西自然而然地肯定了康拉德的"对团结——能将无数颗孤独之心连缀起来的团结——无坚不摧的信念"。[38] 无论是与作曲家及其他听众，还是完全借助更抽象的交流形式，音乐都能带来联结。正是凭借这种联结，音乐体验才能超越时间。

　　回到 20 世纪 60 年代末，纽约曼哈顿第 87 小学三年级格伯老师（Mrs. Gerber）课上的学生被要求自选一位成年人采访，并撰写一份简短报告描述受访者的职业。我投机取巧，采访了我爸——一位作曲家、演艺人，喜欢说自己的学历是"SPhD"（看似"超级博士"，实是"纽约苏厄德公园高中辍学生"）。十年级读到一半，我爸扔下书本上了路，在全国各地表演——唱歌、弹奏。那份小学作业到现在已经半个多世纪，但他提过的一件事我从没忘记。我问爸爸为什么选择了音乐时，他答道："为了远离孤独。"他迅速切换成了更明快、更适合小学三年级报告的语气，但不假思索的那一刻对我还是很有启发。音乐就是他的生命线。是康拉德所谓的"团结"在他身上的体现。

　　能打动世界的作曲家凤毛麟角，我父亲并非其中一员，这个痛苦的认识他后来也慢慢接受了。数百页泛黄的稿纸上手写的旋律和节奏，很多都是在我出生前写就，而今除了家里人，不再有任何人对它们感兴趣。到现在仍会时不时听听他早在四五十年代创作的那些民谣、流行歌和钢琴曲的，也许只有我一个。对我来说，这些作品是一座宝藏，一种联结，能让我感受到父亲自开始独立行走世上以来的思想。

　　音乐具有非凡的力量，即使在那些没有家庭纽带、生活在不同时代、浸淫于不同领域的人之间，都能创造出这样的深层联结。有一段感人至深的描述来自史上最杰出的一位英雄人物，海伦·凯勒。1924 年 2 月 1 日，当时纽约的

WEAF 广播电台播出了纽约交响乐团现场演奏的贝多芬第九交响曲。在家里，海伦·凯勒把手放在收音机扬声器敞开的振膜上，通过振膜的振动来感觉音乐，体验她所说的"不朽的交响曲"，甚至还区分出了不同的乐器。"当人声的颤音从和声的巨浪中陡然升起，我立即辨出了这是歌声。我感到合唱队的声音变得越发欢欣，越发狂喜，像火焰一般突然蹿升起来，直到我的心脏几乎停止跳动。"接下来，谈到触动精神的声音，震颤直至永恒的音乐，她总结道：

　　我聆听着，黑暗和旋律、阴影和声音充满了整个房间，我不禁想起，这位向世界倾注了这股动听洪流的伟大作曲家，和我一样双耳失聪。他凭借自己不屈不挠的精神力量，在痛苦中带给了别人那么多欢乐，这一切令我惊叹不已——我坐在那里，用手感受着那壮丽的交响曲，它就像海浪一样，拍打着他和我的灵魂之岸。[39]

9
生灭与无常
从崇高到最后的思维

任何文化中都有"无始无终"的概念，代表着恒久，备受尊敬。不朽的灵魂，神圣的故事，无拘无束的神明，永恒的法则，超越性的艺术，数学的定理。然而，"恒常"已从彼世跨越到了完全抽象的领域，我们人类虽对其梦寐以求，却从未获得。我们能得到的最接近的体验——一种时间淡去的感觉，无论是来自愉快还是悲惨的遭遇，是由冥想还是化学诱发，是宗教还是艺术的崇高体验——就会是对生命最有决定性的体验。

几十年前，我跟另外八个十来岁的孩子一起，在佛蒙特州的密林中上生存课。一天深夜，我们已经在帐篷里睡下，教官大吼着让我们马上起身穿好衣服。我们要进行一次临时的夜间行军。我们手拉着手，排成一列在黑暗中行进，慢慢穿过密密的树林、厚厚的灌木丛，还带着莫名的兴奋穿过了一片齐腰深的沼泽。又湿又冷、浑身是泥的我们终于被带到了附近一块空地上，而教官告诉我们，我们九个人会被留在这里过夜，物资只有三个睡袋。意识到无论多么激烈抗议都只是徒劳后，我们把几条睡袋对好拉锁拼在一起，脱下衣服，紧紧挤在这床临时拼凑的羽绒被下面。好些人都在骂骂咧咧，有人信誓旦旦要提早退出课程，还有几个人哭了起来。但接下来，最奇妙的景象出现了。一道绚烂的北极光填满了夜空。我从没见过此等景象。薄纱一般的缕缕光线在天上盘旋，各种炫目的颜色彼此渗透，这一切都在看似无穷无尽的夜空中，以无数星星为背景上演着。突然之间，我到了另一处所在。行军、沼泽、寒冷、几近赤裸地挤在一起——一切的一切现在都成了回归远古的前期准备。人类，自然，宇宙。我浑身裹满泥土，被舞动的光线笼罩。我们最后的共同体温抛弃了我，遥远的星空吸引了我。我已经不记得在终于睡去之前盯着天空看了多久，是几分钟还是几小时。持续了多久并不重要。有那么一瞬间，时间消散了。

像这种具有超时间性的事件非常少见，也转瞬即逝。大部分情况下，时间都一直伴我们左右。体验来自变化无常。我们崇尚绝对，但又受限于短暂。就连那些似乎会一直持存的宇宙特征——辽阔的空间、遥远的星系、各类物质——全都逃不出时间的手心。本章及下一章我们将探讨，宇宙及其中的一切无论看似多么稳固，实则都变动不居，如梦幻泡影。

演化、熵与未来

在现实坚如磐石的外表下，科学揭示了翻腾不停的粒子演出的一场无休无止的好戏，在其中，人们又不免给演化和熵分配上永远在抢夺控制权的好战角色。它的故事说的是，演化在建立结构，而熵在破坏结构。这个故事条理分明，但我们在前面几章已经看到，问题在于事实并非完全如此。跟很多简单化的勾勒一样，这个说法中有几分真实：演化的确有助于建立结构，熵也确实倾向于让结构退化。但熵和演化未必是在互相角力。熵的两步舞允许结构在此处繁荣昌盛，只要熵能从彼处排放出去就行；而演化的最高成就之一"生命"就体现了这一两步舞机制：生命消耗高品质能量，用以维持和增强自身的有序排列，并将高熵的废热排入环境。熵与演化的合作交换上演了数十亿年，最后得到了无比精美的粒子排列，其中包含的生命和心灵，有的能产出第九交响曲，许许多多还能体味到该作品的崇高。

在我们已经从大爆炸一路走到贝多芬，并行将走向未来之际，演化和熵还会继续成为指引变化方向的决定性因素吗？就达尔文演化论来说，你可能会认为答案是否定的。[1] 能否成功繁殖取决于基因组成，这是达尔文的自然选择长久以来一直执掌演化之船的原因。而今则有了重要的区别：现代医学的干预，以及现代文明带来的广泛保护。在远古非洲大草原上活下去可能非常困难的基因型，在今天的纽约市能生活得游刃有余。在当今世界的很多地方，你的基因图谱不再是决定你会小小年纪不幸夭亡还是能长大成人开枝散叶的主导因素。当然，现代的各种进步拉平了基因田径场的各个部块，从而调整了之前的选择压，令各部块发挥了各自对演化的不同影响。研究人员也指出，压力还有很多，包括饮食选择（例如富含奶制品的饮食会挑选那些在人成年后仍能产生乳糖酶的消化系统）、环境状况（生活在高海拔地区有利于适应氧气更少的生存条件）和择偶偏好（有些国家的平均身高可能正朝着那些在生育方面更活跃的人眼中更有吸引力的高度演化）等等，都在推动基因库的变化趋势。[2] 但这一切中影响最大的，可能还是要数新近获得的直接编辑基因图谱的能力。飞速进步的技术把有意为之的设计也包括进去，从而增强遗传变异、随机突变和有性混合的机制。如果研究人员发现了一种能将人类寿命延长到 200 岁的基因重组，副作用是青色皮肤、身高丈二和饥渴炽热的情欲，那么在一群长得像《阿凡达》里的纳威族、自我选择长寿的人类的迅速扩张中，演化将充分展示其作用。这样的技术有能力完全重塑生命，也许还能设计出某种感知觉能力——无论是生物的、人工的还是某种混合——令我们目前的能力相形见绌，谁都无法确知这一切会让我们走向何方。

　　熵对未来是否还有所谓？这个问题的答案当然是肯定的。好几章之前我们就已经发现，热力学第二定律是将统计推理应用于基本物理定律之后的普遍性结果。未来的发现会改写我们现在认为是基础性的那些定律吗？基本上一定会。熵和第二定律还会保持它们那突出的解释性地位吗？基本上也一定会。在从经典框架到截然不同的量子框架的转变过程中，熵和第二定律的数学描述需要更新，但既然这些概念来自最基本的概率推理，它们就依然适用。我们预计，无论我们对物理定律的理解在未来如何发展，这一点都会成立。并不是说我们无法想象会有物理定律导致熵和第二定律变得无关紧要，而是只有这些定律跟所有我们已经知道、已经测量过的现实世界的固有特征都完全相反，才会有这样的结果，因此大部分物理学家都对这种可能性不屑一顾。

在展望未来时，我们或某种未来的智慧生命能对周围环境施加的控制，不确定之处更多。智慧生命会决定恒星、星系乃至整个宇宙的长远命运吗？这种智慧生命会不会有意在众多尺度上改变熵，在大片大片的空间中令熵显著降低，即在全宇宙的尺度上实现熵两步舞？这种智慧生命会不会甚至有能力设计和制造出各种全新的宇宙？这些情况无论听起来有多不靠谱，都还是在可能的范围内。我们的困难是，这些智慧生命对未来的影响会完全超出我们的预测能力。即使是在一个遵从物理定律的世界、一个缺乏传统意义上的自由意志的世界里，智慧生命的行动范围仍然很宽泛——这就是智慧生命得到的自由——因此某些类型的预测基本不可能。未来的思维毫无疑问将获得无与伦比的计算方法和技术，但恐怕预测与生命和智能密切相关的长远发展，仍将遥不可及。

那么，我们要如何继续？

我们假设，目前已知的物理学定律很可能从大爆炸以来就漫无目的地作用到现在，也将在宇宙的后续发展中发挥主导作用。我们不会考虑定律本身乃至自然界的"常数"发生改变的可能性；也不考虑这些定律和常数已经在缓慢变化，只是现在的变化幅度都非常小，不会带来影响，但它们确实存在，且经历漫长时间后会积累成实质性变化，这样的可能性；[3] 同样不会考虑未来的智慧生命可以实施结构性控制的范围会扩大到星系甚至更大尺度，这样的可能性。确实，一大堆的"不予考虑"。但如果没有任何证据的指引，去研究这些可能性就无异于盲人骑瞎马。如果这些假设跟你对未来的期望相悖，你可以把本章和下一章的描述都看成是反映了没有这些变化也没有智慧生命的干预时，宇宙将如何发展。我的猜测是，未来的发现带来的明确结论，以及未来的智慧生命施加的影响，虽然肯定会跟接下来叙述的细节有关，但并不需要大批重写我们即将深入研究的宇宙发展。[4] 这个假设也许很大胆，但这也是最快捷的前进路线，现在我们就要放开胆子来好好追寻一番。[5]

接下来的内容将表明，关于宇宙在遥远的未来将如何指数级地发展，我们能够拼凑出一个虽属探究性质但仍能令人信服的描述，这可是非常了不起的成就，它出自无数双手的塑造，也跟我们这个物种最珍视的故事、神话、宗教和艺术创作一样，标志着人类对凝聚的渴望。

时间帝国

怎样组织才能让我们对未来的思考井然有序？诚然，我们的直觉很适合把握人类共同经历所在的时间尺度，但在分析未来宇宙的重要时代时，我们进入的时间领域会十分广袤，对于所涉的生灭时段，就连最好的类比最多也只能显现些草蛇灰线。尽管如此，我们还是要从熟悉的时间尺度出发进行类比，好为我们完全不熟悉的攀登提供心理立足点，这是最好的办法。所以我们来想象一下，假设宇宙的时间轴沿着帝国大厦向上延伸，每一层代表的存续时段都是前一层的 10 倍。大厦底层代表大爆炸以来 10 年，第 2 层代表 100 年，第 3 层 1000 年，以此类推。数字清楚表明，我们一层层往上爬的时候，每层代表的时段迅速增长——说起来很简单，也很容易误解。比方说，从 12 楼走到 13 楼，就等于宇宙从大爆炸后的 1 万亿年到了大爆炸后的 10 万亿年。爬上这一层楼，就跨过了 9 万亿年，让之前所有楼层代表的时间全加起来都相形见绌。继续往上爬的话，同样的模式仍然成立：每一层代表的时段都比其下所有楼层代表的时段长得多，而且是指数级的。

人的寿命约有百年，长久的帝国许会维持千年，顽强的物种能延续数百万年，但帝国大厦越往上面的楼层代表的时段都与之完全不同，仿佛万古常在。来到位于帝国大厦第 86 层的观景台时，我们就处于大爆炸之后的 10^{86} 年，即 100

000 000 000 000 000 000 000 000 000 000 000 000 000 000 000 000 000 000 000 000 000 000 000 000 000 000 000 000 年， 这个令人瞠目的时间尺度超越了跟人类的任何努力有任何关系的任何生灭存续。但尽管有这么多零，随后我们登上大厦最顶端的平台，即抵达第 102 层时，[*]前面观景台代表的时段都会还远远比不上这一层最后一级台阶上油漆的厚度。

今天是大爆炸之后的约 138 亿年，这意味着前面的章节讨论过的所有发展，都分布在帝国大厦底层到第 10 层往上走了几级台阶的范围。从这里出发，我们将走向远在指数级之外的遥远未来。

那就开始攀登吧。

黑太阳

我们的早期祖先虽然并不理解太阳持续洒向地球的低熵能量对生命来说不可或缺，但也知道天空中这只时刻监视着的眼睛极为重要，是一个熊熊燃烧的存在，俯瞰着人类每日里为生计奔波。太阳落山时，他们知道它将再次升起，日升日落形成了世界上最显眼也最可靠的规律。但同样可靠的是，这种节律总有一天会终结。

近 50 亿年来，太阳一直通过核心处的氢核聚变产生的

---

[*] 真实的纽约帝国大厦确系 102 层，并在第 86 层有观景台。——编注

能量来支撑自身的巨大质量，抵抗万有引力的重压。这些能量驱动粒子快速运动，形成异常激烈的环境，向外施加极大的压力。就跟气泵产生的压力撑起了孩子的充气房子一样，太阳核心的聚变产生的压力也撑起了太阳，使其不在自身的巨大重压下坍缩。万有引力向内的拉力和粒子向外的推力形成僵持，在未来大概 50 亿年里还会保持稳定。但在那之后，天平就要倾覆了。尽管那时太阳仍会富含氢原子核，但几乎不会有氢核在其中心。氢聚变产生氦，氦核比氢核重，密度也更大；就像往池塘里倒沙子，沙子会填满池底并把水挤跑，同样，氦核会逐渐填满太阳的中心，慢慢取代氢核的位置。

这事儿可不得了。

太阳上你能找到的最热的地方就是其中心，目前约为 1500 万度，远超将氢聚变为氦所需的 1000 万度。但要想氦发生聚变，温度就要达到约 1 亿度。太阳的温度远远达不到这个门槛，因此随着氦在太阳核心处逐渐取代氢，聚变燃料的供应会慢慢减少，聚变产生的能量形成的向外压力也会减弱，于是万有引力的向内拉力会占上风，太阳就开始内爆。太阳猛烈向内坍缩时，温度会飙升。高温高压虽然仍未达到让氦开始燃烧所需的条件，但还是会在包裹着氦核中心的薄薄一层氢壳中引发新一轮聚变。在这样的极端条件下，氢聚变将以非比寻常的速度进行，产生太阳从未经历过的更强外推力，不仅会让内爆停下来，还会推动太阳剧烈膨胀。

带内行星的命运就取决于两个因素间的角力：太阳会膨

胀到多大；以及它在膨胀时会失去多少质量。后一个问题也
有关系是因为，在其核引擎超速运转的同时，太阳外层的大
量粒子会被不断吹入太空。太阳质量变小又会导致整体的万
有引力减小，行星也会因此迁移至更远的轨道上。任何行星
的未来命运，都取决于其撤退的轨迹能否快过太阳的膨胀。

　　结合了细节详尽的太阳模型的计算机模拟表明，水星会
输掉比赛，被膨胀的太阳吞噬并迅速蒸发。火星在更远的轨
道上运行，拥有领先优势，最后会安全无虞。金星很可能会
完蛋，但也有些模拟的结论是太阳的膨胀会刚好没赶上金星
的轨道退行，果真如此，地球倒也能安然无恙。[6] 但就算地
球能够幸免，我们这里的情况也将大为不同。地球的表面温
度将飙升至好几千度，足以蒸干所有海洋，赶跑所有大气，
地表会熔岩泛滥。这种情况当然没人喜欢，但巨大的一轮红
日充塞天空倒也蔚为大观。但也几乎可以肯定，这番景象没
人观看得到。如果我们的后代到那时仍在繁衍（成功躲开了
自我毁灭、致命病原体、环境灾难、小行星撞地球、外星人
入侵等等各种可能发生的大祸）、也希望继续繁衍下去的话，
那他们肯定早就抛弃了地球，寻找更宜居的家园去了。

　　包裹着太阳氦核核心的氢核继续聚变，继续产生的氦也
会沉积下来，让核心进一步收紧，将其温度进一步提高。继
而，更高的温度会加速循环，为核心周围那层氢壳的聚变提
速，氦风暴于是会更猛烈地席卷核心，继续推高其温度。从
现在算起大概 55 亿年后，太阳的核心温度终会高到能支持

氦核燃烧的地步，并在燃烧中产生碳和氧。会有一次壮观而短暂的爆发，标志着氦聚变成为太阳的主要能量来源，之后太阳会再收缩尺寸，稳定在一个不那么狂乱的组态中。

但新获得的稳定相对而言并不长久。在大概1亿年之后，就像氦核比氢核更重，所以会取代后者那样，新生成的碳和氧也比氦更重，也会取代氦核，占据太阳的中心位置，把氦挤到外层。新的核心成分——碳和氧——发生核聚变需要更高的温度，最少也要6亿度。但此时太阳的核心温度远低于此，因而核聚变会再次慢慢停下，万有引力的向内拉力会再占上风，太阳会再次收缩，而核心温度也会再次升高。

在这个循环的前一阶段，温度升高引发一层氢外壳开始聚变，而这层氢包裹着的氦核核心本身并不活跃。现在，温度升高引发了氦壳层的聚变，而这层氦包裹着的碳氧核心本身也并不活跃。但在这一轮中，太阳核心永远也不会达到让碳氧核心开启核反应所需的温度。太阳的质量太低，无法形成把温度推到那个地步的重压，而在更大的恒星中，这个过程会引发碳和氧的核聚变，生成更重、更复杂的原子核。在太阳这里，氦壳层燃烧会新形成碳和氧，它们继续沉积到核心处，核心也会继续收缩，直到一个量子过程——"泡利不相容原理"——让内爆停止。[7]

1925年，奥地利物理学家沃尔夫冈·泡利，一位出了名尖刻的量子物理先驱（"我不介意你脑子慢；我介意你的嘴比脑子快"[8]），认识到量子力学为两个电子挤在一起能挤到多近设了个限（更准确地说，量子力学不允许任何两个完全相同的物质粒子占据完全相同的量子态，但粗略的描述在这里已经够用）。之后没多久，很多研究者也纷纷认为，泡利的结论尽管关注的是微小的粒子，却也是理解太阳未来命运，以及所有类似大小的恒星未来命运的关键。太阳收缩时，核心处的电子会被越压越紧，电子的密度迟早一定会达到泡利的结论指出的极限。当进一步压缩会违反泡利不相容原理时，强大的量子斥力就开始生效，电子寸步不让，主张其"个人"空间，拒绝被压得更紧。太阳于是就会停止收缩。[9]

远离太阳核心的各壳层会继续膨胀、冷却，最终飘散进太空，留下一个密度惊人的碳氧球：白矮星。这颗白矮星还会继续发光发热数十亿年。因为达不到进一步核聚变所需的温度，热能会慢慢消散在太空中；像柴火的最后余烬那样，残存的太阳会冷却、黯淡下去，最后变成黑暗、冰冷的球。从 10 楼往上走不了几步，太阳就会逐渐黯淡，变成漆黑。

这个结局还算温和。当我们更上一层楼，那里会有个灾难性的终局在等待着全宇宙，与之相比，太阳的结局会显得更加温和。

大撕裂

往上扔一个苹果，地球重力永不停歇的拖拽一定会让这个苹果的速度逐渐慢下来。这个杂耍平淡无奇，但具有深刻的宇宙学意义。自埃德温·哈勃在 20 世纪 20 年代的观测以来，我们就已经知道宇宙在不断膨胀：星系正在彼此飞速远离。[10] 但就跟扔出去的苹果一样，星系彼此间的万有引力当然也必定会让宇宙的大逃亡变得越来越慢。空间在膨胀，但膨胀的速度肯定也在降低。到了 20 世纪 90 年代，在这种预期的推动下，两队天文学家着手测量宇宙膨胀减慢的速率。在追寻了近 10 年后，他们宣布了观测结果——引发了科学界的大地震。[11] 预期是错的。超新星爆发可以当成无远弗届的灯塔，在整个宇宙中都能清楚地观察和测量，而仔细观察了遥远的超新星爆发后，这些天文学家发现，宇宙的膨胀并未减速，而是在加速。而且，宇宙转为超速运转状态好像也不是一天两天了。研究人员大跌眼镜，因为他们看到的天文观测结果表明，过去 50 亿年，膨胀一直在加速。

人们会普遍预期宇宙膨胀速度会越来越慢，因为这是有道理的。要说宇宙膨胀得越来越快，乍一看，就等于说预计一个轻轻上抛的苹果离开你的手之后会一飞冲天那么荒谬。若是看到此等怪事，你会去找有没有没发现的作用力，苹果向上是因为一种之前忽略了的作用。与此类似，当观测数据带来的证据一边倒地支持空间膨胀在加速时，研究人员捡起掉在地上的眼镜，抓起一把粉笔，开始寻找原因。

最主流的解释用到了爱因斯坦广义相对论的一个关键特征，我们在第 3 章讨论暴胀宇宙论时就遇到过。[12] 回想一下，牛顿和爱因斯坦都认为，像行星和恒星这样的物质团块会施加我们熟悉的、具有吸引性质的万有引力，但在爱因斯坦的理解中，引力的节目戏码更为丰富。如果空间区域中没有物质团块，而是均匀地充满了能量场——我之前介绍的情形是蒸汽均匀填满了桑拿房——那么得到的万有引力就是排斥性的。在暴胀宇宙论中，研究者设想携带这种能量的是一种很奇特的场（暴胀子场），该理论提出，这种场强大的反引力推动了大爆炸。尽管大爆炸是在近 140 亿年前发生的，我们还是可以用类似的方法来解释目前观察到的空间加速膨胀。

如果假设所有空间中都均匀充满了另一种能量场——因为它不产生光，我们称之为"暗能量"，但称其为"不可见能量"也未尝不可——我们就能解释为什么星系全都在飞速远离了。星系也都是物质团块，因此会施加万有"引"力，互相向内牵引，因此会让宇宙大逃亡慢下来。而均匀分布的暗能量会施加向外推的"反"引力，因此会让宇宙大逃亡加速。要解释天文学家观测到的加速膨胀，只需要让暗能量的推力超过星系的总拉力就行。也不用超太多。跟大爆炸期间空间的剧烈向外膨胀相比，今天的膨胀很温和，因此只要一点点暗能量就可以了。实际上，在一立方米的空间中，要驱动观测到的星系加速，所需的暗能量只能让一百瓦的灯泡亮大约万亿分之五秒——小得近乎可笑。[13] 但空间中有太多立方米了。所有这些立方米空间贡献的斥力加起来，就产生了外推力，能驱动天文学家观测到的那种加速膨胀。

暗能量存在的证据很有说服力，但毕竟是间接的。还没有人能找到办法紧紧把握住暗能量，证明其存在，并直接研究其特性。但暗能量非常适合用来解释观测结果，因此成了空间加速膨胀的"既成事实"解释。然而，对暗能量的长期表现，我们还并不清楚。而为了预测遥远的未来，通盘考虑各种可能性很有必要。跟所有观测都会相符的最简单表现，是暗能量的数值不随宇宙时间的推移而改变。[14] 但是，简单性虽然在概念上更可取，却未必一定就是真理。暗能量的数学描述允许其减弱，为加速膨胀踩个刹车，也允许其增强，为加速膨胀再添一把火。从 11 楼往外看，后面这种可能性——反引力变得越来越强——最让人觉得大难临头。如果宇宙变成这样，我们就会一头撞进一场残暴的大清算，物理学家称之为"大撕裂"。

随着时间的推移，越来越强的反引力将战胜所有其他作用力的加总，结果就是万事万物都被撕得粉碎。电磁力让组成你身体的原子和分子聚拢不散，强核力让你身体里的原子核中的质子和中子结合一处，正是在这两种力的作用下，你的身体才能保持完好无损。这些作用力远远大于膨胀宇宙今日的外推力，因此你的身体还好好儿的。要是你变宽了，那可不是因为空间在膨胀。但是，如果排斥性的推力变得越来越大，你的体内空间最终也会膨胀，因为你体内的外推力终将强悍到超过让你保持完好的电磁力和核力。你会膨胀起来，最后炸成碎片。万事万物也都将如此。

细节将取决于反引力的增速，但在物理学家罗伯特·R.

考德威尔、马克·卡米翁科夫斯基和内文·温伯格算出来的一个典型例子中，从现在起大概 200 亿年后，反引力将把星系团分开；再过约 10 亿年，组成银河系的恒星会像烟花一样绽开；之后再过大概 6000 万年，太阳系中的地球和其他行星将被推离太阳；几个月后，分子之间的反引力将使恒星和行星爆炸；再过仅仅 30 分钟，组成原子的粒子之间也有了足够强大的斥力，于是就连原子都会爆开。[15] 宇宙的最终状态取决于我们目前还不了解的时间和空间的量子特性。用现在在数学上还不严谨的粗略说法来描述的话，反引力有可能撕裂时空本身的结构。现实始于一次大爆炸，而在我们抵达 11 楼之前的某个时候，也就是大爆炸之后约 1000 亿年，现实又会终结于一次大撕裂。

　　尽管目前的观测结果允许暗能量越变越强，但我和很多物理学家同侪都认为这种可能性非常小。研究那些方程的时候我有一种感觉，是，数学可以这么算，勉强可以，但不行，方程式并不自然，也没有说服力。这是基于数十年的经验做的判断，并非数学证明，因此当然可能是错的。但这种感觉仍然带来了足够的动力，让我们可以保持乐观，并假设大撕裂不会让帝国大厦上面的楼层变得没意义。我们还是带着这份感觉继续在时间轴上前行吧。

　　往上不用走多远，我们就能遇到下一起关键事件。

太空悬崖

如果反引力没有变大，而是保持恒定，那我们就可以松一口气了，不用再担心会因空间膨胀炸成碎片。但是，反引力会继续推动遥远的星系越来越快地飞速远离，因此长期来看仍将带来深远影响：在大约 1 万亿年后，遥远星系的退行速度将达到继而超过光速——似乎违反了爱因斯坦最著名的宇宙规则。但更细致的研究表明，实际上规则仍然成立：爱因斯坦说任何物体的速度都不能超过光速，说的只是在空间之中运动的物体。星系可以说并不是在空间之中运动：星系可没有安装火箭发动机。就像粘在一块黑色弹性纤维上的白色油漆斑点在布料拉伸时会彼此分开一样，星系大体上也相当于粘在空间纤维上，也会因为空间膨胀而彼此远离。两个星系越是遥远，两者之间可膨胀的空间就越大，星系彼此远离的速度也越快。爱因斯坦的法则对这种后退的速度可没有任何限制。

尽管如此，光速的限制仍然非常重要。每个星系发出的光线都确实是在空间中传播。逆水行舟时，如果船速低于水流速度，船就无法前进；同样，以超光速远行的星系发出的光在试图抵达我们时，会败给我们之间膨胀的空间。光以光速穿过空间，无法跨过它与地球间以超光速变大的距离。因此，如果未来的天文学家忽略掉附近的恒星，将望远镜聚焦于夜空最深处，他们将只能看到浓浓一片漆黑。遥远的星系那时都滑到了天文学家叫作"宇宙视界"的边界之外，就好像遥远的星系都掉下了太空边缘的悬崖一样。

我之所以把重点放在遥远的星系上，是因为那些相对较近的星系，或者说一个由约30个星系组成的名为"本星系群"的星系团，将仍在宇宙中伴我们左右。实际上在11楼，由银河系和仙女座星系主导的本星系群很可能合并，天文学家为未来这个预期中的联合体取名为"银女"系（而我会为"仙银"系这个名字鼓呼）。银女系的所有恒星互相都会靠得很近，相互之间的万有引力禁得住空间膨胀，能保持恒星群不受影响。但我们与更遥远的星系从此切断了联系，实是莫大的损失。正是因为能仔细观测遥远的星系，埃德温·哈勃才能率先发现空间在膨胀，接下来一个世纪的观测也证实并完善了这一发现。无法获知遥远星系的情况，我们将失去追查空间膨胀的基本诊断工具，也再无法得到指引我们理解大爆炸和宇宙演化的数据。

天文学家阿维·洛布指出，高速运动的恒星会不断逃出银女星系团，飘至太空深处，这些恒星也许能代替遥远星系的作用，就好像在筏子上抛出一把爆米花，来追踪下游水流那样。但洛布也承认，无休无止的加速膨胀会对未来天文学家精确观测宇宙的能力产生灾难性的影响。[16] 说到这儿有个例子，到12楼，也就是大爆炸后大约1万亿年，在第3章曾引导我们探索宇宙的至关重要的宇宙微波背景辐射，会因为宇宙膨胀而拉伸、稀释得特别厉害（术语叫"红移"），很可能再也探测不到了。

这样一来你大概会想知道，假设我们收集到的这些能证明宇宙正在膨胀的数据竟然保存了下来，交到了 1 万亿年后的天文学家手中，那他们会相信这些数据吗？用他们经过 1 万亿年造出来的最先进设备，他们会看到宇宙最远处只有一片黑暗，似乎亘古不变。完全可以想象，他们大概会对这些从古老、原始的时代、就是我们这个时代传下来的古怪结果置之不理，转而接受错误结论，相信宇宙总体来说是静止的。

即使在一个不断熵增的世界里，我们也已经习惯了测量不断改进、数据不断增加、理解不断完善的过程。但是，空间加速膨胀会颠覆这些预期。加速膨胀会让重要信息飞速逃离，最后再也无法获得。深层真理大概会在视界之外，默默召唤着我们的子孙后代。

恒星垂暮

最早的恒星在 8 楼开始形成，约在大爆炸之后 1 亿年，之后只要还有原材料，新的恒星就会不断形成。这个状态能维持多久？嗯，配料表十分简短：只需要一团足够大的氢气云就够了。我们已经看到，万有引力从这里开始发挥作用，慢慢挤压云团，加热其核心，引发核聚变。如果知道星系中含有多少氢气，也知道恒星形成消耗氢气储备的速率，我们就能估算恒星形成这个阶段能存续多久。还有一些细微因素会让情形更加复杂（星系中的恒星形成速率可能随时间变化；恒星燃烧时，部分气态成分会回到星系，补充原料储备），但经过精密计算，研究人员得出结论，到 14 楼、即 100 万亿年后，绝大部分星系中的恒星形成过程将宣告结束。

继续从 14 楼往上爬，我们还会注意到另一些事。恒星都在慢慢黯淡下去。恒星质量越大，对核心的挤压就会越猛烈，核心处的温度也会越高。这样一来，温度越高就会激发越快速的核聚变反应，恒星的核储备也会越快烧完。我们这颗太阳可以亮闪闪地燃烧个 100 亿年左右，但比太阳重得多的那些恒星，核燃料的耗尽会比这个时间早得多。相比之下，那些特轻量级选手，质量或低至太阳的 1/10，燃烧起来会更轻柔，寿命也会长得多。天文学家将这类低质量恒星统称为"红矮星"，据观测，宇宙中的恒星很可能大部分都是红矮星。红矮星温度相对较低，烧起氢气来也慢条斯理（红矮星内部翻腾的气流确保了这颗恒星的几乎所有氢气库存都会在核心处烧掉），因此能继续闪耀几十万亿年，是太阳寿命的好几千倍。但到了 14 楼，就算是"留得青山在"的红矮星也会烧光最后一根柴。

因此，我们从 14 楼再往上爬，星系都会变得如同反乌托邦式的未来城，到处一片焦土。夜空曾经生机勃勃、星汉璀璨，如今却满是焦烟灰烬。但是，因为恒星的万有引力仅仅取决于其质量，跟它是闪耀的明星还是黯淡的余烬无关，所以那些拥有行星的恒星基本上会继续拢住行星。

但也就是再上一层楼的工夫。

天文秩序的晚景

仰望晴朗的夜空，你会只觉得银河系密密麻麻全是星星。并非如此。虽然众多恒星看似是在一个环绕着我们的天球上摩肩接踵地排列着，但实际上，因为这些恒星与地球之间的距离极大——用我们紧挨一处、效果平平的双眼看去，几乎看不出这一点——所以其实恒星彼此之间相距也十分遥远。假如把太阳缩小到一粒砂糖那么大，再放到纽约的帝国大厦上，那么你得一直开车到快到康涅狄格州的格林尼治（直线距离约50千米），才会遇到离我们最近的恒星邻居——半人马座比邻星。你无须开多么快来确保比邻星在你抵达时仍然徘徊在格林尼治那里，因为在这个尺度上，典型的恒星移动速度还不到每小时1毫米。就像几只相隔甚远的蜗牛玩捉迷藏，恒星能够相撞甚至擦肩而过的情形都会非常罕见。

然而，这个结论基于的是我们熟悉的时段——年、世纪、千纪等——因此在比我们现在讨论的长得多的时间尺度上，必须重新考虑。到15楼时，我们已经离开大爆炸1000万亿年了。这段时间里，今天这些移动缓慢的遥远恒星实际上会有很多千钧一发的时刻。这样的遭遇中，又会发生什么？

我们来着眼于地球，假设有另一颗恒星游荡经过。根据闯入者的质量和轨迹，其万有引力有可能只会让地球的运动

稍微受一点扰动。在遥远距离之外掠过的轻质量入侵者不会
造成多大破坏。但如果恒星质量够大，离我们的距离也够近，
那么地球很容易被该恒星的引力拽出轨道，被带着横穿太阳
系，一头扎进深邃的太空。对地球成立的，对在大部分其他
星系中环绕大部分其他恒星运行的大部分其他行星也成立。
在我们沿宇宙时间轴向上攀登时，会有越来越多的行星被不
走寻常路的恒星造成的混乱的万有引力抛入太空。实际上，
尽管可能性极低，地球仍有可能在太阳燃尽之前就遭受这样
的命运。

　　如若发生此种情况，地球与太阳越来越远的距离就会使
其温度不断下降。海洋的上层会结冰，留在地表的一切也都
会被冻住。主要由氮和氧组成的大气，会变成液滴从空中落
下。生命能存活吗？在地表会是不可能的任务。但我们已经
看到，生命在黑暗的海底零星分布的热泉中一样繁荣，实际
上甚至都可能起源于此。阳光反正完全无法穿透这样的深
度，因此这些热泉几乎不会因为阳光消失而受什么影响。实
际上，驱动热泉的能量，有相当一部分来自分散但持续的核
反应。[17] 地球内部储存有放射性元素（主要是钍、铀和钾），
这些不稳定的原子在衰变时会释放高能粒子流，周围环境也
会升温。因此，不管地球是否能享受太阳核聚变产生的温暖，
它都能继续享受内部的核裂变带来的暖意。如果地球被从太
阳系抛出，海底的生命仍有可能继续存活数十亿年，就好像
什么都没发生过一样。[18]

　　这种恒星碰碰车不只是会扰乱带有行星的恒星系统，在更长的时间段上也会影响到星系。四处漫游的恒星如果彼此擦肩而过，或是更罕见地迎面相撞，较重的恒星往往会减速，而较轻的恒星则往往加速（将乒乓球在篮球上放稳，然后让它们一起落到地面上再弹起来，你会注意到这么一撞让乒乓球速度大增）。[19] 在单一次相遇中，这样的交换一般都很温和，但在漫长的时间跨度中，这些效应累积起来会让恒星速度发生极大变化。结果，颇有一批恒星会被逐渐加到很高的速度，最后逃出自己原来的星系。详细计算表明，在我们走过 19 楼，继续向 20 楼挺进时，一般的星系都会因为这个过程而消耗殆尽。其中的恒星大部分已是烧剩的残渣，它们会被抛射出来，漫无目的地飘在太空之中。[20]

　　恒星系统和星系所显现出的无处不在的天文秩序，将就此消失；这些结构现在举目可见，但到那时，此种模式就会被宇宙弃如敝屣。

引力波与最后一次扫荡

　　地球如果有幸躲开了 11 楼膨胀的太阳，也逃过了被恒星邻居的窜访抛出太阳系的厄运，那么它的最终命运就将取决于广义相对论一个极其美丽的特征，就是"引力波"。

　　"弯曲时空"的概念是广义相对论的核心，但也很抽象，在解释这个概念时，物理学家常常借助我们熟悉的东西作比：假设有一张绷紧的橡皮膜，中间放了一个保龄球，把橡皮膜压变了形，有些弹珠在橡皮膜上绕着保龄球转——行星围绕恒星运转就像这样。但这个比喻也带来了一个问题：为什么行星没有向恒星螺旋逼近，最后落入恒星呢？毕竟这样的命运肯定会降临到弹珠身上。[21] 答案是，滚动的弹珠会螺旋逼近保龄球，是因为它们在摩擦中损失了能量。实际上，不需要多高级的设备，你也能检测到相关证据：损失的能量有一部分进了你的耳朵，让你听见弹珠在橡皮膜上滚动。环绕太阳的行星能维持运动，是因为真空中几乎没有摩擦。

就算没有摩擦的因素，行星每转一圈还是会损失一小部分能量。天体运行时会扰动空间结构，产生向外传播的涟漪，就像如果你在橡皮膜上一直敲啊敲它也会产生波纹一样。空间结构中的这种涟漪，就是爱因斯坦在 1916 年和 1918 年发表的论文中预言的引力波。随后的数十年里，爱因斯坦对引力波的感觉一言难尽，最好的时候视之为只是一种理论上的可能性，永远不可能观测到，最差的时候认为这是彻底误解了相关方程。广义相对论的数学计算太精微了，就连爱因斯坦本人有时都觉得摸不着门道。很多人花了很多年时间，才建立起克服这些棘手问题的系统方法，不然的话，人类尝试将广义相对论的数学表达跟这个世界的可测量特征联系起来的努力，都会因这些问题而徒劳无功。到 20 世纪 60 年代，这些方法确立了牢固的地位，物理学家终于敢相信，引力波是广义相对论无懈可击的结论。即便如此，还是没有谁能拿出任何实验或观测证据证明，引力波是真实存在的。

　　大概 15 年之后，情况发生了变化。1974 年，拉塞尔·赫尔斯和约瑟夫·泰勒发现了第一对已知的双中子星系统——一对锁定在快速旋转轨道上的中子星。[22] 随后的观测证实，这两颗中子星正在旋转着彼此靠近，这表明这个双星系统在损失能量。但是能量去哪儿了呢？[23] 泰勒与合作者李·福勒、彼得·麦卡洛克宣称，轨道能量中观测到的那部分损失，跟广义相对论预测的旋转中子星应当注入引力波的能量高度一致。[24] 虽然产生的引力波过于微弱无法探测，这些工作还是证明了引力波的真实存在，尽管是间接的证明。

　　耗费了 30 年和 10 亿美元之后，激光干涉仪引力波天文台 (LIGO) 更进一步，首次直接观测到了空间结构中的涟漪。人们部署了两个巨大的探测器，一个在路易斯安那州，一个在华盛顿州，全都完全排除了引力波之外的任何可能干扰。2015 年 9 月 14 日一大早，两台探测器都以完全相同的方式颤动了起来。研究人员为这一刻已经准备了近半个世纪，但这两个最新升级过的探测器也是两天前才刚完成校准，几乎可以说马上就探测到了引力波信号。这既是惊喜，也让人疑虑。这是真的吗？这到底是惊天大发现，还是谁搞的恶作剧——还有可能更糟，会不会有人黑进系统注入了假信号？

　　经过几个月的周密分析，一遍遍检查据说是引力扰动的各种细节后，研究人员终于宣布，确实是引力波振荡着掠过了地球。此外，为了确定引力波的来源，研究人员精确分析了颤动数据并将其与超级计算机模拟出来的不同天文事件应当产生的引力波比对，反向推导了这个信号。他们的结论是，13亿年前，也就是多细胞生命刚开始在地球上形成的时候，两个离我们很远的黑洞互相环绕着，转得越来越近也越来越快，速度越来越接近光速，最后狂欢着撞在了一起。碰撞在太空中产生了"巨浪"，这场引力海啸极为壮观，能量超过了可观测宇宙中全部星系的全部恒星所能产生的能量。产生的引力波以光速向四面八方传播，也有一部分跑向地球，而随着传播范围越来越大，其能量也被稀释了。引力波继续无休无止地飞奔，在大约10万年前，也就是人类迁出非洲大草原之时，荡漾着穿过了环绕银河系的暗物质环。大约100年前，引力波从毕星团飞驰而过，与此同时，我们这个物种的一员阿尔伯特·爱因斯坦开始思考引力波，并就其可能性写下了最早的论文。大约50年后，引力波继续向前，而另一些研究者大胆提出这样的波也许可以探测到，并开始设计和规划许能有此作用的设备。到这阵引力波距离地球还有两"光日"的时候，这些探测器中最先进一批的最新升级版终于准备好了投入使用。两日过后，这两部探测器抖动了200毫秒，收集到的数据使科学家得以再现我刚刚讲述的这个故事。因为这一成就，团队负责人雷纳·韦斯、巴里·巴里什和基普·索恩荣获2017年诺贝尔奖。

虽说这些发现本身就激动人心，但这里说到这些，是因为到23楼的时候，地球已在同一过程的另一种形式——缓慢但无休止的引力波生成——下失去了能量（依然假设地球还在轨道上运转），将螺旋坠入早已死寂的太阳。其他行星的情况也差不多，虽然时间尺度可能不同。较小的行星对空间结构的扰动较轻，因此死亡螺旋也更长一些；轨道离寄主恒星更远的行星也是如此。若将地球作为可以一直留守运行轨道的行星的代表，我们能得出：到 23 楼，这些已听天由命的行星将纵身跃入自己冰冷的恒星，来一场最后的猛烈交锋。

星系在其最后阶段也会遵循类似的顺序发展。大部分星系的中心都有一个巨大的黑洞，质量是太阳的数百万乃至数十亿倍。我们从 23 楼再往上爬，这时各个星系中没被抛射出去的残存恒星都是烧剩的余烬，会绕着星系中心的黑洞慢慢旋转。有引力波注入行星的轨道能量，行星就会旋转着慢慢落向寄主星，同样，绕星系中心黑洞旋转的恒星也会螺旋下落。估算这种能量传递的速率之后，研究人员得出：到 24 楼时，大部分恒星残骸应该都已油尽灯枯，会落入所在星系中心的黑暗深渊。[25] 这个星系中如果有谁掉队，也就是燃尽的又小又远的恒星，中心黑洞也会提供额外帮助，不眠不休地牵引着这些恒星，诱使它们向最终归宿不断靠近。把两种影响都考虑进去，到 30 楼也就是大爆炸之后 10^{30} 年的时候（甚至更早），中心黑洞会把大部分星系中的恒星都扫荡得一干二净。

到这时，穿过宇宙的旅程恐怕就不再是一场狂欢的盛宴了。太空里，四处只点缀着冰冷的行星、燃尽的恒星和巨大的黑洞,黑暗而荒凉。

复杂物质的命运

　　处在我们所遭遇的这些环境激变中,生命还能存续吗?这个问题一点儿都不简单,因为本章开头就强调过,我们并不知道生命在遥远的未来会是什么样子。一个似可确定的特征是,任何形式的生命都必须能利用合适的能量来驱动维持生命的功能,即新陈代谢、繁殖等等。随着恒星逐渐燃尽,或是被抛射进深邃的太空,或是旋转着落入来者不拒的黑洞,这个任务会变得越来越难。有些想法很有创意,比如说利用暗物质粒子——我们认为这种粒子在太空中到处飘荡,两个这样的粒子碰撞会转变为光子,这时就会产生能量。[26]但问题在于,就算某种生命形式能利用一种全新的能源,随着我们继续向上攀登,另外一个挑战也很可能会出现,而这个挑战比其他所有挑战都重大得多。

　　物质本身可能会解体。

　　构成所有分子、并组装成从生命到恒星的所有复杂物质结构的,是原子,而在所有原子中都处于核心地位的,是质子。要是质子倾向于解体为一束更轻的粒子(如电子和光子),那么物质就会四分五裂,宇宙也会彻底改变。[27]我们能够存在,这说明质子很稳定,至少从现在回溯到大爆炸的时间跨度上是这样。但是在比我们现在考虑的都还长得多的时间尺度上呢？近半个世纪以来，物理学家在数学上看到了一些很有意思的迹象，它们表明，在这么大的时间跨度上，质子其实可以衰变。

早在20世纪70年代，物理学家霍华德·乔吉和谢尔顿·格拉肖就提出了最早的"大统一理论"，这个数学框架在理论上将万有引力之外的三种作用力联系在了一起。[28] 虽然强相互作用力、弱相互作用力和电磁力在实验室条件下研究时表现出的性质截然不同，但在乔吉和格拉肖的框架中，如果在越来越短的距离上研究这三种力，这些天壤之别会逐渐消弭。因此，大统一理论提出，这三种力实际上是一种主作用力的三个不同面向，它在大自然的运作中是一个统一体，但只有在最细小的尺度上才能显现出来。

乔吉和格拉肖意识到，有了大统一理论提出的作用力之间的关联，物质粒子之间也会产生新的关联。这样的关联允许粒子发生大量新的嬗变，其中有些能导致质子衰变。好在质子的衰变过程会非常缓慢。他们的计算表明，如果你在手心里握住一把质子，等其中一半衰变，那你得一直握大概100万亿亿亿年，这足够我们爬到"帝国大厦"的30楼了。这个预测很有意思，它似乎无法证实。谁会有这份耐心去检验一番呢？

答案来自灵机一动的简单一步。就好像如果州政府这周只卖出去了几张彩票，那这周有人中奖的概率就会几近于零，但如果彩票销量飙升，有人中奖的概率也会大大提高；

同样，在少量样品中看到质子衰变的机会几近于零，但如果扩大样品规模，观测到衰变的概率也会大大增加。[29] 所以在一个大缸里装上十几万立方米的纯化水（每立方米的水能提供约 3.3×10^{29} 个质子），在周围部署上超灵敏的探测器，不错眼珠日日夜夜盯着，看有没有质子衰变产物的一丝信号（按乔吉—格拉肖模型，会是一种叫"π介子"的粒子外加一个"反电子"）。

单个质子衰变产生的粒子碎屑会漂在一大片"汪洋"之中，其中都是类似的碎屑，数量远远超过恒河沙数，因此要找这样的粒子碎屑，恐怕全世界的呆头鹅都会大笑不止。但实际上，很多杰出的实验物理学家团队都已确凿表明，如果这大缸水中有一个质子解体，他们的探测器也会警铃大作。

20 世纪 80 年代中期时，乔吉的大统一理论正在接受检验，而我正是他的一名学生。那时我还是本科生，还在学习更基础的内容，因此并没有完全理解发生了什么。但我能感受到大家的期待。自然界的统一，这个就连爱因斯坦也为之神往的梦想，就要显现了。然后一年过去了，没有观测到一个质子的衰变证据。次年亦如是。再来年仍如是。没能观测到任何质子解体，研究人员只能给质子寿命设了个下限，目前的值约为 10^{34} 年。

乔吉和格拉肖的提案相当伟大。姑且不论尚待来日的量子引力谜团，他们的理论将数学和物理优雅、严格并巧妙地融合在一起，从而囊括了自然界另外三种作用力，也容纳了所有物质粒子。这是智识的杰作。然而对于他们的提案，大自然却不屑一顾。很久以后，我跟乔吉谈起这段经历。他称这些令人失望的实验为"被大自然一巴掌扇了下来"，并补充说，正是这段经历让他转而反对整个大统一纲领。[30]

但大统一纲领仍在继续，也还将继续下去。到现在人们追寻过的几乎所有进路——卡鲁扎—克莱因理论、超对称、超引力、超弦，还有对乔吉和格拉肖原来的大统一理论的更直接的延伸（所有这些都可以在拙作《宇宙的琴弦》中读到）——都有一个共同特征，就是都预测质子会衰变。有些提法认为衰变速率跟乔吉和格拉肖最早的图景差不多，这样的提法马上就被排除了。但还有很多种统一理论预测的质子衰变速率更慢，与最精密的实验给出的限制一致。典型数字范围大致是 10^{34}—10^{37} 年，有些预测还表示会要更久。

问题是，随着我们对宇宙的数学理解不断提高，质子衰变在几乎每一个数学的转折点都开始冒头。操纵我们这些方程避开质子衰变并非不可能，但要做到这一点，往往需要各种扭曲的数学操作，它们会与一批已被过去的成功证明、对现实意义重大的理论阐释相矛盾。出于这些原因，很多理论物理学家都料想，质子确实会衰变。这种看法有可能是错的，在尾注中我也简单考虑了另一种备选看法。[31]但在这里，为明确起见，我将质子的寿命定为约 10^{38} 年。

可能的结果就是，在我们从 38 楼继续往上爬的时候，组成宇宙中出现过的所有结构——岩石、水、兔子、树、你、我、行星、月球、恒星，等等等等——的所有分子，组成这些分子的所有原子，统统会解体。全都破碎分裂。留给宇宙的就成了孤立的粒子组分，主要是电子、正电子、中微子和光子，在点缀着静默而贪婪的黑洞的宇宙中四处奔流。

在较低的楼层，生命的主要挑战是如何利用合适的高质低熵的能量来驱动物质的生命过程。从 38 楼往上，挑战就更为根本了。在原子和分子消解之后，生命的脚手架和宇宙中大部分结构都会崩塌。因此，生命如果一直走到了这里，如今终于要撞上南墙了吧？也许吧。但是也有可能，在我们现在考虑的时间尺度上——比宇宙现在的年龄大 1000 亿亿亿倍——生命已经演化为一种早就不再需要任何目前所需的生物结构的形式。也许生命和心灵这样的类别，都会在其未来形式面前显得蠢笨不堪，那些新形式，会要求全新的特征。

这种猜测背后有一种假设，就是生命和心灵并不依赖于诸如细胞、身体、大脑之类的任何具体物理基底，而不过是诸般过程整合起来的集合。迄今为止，生物学独揽对生命活动的研究，但这可能只是反映出，地球上出于自然选择的演化十分变幻莫测。如果基本粒子的其他某种排列也能如实执行生命和心灵过程，那这样的系统也将成为会思考的生灵。

我们这里是采取最宽广的视角来考虑这样一种可能：即使没有复杂的分子和原子，某种会思考的心灵是否仍会存在。所以我们要问：如果我们不容商量的唯一限制就是思维过程要完全遵循物理学定律，那么思维能永远存续下去吗？

思维的未来

去考量思维的未来，看似是典型的自高自大。凭个人体验，我们每个人都知道思维是怎么回事，但在第 5 章我们也清楚地看到，对心灵的严格科学研究还处于早期阶段。对运动的科学研究在不到 3 个世纪的时间里就从牛顿定律发展到了截然不同的薛定谔定律，所以我们怎么能指望在亿万世纪都不过恍如一瞬的时间尺度上，对思维的未来言之有物呢？

这个问题引出了我们的一个中心主题。宇宙可以、也必须从范围广泛、截然不同的多种角度来理解。由此而来的解释，每一种都与特定类型的问题相关，最终必须要能整合为连贯一致的叙事；即便我们对许多方面见识有限，也应该能在某些方面取得进展。牛顿对量子物理学一无所知，但针对我们在日常尺度上遇到的运动还是成功构建了一番理解。量子力学出现后，牛顿的大厦并未就此拆毁，而是做了些修缮。量子力学提供的新基础拓宽了科学的理解范围，也让牛顿的大厦有了全新的阐释。

有可能，今天对于未来心灵的数学思考全都文不对题。毕竟，除非你对物理学史和哲学史特别在行，不然你可能从来没听说过亚里士多德用目的论式的"隐德来希"来描述运动，或是恩培多克勒关于视力的"眼中之火"理论。我们人类在探索过程中，几乎可以肯定得到的有些结果——好吧，很多结果——是完全错误的。但就像牛顿物理学那样，目前对心灵的这些思索有一天也可能被认为是更有统御力的历史叙事的一部分。我们正是抱持着这份理性而温和的乐观态度来思考思维的遥远未来的。

1979 年，弗里曼·戴森写了一篇颇有见地的文章，讨论生命和心灵的遥远未来。[32] 这里我们将紧紧跟随他的思想，再纳入基于近期理论发展和天文观测的最新进展。跟我们贯串全书的思路一样，戴森采取的也是物理主义心灵观，认为思维活动是完全遵循物理定律的物理过程。既然我们对宇宙的总体特性在遥远的未来将如何演变相当有把握，我们就可以来研究一下，宜于思维的环境是否还会继续存在。

就从想你的脑子开始吧。人脑有很多性质，其中一点是，它是热的。脑子不断吸收着你通过饮食和呼吸提供的能量，执行一系列生化过程（化学反应、分子重排、粒子运动等等）来修饰其细部结构，再把废热排入环境。脑在思考（及从事一切活动）时，就总括了我们在第 2 章分析蒸汽机时首次遇到的那一系列过程。跟蒸汽机这种范本一样，脑子向环境中释放的热，带走了它吸收的以及内部运作中产生的熵。

不管因为什么，蒸汽机如果无法解决掉越积越多的熵，迟早会超速运转、出现故障；而不管为什么，大脑如果无法清理自身运转不断产生的熵垃圾，也会领受类似的命运。出故障了的脑子就不再是能思考的脑子了。以脑为基础的思维能维持多久，要面对这个潜在的挑战。随着宇宙继续迈向更遥远的未来，大脑还能保持清理自身产生的废热的能力吗？

在我们从今天出发爬向更高的楼层时，没有谁会指望着人类的脑会稳定存在。而当我们爬到原子都开始解体为更基本粒子的楼层时，复杂分子聚集成的任何形式当然也会变得越发罕有。但是，能排出废热这个判断条件是最基本的，适用于能执行思维过程的任何类型的任何组态。所以根本问题是，是否有任何此种具体存在——我们称之为"思维者"——无论如何设计、如何构造，总归能排出其思维过程必然产生的热。如果做不到，思维者就会过热，在自己的熵垃圾中烧毁。而如果在不断膨胀的宇宙中，物理定律施加的限制决定了，所有地方的所有思维者注定迟早会在熵排放这项必不可少的任务上失败，那么思维本身的未来就很危险了。

因此，要考量思维的未来，我们需要充分了解思维的物理学。思维者的思维过程需要多少能量，又会产生多少熵？思维者需要以什么速率排放废热，而宇宙又能以什么速率吸收废热？

请慢慢想

早前在第 2 章我曾强调，熵计量的是某个物理系统的微观成分——组成它的粒子——"看起来一样"的重排方式有多少种。在分析思维者时，还有一种非常有用的办法来重述此点。如果某系统的熵很低，那么与其粒子组态"看起来一样"的其他可能性或说"分身"不会有多少。因此我告诉你该系统实际上处于这些可能性中的哪一种组态时，提供给你的信息量并不大。就像是在一家库存告急的杂货店货架上指定某一罐"金宝汤"番茄汤罐头 * 一样，我只不过是从少量可能性中指出了一种特定的粒子组态。而如果某系统的熵很高，与其粒子组态"看起来一样"的其他可能性或说"分身"就会为数众多。因此我告诉你系统实际上处于这些可能性中的哪一种组态时，提供给你的信息量就非常大。就像是在一家库存充盈的杂货店货架上指定那罐番茄汤罐头一样，我得从大量可能性中把这种特定的粒子组态指出来。因此，就某低熵系统而言，其粒子组态的信息量很低；而就某高熵系统而言，其粒子组态的信息量很高。

　　熵与信息之间的关联十分重要，因为无论思维发生在什么地方，是在人脑之中还是在抽象的思维者内，它都是要处理信息。因此，信息与熵之间的关联告诉我们，思维的"信息处理"功能也可以描述为"熵处理"。而你应该还记得第2章中讲过的熵处理过程——将熵从此处转移到彼处——也需要热传递，因此我们就有了三个概念——思维、熵和热——系出同宗的情况。利用三个概念两两之间的联系的数学表达，戴森以思维者有多少想法为基础，量化了思维者需要排放的热（喜欢数学运算的读者可见尾注公式 [33]）。想法

---

*　"金宝汤"（Campbell's）是美国著名罐头品牌，有辉煌的营销事件史，如安迪·沃霍尔曾基于其包装进行创作，里根在演员时期也曾为其副牌产品代言。——编注

很多就意味着需要排放大量的热，而想法较少则意味着需要排放的热也较少。

这样一来，为了给思维提供动力，思维者必须从周边环境中吸收能量。而热本身也是一种能量形式，因此思维者吸收的能量必须至少跟思维者需要排放的热一样多。输入的能量品质较高（因此很容易被思维者利用），而输出的热则品质较低（属于废热，因此会消散），但思维者释放的热不可能比吸收的能量多。因此，戴森的计算明确指出了思维者需要从环境中至少吸收多少高品质的能量，从而也量化其难度：随着恒星燃尽、各恒星系解散、星系消散、物质解体、宇宙一边膨胀一边冷却，思维者要收集高质低熵的浓缩能量好让自己继续思考，难度会越来越大。供应变得越发稀缺，因此思维者需要一套高效的策略来管理资源、处理垃圾——一个用于吸收低熵能量并排出高熵的热的详细规划。让我们沿着戴森的思路来想一个。

首先我们来做一个合理假设：思维者内部处理过程的速度无论是多少，都要与其温度相匹配。[34] 温度越高，粒子运动就越快，思维者的思维也更敏捷，能量的消耗会更迅速，废热的积累也会更快。温度越低，这一切也都会越慢。在这个不断膨胀、冷却和减速的宇宙中，思维者如果有志于尽可能久地继续思考下去，就需要厉行节约，烧得越慢才能烧得越久，而不是轰轰烈烈地闪耀一瞬。因此我们会建议思维者跟随宇宙的脚步：在时间的推移中不断降低自己的温度，放慢思维过程，而面对宇宙中日益减少的高品质能量供应，也要降低对它们的消耗速度。

　　因为思维者就只做思考这么一件事儿，思考要越来越慢的前景没什么特别的吸引力。我们打算安慰一下思维者，于是对它说："你全都想错啦。因为你所有的内部过程都会一起慢下来，所以你的主观体验根本不会有变化。你不会注意到自己的思维过程有任何变动。你也许会看到环境中有很多过程似乎都运转得越来越快，但你的思维敏捷度还是会好像一如既往。"思维者放下心来，同意按上述策略行事，但还是问了最后一个它担心的问题："如果照此办理，以后我还能想出来新的想法吗？"

　　这是核心的问题，因此我们估计思维者多半会问。我们也准备好了答案。数学计算表明，就跟汽车开得越慢每公里油耗越低一样，思维者思考得越慢，"每想法能耗"也会越低。也就是说，随着温度越来越低，思维者的思维过程会变得越来越高效。因此，思维者实际上只需要有限的能量供应，也能想出无限多的想法（就好像无穷级数求和，比如 $1 + \frac{1}{2} + \frac{1}{4} + \cdots$ 加起来是个有限的数字，就是 2）。我们激动万分地告诉了思维者这个结论："按这个计划走，你不只能永远继续思考下去，而且凭有限的能量供应就能做到！"[35]

　　于是，兴高采烈的思维者准备实施这个计划，但接下来我们遇到了意料之外的麻烦。数学上还有一个很讨厌的推论我们一直没注意到：有点像一杯较冷的咖啡向周围环境排热不会有一杯热咖啡那么多似的，思维者温度变得越低，就越难以释放思考产生的废热。思维者提醒我们："你们对我了解太少了。在造谣说我排热会有困难之前，你们也许应当小心思量。"意思我明白。但这真的就是数学计算的美妙之处。我们的推理只需假设思维者服从已知的物理学定律，并且由基本粒子比如电子组成，就够了。上面的分析完全具有普遍性。我们无须了解思维者的生理或结构细节，就能得出结论：随着思维者温度下降，它排出熵的速率会下降得低于其产生熵的速率。意识到这一点后，我们别无选择，只能宣布这条消息。"虽然为了延长思维的存续时间同时只需要有限的能量供应，你必须在越来越低的温度下思考，但总有一个时刻，你的熵积累得会比排出得更快，从那个时候起，你如果还继续思考，就会烧毁在你自己的思维中。"[36]

在垂头丧气的思维完全想通之前，我们的精锐团队中有人提出了一个破局的办法：休眠。思维者需要定期让思考休息一下，关掉心灵，睡上一觉，这样能暂停熵的产生但同时还能继续清除自己的全部废热。如果思考暂停的时间够长，那么等思维者醒来时，它应该已经排完了所有废热，就不会再面临烧毁的危险了。而且停机期间思维者没有思维，所以它醒来时，甚至不会注意到有过中断。这个解决方案最早是由戴森在他开创性的论文中提出的，在该方案的鼓舞下，我们向思维者保证，按照这种节奏，思维可以永远维系下去。

真的可以吗？

对思维的最后思考

　　自戴森的论文发表以来，这几十年里，有两方面的进展对上述策略大有影响。其一是思考与产熵之间的联系得到了阐明，结果我们不得不适当重新演绎上述结论。另一方面的进展让我们不得不忍受空间加速膨胀，而这个特点很可能会彻底颠覆上述结论，让思维正好撞到熵的枪口上。

　　首先是重新演绎。戴森推理的核心是，思考必然产热。我们回顾了一下，思维与信息相关，信息与熵相关，熵又与热相关，因此说思考产热，相当可信。但这些联系都很微妙，而且最近有些主要来自计算机科学领域的发现表明，在执行基本的信息处理、如 $1+1 = 2$ 时，有一些巧妙的办法可以让能量不降级。[37] 若假设思考和计算系出同源，则运用前述策略的思维者可以完全不产生任何废热。

　　不过，来自计算机科学领域的相关考量表明，有一种形式的"思维—熵—热"三联会使我们最初的分析不受重新演绎的影响，只是风格略有不同。它就是：计算机如果擦除任何一条内存，也必定产生废热（回想一下，废热通常来自难以逆转的过程，比如打碎玻璃杯；擦除数据会使计算很难逆转，因此说擦除生热倒也不是多么意外）。[38] 即便考虑到这一点，我们给思维者的建议也只需稍作修改：只要思维者永远不擦除任何存储／记忆，就能够继续思考下去而不必清除废热。但我们假设思维者容量有限，因此存储量也有限，早晚会达上限。一旦达到上限，思维者能做的就只有在内部重组已经存储的固定信息，无休止地反刍旧思想——我们当中很多人恐怕都不会愿意选择以这种方式永生不朽。思维者若想拥有创新能力，好想出新想法、存下新记忆、探索新的智识领域，就必须允许擦除，而这就会产热，让我们回到上一节讨论过的情形，以及在那里推荐过的休眠策略。

第二方面的进展带来的压力更大。发现空间在加速膨胀，这带给了无尽的思维一个也许无法逾越的新障碍。[39]如果就像现在的数据表明的那样，加速膨胀一直就这样势头不减，那我们来到 12 楼的时候就会看到，遥远的星系消失了，就好像掉下了太空边缘的悬崖。也就是说，我们被一个遥远的球形视界包围着，而这个视界代表了即使从理论上说也是我们能看到的最远边界。边界之外的任何事物都在以超光速远离我们，因此从这么遥远的地方发出的任何光线都永远不会抵达我们这里。物理学家把这个遥远的边界叫作我们的"宇宙视界"。

你可以把这个遥远的宇宙视界看成是一个巨大的发光球面，就好像由遥远的取暖灯组成的球形阵列那样形成了太空的背景温度。下一章我会解释为什么会这样（这个知识点跟黑洞物理学密切相关，据斯蒂芬·霍金的发现，黑洞也有发光的视界），但这里我想强调的是，发光宇宙视界处的温度跟大爆炸遗留下来的 2.7K 微波背景温度完全不同。随着时间的流逝，微波背景温度会继续冷却；而随着空间的持续膨胀及微波辐射密度的不断降低,这个温度会越来越接近绝对零度。宇宙视界处的温度则有不同的表现,它是个常数,很小——根据测得的加速膨胀速率,约为 10^{-30}K——但很持久。而长期来看,持久最重要。

热则只会自发地从较热物体流向较冷物体。思维者如果比宇宙温度高,就有机会将废热辐射进太空;但如果思维者的温度降到了太空温度以下,热流就会反转——从太空流向思维者——思维者的排热需求就会遭遇拦截。这意味着,休眠策略注定失败。思维者的温度在不断下降(还记得吧,思维者如果想以有限的能量预算无限思考下去,就必须如此),因此迟早会达到 10^{-30}K 这个小数目。到这个时候,游戏就结束了,宇宙不会再接受思维者的废热。再来一个想法(或更准确地说,再擦除一次),思维者就会下油锅。

这个结论以假设空间加速膨胀会一直保持不变为基础。但没有人知道,事实究竟是否如此。加速可能会越来越快,把我们推向大撕裂,让生命和思维的前景愈加黯淡。加速也可能越来越慢,这会让宇宙视界不再出现,遥远的取暖灯也不会开启,并允许宇宙的温度无限下降。物理学家威尔·金尼和凯蒂·弗里兹证明,宇宙的这种可能性会让戴森一开始的乐观主义重登大宝:思维者如果一丝不苟地执行休眠时间表,就能继续思考下去,直到无限遥远的未来。[40]

思维的未来只要还有一线希望,我就决不会弃之不顾,但简要回顾一下现状也很有帮助。我们的整个推理过程都是乐观主义所塑造的。我们假设，在一个万物皆无的宇宙中，没有恒星行星，也没有分子原子，但思维者仍能存在。尽管稳定的基本粒子，如电子、中微子、光子等会四处游荡，但心灵的慧眼要想象出这些粒子集合起来产生思维结构的图景，必须要有一副乐观的玫瑰色眼镜才行。但我们还是大胆畅想，假设这样的具体存在有可能形成。宇宙如果以恰到好处的方式膨胀，至少还是有机会让这样的思维者无限思考下去，了解到这一点当然令人欣慰。尽管如此，我们还是很难避免得出这样的结论：思维在遥远的未来岌岌可危。

实际上，如果加速膨胀不会减缓，那么终有一刻思维会谢幕离场。我们的理解太过粗浅，无法精确预测，但把大致数字代入方程，也会得出这一刻可能是在 10^{50} 年之后。我们一开始就曾指出，一个巨大的未知数是，智慧生命是否能影响宇宙发展，比如是否可能影响恒星和星系的演化，开发出未曾预计到的高品质能量源，乃至控制空间膨胀的速率。因为智慧极其复杂，除了天马行空胡思乱想，我们也不可能发表任何更有分量的意见了，也正因此，我选择对这些影响完全避而不谈。所以，将智慧生命的干预放在一边，一丝不苟地遵照热力学第二定律，我们得出的结论是，等我们爬到 50 楼的时候，宇宙很可能已经迎来了最后的思维。

从人类思考过的大部分尺度来看，10^{50} 年跨度惊人。这个时间跨度，可以容纳比 1 万亿亿亿亿段还多的从大爆炸到现在经过的所有时间。但是，如果从比如说 75 楼的时间尺度来考量，10^{50} 年又恍如一瞬——比从我们打开台灯到光抵达眼睛这一段时间间隔体验，还要短得多得多。当然，如果宇宙是永恒的，那么生生灭灭的存续时段无论有多长，都可以看成无穷小。从立足于这些更长的时间尺度来展开叙事，对宇宙的阐述就应该是这样：大爆炸之后过了一会儿，生命出现了，在这个冷漠不仁的宇宙中短暂地思考了一番自己的存在，便又消散了。这是一番宇宙级的再现，再现的是波卓对等待戈多的众人的悲愤怒斥："他们让新的生命诞生在坟墓上，光明只闪现了一刹那，跟着又是黑夜。"

有人会觉得这样的未来黯淡无光，伯特兰·罗素自然算是其中一位。他的评价我们在第 2 章即已听闻，即便他所处的 20 世纪中期对宇宙的理解还更为原始。我的看法有所不同。在我看来，科学现在想象出的未来，正凸显出我们进行思维的这一瞬间，我们闪现光亮的这一刹那，是多么难得、奇妙和珍贵。

10

时间的黄昏

量子、概率和永恒

　　思维终结之后很久，虽然不再有会思考的存在者留意，物理学定律还是会一如既往地发挥着它们的作用：将现实的展现勾画出来。在过程中，这些定律会显现出一个至关重要的认识：量子力学与永恒会结成强大的联盟。量子力学是一类很特别的梦想家，在它那放射着光芒的眼中，未来有着极大量的可能，但它也给一切具体结果都指定了可能性的大小，让狂放的憧憬不致脱缰。有些结果，其量子概率极低，必须等待比宇宙现在的年龄还要长得多的时间才有一定机会显现。在我们熟悉的时间尺度上，我们完全可以忽略它们；但在更大的时间尺度上，大到宇宙现在的年龄都有如白驹过隙，先前我们可以置之不理的很多可能性，就都需要适当考虑了。如果时间真的没有终点，那么所有一切未被量子力学定律严格禁止的结果——无论熟悉的还是古怪的，很有可能的还是不大可能的——早晚都必定会有光彩照人的时刻。[1]

　　本章我们将研究几个这种罕见的宇宙过程。这些过程在等待着时机，等待着被谁拍拍肩膀，叫进现实。

黑洞解体

　　20世纪中叶的物理学家，因为在第二次世界大战最后几起事件中发挥了决定性作用而声名显赫。主流的研究领域是核物理和粒子物理，用弗里曼·戴森的话说，这些研究赋予了物理学家仿佛神一般的力量，可以"释放恒星维持燃烧用的那种能量……把百万吨岩石搬上天"。[2] 相比之下，广义相对论被很多人看成一门细分学科，光辉岁月早已不再。物理学家约翰·惠勒会改变这一切。惠勒对核物理和量子物理的贡献不计其数且影响深远，但他对广义相对论的喜爱之情却始终不渝。他还有一项神奇的本领：能用自己的热情激励他人。随后数十年，惠勒门下走出了一批最杰出的物理学大师，惠勒与这些得意门生联手，让广义相对论重新成为充满活力的科学研究领域。

　　黑洞是惠勒特别痴迷的一个领域。根据广义相对论，什么东西一旦掉进黑洞，就再无可能逃出。它会消失。永远。20世纪70年代初，一直在深入思考这个问题的惠勒终于遇到了一桩难题，并将这一难题告诉了自己的学生雅各布·贝肯斯坦：黑洞似乎是用来违反热力学第二定律的趁手法门。

惠勒思索，把一杯热茶扔进附近一个黑洞的话，这杯茶的熵会去哪儿？既然从外面永远无法触及黑洞内部，那么这杯热茶连同它所包含的熵，似乎就都消失了。惠勒担心，把熵丢进黑洞，是为故意违反第二定律提供了可靠的手段。

几个月后，贝肯斯坦带着一个答案回来找惠勒。他表示，那杯茶的熵没有消失，只不过传递给了黑洞。贝肯斯坦指出，就好像抓住一口热煎锅，煎锅的熵会有一部分传到你手上，同样，掉进黑洞的任何物体，都会将自己的熵传给黑洞本身。

这种回答应自然而然，惠勒自己也想到过。[3] 但这个答案马上会碰到一个问题。我们已经看到，熵计量的是某系统的成分让该系统"看起来非常一样"的重排方式有多少种，或更准确地说，计量的是某系统的微观成分与其宏观状态相容的不同组态有多少种。如果那杯茶的熵传递给了黑洞，那么这些熵应该表现为黑洞内部重排方式数量的增加，且不影响黑洞宏观的特征。

于是问题来了：在 20 世纪六七十年代之交，物理学家维尔纳·伊斯雷尔和布兰登·卡特已经用广义相对论的方程证明，要完全确定一个黑洞，只需要三个数字：黑洞的质量、角动量（自转得有多快）和带电量。[4] 只要测定了这几个宏观特征，你就有了完整描述此黑洞所需的全部信息。这意味着，任意两个黑洞，只要这些宏观特征一样——质量一样，角动量一样，带电量也一样——那么这两个黑洞在任何细节方面就都一模一样。因此，不同于比如说一口袋 38 枚正面朝上、62枚背面朝上的硬币，它可以有数百亿亿亿种不同的硬币组态，也不同于一箱给定体积、温度和压强的蒸汽，它更可以有天量不同的分子组态方式；对黑洞来说，确定了质量、角动量和带电量，也就是严格指定了一种且唯一一种组态。没有别的组态可以算进来，也没有看起来一样的组态可以列举：黑洞似乎完全不含任何熵。把一杯茶丢进去，这杯茶的熵似乎就消失了。在黑洞面前，热力学第二定律似乎都举手投降了。

贝肯斯坦完全不能接受。他宣称，黑洞当然也有熵。而且，如果有什么东西掉进去，黑洞的熵也刚好会以符合第二定律的方式增加。要领会贝肯斯坦的推理主旨，首先要注意的是，有东西掉进黑洞时，其质量并没有消失。所有研究并理解广义相对论的人都会同意，任何东西掉进黑洞，都会表现为黑洞本身质量的增加。为了让这个过程形象化，我们来想象一下黑洞的"事件视界"，就是定义黑洞边界的球面，超过这个位置就有去无回了。数学计算表明，事件视界的半径与黑洞的质量成正比：质量越小的黑洞视界越小，质量越大的视界也越大。往黑洞里扔东西，黑洞的质量会增加，因此你可以设想，黑洞此时会有视界向外膨胀的反应。黑洞一边吃东西，"水桶腰"也变粗了。

遵照贝肯斯坦思路中的精神，[5]假设我们现在扔进去了个非常特别的探测器，一个精心设计用以检测黑洞对熵会有何反应的探测器。为此我们准备了一个光子，其波长极长，即其可能的位置非常分散；当这个光子遇到黑洞时，我们针对结果能给出的最精确描述就是一单位的信息：光子要么落进了黑洞，要么没有。根据前提，这个光子的位置非常模糊，因此如果它被黑洞捕获，我们无法给出更详细的描述，比如明确指出该光子是从视界的具体哪里进入黑洞的。这样的光子携带的就是一单位的熵。这样，我们就能从数学上检验，黑洞一口吃下这一单位熵会有何反应。

光子有能量，而能量和质量又是爱因斯坦硬币的一体两面（根据 $E = mc^2$），所以黑洞吃掉这颗光子后，质量会略微上升，其事件视界也会稍有扩大。但精要在于细节。贝肯斯坦注意到了一个关键模式：扔进去一单位熵，黑洞的事件视界也会扩大一单位面积（所谓的"量子单位面积"，也叫"普朗克面积"，约为 10^{-70} 平方米）。[6] 扔进去两单位熵，表面积就会增加两单位，以此类推。这样一来，就可以说黑洞用其事件视界的表面积记录了它吸收的熵。贝肯斯坦将这个模式提升为一种假说：黑洞的总熵由其事件视界的总面积（以普朗克单位计）给出。这就是贝肯斯坦向惠勒提出的新想法。

贝肯斯坦无法解释黑洞的熵与其外表面即事件视界之间这种惊人的联系；这种联系实在出人意料，因为它说的是，一件普通物体，比如一杯茶，它的熵就包含在其内部、其体积中。贝肯斯坦也无法解释自己的提案跟传统框架的关系：在传统框架中，熵应当枚举黑洞的微观组分可能的重排方式（在 20 世纪 90 年代中期弦论对此发表见解之前，该问题基本上一直处于蛰伏状态）。但他的提案，成了一种挽救热力学第二定律的定量计算工具。效果立竿见影：计算总熵时，需要清点的不只是物质和辐射的贡献，还要算上黑洞的贡献。把一杯茶扔进黑洞会让你早餐桌上的熵降低，但如果计算一下黑洞事件视界增加的表面积，就会发现你在家里享受到的熵减被黑洞那里的熵增抵消了。贝肯斯坦提供了一种在计算熵时把黑洞也包括在内的算法，让热力学第二定律振作了起来，再次昂首挺胸，大步前进。

听说了贝肯斯坦的提案后，斯蒂芬·霍金只觉得荒唐可笑。还有很多物理学家感觉也差不多。黑洞由三个数值就能完全决定，其主要构成也不过是真空（落入黑洞的一切都会被一直拉到黑洞中心的奇点），因此素有"极致简单"的名声。粗略说来就是，黑洞中不可能存在无序，因为黑洞里面没有什么东西可以承载无序。霍金带头反对贝肯斯坦的提案，并开始运用结合了广义相对论和量子力学的精妙数学方法自行计算，相信自己很快就能在贝肯斯坦的推理中找出谬误。然而，计算结果让霍金大感震惊，他自己也花了好一阵才相信。霍金的分析不仅确证了贝肯斯坦的理论，而且带来了更多令人意外的结论：黑洞有温度，也会发光。黑洞是会辐射的。黑洞只不过名义上是黑的。或者说得更准确点，只有忽略量子物理的时候，黑洞才是黑的。

霍金的推理，主旨简述如下：

根据量子力学，空间中无论多么小的区域都总会有量子活动。即使这个区域看似真空，好像根本不包含任何能量，量子理论也表明这个区域所含能量其实是在快速上下波动，只不过平均下来为零。我们在第3章见过的宇宙微波背景辐射中的温度变化，也是由同样类型的量子波动引起的。根据 $E = mc^2$，能量的这种量子波动也可以表现为质量的量子波动：粒子及其反粒子伙伴，在原本空无一物的空间中突然闪现。这个过程也正在你眼皮底下发生，但无论你盯得有多紧，也不可能看到丝毫迹象。原因在于，量子力学同样规定，这样的正反粒子对会很快彼此相遇并湮灭消失，复又回到真空。我们确实探测到了这些倏忽来去的把戏的间接迹象，因为只有把这个过程也包括在我们的计算中，我们的预测和实际测量才能实现高度一致，正是这种程度的一致使量子力学成了基础物理学的核心。[7]

霍金重新研究了这种量子过程，但这次他假设此类过程只发生在黑洞的事件视界以外。正反粒子对在这个环境中突然出现后，有时会很快湮灭，就跟在其他任何地方一样。但接下来就是重点了：霍金认识到，这对粒子有时候不会湮灭。有时，正反粒子对中的某一方会被吸进黑洞。幸存的那个粒子现在失去了能让自己湮灭的伙伴（同时还肩负着维持总动量守恒的重任），于是会掉头往外冲。这个过程会在黑洞球形视界表面的所有微小空间区域上一再发生，于是黑洞就显得在向四面八方辐射粒子，现在我们称之为"霍金辐射"。

此外，计算还表明，所有这样掉进黑洞的粒子，其能量都为负(也许并不意外,毕竟逃出黑洞的伙伴粒子能量为正,而总能量必须守恒)。黑洞吞噬这些质量为负的粒子时,就好像在把负的卡路里吃进去一样,因此其质量会下降而不是上升。因此从外界看,黑洞就好像在一边辐射粒子一边在不断缩小。如果不是辐射源——浸没在真空中固有的粒子波动形成的量子浴中的黑洞——太过奇特,这个过程看起来会稀松平常,就好像一大截还在发光的木炭在慢慢燃尽的过程中辐射着光子一样。[8]

正在长大的黑洞无论是吃了杯热茶还是吞下了躁动的恒星,都会完全遵循热力学第二定律,逐渐缩小的黑洞也是如此。缩小的黑洞的事件视界面积也在减小,意味着黑洞的熵也在减小,但黑洞发出的辐射在向外流动,并在更广大的空间范围扩散开来,传递到环境中的熵用来对偿黑洞的熵损失绰绰有余。这些舞步我们已经很熟悉了:黑洞在辐射时,也跳着熵的两步舞。

霍金的结论使这一切都有了高度的数学精确性。此外他还发现了精确计算发光黑洞的温度的公式。下一节我会定性介绍一下他的结论(喜欢数学的读者可见尾注公式[9]),但此处与我们关系最大的特性是,黑洞的温度与质量成反比。就好像成年的大丹犬(体重可超过 45 千克)体格很大也很温顺,而西施犬幼犬个子虽小却很狂躁一样,大型黑洞很平静,温度也较低,而小型黑洞则更躁动,温度也更高。多亏了霍金的公式,我们能借一些数字来将这一点展示明白。对于大型黑洞，比如说位于我们银河系中心的那个，其质量为太阳的 400 万倍，霍金的公式就指出其温度极低，才超过绝对零度一百万亿分之一度（10^{-14}K）。而质量跟太阳相当的较小黑洞，温度就高一些，但也远远谈不上温暖舒适，高出的还不到一千万分之一度（10^{-7}K）。而非常小的黑洞，比如说质量跟一个橘子差不多的，就会炽热得很，温度约为一亿亿亿度（10^{24}K）。

黑洞的质量如果超过月球，其温度就会低于目前充斥宇宙空间的微波背景辐射的温度，2.7K。这个数字对需要学富五车才敢高谈阔论的鸡尾酒会来说非常方便，也有重要的宇宙学意义。因为热会自发地从高温处流向低温处，所以会从寒冷的充满微波辐射的周围环境，流向更寒冷的黑洞本身。虽然黑洞也在发出霍金辐射，但总的来说，黑洞吸收的能量超过释放的能量，因此其质量还会慢慢增加。迄今为止，天文观测发现的最小黑洞都远远超过月球的质量，因此也全都处于越长越大的过程中。不过，随着宇宙继续膨胀，微波背景辐射也会继续稀释，其温度也将继续降低。在遥远的未来，在太空的背景温度降至低于任一黑洞后，能量跷跷板就会翻转，黑洞射出的能量将超过收到的能量，因此会开始收缩。

看，假以时日，黑洞也会日渐衰弱。

关于黑洞，还有很多问题仍处在当下研究的前沿，其中一个问题对我们这里的讨论相当重要，它跟黑洞存在的最后时刻有关。黑洞在向外辐射的同时，质量也会下降，进而温度也会升高。到黑洞即将消失的时候，其质量接近于零，温度飙向无穷大，这时候会发生什么？黑洞会爆炸？会无疾而终？还是会出现别的什么情况？我们不知道。尽管如此，对霍金辐射的定量理解让物理学家唐·佩奇能够为给定的黑洞确定其缩小速度，因此也就能算出黑洞走到最后时刻需要多久——无论最后这一刻的详细情形会是什么样子。[10] 佩奇的计算结果表明，由垂死的恒星形成的黑洞，若其质量相当于太阳，则等我们爬到帝国大厦第 68 层上下，也就是大爆炸后 10^{68} 年左右的时候，这样的黑洞就会整个辐射净尽。

超级黑洞的解体

人们认为大部分（乃至全部）星系的中心位置都有黑洞，且质量巨大。随着天文观测不断进步，不断有新面孔打破纪录，冠军黑洞的质量已接近太阳的 1000 亿倍。质量这么大的黑洞，事件视界也会非常大，可以从太阳一直延伸过海王星的轨道，并继续向着奥尔特云延伸好远。如果说奥尔特云这个名字你觉得眼生，也不知道它究竟有多远，那你只需要知道阳光抵达那里要花超过 100 个小时就够了。所以我们现在说的是一个范围特别特别大的黑洞。但接下来我要说明，这些黑洞宁静温和的举止，可跟它们的大块头殊不相称。

按照广义相对论，形成黑洞的配方简单至极：将任意大小的质量放在一起，令其形成足够小的一个球。[11] 当然，就算对黑洞只有一番浮光掠影的了解，你也会预期，"足够小"的意思是真的很小，出奇地小，小到荒唐。某些情况下，你这样预期也对。要把一颗葡萄柚变成黑洞，需要把它压缩到直径 10^{-25} 厘米左右；要把地球变成黑洞，就得把地球压缩到直径 2 厘米左右；而要把太阳变成黑洞，就得将其压缩到直径 6 千米大小。这几个例子全都需要极力挤压物质，从而更支持了一种广泛的直觉：要形成黑洞，密度须得极高。但如果你继续列入质量远大于太阳的例子，去关注越来越大的黑洞如何形成，那么你会遇到一个令你大感意外的规律。

随着用来建造黑洞的物质越来越多，这些物质需要达到的密度会越来越小。如果你想要一句——好吧两句——数学兮兮的表述，那么这种情况的理由会一目了然：因为黑洞事件视界的半径与黑洞的质量正相关，体积与质量的立方正相关，因此平均密度——质量除以体积——就会与质量的平方等比下降。质量变成 2 倍，密度就变成原来的 1/4；质量变成 1000 倍，密度就会变成原来的百万分之一。暂且不论数学形式，定性意义上的重点是：形成黑洞时，质量越大，这团质量就越不需要受那么大的挤压。位于银河系中心的黑洞质量约为太阳的 400 万倍，要建造这样一个黑洞，物质的密度需要达到铅的 100 倍左右，所以还是要面对大力挤压的难题。但如果要建造的黑洞有 1 亿个太阳的质量，则所需物质密度会一路降到跟水差不多。而要建造的黑洞质量是 40 亿个太阳的话，所需的密度会跟你现在呼吸的空气类似。在空气中收集 40 亿个太阳质量那么多的物质，跟葡萄柚、地球和太阳的情形都不一样，用这么多空气来建造一个黑洞，完全无须压缩。单靠作用在空气上的万有引力，黑洞就能形成。

我并不是主张你用一袋袋空气为原料就真能创造出一个质量超大的黑洞，但有 40 亿个太阳那么重的黑洞平均密度居然只跟空气一样，这个情况值得注意，也有力地说明了黑洞的特性跟流俗的设想多么大相径庭。[12] 从质量和尺寸的角度来评价，这样的黑洞巨大无比，但若从平均密度来评价，它们又疏松得很，因此绝对算得上温和的巨人。从这个意义上讲，较大的黑洞反而没有较小的黑洞那么"超级"，这个认识倒是直观地解释了霍金的发现：黑洞质量越大，温度就越低，发出的光也越柔和。

因此大型黑洞会比较长寿，这得益于两个相互关联的因素：这些黑洞有更多质量用来辐射；温度也更低，因此把这些质量辐射出去的速度也更慢。往方程中代入数字，我们会发现，质量约为太阳 1000 亿倍的黑洞，凋亡的步调会颇为从容，要等到我们爬上帝国大厦的顶楼第 102 层时，此类黑洞才会喷出最后一口辐射，终于真正遁入黑暗。[13]

时间的尽头

站在 102 楼注视宇宙，除了粒子薄雾在太空中四处飘荡之外，看不到太多东西。时不时地，电子及其反粒子即正电子间的引力会使二者沿螺旋向内的轨迹越靠越近，最后在一道极细的微闪、一瞬穿透黑暗的光亮中湮灭。如果暗能量已经耗尽，空间的快速膨胀也已减弱，那么粒子也可能聚成更大的黑洞，它们会辐射得更慢，寿命也更长。但如果暗能量依然存在，粒子就会因空间加速膨胀而被越来越快地驱散，这样它们就几乎再也不会碰到别的粒子了。奇怪的是，这种情形跟刚刚发生大爆炸后颇有几分类似，彼时太空中也是充满了独立的粒子。区别在于，早期宇宙中的粒子极为密集，万有引力很容易诱使它们形成恒星和行星这样的结构；而在晚期宇宙中，粒子十分分散，空间的加速膨胀也无休无止，因此这样积聚成团的情况会极不可能出现。这是宇宙舞台上的尘归尘土归土，其中早期的"尘土"稔熟于熵的两步舞，在万有引力的驱使下变成有序的天文结构，而晚期的尘土扩散得特别稀薄，静静飘在虚空之中就能令它们心满意足了。

物理学家有时候会把未来的这个时期比作时间的尽头。并不是说时间停止了。而是当所有的活动都只不过是一个孤立的粒子在广袤的太空中从这个点移动到那个点时，就有理由得出结论说，这个宇宙终于转成了不生不灭的状态。尽管如此，在本章中我们愿意考虑更长的时间跨度，因此有些很不可能的进程本可以马上置之不理，但现在它们也有了意谓。虽然很难想象，但这些罕见事件尽管可能性极低，仍然有可能打破这个不生不灭的状态。

真空的解体

2012年7月4日，在欧洲核子研究组织（CERN）举行的新闻发布会上，发言人约瑟夫·英坎德拉宣布，人们期待已久的希格斯粒子已获发现。那天我在科罗拉多州的阿斯彭物理中心看实况转播，房间里挤满了同行。凌晨2点前后，大家爆发出一阵狂呼：镜头转到彼得·希格斯身上，他摘下眼镜，擦了擦眼睛。希格斯在近50年前提出了这种以他名字命名的粒子，又战胜了生僻想法时常会遇到的阻力，等了一辈子，终于得知自己是对的。

在英国爱丁堡郊外长途徒步时，年轻的彼得·希格斯解决了一个让全世界研究者都沮丧不已的难题。当时，描述强力、弱力和电磁力的数学，以及描述受这些力影响的物质粒子的数学，正迅速聚为一体。理论物理学家和实验物理学家并肩作战，打算撰写一份量子力学手册，阐明微观世界的运作机制。但有一个明显的漏洞。这些方程都无法解释，基本粒子是如何获得质量的。为什么你假若去推动基本粒子（如电子或夸克），会感到它们在阻碍你的努力？这种阻力反映了粒子有质量，但方程式表现出来的似乎完全是另一回事：根据数学表达，这些粒子应该没有质量，因此也应该完全不产生阻力才对。不用说，数学与现实对不上号，这快把物理学家逼疯了。

数学似乎只接受没有质量的粒子，其原因有些专门，但归根结底是由于对称性。台球桌上的母球任你左转右转，看起来都一样；描述基本粒子的方程也是如此，你把这个数学项跟另一个数学项交换一下位置，方程看起来还是会一样。在这两个例子中，考察对象都不受变化的影响——对母球来说是朝向变化，对方程来说就是数学重组——这个事实反映了它们背后有高度的对称性。对母球来说，对称性确保了母球可以顺畅滚动。对方程来说，对称性确保了方程可以顺畅展开。粒子物理学的研究者已经认识到，如果没有对称性，方程将前后矛盾，会产生类似于 1 除以 0 这样的无意义结果。于是难题来了：分析表明，确保方程正常合理的数学对称性，也会要求粒子没有质量（也许不算意外，因为 0 本身就是个高度对称的数字，乘以或除以任何别的数都会取值不变）。

希格斯就是从这里登场的。他认为，本质而言，粒子确实没有质量，就跟原始的对称方程要求的一模一样。但是，希格斯继续指出，粒子被扔进这个世界后，就因为环境影响而获得了质量。希格斯假设空间中充满了一种看不见的物质，现在我们称其为"希格斯场"，而各粒子在穿过这个场的时候会经受一种拖拽的阻力，就有点儿像中空带风孔的塑料威浮棒球飞在空中时受到的阻力那样。虽然威浮球没什么重量，但如果你把一个威浮球举在车窗外，然后让车一直加速，那么你的手和胳膊也会得到相当的锻炼：威浮球会让你觉得很重，因为要克服空气施加的阻力。与此类似，希格斯提出，推动粒子时会感觉到粒子有质量，是因为粒子正在克服希格斯场施加的阻力。粒子越大，就越抗拒你的推力，按照希格斯的说法，这意味着粒子在他的这种充满整个空间的场中遭受的阻力越大。[14]

如果你还不熟悉希格斯场的概念，但是已经认真阅读了前面的章节，那么希格斯的想法可能听来也没多么奇特。现代物理学已经习惯了看不见的物质充满空间的观念，也就是古时候的"以太"的现代版。从可能驱动了大爆炸的暴胀子场，到也许造成了现在观测到的宇宙加速膨胀的暗能量，过去几十年里，物理学家在提出空间中充斥着不可见的东西时可毫不忸怩。但在 20 世纪 60 年代，希格斯场的想法还是相当激进。希格斯是在说，如果太空真的像传统和直觉的意义上理解的那样空无一物，那么粒子根本不会有任何质量。因此他得出结论，太空一定不会空无一物，且太空中所含的独特物质必须刚好让粒子具有它们表现出的质量。

希格斯说明这一新提案的第一篇论文，被随手丢在了一边。希格斯回忆起当时的反响："他们说，我在胡说八道。"[15]但那些认真研究了这个想法的人认识到了其中的价值，该想法也慢慢流行了起来，并最终获得了全盘接受。我第一次读到希格斯的提案是 20 世纪 80 年代在一门研究生课上，这个提案就那么斩钉截铁地出现在我面前，以至于有好一阵我都没意识到它还没有得到实验的确证。

验证该提案的方法说起来有多容易，做起来就有多难。当两个粒子，比如说两个质子高速撞在一起时，周围的希格斯场应该会受到扰动。这个撞击理论上偶尔会撞出来一小滴希格斯场，它会显示为一种新的基本粒子，即"希格斯粒子"，诺贝尔奖得主弗兰克·维尔切克称之为"旧式真空掉落的碎片"。因此，如果发现这种粒子，就能确凿证明这个理论。这个目标鼓舞了来自 30 多个国家的 3000 多名科学家追寻了 30 多年，调用了世界上最强大的粒子加速器，耗资超过 150 亿美元。这场长征的结果在美国独立日的新闻发布会上获得了宣布：大型强子对撞机（LHC）收集到的数据生成了一张图，本应很均匀的图形上有了一个小凸起——实验证实，我们抓住了希格斯粒子。

这是人类发现史上极为精彩的一幕，它加深了我们对粒子性质的理解，也让我们对数学揭示现实的隐藏面向的能力更有了信心。希格斯场跟我们在宇宙时间轴上的旅程的关系，来自一个相关但截然不同的考虑：未来某个时候，希格斯场的值可能会变。就好像威浮球遇到的空气密度不同时，所受阻力会有变化，同样，基本粒子遇到的希格斯场取值不同时，基本粒子的质量也会变化。这个变化除非特别特别细微，否则几乎肯定会毁掉我们所知的现实。原子、分子以及由它们形成的结构，都与其粒子组分的性质密切相关。阳光普照，是因为氢和氦的物理和化学特性，而这些又都取决于质子、中子、电子、中微子和光子的性质。不同细胞能各司其职，主要是因为其分子组分的物理和化学特性，而这些仍然取决于基本粒子的性质。改变基本粒子的质量，就会改变它们的行为方式，因此或多或少就等于改变了一切。

　　大量天文观测和实验室中的实验都已证实，在过去 138 亿年的大部分甚至全部时间里，基本粒子的质量是恒定的，即希格斯场的值一直稳定。然而未来希格斯场跃变为另一个值的可能性即使极小，也会被我们现在考虑的极大时间跨度放大到几乎肯定会发生的程度。

　　与希格斯场的跃变关系重大的物理过程叫"量子隧穿"。要理解这个过程，我们最好先考虑一个更简单的情形。把一粒弹珠放入空香槟杯，如果没人动它，你会预期弹珠将一直在那里。毕竟这粒弹珠被一圈障碍物围着，没有足够的能量爬上杯壁并从杯口逃出，当然也没有足够的能量直接穿过杯壁。与此类似，如果把一个电子放在一个形似微型香槟杯的陷阱里，在它的位置周围围上一圈屏障，你也会预期这个电子将一直待在那儿。确实，大部分时候这个电子都会一直在那儿。但有时候并非如此。有时候，这个电子会从陷阱里消失，并在陷阱外面重新出现。

　　这种超级魔术般的移动可能让我们大吃一惊，但它在量子力学中不过是雕虫小技。利用薛定谔方程，我们可以算在某个位置、比如说是在陷阱里面还是外面发现一个电子的概率。数学计算表明，陷阱越难逾越——阱壁越高、越厚——电子逃逸的可能性越小。但是，关键在于，要让逃逸概率为零，陷阱必须么无限宽要么无限高，但现实世界中不会有这样的事。而非零概率无论多小，都意味着只要等得够久，这个电子迟早会跑去另一边。观测也确证了这一点。通过屏障的这个过程，就是我们所谓的"量子隧穿"。

我是用粒子穿过屏障、将位置从此处换到彼处的这套说法来描述量子隧穿的。但这个效应同样可以指某种场穿过屏障、并改变其取值。这样的过程如果牵涉希格斯场，就可能决定宇宙的长期命运。

用物理学家通常使用的单位来表示，目前希格斯场的取值是 246。[16] 为什么是 246？没有人知道。但是希格斯场以这个值部署的阻力（再加上各种粒子与该取值的希格斯场相互作用的准确程度）成功解释了基本粒子的质量。但是为什么一百多亿年来希格斯场的取值都很稳定？我们认为，答案是希格斯场的取值就跟酒杯里的弹珠和陷阱里的电子一样，被难以逾越的屏障围了起来：如果希格斯场试图从 246 迁移到或高或低的另一个值，屏障会强行将其赶回原值，就好像要是有人临时晃了一下酒杯，那颗弹珠也还是会被赶回酒杯底部一样。假如不考虑量子因素，希格斯场的值会永远保持在 246。但是，理论物理学家西德尼·科尔曼在 20 世纪 70 年代中期发现，量子隧穿改变了这种情形。[17]

就像量子力学偶尔会允许电子隧穿出陷阱一样，希格斯场的取值隧穿出屏障也是允许的。如若发生这种情形，希格斯场不会在所有地方同时改变取值，而是在一些由量子事件的随机性质挑选出的极小区域中采取行动，隧穿屏障，去到一个不同的取值。随后，就像隧穿出香槟杯的弹珠会落到较低的位置那样，希格斯场也会落到一个更低的能量值上。更低的能级会诱使附近的希格斯场也发生转变，就像多米诺骨牌一样，形成越来越大的希格斯场取值变化范围。

在该范围内，希格斯场的新取值会使粒子质量发生变化，因此我们熟悉的物理、化学和生物特征也不再成立。而在此范围之外，希格斯场的取值还没有变，粒子还保持着原来的属性，因此看起来一切如常。科尔曼的分析表明，该范围的边界标志着希格斯场从旧取值向新取值的转变，且会以非常接近光速的速度向外扩散。[18] 这就意味着我们这些处在该范围之外的人，几乎不可能看到此番劫数向我们迎面扑来；一俟看到，劫数已然临头。上一刻我们还一如既往地生活着，下一刻我们就都不存在了。这个世界上充满了我们不了解其特性的粒子，那么最终会有新的结构乃至新的生命形式从其中涌现出来吗？有可能。但这些问题，我们现在还没有能力回答。

物理学家无法准确说出希格斯场可能会在什么时候跃变。时间尺度取决于粒子和作用力的特性，而这些尚未以足够的精度确定。此外，它既然是量子过程，我们也只能预测其概率。目前的数据表明，从现在算起，希格斯场要隧穿到另一个值，很可能会在 10^{102}—10^{359} 年之后，也就是 102 楼到 359 楼之间的某个地方（就连当今世界最高建筑，169 层的哈里发塔，面对这个高度都可能要自愧弗如）。[19]

希格斯场重新定义了我们说"空无一物"时的意思——

在可观测宇宙中，任何一处最空的真空中也有取值为 246 的希格斯场——因此，希格斯场取值的量子隧穿表明了真空本身也不稳定。只要等得够久，真空都会变化。虽然这种变化、这种解体的时间尺度不太能引起什么担心，但也要注意，这个隧穿也可能今天就发生。或者明天。这就是生活在未来事件由概率决定的量子宇宙中的负担。就好像也许你扔下几百枚硬币，结果全都正面朝上——有可能但又不太可能；同样，我们也许正处于被转变中的希格斯场迎面撞上的边缘，而紧随其后的就是一种全新的真空——有可能但又不太可能。

此种概率微乎其微，这倒似乎也是件好事。被一道光速冲来的劫数扫荡净尽，虽然快捷无痛，但也不是我们大部分人想要的结局。而随着我们将注意力转向更长的时间尺度，我们也将遇到不仅离奇，而且有能力破坏我们认为是现实真理的一切事物的量子过程。对此，有些物理学家的回应是变得更加偏爱这样的理论：在我们必须面对理性思维本身的内爆溃散之前，宇宙早已终结。

玻尔兹曼大脑

在沿着宇宙时间轴往上爬的过程中，我们见证了热力学第二定律的威力。从大爆炸到恒星形成，从生命的曙光到心灵过程，从星系耗尽到黑洞解体，在这一切当中，熵都一直在无休止地增加。熵这样从头到尾都在增长，也许会掩盖第二定律规定的只不过是概率这个事实。熵可以减少。现在散布在你整个房间里的空气粒子，可以同时全都聚集一处，形成一个球，悬在天花板下，让你无气可吸。这种情形只是太不可能，等到它发生的时间尺度会极大，因此我们承认有这种可能性，但还是会明智地继续过我们的日子。但是，既然现在我们目光长远，那就让我们抛开时间的局限性，考虑一些相当令人兴奋的熵减可能性。

假设过去一个小时你都一直在读这本书，坐在你最喜欢的一把椅子上，时不时从你最喜欢的杯子里啜一口茶。如果问起这么舒服的情景是怎么来的，你大概会说，杯子你是从新墨西哥州当地的一个陶工那里买的，椅子是你祖母传下来的，还有你一直对宇宙的运作机制感兴趣，所以才会读这本书。如果鼓励你提供更多细节，你大概会谈到你的成长经历、兄弟姐妹和父母等等。如果继续在时间上努力追溯，继续提供更完整的叙述，你最后可能会说到我们在前面的章节聊过的那些内容。

这一切都基于一个不寻常的事实：你所知道的一切反映的都是现时驻留在你脑中的想法、记忆和感觉。买这个杯子是很久以前了，现在剩下的只是你脑袋里的粒子形成的一种组态，是它保存着这段记忆。对于你是从奶奶那里继承了这把椅子、你对宇宙感到好奇、你在本书中读到了种种概念等等记忆来说，情况也同样如此。从坚定不移的物理主义视角来看，这一切现在会在你的脑袋里，都是因为现在你脑袋里的粒子的特定排列。这也就意味着，如果有随机的一束粒子在没有结构的高熵宇宙的虚空中穿梭来去，那么这束粒子应该能偶然地自发调节成一个低熵组态，刚好跟现在构成你大脑的粒子组态匹配，因此，这个粒子集合会拥有跟你一样的记忆、想法和感觉。就这样，罕见但仍有可能地，粒子自发聚集成了一种高度有序的特别组态，由这种组态形成的假说性的、自由浮动且不受束缚的心灵，就叫"玻尔兹曼大脑"，我不知这么叫算是尊崇还是奚落。[20]

玻尔兹曼大脑就孤零零地待在又冷又黑的太空中，在死之前不会有太多想法。但是，粒子的自发聚集也有可能产生一些配件，延长玻尔兹曼大脑的运行：仅举数例，比如能安顿大脑的头和身体、食水供应、合适的恒星和行星等。实际上，自发聚集的粒子（和场）甚至可以产生今天的整个宇宙，或是重新创造出引发大爆炸的条件，让一个跟我们这个差不多的宇宙重新展开一遍。[21] 当然，说到熵会自发下降，其下降幅度越小，也就是越少数粒子聚成一些更能容纳不精确排列的结构，则出现特异事件的机会也越大得多。我说机会大得多，意思就是大得"多"，指数级的多。鉴于我们对思维的遥远未来极感兴趣，那么，在由粒子随机聚成、能短暂思考、进而也想知道自己究竟是如何形成的各种组态中，孤零零的一个玻尔兹曼大脑是最小因此也最有可能的。[22]

让上述情形变得不只像是 B 级科幻电影开头的，是在我们展望遥远的未来时，这些听起来很古怪的过程真正发生所需的条件似乎也成熟了起来。有个必要因素是空间加速膨胀。之前我们曾指出，这样的膨胀导致了宇宙有其视界——一个围绕着我们的遥远球面。超过此边界的物体，退行速度都快过光速，这就切断了它们所有接触并影响我们的可能。而现在，一如霍金阐明了量子力学内涵了黑洞视界有温度、能辐射之义，霍金及其合作者加里·吉本斯用类似逻辑证明了宇宙视界也有温度，也能发出辐射。我们上一章的那番关注思维之未来的分析，就基于这一事实，并得出结论：我们的宇宙视界，尽管温度极低，只有 10^{-30}K 左右，但已经足以让拼命想要无限思维下去的未来思维者，最终被自己的思维烧死。但现在我们也会看到，在大得多的时间尺度上，类似的考虑也让思维的未来有了复兴的可能，着实古怪。

在遥远的未来，宇宙视界发出的辐射会产生一个尽管暗淡但持续不断的粒子源（主要是无质量粒子、光子和引力子），这些粒子会在视界围出的空间区域内游荡。有时一些粒子群会撞在一起，并依 $E = mc^2$ 原理把自己的动能转化为数量较少但质量较大的粒子产物，如电子、夸克、质子、中子以及它们的反粒子。因为结果是粒子数变少、运动也有所减弱，所以这些过程是造成了熵减，但只要等得够久，这种不大可能的事还是会发生。也还会继续发生下去。在更罕见的情形中，这样产生的质子、中子和电子中，会有一些以恰到好处的方式聚集为某种原子类。要出现这种罕见过程，需要特别长的时间跨度，这也就解释了为什么这种过程在大爆炸之后及恒星之内的原子核合成中无足轻重；但现在我们手里有的是时间，这些过程也就重要了起来。在更长的时间范围内，原子会随机加入一系列越来越复杂的组态，确保了在通往永恒之路上时不时会有粒子集合成某种宏观结构，从 Q 版人像手办到宾利汽车都有可能。如果没有会思考的存在者，所有这些生生灭灭都不会带来任何挂碍。但偶尔随机形成的宏观结构也可以是大脑。早已灭绝的思维会短暂回归。

　　这种复活需要的时间尺度是多少？粗略一算（数学爱好者可见尾注[23]），我们可以估计，在 $10^{10^{68}}$ 年内，一个玻尔兹曼大脑有相当大的形成机会。这可是很长的时间。虽然我们只需要两行半就能写出帝国大厦顶楼代表的持续时段，10^{102} 年，即 1 后面跟着 102 个零；但要写出 $10^{10^{68}}$，即 1 后面跟着 10^{68} 个零，就算把世界上所有已经印刷出来的书里的每一章、每一页、每一行的每个字都换成 0，也还写不完九牛一毛。虽然如此，似乎也不会有谁逗留一旁，瞟着手表，等熵下降，降到足以生出一个大脑来。这个宇宙也许会以一种无序、高熵的普通状态存续到迫近永恒，也没有谁会抱怨。

　　这就带来了一个很有意思但也有些人类色彩的担忧。你的大脑从何而来？这个问题听起来有点傻，但还是配合我一下吧。在回答的时候，你自然会根据你的记忆和认识，说你生来就有脑子，而你的出现也隶属于一条事件序列，可以经由你的祖先谱系、生命本身的演化记录、地球和太阳的形成等等一直追溯到大爆炸。表面看来这个说法好像很有道理，我们大多数人都会给出差不多的回答。但前面的章节已经讲清，大脑可以按你说的这种方式形成的时间窗口很有限——宽泛而言，这个期限也很可能就在帝国大厦的 10—40 楼之间。而形成一个玻尔兹曼式的大脑，所需的时间窗口要长得多——很可能是无限长。[24] 随着时间滚滚向前，玻尔兹曼大脑会尽管罕见但还算可靠地一直合成，所以生生灭灭的这些大脑的总数会越来越大。因此，如果统计宇宙时间轴上足够长的一段时间，会发现玻尔兹曼大脑的总数远超传统大脑。有些玻尔兹曼大脑的粒子组态会令其错误地相信自己是经传统的生物方式产生的，即使我们只关注这部分大脑，其总数也同样会远超传统大脑。原因仍然是，一个过程无论多罕见，在要多长就有多长的时间跨度中，都会要发生多少次就能发生多少次。

这样一来，如果你问自己现在拥有的信念、记忆、认识和理解最有可能是经什么方式得到的，那么基于绝对数量、不感情用事的答案非常明确：你的脑只不过是由虚空中的粒子自发形成的，其中所有的记忆和其他神经心理特性都是由某种特定的粒子组态印刻成的。你关于自己从何而来的说法虽然动人，但不是真的。你的记忆，以及让你拥有这些认识和信念的各种推理链路，全是虚构。你没有过去。你只不过是一个刚刚才出现的大脑，它没有身体，并且被赋予了关于从未发生之事的想法和记忆。[25]

这种情景不只是无比怪诞，它会带来一个灾难性的结论，也正因此我才重点关注自发形成的大脑，而不是其他无数种也能由粒子的随机结合实现的无生命对象。如果你我或任何人的大脑无法相信其记忆和信念准确反映了已经发生的事情，那也就没有哪个大脑能相信所谓的测量、观察和计算，而正是这些构成了科学理解的基础。[26] 我记得自己学过广义相对论和量子力学，我能想明白支持这些理论的推理链路，也能回忆起看到这些理论令人惊叹地解释了数据和观测结果的情形等等。但是，如果我无法相信这些想法是由一些真实事件造成，我须将前者归因于后者，或无法相信这些理论并非心理的向壁虚构，那么我也会同样无法相信这些理论指出的任何结论。而在这些不再可信的结论中，最糟糕的就是，我可能只是个自发形成的大脑，飘在虚空之中。我们可能只是自发形成的大脑，从这种可能中升起的深刻怀疑又会迫使我们怀疑一开始让我们考虑这种可能性的推理链路。

　　总之，物理学定律能够推导出自发熵减，这虽属罕见，却会动摇我们对定律本身，以及这些定律本可推出的所有结论的信心。考虑到这些定律可以在任意长的时段中起作用，我们就陷入了怀疑论的噩梦，对一切事物都不敢再信。这可不是个令人开心的处境。是理性思考帮我们稳健地爬上了帝国大厦甚至更高的地方，那么，我们要怎样才能重拾对其基础的信心？物理学家已经发展了一些策略。

　　有些人的结论是，玻尔兹曼大脑不过是没事找事。当然，这种观点也承认玻尔兹曼大脑可以形成。但是放心，你绝对不是其中一个。证明如下：放眼世界，看看你都能看到什么。如果你是一个玻尔兹曼大脑，那么非常有可能下一瞬间你就不复存在了。能存续更长时间的脑肯定属于一个更大、更有序的支撑系统，其形成需要更罕见的波动、更低的熵，因此可能性也更低。所以如果你再看一眼世界的时候发现跟第一眼很像，你就越发可以相信自己并非玻尔兹曼大脑。实际上，按照这种观点，接下来每一个类似的瞬间都会让你的论证更加有力，也让你更有信心。

但是也请注意，此番论证预设了，在这样的序列中，每一个瞬间在传统意义上都是真实的。如果现在你的记忆是过去一分钟你看了这个世界十几次，每一次都让你确信自己并非玻尔兹曼大脑，那么这个记忆反映的就是你大脑现在的状态，因此也跟你的大脑刚刚带着那些记忆在此刻开启是相容的。认真考虑过这种情形之后，你会认识到你用来辩称自己并非玻尔兹曼大脑的经验观察，本身也可能是虚构的一部分。我也许记得曾对自己说过"我思故我在"，但从任一时刻来看，准确的叙述实际上要求我这样说："我当下认为我思考过，因此我当下认为我曾存在。"在现实中，对这些思考的记忆并不能保证这些思考真的发生过。

一种更令人信服的方法是质疑这种情景本身：玻尔兹曼大脑论证的核心是有一个遥远的宇宙视界在不断辐射粒子，这些粒子就是建造包括心灵在内的各种复杂结构的原材料。长期来看，如果充满太空的暗能量会逐渐消失，那么加速膨胀也会走向尾声，宇宙视界也将退场。没有了围绕我们的遥远球面辐射粒子，太空的温度会不断向 0 逼近。这种情况下，复杂宏观结构自发形成的机会也会不断接近于 0。虽然现在还没有任何证据证明暗能量会减弱（或增强），但未来的观测任务会更精确地研究这种可能性。保守估计是，最终结论尚未形成。[27]

更激进的一批解决思路则认为，宇宙，或至少我们所知的这个宇宙，根本就不会一直存在到要多远就有多远的未来。没有了我们一直在考虑的超长时间跨度的话，形成玻尔兹曼大脑的可能性就小得可笑了，我们也就完全可以放心大胆地忽略这个过程。如果宇宙在可能产生玻尔兹曼大脑所需的时间尺度之前很久即已终结，我们就可以收起怀疑，轻轻松松地重新回到之前我们对大脑的起源和发展，以及对我们的记忆、认识和信念的描述。[28]

宇宙怎么会这么快就终结的呢？

末日临近？

之前我们考虑过这样一种可能性：希格斯场也许会量子跃迁到一个新值，导致粒子性质突然变化，很多基本的物理、化学和生物过程也将改写。宇宙还会继续，但基本可以肯定就没我们什么事儿了。如果这种脱钩发生在形成玻尔兹曼大脑所需的时间尺度之前很久——关于希格斯场的数据目前表明的正是如此——那么普通大脑将在全部大脑中占主导地位，我们也就可以避开怀疑论的一团乱麻了。[29]

　　还有一个更加快刀斩乱麻的解决方案，来自某种量子跃迁，在其中，暗能量的取值会突然改变。目前宇宙的加速膨胀，是由弥漫在太空所有区域的正暗能量推动的。但是，正如正暗能量会产生向外推的反引力，负暗能量也会产生往里拉的引力。因此，暗能量跃变为负值的量子隧穿事件，将标志着宇宙从向外膨胀到向内坍缩的转变。这样的 180 度大转弯会让一切事物——物质、能量、空间、时间——都被压缩为极高的密度和温度，有点像是大爆炸反过来，物理学家称之为"大挤压"。[30] 就像在零时刻即大爆炸的启动时刻发生了什么有很多未定之数，同样的，在最后一刻即大挤压的那一刻会发生什么，也有很多的不确定。不过显而易见的是，如果大挤压发生在远远不到 $10^{10^{68}}$ 年的时间，玻尔兹曼大脑无论会有多么特殊的影响，都会再次变得无足轻重。

　　还有最后一种方法是别局限于玻尔兹曼大脑。物理学家保罗·斯坦哈特和合作者尼尔·图罗克、安娜·伊雅斯设想，让宇宙终结于大挤压的这种可能可以更进一步，变成更乐观的"大反弹"，再生成宇宙。[31] 按这一理论，像我们这样的空间区域会经历膨胀再收缩的多个阶段，无限循环往复。大爆炸变成大反弹：从前一阶段的收缩中反弹回来。这个想法并非全然另辟蹊径。爱因斯坦完成广义相对论之后不久，亚历山大·弗里德曼就提出了循环宇宙论，后来数学物理学家理查德·托尔曼又将其进一步发展。[32] 托尔曼的目标尤其是避开宇宙开端的问题。如果循环向过去无限延伸，那就没有起点。宇宙一直存在。但是，托尔曼发现，热力学第二定律妨碍了这一设想。熵会在一次又一次的循环中不断积累，这就意味着在我们目前栖居的宇宙之前只能存在有限次循环，因此终究还是需要个起点。在他们的新版循环论中，斯坦哈特和伊雅斯表示可以解决这个问题。他们已经证明，在每次循环中，给定空间区域膨胀的量都远大于其收缩的量，因此可以保证该区域包含的熵被彻底稀释。按热力学第二定律，在一次次的循环中，整个空间中熵的总量增加了，但在任一有限区域，比如形成了我们这个可观测宇宙的区域内，曾让托尔曼止步不前的熵累积问题无须再去担心。膨胀稀释了所有物质和辐射，而随后的收缩则利用万有引力来充填足够多的高品质能量，好启动新的循环。每次循环的持续时间由暗能量的值决定，根据今天的测量可以确定，持续时间大概在几千亿年的量级。这个时长远小于形成玻尔兹曼大脑所需的典型时长，因此循环宇宙论为保存理性思考提供了另一种潜在的解决方案。虽然在任何一次循环中都有足够的时间以通常的方式产生大脑，但在有时间产生玻尔兹曼式的大脑之前，这次循环早就结束了。因此我们都可以相当有信心地宣称，我们的记忆都出自真实发生的事件。

展望未来时，循环宇宙论表明，我们攀爬帝国大厦的过程会被缩短，在十一二楼上下就会结束，届时空间的收缩阶段会带来一次反弹，终结我们这次循环并开启下一次。摩天大楼的比喻中，直线的上下也需要更新成螺旋形（脑海中浮现出螺旋形古根海姆博物馆的高耸入云版），每一圈都代表一次宇宙循环。此外，由于循环也许会向过去和未来都无限延续，我们也需要设想这个建筑在两个方向上都无限延伸。我们所知的现实，只是宇宙单圈轨迹的一部分。

近年来，循环宇宙论已一跃成为暴胀理论的主要竞争对手。虽然两种理论都能解释宇宙观测结果，包括微波背景辐射中至关重要的温度变化，但暴胀理论仍然主导着宇宙学研究。过去 40 年间，在暴胀理论的推动下，宇宙学成了一门成熟而精确的科学。我们这个时代被叫作"宇宙学黄金时代"，主要归功于暴胀理论。暴胀理论的这种地位，一定程度上反映了，要让物理学家对另一种理论感兴趣，需要艰苦卓绝的斗争。当然，科学真理并非取决于投票人数和流行程度，而是取决于实验、观测和证据。暴胀理论和循环理论确实做出了极为不同的可观测预测，这一不同有一天可能在对两种理论的评判中发挥重要作用：大爆炸中的暴胀很可能极其剧烈地扰乱了空间结构，产生的引力波也许仍然能探测到。循环模型下的膨胀就要温和得多，产生的引力波也微弱到无法观测。在不太遥远的未来，观测也许因此能够打破这两种宇宙学理解方式间的平衡。[33]

在研究者中间，暴胀理论目前仍是首选的宇宙学理论，这也是为什么我们在前几章一直讨论这个理论。即便如此，设想未来的观测能加深我们对宇宙的认识，让我们这个时代成为很多个（说不定是无穷多个）我们理解得并不完备的时刻之一，仍然非常令人激动。虽然这会影响我们对宇宙的最初阶段，以及对宇宙在大约经过 12 楼后将如何发展的讨论，但是，曾引导我们走过前面大部分旅程的关于熵和演化的核心考虑，依然成立。如果循环理论获得确证，那么最大的影响将是我们会了解到，一切规律中最普遍的规律——诞生、死亡、再诞生——是在全宇宙的规模上总结出来的。这个范型非常诱人。设想宇宙并无开端、中间和结束，而是也许就像日子和季节一样会经历一系列周而复始的循环，这样的思想家可以一直追溯到古代的印度、埃及和巴比伦。在不太遥远的将来，由引力波观测站收集的数据或许就能揭示，宇宙本身接受的是不是这种规律。[34]

思维与多重宇宙

以任意速度进入太空深处的旅程是会有一个终点，还是能永远继续下去？再或者，它会不会在一个宇宙版的麦哲伦航行中绕回起点？没有人知道。在暴胀理论中，研究最深入的数学公式表明空间无穷无尽，这在一定程度上解释了研究者们为什么对这种可能性最为关注。在思维的遥远未来，无穷无尽的空间会带来特别古怪的影响，现在我们就遵从主流暴胀观，假设空间是无限的。[35]

　　无限空间的绝大部分都会在我们目力所及之外。远处发出的光只有具备足够的时间穿过广袤空间到达我们这里，我们的望远镜才能看见。用可能的最长旅行时间，即从大爆炸到现在的这 138 亿年，我们可以算出在任意方向能看到的最远距离约为 450 亿光年（你可能会觉得上限应该是 138 亿光年，但因为在光传播的同时空间也在膨胀，所以范围会大一些）。假如你在一颗距离地球比这更远的行星上长大，那么到现在为止我们都不可能有任何沟通或直接的相互影响。因此，宇宙空间假如是无限的，就可以被构想成好多个直径 900 亿光年的分散区域组成的拼图，每个区域的演化都各自独立。[36] 物理学家喜欢把每个这样的区域都当成一个独立的宇宙，这些区域的完整集合则是一个"多重宇宙"。相应地，无限的空间膨胀就会带来包含无数个宇宙的多重宇宙。

　　物理学家豪梅·加里加和亚历山大·维连金 [37] 在研究这些宇宙时，确立了一个关键特征。如果你要观看一系列电影，每部电影都展现了其中一个宇宙如何展开，那么这些电影不可能全都不一样。因为每个区域的大小有限，每个区域包含的能量尽管很多，却也有限，所以在这些宇宙中可能上演的独特历史也只有有限多种。直觉上你可能不这么认为。你可能预期会有无数种变体，因为对于任何一种历史，你总是可以通过把某个粒子往这边或那边推推来改变它。但问题在于，如果你推得太轻，改变就会发生在量子不确定性的敏感极限以下，因此也就毫无意义；而如果你推得太重，这些

粒子就不会留在这个区域了，或是其能量就会超过所允许的
最大值。大尺度和小尺度上都有限制，因此只有有限多种变
体，也就只可能有有限多部不同的电影。

现在这样的区域有无限多个，但电影只有有限多部，因
此没有足够多的不同电影来放映。我们可以确定，这些电影
会重复放映；实际上我们都可以确定，这些电影会重放无数
次。我们同样可以确定，每部电影都会被放映到。让一种历
史与另一种历史有所不同的量子抖动是随机的，因此每一种
可能的组态都会被抽到，哪种历史都不会剩下。因此，无数
个宇宙组成的无限集合会实现所有可能的历史，而且每种历
史都会无限次地频繁上演。

这样势必带来一个很古怪的结论：你我以及所有人正在
经历的现实，也正在很多其他区域——其他宇宙——中一遍
又一遍地发生。就算以任何没有被物理学定律严格禁止的方
式（比如不能违反能量和电荷的守恒）修改我们这里的现
实，别的区域也还是会一次次地出现修改后的现实。这个结
论激发了人们去探寻上演了其他现实——比如李·哈维·奥
斯瓦尔德的枪哑火了，克劳斯·冯·施陶芬贝格成功了，詹
姆斯·厄尔·雷则失败了*——的那些世界。狂热爱好量子

---

* 上述三人均涉及一些历史事件，且其结果与真实历史相反。奥斯瓦尔德（Lee
Harvey Oswald）被认为是肯尼迪遇刺案的主凶，在肯尼迪遇刺两天后遭灭口；
施陶芬贝格（Claus von Stauffenberg）是纳粹德国军官，1944年密谋刺杀希特勒、
清除纳粹党，失败后被枪决；雷（James Earl Ray）则是刺杀马丁·路德·金

理论的人会发现，量子力学的所谓"多世界诠释"——设想量子定律允许的每一种可能结果都会在一个独立的宇宙中发生——跟这些想法不无相似之处。对量子力学的这种理解方式在数学上是否合理？如果合理，其他宇宙到底是真实存在的，还是仅仅是有用的数学虚构？就这些问题，物理学家已经辩论了半个多世纪。而我们现在讲述的这种宇宙学理论，有一个关键区别，就是别的世界（区域）并非只是一种诠释。如果空间是无限的，别的区域就确实会在那里。

从本章和前面各章探索过的内容出发，我们有理由得出结论，在我们这个区域、这个宇宙中，我们的日子，以及更普遍地，那些会思考的存在者的日子，得数着过了。数字也许非常大，但沿帝国大厦攀登而上的途中，或者比帝国大厦还高的某个地方，生命和心灵极有可能会走到尽头。但是，加里加和维连金另辟蹊径，为未来提供了一种奇妙的乐观图景。他们指出，因为无限宇宙集中每一种历史都在到处上演，那么其中肯定有些能享有罕见而幸运的熵减，让某些恒星和行星保持完好无损，或产生包含高品质能量源的新环境，又或是大量不太可能的发展中的某一种，它能允许生命和思维的存续比通常的预期久得多。实际上，加里加和维连金提出，取任一有限的时间跨度，则这段时间无论有多长，在无限集合中总存在一些宇宙，在其中会有可能性微小的过程逆熵而

（Martin Luther King Jr.）的凶手，归案后坐监数十年，最后死在狱中。

行，让生命至少在这段时间内一直存活。因此在无限多个宇宙中，有些会直到无论多么遥远的未来都包含生命和心灵。

我们很难知道，在那样的区域中，居民会怎么解释让他们能一直存活的好运气，甚至都很难知道他们会不会意识到自己运气很好。也许他们对物理学有跟我们一样的理解，并认识到随机波动会导致罕见而幸运的结果。但这一认识同时也会表明，他们的当下经历尽管有可能，可能性却极低。有了这个认识后，他们也许会继续得出结论，认为需要重写自己对物理学的理解。想想看吧。虽然量子物理的概率性定律允许我穿墙而过的可能性出现，但要是我真穿墙了，而且还三番五次地穿墙，那我们大概会想要好好修补一下我们对量子物理的理解。并不是因为我违反了量子定律，那不会的。原因只不过是，如果本来不太可能的事件发生了，而且经常发生，那么我们会倾向于寻求更好的、能让这些事件总归没那么不可能的解释。当然，也有可能那些幸运国度的居民根本不关注如何解释现实，只会随波逐流，开开心心、无穷无尽地生活下去。

我们住在这样一个区域的可能性几乎为零，离这样一个区域足够近、可以逃去那里的可能性也几乎为零，因此我们也许可以在末日临近之时，将我们探索、发现和创造过的内容收集起来打包进一个太空舱并发射出去，希望有朝一日这个太空舱能抵达一个更幸运的世界。我们若是不属于能延续到永远的世系，也许还可以把我们所获成就的精髓传播给那些可以永恒存续的生命。无论有多间接，我们也许还是能在永恒中留下一丝痕迹。但加里加和维连金研究了这个情形的一种形式，并结合物理学家、哲学家大卫·多伊奇的见解得出结论：这个计划没有希望。在无限多的宇宙中，在那么广袤的时间尺度上，随机的量子波动产生的假太空舱数量会远远超过我们的后代能够制造出的真太空舱，因此任何关于我们是谁、有何成就的可靠印记，都会在量子噪音中不知所终。

在我们这个宇宙中，我们很久以来都认为是唯一宇宙中的生命和思维，而我们的生命和思维，又很可能会走向终结。但是在无限空间的辽阔范围中，远远超出我们这个世界的边界之外，有那么些地方，生命和思维也许可以继续存在，甚至大可以无限地存在下去。知道了这一点，也许多少算是个慰藉。然而，尽管我们可以思考永恒，甚至可以伸手试图触及永恒，但显然，我们还是无法触及。

11

存在之高贵

心灵、物质和意义

南非匹兰斯堡国家公园的导游腰挎步枪，向那些会跟他一起步行进入公园的人再三确认，如果有大象、河马或狮子靠得太近让人紧张，怎么反应才算恰当。"待，住，别，动。"他一字一顿，目光慢慢扫过这一群人，"从狮子面前跑开？你这辈子都别想跑赢它。"我们都轻声笑了起来，嘴里咕哝着"是""当然""绝对的"之类的话。就在这时，我低头看了一眼我松松垮垮的上衣袖子。准确说出究竟是个什么东西挂在我袖口上晃荡并不重要，在我看来那就是只狼蛛。它正在努力往上爬。我吓坏了，手臂前后乱甩，连早餐桌上的玻璃杯也撞到了地上。我从椅子上跳起来，一开始幸免于难的那些盘子也纷纷掉落。在混乱中，那只狼蛛，或随便什么让我毛骨悚然的东西，终于掉到了地上。到我恢复镇静下来时，那个分币大小的玩意儿正在地面上慢慢爬走。一切都尘埃落定后，导游微笑着说："啊，宇宙已经代表我们的物理学家朋友发言了。你坐吉普车进去吧。"于是我坐了吉普车。

宇宙并没有代表我发言。这次攻击是随机的，时机也出于盲目的偶然。假如未涉此事，我会做出标准反应，就像前面说的，没有这么个事件的话，没人会惊讶于这件巧合没有发生。但真实情况是，有那么一小会儿，这段尴尬的插曲让我感觉事关重大。我本来就已经对徒步观兽感到不安，在想是不是该退出，这时还得到了一项"专门提醒"；而某人在陷入沉思的时候，连出其不意地打招呼都能把他吓个半死，所以此番特别险况对他来说可不是什么好事儿。老实讲，我也知道这种话很蠢。宇宙可不会用小本本记下我都会做什么，会碰到哪些危险。然而，当狼蛛的攻击点燃的返祖本能慢慢消退时，理性思维距离重掌全局还是有一步之遥。

在一定程度上，对规律的敏感是我们人类能生存繁盛的原因。我们寻找关联，关注巧合，标记常规，为一些事物赋予重要意义。但这些赋予只有一部分来自深思熟虑的分析，描绘了现实的显见特征；很多都出自一种情感偏好，因为我们喜欢强行让混乱的体验表面看起来井然有序。

秩序的意义

我经常说得就好像是，我们的数学方程就在世界的某个地方，无休止地控制着从夸克到宇宙的所有物理过程。情况可能是这样。也许有一天我们能证明，数学是现实这块"织锦"最基本的经纬线。你要是夜以继日地埋首于这些方程，肯定会有这种感受。但是，我可以更有信心地断言，自然界是按定律运行的，即宇宙的组成成分，其行为服从由定律规定的发展进程。我们在本书走过的旅程，正是以此为基础。处于现代物理学核心的那些方程，代表着我们对各种定律的最精确表述。通过一丝不苟的实验和观测，我们已经证明，这些方程对世界的描述极为准确。但这并不是说这些方程一定是用自然界的固有词汇表达出来的。虽然觉得概率很低，但我还是考虑过这种可能性：未来当我们自豪地向外星访客展示我们这些方程时，他们会客气地一笑，告诉我们他们也是从数学开始的，但后来发现了现实的真正语言。

　　历史上，我们祖先的物理直觉来自他们日常所遇的熟悉事物中的明显规律，来自岩石坠落、树枝折断、水流奔腾；对日常中的力学现象拥有一种与生俱来的感觉，其生存价值不言而喻。在时间的长河中，我们利用自己的认知能力，超越了这种促进生存的直觉，揭示并归纳出从单个粒子的微观世界到星系团的宏观世界等众多领域中的各种规律，虽然其中很多都几乎甚至根本没有生存方面的适应性价值。演化塑造了我们的直觉，让我们的认知技能不断发展，也开启了我们的物理教育，但我们更全面的理解还是来自人类借数学语言表达出来的好奇心的力量。结果，用这种语言阐述的方程在探索现实的深层结构时非常有用，但这些方程仍可能只是出于人类心灵的构造。

　　若把目光移向指导我们评价人类经验的那些性质，我会坚持与此类似的一个观点。对与错、善与恶、命运和目标、价值和意义，这些都是非常有用的概念，但我不像其他一些人，会认为道德判断和意义的赋予都超越了人的心灵。是我们发明了这些性质，但并非凭空捏造。我们经达尔文式的自然选择塑造出来的心灵，在各种观念和行为面前，总是或被吸引，或排斥之，又或是感到害怕。放眼全世界，关爱孩童备受赞扬，而乱伦悖行人人不齿；日常交易公买公卖很受重视，忠于家人和同胞亦是如此。我们的祖先聚成群体后，这些及很多其他倾向与实际经历之间相互作用，产生了反馈循环：个人行为会影响群体生活的效率，因此共同行为准则逐渐清晰了起来，并继而又为遵守它们的人带去了更高水平的生存价值。[1] 自然选择塑造了我们对基本物理的直觉，同样，它也在塑造我们与生俱来的道德感、价值感上出了一份力。

　　有些人也认同，道德准则并非从高处强加给人类，也并非漂浮在抽象的真理世界中，但即使在这些人中间，关于人类认知在决定人类这些早期敏感性如何发展时的作用，也有一番有建设性的辩论。有人认为，跟物理学的发展模式类似，演化印刻下了道德感的雏形，而我们的认知力允许我们跳脱出这种与生俱来的基础，去形成独立的态度和信念。[2] 另一些人则认为，我们擅长利用灵巧的认知来解释我们的道德责任感，但这些叙述都是"正是如此"的故事，是对锚定在我们演化史中的道德判断进行合理化。[3]

值得再次强调的是，这些立场都不依赖于传统的自由意志概念。在描述人类行为时，我们运用了一系列因素，从本能和记忆，到感知力和社会期望。但就如我们指出过的，这类高层面的叙述虽在我们人类给世界讲出意义的各种方式中处于核心地位，但催生出它们的一系列复杂过程，最终都是基于自然界基本组分的动态机制。我们都是粒子集合，都在无数场演化战中受益，是这些战斗解放了我们的行为，让我们有了延缓熵增的能力。但这些胜利并没有赋予我们凌驾于物理进程之上的自由意志之力；物理进程如何发展，并不需要我们的愿望、判断和道德评价发话。或者说得更准确点，我们的愿望、判断和道德评价，只不过是无情的自然定律规定的世界物理进程的一部分。

我们描述这些进程时，应用了客观的数学规则，它们用符号展现了宇宙如何从一个时刻发展到下一个时刻。而在过去大部分时间里，在有能力反思现实的粒子集合出现之前，上面的故事就是全部了。现在我们对基本细节已经很熟悉，所以对于这个故事，我们可以重讲一个虽是临时但也算最完善的版本；出于简单、快捷和叙述方便起见，我还会带一些拟人化色彩。

大概 138 亿年前，在剧烈膨胀的空间中，一个极小但有序的暴胀子场里包含的能量消解了，于是反引力切断了，空间中填满了粒子，最简单的原子核的合成也开始了。在有些地方，量子不确定性会使粒子密度稍高一点，万有引力的牵引也会稍强一点，于是诱使粒子聚在一起，变成越来越大的团块，形成恒星、行星、卫星等等天体。恒星内的聚变，以及虽然罕见但很剧烈的恒星碰撞，将最简单的原子核熔铸为更复杂的原子类。这些原子在至少有一颗正在成形的行星上沉降了下来，并在分子达尔文主义的诱使下组装成了能够自我复制的排列。这种排列的随机变异如果恰好能增强分子的复制能力，就会广泛扩散。在这些变异中，就有提取、存储和散布信息及能量的分子路径，即生命过程的雏形。经过漫长的达尔文式演化，这些雏形越发完善。随着时间推移，能自我引领的复杂生物出现了。

粒子和场，是物理定律和初始条件。就我们目前为止探索过的现实深度而言，没有证据显示还有任何别的东西。粒子和场是基本成分。初始条件促成的物理定律又决定了后续进程。因为现实是量子力学式的，所以相关定律的宣告都是概率性的，但即便如此，这些概率也都由数学严格决定。粒子和场各司其职，全不关心意义、价值和重要性等事。就算这些冷漠的数学进程产生了生命，物理定律也还是牢牢控制着局面。面对物理定律，生命全无勾兑、否决或影响之力。

生命能做的就是促进一群群粒子协调行动，表现出相比于无生命世界而言全新的集体行为。构成万寿菊和大理石的粒子都完全遵循自然定律，然而万寿菊会越长越大，还会跟着太阳转，而大理石却不会。演化机制更喜欢能增加生存和繁殖机会的活动，凭借自然选择之力，它插手了形成多种生命行为的过程，最后就产生了思维。形成记忆、分析情势和根据经验外推的能力，为生存的"军备"竞赛提供了强大的火炮。在数万个世代一连串胜利的推动下，思维逐渐完善，会思考的物种遂得形成，并获得了各种程度的自我觉知。若按传统含义，自由意志须自外于受物理定律支配的发展进程，则此类生灵就没有自由意志，但它们高度有组织的结构使其能采取从内在情感到外在行为的种种丰富回应，而至少迄今为止，没有生命或心灵的粒子集合还做不到这些。

待有了语言之后，这些有自我觉知的物种中就有一支超越了眼前的需要，而把自己看成了从过去到未来的发展过程的一部分。有了这种意识，赢得生存战斗就不再是唯一的考虑了。我们不再满足于仅仅活下来。我们想知道为什么活下去意义重大，我们想了解来龙去脉，我们寻找相关性，我们为事物赋予价值，我们评判行为，我们追求意义。

于是对于宇宙何以至此，以及可能如何终结，我们提出了各种解释。我们一遍遍讲述着心灵在真实和虚幻的世界中奋力穿行的故事，想象着逝去的祖先、全能或准全能的存在者居住的国度，在那里，死亡化作了通往延续生存的垫脚石。我们绘画、雕凿、蚀刻，我们歌唱又舞蹈，就是为了触及这些彼岸之国，向这些国度致敬，再或者只是为了给未来留下印记，证明我们曾经享受阳光下的片刻时光。也许这些激情固化了下来，并因其能提高生存机会而变成了人之所以为人的一部分。故事让心灵做好了应变的准备，艺术发展了想象力和创新，音乐让我们对模式越发敏感，宗教让信徒结成了强大的同盟。也可能解释没这么高高在上：有些乃至所有活动之所以会出现并存续下来，是因为这些活动利用或依附了其他更能直接提高生存机会的行为和反应。但是就算这些行为的演化起源仍然颇有争议，人类行为的这些方面也展现出了一种超出勉强维持短暂生存的广泛需求，体现了一种无处不在的渴望，渴望成为某种更宏大、更持久的事物的一部分。价值和意义显然不存在于现实提供的基石之中，但却成了永不停歇的内在冲动，让我们能超越天地不仁，笑傲自然。

终有一死的意义

戈特弗里德·莱布尼茨想知道为何是有而不是无，而其中的深层人类困境是，像我们这样拥有自我觉知的"有"，终会消散为"无"。能从时间的角度看问题，就意味着人类会认识到，让自己的心灵生机勃勃的那些充满生气的活动，总有一天会停歇。

带着这种思想意识，我们在前面的章节中探索了时间的全域，从我们对时间起点的最好理解，一直到我们的数学理论能把我们带到的最接近时间终点的地方。我们的认识还会继续发展吗？当然会。会有或次要或重要的细节得到加强或替换吗？毋庸置疑。但我们看到的在时间轴上上演的出生和死亡、涌现和解体、创造和毁灭的节奏还将继续。熵的两步舞和演化的选择力量用令人惊叹的结构，让我们从有序到无序的道路变得丰富多彩，但无论是恒星还是黑洞，行星还是人类，抑或分子还是原子，万事万物终将分崩离析。寿命有很大的变动范围。但我们终将死去，人类这个物种终将死去，生命和心灵，至少在这个宇宙中，基本可以肯定也终将死去；长期来看，这些事实都是意料之中、平平无奇的结果。唯一不同的是，我们注意到了。

　　有一种预期很是常见，或许也有点让人担忧，它为很多人轻忽对待，但也为一些人强烈追求，就是：假如死亡从人类的生命进程中消失，那我们的生活境遇整个都会大为改善。从古代神话到现代小说，思想家一直在思考这种可能性。但在这些尝试中，事情并非总那么顺利，这或许很能说明问题。在乔纳森·斯威夫特的《格列佛游记》中，拉格纳格王国有一群永生者，他们会一直老去，并在80岁时在法律意义上被宣布死亡，逐渐变得无足轻重。在卡雷尔·恰佩克笔下，《马克罗普洛斯事件》的女主人公埃琳娜·马克罗普洛斯在经历了三百多年的磨难之后，让火烧掉了延寿灵药的配方，不再去继续那穷极无聊的状态。而在豪尔赫·路易·博尔赫斯的《永生》中，生活在一个没有死亡的无尽世界里的主人公写道："谁都不成其为谁，单一个永生者就能成为所有人……我是神，是英雄，是哲学家，是魔鬼，是全世界，换一种简单的说法就是，'我'并不存在。"[4]

哲学家也涉足了这些领域，系统评估了没有死亡的世界中的生活。像是哲学家伯纳德·威廉斯，受莱奥什·雅纳切克据恰佩克的上述戏剧改编而成的歌剧的启发后，得出了类似的悲观结论。[5] 威廉斯指出，有了无穷无尽的时间，我们每个人都会对推动我们前行的每个目标感到餍足，于是只得百无聊赖地面对单调乏味的永恒给心灵造成的麻木。另一些人，如亚伦·斯玛茨，部分地受博尔赫斯故事的启发，认为永生会淘尽那些塑造人类生活的决定——如何度过时光，跟谁度过时光——而带来的影响对这些决定来说又意义重大。选错了？没问题。你有永恒的时间来把它改对。成就带来的满足感也会成为永生的牺牲品：能力有限的人会达到自身潜力的极限，之后就得经历永恒的沮丧；而有能力无限深入的人则必定可以不断提高，超出预期的成就感也会大打折扣。[6]

虽然有这些担心，我还是认为我们足够多谋善断——被赋予无穷的时间后还会愈加如此——能够变成全面适应良好的永生者。我们的需求和能力很可能发生超乎我们认知的巨变；有一些因素在此时此地能维系我们的参与性和积极性，而我们基于这些因素所做的评价，届时会变得几无甚至毫无所谓。假如永存不息的生活乐趣需要一种不同风味的快乐，那么我们会找到、发明或是培育出这种快乐。当然，这不过是一种预感，但如果结论就是我们必然会陷入无聊，那我们对永生之心灵的看法也太过狭隘了。

虽然科学会继续延长我们的寿命，但我们前往遥远未来的艰苦跋涉表明，永生将永远遥不可及。尽管如此，思考一下永不结束的生命，还是能让我们明白会结束的生命有多重要。想象出来的永生世界中的价值和意义的命运清楚地表明，在一个终有一死的世界里，要理解我们的诸多决定、选择、经历和反应，就需要在机会有限、时间有限的背景下去理解。并不是说我们每天早上一起身就得大声吟哦"为乐当及时，何能待来兹"；但如果深知能爬起来的早上只有这么多，我们在直觉上一定会渐渐掌握一种价值计算，而这种计算在一个可以重来无数次的世界里会截然不同。对我们研究的对象、学习的行业、从事的工作、承担的风险、选择的伙伴、建立的家庭、设定的目标、考虑的问题——这一切都反映出，我们认识到了我们的机会不多，因为我们时间有限。

我们每个人都会以自己的方式回应这种认识，但有一些共同特性会贯串人类的价值感。其中有一种极为强烈、但常不明言的需求，就是需要有一个未来，那里住着在我们远去之后继续生活的子孙后代。

后代

很多年前我曾受邀参加一场外百老汇演出*后与观众的

---

* 外百老汇演出（Off-Broadway）是指纽约市规模比百老汇音乐剧小的剧场演出，一般舞台、开支都比百老汇降格，但表演风格更自由、更有想象力。

对谈，在这场演出中，很多剧中角色都觉得地球很快会被一颗小行星摧毁。跟我一起参与讨论的是我的哥哥。制片人觉得，生活道路方向不同却又彼此相关的兄弟姐妹——其一投身科学，另一位则献身宗教——对世界末日的评论大概能取悦观众。坦白讲，在那次活动之前我没怎么考虑过这些问题，而且那时候我更容易受观众能量的影响，容易得多。我哥哥越是转向虚无缥缈的世界，我就越是冥顽不灵。"地球不过是颗平凡至极的行星，环绕着一颗不起眼的恒星旋转，而这颗恒星也只位于一个平平常常的星系的边缘。要是我们被一颗小行星消灭了，宇宙连眼都不会眨一下。从宏观层面来看，这根本不是个事儿。"有些人很喜欢这种斩钉截铁的表达，我推测他们自我认同为严肃的怀疑论者，能勇敢面对实存的诸般现实。但很遗憾，另一些人则觉得我的言论很自以为是——好吧，至少有一位观众是这么想的：有位老妇人斥责我践踏了一些至为基本的需求，在她的描述中，这些需求是我们每个人都有，如此我们的物种才能延续。她问道："哪个消息会对你影响更大，是告诉你还剩一年好活，还是再有一年地球就要毁灭了？"

当时我根据这两种情况是否会带来身体上的痛苦说了些不痛不痒的话，但后来反复思考这个问题时，我发现它出人意料地很有启发。对人生终点的预判会以多种方式影响人们——凝聚专注、提供视角、激起悔恨、加剧恐慌、传递镇定、启迪顿悟等等。我觉得我自己的反应会处在上面这些反应之间。但是预期地球和全体人类都将消失，会触发另一种反应。这个消息会让一切都好似失去了意义。若是我自己的终局将至，这会提振我的生命强度，那些原本会在寻常的单调乏味中度过的时刻，也被赋予了重要意义；然而，思考整个物种的末日似乎刚好相反，这会带来一种徒劳之感。我还会一早从床上爬起来去继续研究物理吗？也许会因为做点熟悉的事情能让我舒服些，但既然再无谁人会基于今天的发现再接再厉，推动知识进步的吸引力也就大打折扣。我会把手里这本书写完吗？也许会因为胜利在望之下努力善始善终能让我满足，但既然无人会读到成书，动力也就渐渐消退。我还会送孩子去上学吗？也许会因为因循惯例能让我平静，但既然没有未来，孩子们上学又算是在为什么做准备？

　　我发现后一种情况跟我了解到自己的死期时会有的反应形成了惊人的对比。好像是，意识到其一会让人更强烈地认识到生命的价值，而意识到其二却会把生命的价值抽干。从那以后，这种认识帮助我形成了对未来的想法。很久以前，年纪轻轻的我即已悟到数学和物理有超越时间的能力，我早就确信未来在生存层面有重要意义；但我心目中的那个未来是抽象的。那是一片充满方程、定理和定律的土地，而不是一个到处都是岩石、树木和人类的地方。我不是柏拉图主义者，但我仍隐隐设想，数学和物理所超越的不只是时间，还有物质现实的寻常桎梏。而世界末日的情景则改进了我的思考，它清清楚楚地表明，我们的方程、定理和定律即使挖掘出了最根本的真理，也没有内在价值。它们毕竟只是潦草的笔迹和线条的集合，画在黑板上，印在期刊和教材里。它们的价值来自理解并欣赏它们的人，来自容纳它们的心灵。

思考的改进远超出了方程的作用。世界末日之景让我想到了这样的未来：未来没有人会继承我们如今珍视的一切，更没有人会给它们加上自己的印记再传给后人。这番景象让我明白，那样的未来会多么空虚。个人的永生也许会将意义耗尽，然而物种的永生却似乎是保全意义的必要条件。

我不确定面对末日将至的消息会有多少人如此反应，但我推测会很普遍。哲学家塞缪尔·谢弗勒最近开始对这个问题进行学术研究，探讨了数十年前我被问到的那个问题的一个变体。谢弗勒问道，如果得知你自己死去 30 天后，剩下的所有人也都会被消灭，你会作何反应？末日之景的这种问法更有启发，因为它去掉了个人自身的早亡，从而更加聚焦于后人在锚定价值中的作用。谢弗勒仔细推敲后得出的结论，与我自己天马行空的思考产生了共鸣：

> 我们的关切和责任，我们的价值和对重要性的判断，我们对什么重要、什么值得做的感觉，全都是在这样一个背景下形成并维系下来的：人们理所当然地认为人类生命本身是个蓬勃发展、不断前进的事业……在我们的概念体系中保有一块安全的位置，这很重要，我们需要人类有其未来，正是出于这个想法。[7]

其他哲学家也加入进来各抒己见，带来了形形色色的看法。苏珊·沃尔夫提出，认识到我们有共同的命运，这也许会将我们对他人的关怀提到新的高度，但即便如此她也承认，我们设想未来有人类栖居，这个愿景对我们给自己从事的工作所赋予的价值来说至关重要。[8] 哈里·法兰克福的看法有所不同，他认为我们珍视的很多东西都不会受世界末日之景的影响，其中最突出的就是艺术追求和科学研究。他认为，这些活动内在固有的满足感，就足以让很多人坚持下去。对于科学研究，我已经表达过与此相左的观点，但我想借此强调的是另一个相关看法，它显而易见却又很能说明问题：面对这个消息，人们的反应会各式各样。[9] 我们最多只能预见主流趋势。对我来说，同时也是对其他很多人来说，参与创造性工作，从事学术研究，会让人觉得自己融入了一段漫长、丰富、不断进行的人类对话。即便我写的某一篇物理学论文没有让世界如痴如狂，这篇论文还是会让我感到自己融入了此番交谈。然而，如果知道了我是最后一个发言的人，知道未来不会有任何人去思考我说的内容，我就只能去想为什么要费这份心了。

在谢弗勒的情景中，以及多年前我被问到的那个问题中，世界末日是假设出来的，但世界毁灭的时间尺度很容易把握。我们在本书中探讨过的世界末日是真实的，只是从时间尺度来看异常遥远。时间尺度的这种变化、这种巨变，会影响结论吗？这个问题谢弗勒和沃尔夫都考虑过。伍迪·艾伦的电影《安妮·霍尔》中有个精彩场景，9岁的艾尔维·辛格得出结论：考虑到几十亿年后膨胀的宇宙会四分五裂，一切都会被摧毁，做家庭作业就没有任何意义。这个场景也给此处的问题提供了有趣的解释框架。艾尔维的心理医生，不用说还有他妈妈，都认为艾尔维的担心是杞人忧天。谢弗勒赞同这种直觉，但也指出，他没有根本性的正当理由来解释为什么我们认为，在面对迫在眉睫的毁灭时有这样事关生死的危机就属合理，而当这样的毁灭会发生在遥远的未来时有这种反应就傻里傻气。他把这个问题归因于，我们在理解远远超出人类经验范围的时间尺度时有一定困难。沃尔夫对此表示同意，并指出如果人类立即灭亡会让生命变得毫无意义，那么就算末日还很遥远，结论也应该一样。她也指出，在宇宙的时间尺度上，延迟个几十亿年其实根本不算长。

我同意。强烈同意。

我们已经一再看到，时间跨度是长是短，这样的概念并无绝对意义。长短不过是个视角问题。按照日常标准，帝国大厦86楼观景台所代表的时间长得不得了，但若和100楼代表的时间跨度相比，就好似拿转瞬之机去比百万春秋。我们熟悉的人类视角让我们得出的判断虽然重要，但也狭隘。因此我认为，行将灭亡的情景只不过是利用人为的紧迫感催生出真实反应的工具。我们得到的直接反应仍然与在遥远的未来等待着我们的后代的末日有关，但放在更宏大的背景中看，那个未来实在是瞬息即至。

　　虽然将远超出我们一切经验的时间尺度内化确实很有挑战，但我们在本书中走过的旅程已经在宇宙的时间轴上插满了地标，让抽象的时间变得具体了起来。我不会说我生来就有一种对时间尺度的感觉，面对的无论是我们在"帝国大厦喻"中标出的各个段落，还是我们这代人甚至此后几代人的日常生活，都会以同一种方式感受时间，但我们探讨过的一系列重大变革还是为我们理解未来提供了抓手。不必唱诵，打坐也可有可无，但是如果你能找到一个安静的地方，让心灵慢慢地、自由自在地沿宇宙的时间轴浮动，来到进而经过我们的时代，经过遥远的星系退行时代，经过恒星系统法相庄严的时代，经过星系优雅旋转的时代，经过恒星烧尽、行星游走的时代，经过黑洞发光和解体的时代，一直走向一个寒冷、黑暗、近乎空无但也许无边无际的范围——在那里，我们曾经存在的证据不过是某个单独的粒子位于此处而非彼处，或另一个单独的粒子在以这种而非那种方式运动——如果你真的像我一样完全接受了这种现实，那么，虽然我们已经向未来走了那么远，我们内心油然而生的那种战栗和敬畏的感觉也不会减弱分毫。实际上，这么大的时间跨度只会以一种根本性的方式加剧生存的几近不可承受之轻。跟我们这里触及的时间尺度相比，生命和心灵的纪元只是无穷短的一瞬；用现在的时间尺度来衡量，从最早的微生物到最后的思维这整个跨度，会比光穿过一个原子核需要的时间还短。而人类活动持续的全部时段——无论我们是在随后的几个世纪里毁灭了自身，还是在接下来的几千年里被一场天灾扫荡净尽，甚或竟然找到办法一直维持到了太阳死亡，维持到了银河系末日，乃至到了复杂物质消亡之时——更是白驹过隙。

我们如露如电，我们转瞬成空。

虽然我们的片刻例外且罕见，但这种认识能让我们将生命的昙花一现和自我反思意识的稀有，作为价值和感恩的基础。虽然我们还是会渴望拥有一份能够持久的遗赠，但对宇宙时间轴的探索清楚地表明，我们无法实现这种渴望。然而我们也同样清楚地看到，宇宙中的一小撮粒子能够脱颖而出，审视自身及其所在的现实，明白了自己多么短暂，然后又凭借短短一瞬间迸发出的活动创造了美，建立了联结，展示了神秘——这一切，多么奇妙啊。

意义

我们大部分人在面对让自己超越日常生活的需求时都不声不响。我们大部分人都允许自己在文明的保护下不去想我们只是这个世界——一个我们逝去后依然会活跃如常、几无波动的世界——的一部分。我们把精力都放在自己能控制的事情上。我们建立社群并参与其中。我们关怀，欢笑，珍惜，安慰，悲恸，热爱，欢庆，祝圣，愧悔。我们为成就而欣喜若狂，这成就有时属于自己，有时属于我们尊敬或崇拜的人。

通过这一切，我们渐渐习惯了放眼看世界，去寻找些东西，它们能激动或安慰人心，能吸引我们的注意力或把我们带去新的所在。然而我们走过的科学之旅强烈表明，宇宙的存在并不是为了提供一片场地，让生命和心灵在其中繁荣昌盛。生命和心灵不过是两样恰好出现的东西。直到不再出现为止。以前我常常想象，通过研究宇宙，既在比喻义也在字面义上拆解宇宙，也许我们能回答足够多的"如何"问题，从而一窥各种"为何"的答案。但了解得越多，我们就越好像站错了方向。期待着宇宙拥抱我们这些擅自占用了它的有意识短暂存在者，这可以理解，但宇宙并不会照此行事。

即便如此，把我们的片刻放到背景中去看，我们就会认识到人类的存在是多么震撼。重来一次大爆炸，但就稍微改一下这个粒子的位置或是那个场的值，其实就是随便怎么拨弄一下，新的宇宙展开中都不会再有你我，不再有人类这个物种，甚至不再有地球，不再有我们珍视无比的任何事物。如果有一种超级智能在把新宇宙当成整体来看，就像我们把一堆抛出的硬币或是我们正在呼吸的空气当成整体来看一样，那么这个超级智能会下结论说，这个新宇宙跟原来的宇宙看起来一样。但是对我们来说，新宇宙可极为不同。都不会再有什么"我们"可以去关注了。熵把我们的注意力从微小细节上移开，为我们在大尺度上把握事物的变化趋势提供了重要的组织原则。但是，虽然我们一般来说并不关心某枚硬币是正面还是背面朝上，或者某个氧分子是不是恰好在此处抑或彼处，但还是有一些微小细节我们确实关心。非常关心。我们之所以存在，是因为我们的特定粒子排列赢得了与其他各种同样令人震惊的排列的战争，那些排列也是在争夺获得实现的机会。我们借着随机运气的恩赐，挤过自然定律的窄门，终于走到了这里。

这个认识在人类和宇宙的所有发展阶段都有回响。想想理查德·道金斯讲过的，本有可能存在的人可以组成近乎无限的集合，他们可能携带的 DNA 碱基对序列也会组成近乎无限的集合；然而他们没有一个会出生。或者想想组成宇宙历史的那些时刻，从大爆炸到你出生再到今天，每个时刻都充满了量子过程，在近乎无限的每个交汇点上，每个量子过程无情的概率性行进都可能产生另一个而非这一个结果，最后带来一个同样合情合理但不包含你我在内的宇宙。[10] 然而，即便有多如天文数字的可能性，在这么不可能的情况下，你我的碱基对序列、你我的分子组合如今却存在于世。这可能性是多么多么低，而这壮丽又是多么动人心魄。

这份厚礼其实还要更大：我们特定的分子组合，特殊的化学、生物和神经排列，给了我们直堪艳羡的能力，前面的章节中我们主要就在关注这些能力。大部分生命当然本身也很神奇，但都只能囿于当下，而我们却可以超脱于时间之外。我们可以回想过去，可以想象未来。我们可以领略宇宙，可以研究宇宙，可以用心灵和身体、用理性和情感去探索宇宙。我们僻处宇宙一隅，但从这里出发，我们运用创造力和想象力形成了话语、图像、结构和声音来表达我们的希望和失望，失败和成功，迷惑不解和恍然大悟。我们运用聪明才智，凭借锲而不舍，触及了外部空间和内部空间的极限，弄清楚了支配恒星如何发光、光线如何传播，时间如何流逝、空间如何膨胀的基本定律——这些定律也让我们得以回顾宇宙开始之后的极短暂一刻，然后移开目光，去思考宇宙的终结。

尽管这些见解让人叹为观止，但相伴而来的还有一些深刻而持续存在的问题。为何是有而不是无？是什么点燃了生命的火花？思想意识是如何出现的？我们已经探讨了很多推测，但确定的答案仍然缘悭一面。也许我们的大脑只是非常适合在地球上生存，并不是被设计出来解开这些谜团的。也有可能随着我们的智慧不断演化，我们与现实世界的过从会形成完全不同的特征，结果让今天的重大问题变得不再重要。尽管两种可能性都有，但是我们现在所了解的这个世界尽管仍然那么神秘，却在数学上和逻辑上保持着那么紧密的一致性，而我们对这种一致性竟然能破译那么多，这些事实都让我认为，上述两种可能性皆非。我们并不缺乏脑力。我们没有盯着柏拉图洞穴里的墙自欺欺人，[*]也并非没有意识到能力所及之外还有一种根本不同的真相，能突然之间带来石破天惊的新认识，有让人茅塞顿开的力量。

在急急忙忙冲向寒冷、荒凉的宇宙时，我们必须承认，

---

[*] 指《理想国》第七卷描述的洞穴喻。关在洞穴里面朝墙壁的囚犯，只能看到身后火光投射在墙壁上的光影，并据此推断、想象整个世界。

并没有什么"大设计"。粒子没有被赋予意义。也没有什么终极答案飘在太空深处有待发现。反而是有些特殊的粒子集合可以思考、感受和反省，而在这一个个的"主观世界"之内，这些粒子集合可以创造目的。因此，在我们探寻人类境况的旅程中，唯一的方向就是往里看。往这个方向看，可以看到高贵。这个方向放弃了现成的答案，我们也由此转向了构建自身意义的高度人类化的旅程。这个方向通往创造性表达的核心，也通向我们最能引起共鸣的叙事的源泉。在理解外部现实时，科学是强大而精妙的工具。但在这个类目下，在这种理解中，其他一切都是人类这个物种在思考自身，在获取使自身存续下去的所需，在讲述一个没入黑暗后仍然回响的故事，一个由声音雕凿成、蚀刻进沉默中的故事，一个如果讲好了就会触动灵魂的故事。

致谢

在写作本书的过程中，很多人给了我无比珍贵的反馈，对此我非常感激。有些人通读了全书手稿，有时还不止一次，并提供了见解、批评和建议，大大提高了本书的水平，对他们我必须致以诚挚的谢意，他们是：Raphael Gunner、Ken Vineberg、Tracy Day、Michael Douglas、Saakshi Dulani、Richard Easther、Joshua Greene、Wendy Greene、Raphael Kasper、Eric Lupfer、Markus Pössel、Bob Shaye 和 Doron Weber。有些人仔细阅读了某些章节并加以回应，且 / 或回答了我的疑问，为此我需要感谢 David Albert、安德烈亚斯·阿尔布雷克特、巴里·巴里什、Michael Bassett、杰西·贝林、布莱恩·博伊德、帕斯卡·博耶、Vicki Carstens、大卫·查尔默斯、Judith Cox、Dean Eliott、杰里米·英格兰、Stuart Firestein、迈克尔·格拉齐亚诺、Sandra Kaufmann、威尔·金尼、安德烈·林德、阿维·洛布、Samir Mathur、Peter de Menocal、Brian Metzger、Ali Mousami、Phil Nelson、Maulik Parikh、 史蒂文·平克、Adam Riess、本杰明·史密斯、Sheldon Solomon、保罗·斯坦哈特、朱利奥·托诺尼、John Valley 和亚历山大·维连金。我感谢 Knopf 出版社的整个团队，包括文稿编辑 Amy Ryan、助理编辑 Andrew Weber、设计师 Chip Kidd、产品编辑 Rita Madrigal，还有我的编辑 Edward Kastenmeier，他给我的很多建议都颇有见地，同时跟我的经纪人 Eric Simonoff 一起，在所有阶段都对本书通力支持。最后，我要衷心感谢我的家人坚定不移的爱和支持：我的妈妈 Rita Greene，姐妹 Wendy Greene、Susan Greene 和哥哥 Joshua Greene，我的孩子 Alec Day Greene 和 Sophia Day Greene，以及我出色的妻子、最亲爱的朋友 Tracy Day。

注 释

前 言

[1] 这句话出自我早年的一位辅导员，20 世纪 70 年代哥伦比亚大学数学系的研究生尼尔·贝林森（Neil Bellinson）。他慷慨地将自己的时间和独一无二的数学教学才华奉献给了一位年轻的学生，就是我，而我除了满腔学习热情，别无他物。当时我们正在讨论一篇关于人类动机的文章，是我为哈佛大学一门由大卫·巴斯（David Buss）讲授的心理学课程撰写的论文。如今巴斯教授在得克萨斯大学奥斯汀分校任教。

[2] Oswald Spengler, *Decline of the West* (New York: Alfred A. Knopf, 1986), 7.

[3] 同上，166。

[4] Otto Rank, *Art and Artist: Creative Urge and Personality Development*, trans. Charles Francis Atkinson (New York: Alfred A. Knopf, 1932), 39.

[5] 萨特在精彩的短篇故事《墙》中，借被判死刑的人物帕勃洛·伊比埃塔的反思表达了这种看法。Jean-Paul Sartre, *The Wall and Other Stories*, trans. Lloyd Alexander (New York: New Directions Publishing, 1975), 12.

1 来自永恒的诱惑

[1] William James, *The Varieties of Religious Experience: A Study in Human Nature* (New York: Longmans, Green, and Co., 1905), 140.

[2] Ernest Becker, *The Denial of Death* (New York: Free Press, 1973), 31.

[3] Ralph Waldo Emerson, *The Conduct of Life* (Boston and New York: Houghton Mifflin Company, 1922), note 38, 424.

[4] 爱德华·威尔逊（E. O. Wilson）用"融通"（consilience）一词来描述他的将不同知识汇集起来以产生更深层理解的设想。E. O. Wilson, *Consilience: The Unity of Knowledge* (New York: Vintage Books, 1999).

[5] 在后面章节中我会讨论一些证据，它们表明了人类在逐渐意识到终有一死后受到了怎样的全方位影响，但是，由于几乎没有确凿无疑的数据能证明古代人类的思维方式，这个结论并未获得普遍认可。另有观点认为死亡焦虑是一种现代苦恼，例子可见 Philippe Ariès, *The Hour of Our Death*, trans. Helen Weaver (New York: Alfred A. Knopf, 1981)。贝克尔的看法以奥托·兰克的见解为基础，他认为，死亡焦虑在我们这个物种中根深蒂固。

[6] Vladimir Nabokov, *Speak, Memory: An Autobiography Revisited* (New York: Alfred A. Knopf, 1999), 9.

[7] Robert Nozick, "Philosophy and the Meaning of Life," in *Life, Death, and Meaning: Key Philosophical Readings on the Big Questions*, ed. David Benatar (Lanham, MD: The Rowman & Littlefield Publishing Group, 2010), 73–74.

[8] Emily Dickinson, *The Poems of Emily Dickinson*, reading ed., ed. R. W. Franklin (Cambridge, MA: The Belknap Press of Harvard University Press, 1999), 307.

[9] Henry David Thoreau, *The Journal, 1837–1861* (New York: New York Review Books Classics, 2009), 563.

[10] Franz Kafka, *The Blue Octavo Notebooks*, trans. Max Brod (Cambridge, MA: Exact Change, 1991), 91.

2 时间的语言

[1] 1948 年 1 月 28 日 21 时 45 分，BBC 3 台播出的广播节目，内容是发生在前一年的一场辩论。https://genome.ch.bbc.co.uk/35b8e9bdcf60458c976b882d80d9937f.

[2] Bertrand Russell, *Why I Am Not a Christian* (New York: Simon & Schuster, 1957), 32–33.

[3] 这里对蒸汽机的描述当然是高度简化的，其模型是所谓的"卡诺循环"（Carnot Cycle），包括四个步骤：(1) 圆筒内的蒸汽从一个能量源（通常叫"热库"，heat reservoir）吸热，同时在恒定温度下推动活塞做功；(2) 圆筒与热源断开并继续推动活塞做功，蒸汽的温度于是下降（但熵保持恒定，因为没有热流）；(3) 圆筒连接第二个热库（温度低于第一个热库），此时环境对蒸汽机做功，在此较低的恒定温度下令活塞滑回初始位置，并在此过程中排出废热；(4) 最后圆筒与较冷的热库断开，环境继续对活塞做功，完成活塞回到初始位置的旅程，同时蒸汽温度也提升到初始值，随后循环再次进行。在真实的蒸汽机中——跟我们用数学分析的这种理论上的蒸汽机不同——这些步骤，或者说那些跟我们这里说的相当的步骤，是通过各种由工程和实用方面的因素决定的方式来完成的。

[4] Sadi Carnot, *Reflections on the Motive Power of Fire* (Mineola, NY: Dover Publications, Inc., 1960).

[5] 将棒球模型化为有质量、无内部结构的单个粒子，是对棒球本身的粗略近似。但是，将牛顿运动定律应用于这个近似模型，可以精确得出棒球质心的经典运动。对质心的运动来说，牛顿第三定律确保了所有内部作用力都会相互抵消，因此质心的运动完全取决于棒球所受的外力。

[6] 有项针对打喷嚏的研究（B. Hansen, N. Mygind, "How often do normal persons sneeze and blow the nose?" *Rhinology* 40, no. 1 [Mar. 2002]: 10–12）指出，人平均每天打 1 次喷嚏。地球上约有 70 亿人，因此全世界每天大概有 70 亿次喷嚏。1 天有 86000 秒，因此可以得出每秒全世界约有 8 万人打喷嚏。

[7] 我给出的描述是很好的概括性总结，但还有一些物理系统更加奇特一点，要确保物理学定律允许这些系统中的序列"反演"，我们还必须时间反演之外，对该系统进行另两种操作：必须让所有粒子的电荷反转（叫"电荷共轭"，charge conjugation），并让左手性和右手性互换（叫"宇称反演"，parity reversal）。目前我们了解到的物理学定律一定会服从这三种反演的结合，这就是所谓的"CPT定理"（其中 C 代表电荷共轭，P 代表宇称反演，T 代表时间反演）。

[8] 2 枚硬币背面朝上时，算式是 $(100 \times 99)/2 = 4950$；

3 枚硬币背面朝上是 $(100 \times 99 \times 98)/3! = 161700$；

4 枚背面朝上是 $(100 \times 99 \times 98 \times 97)/4! = 3921225$；

5 枚背面 $(100 \times 99 \times 98 \times 97 \times 96)/5! = 75\,287\,520$；

50 枚 $(100!/(50!)2) = 100\,891\,344\,545\,564\,193\,334\,812\,497\,256$。

[9] 更准确地说，熵是给定群体中成员数量的对数。为确保熵具备合理的物理特性（比如把两个系统合在一起时，熵应该相加），有必要进行这样的数学刻画。但对我们的定性讨论来说，这个细节完全可以忽略。第 10 章将有部分内容间接用到这条更精确的定义，但就目前而言，像正文中那样理解就可以了。

[10] 在这个例子中，为便于理解，我们只考虑了飘在浴室中的蒸汽，即 H_2O 分子。我们忽略了浴室中的空气和其他所有成分的作用。为简单起见，我们还忽略了水分子的内部结构，将其视为没有结构的点状粒子。说到蒸汽的温度时，请注意液态水会在 100℃时转变为水蒸气，而一旦变成水蒸气，其温度还可以进一步上升。

[11] 物理上说，温度与粒子的平均动能成正比，数学上计算起来也是给每个粒子速度的平方取平均值。在这里，把温度当成平均速度的大小也就够了。

[12] 更准确地说，热力学第一定律是能量守恒定律的一种表达形式，不过前者（1）承认热是一种能量形式，（2）会考虑一个系统做的正功和负功。因此能量守恒定律指出，系统的内部能量变化来自系统吸收的净热和系统所做净功之间的差。见多识广的读者也许会注意到，如果我们在全局——整个宇宙——的层面考虑能量及能量守恒，就会有些细微差别。不过我们不需要去研究这些方面，

这里完全可以采信"能量守恒"这一直截了当的说法。

[13] 在浴室蒸汽的那个例子里，我忽略了空气分子，同样，为简单起见，这里我也没有明确考虑烘烤中的面包释放出的较热分子与遍布厨房及房子别处的较冷空气分子之间的碰撞。平均来讲，这样的碰撞会令空气分子提速，而令面包释放出的分子减速，最后使两种分子达到同一温度。面包分子温度降低，会使它们的熵也降低，但空气分子温度升高带来的熵增会超过面包分子熵减的量，因此两群分子的总熵还是会增加。在我描述的简化版中，你可以当成烘烤中的面包释放的分子的平均速度在扩散时保持恒定，因此温度会保持固定，而熵增是因为这些分子填充的体积变大了。

[14] 对数学较好的读者来说，这个讨论背后有个关键的专业性假设（教材和研究文献对统计力学的处理大抵亦如是）。对任意宏观态，都一定有与之相容的微观态可以向低熵组态演化。比如，给定任一种微观态，它基于早前的低熵组态产生并发展而来，我们来考虑它的时间反演，这样一个"时间反演"的微观态会向低熵组态演化。一般来讲，我们会把这种微观态归类为"罕见"或"高度调整"的。数学上，这样归类需要在组态空间中明确指出一种测度。在我们熟悉的情形中，在组态空间中运用统一测度确实会使熵减的初始条件变得"罕见"，即测度很小。但是，如果按照会在这种熵减的初始组态附近达到峰值的标准来选定一种测度，则根据这种测度，题中之义就是这类初始条件不再罕见了。据我们所知，测度的选择是经验性的；对我们在日常生活中遇到的各种系统，统一测度能产生跟观测一致的预测，我们用到的测度也是如此。但重要的是还须注意，测度的选择是否合理，要通过实验和观测来证明。在我们考虑特异的情况、如早期宇宙时，并没有类似数据能让我们选择特定的哪种测度，这时我们就需要承认我们对"罕见"和"普遍"的直觉并没有同样的经验基础。

[15] 这一段里面还遗留了几个相关问题，它们在应用于宇宙时会影响到"最大熵"状态的含义。首先，在本章中我们没有考虑万有引力的作用。第 3 章我们会考虑万有引力，而且我们也将看到，万有引力对高熵粒子组态的性质有深刻影响。实际上（虽然这不是

我们关注的重点），在给定的有限体积空间中，最大熵组态就是一个完全填满整个空间的黑洞——一种极大依赖于万有引力的对象（详情可见比如拙作《宇宙的结构》[*The Fabric of the Cosmos*] 第六章及第十六章）。其次，如果我们考虑任意大甚至可能无限大的空间区域，那么给定数量的物质和能量的最高熵组态就是其成分粒子（物质和 / 或辐射）会向越来越大的体积中均匀分布的那些。实际上，在第 10 章中我们也将论及，黑洞最后就会蒸发（通过斯蒂芬·霍金发现的一种机制），产生更高熵的组态，在其中粒子会越发分散。再次，就本节而言，我们唯一需要知道的就是，目前存在于任何给定体积的空间中的熵都未达到其最大值。比如说这样的体积包括你现在所在的房间，如果组成你、你的家具和房间里其他所有物质结构的全部粒子都坍缩成一个小黑洞，而这个黑洞后面又会蒸发并产生出粒子在越来越大的空间中扩散，那么，熵都会增加。因此，我们感兴趣的物质结构——恒星、行星、生命等——能够存在，本身就意味着熵比可以达到的值要低。我们需要解释的，正是这种相对低熵的特殊组态是如何出现的。下一章我们会接受这个挑战。

[16] 对特别认真细致的读者来说，还有个额外细节值得好好说说。蒸汽推动活塞时会消耗一部分从燃料燃烧中吸收的能量，但在这一过程中蒸汽并没有将任何熵转移到活塞身上（假设活塞与蒸汽温度相同）。毕竟，活塞是在这里还是被推到了一个离这里很近的地方，都不会影响其内部的有序程度，因此活塞的熵不会变化。既然没有熵传递给活塞，那么所有的熵就都还留在蒸汽中。这就意味着当活塞回到原位准备开始下一次外推时，蒸汽总归必须要把所含的多余的熵完全排出。这一过程是在蒸汽机向周围环境中排热时完成的，本章也已经强调过此点。

[17] Bertrand Russell, *Why I Am Not a Christian* (New York: Simon & Schuster, 1957), 107.

3　起源与熵

[1] Georges Lemaître, "Recontres avec Einstein," *Revue des questions*

scientifiques 129 (1958): 129–32.

[2] 爱因斯坦转而支持宇宙膨胀的故事，完整版本还包括两个因素。首先，亚瑟·爱丁顿爵士在数学上证明，爱因斯坦早前提出的静态宇宙模型存在一个技术缺陷：它的解不稳定，即空间如果被轻轻推到略微膨胀的状态，就会一直膨胀下去；如果被轻轻推到略微收缩的状态，就会一直收缩下去。其次，本章也已经论及，观测案例越来越清楚地表明，空间不是静止的。这两个认识结合起来，终于说服爱因斯坦放弃了静态宇宙的概念（虽然也有些人认为可能还是理论方面的考虑最有影响）。关于这段历史的细节，见 Harry Nussbaumer, "Einstein's conversion from his static to an expanding universe," *European Physics Journal—History* 39 (2014): 37–62.

[3] Alan H. Guth, "Inflationary universe: A possible solution to the horizon and flatness problems," *Physical Review D* 23 (1981): 347. "宇宙燃料" 的专业术语是"标量场"（scalar field）。我们更熟悉的电场和磁场，在空间中每个位置上给出的都是一个矢量（电场或磁场在该位置的大小和方向）；标量场则不同，它在空间中每个位置上只给出单一个数值(根据这样的数字可以确定场的能量和压强)。请注意，古斯的这篇论文及随后的很多论述都强调了暴胀理论在解决大量曾让研究者百思不解的宇宙学问题时的作用，其中最突出的包括磁单极子问题、视界问题和平坦性问题。关于这些问题，Alan Guth, *The Inflationary Universe* (New York: Basic Books, 1998) 中的讨论通俗易懂且很有启发。遵循古斯的思路，我想提出一个更直观的问题——确定大爆炸的空间膨胀是否由外推力驱动——来促进暴胀理论。

[4] 我所说的降温发生在暴胀结束之后，宇宙已经进入另一个空间依然快速膨胀的阶段，只是速度没有暴胀那么快。简单起见，我省略了宇宙展开过程中的一些中间步骤。早期宇宙会降温，是因为其所含能量大部分来自电磁波，而空间膨胀时，电磁波也会伸展。电磁波波长拉长（"辐射红移"），使自身能量降低，整体温度也就下降了。但也须注意，虽然温度在下降，但由于空间体积在增大，总熵还是在增加。

[5] 还有一种少数派观点认为，量子雾是精确测量固有的量子限制造成的，而不是由于现实本身在根本上有模糊之处。按这种理解方式——通常叫"玻姆力学"，以物理学家大卫·玻姆（David Bohm）命名，但有时也叫"德布罗意—玻姆理论"，包括进了诺贝尔奖得主路易·德布罗意（Louis de Broglie）的贡献——粒子仍有清晰、确定的轨迹。这些轨迹与经典物理学预测的轨迹有所不同（在粒子运动时，有额外的量子作用力作用于其上），但用本章的语言来说，这种轨迹还是可以用尖尖的鹅毛笔画出来的。更传统的量子力学表述中的不确定性和模糊性，表现为任意给定粒子初始条件的统计不确定性。这两种观点间的差异尽管对每种理论描绘的现实图景来说很重要，但实际上对定量预测没有影响。

[6] 暴胀宇宙论是一种理论框架而非一种特定的理论，它基于的前提是，宇宙在早期发展阶段经历了短暂、快速的加速膨胀。这个阶段是如何产生的，展开过程中的精确细节又是怎样，在不同的数学表达中各不相同。最简单的一批说法与日渐精确的观测数据越发不相容，因此关注焦点已经转移到某种意义上更加复杂的暴胀理论上。批评者则认为，更复杂的说法较欠缺说服力，此外它们展现出来的暴胀范式太能变通，永远无法为观测数据否定。而支持者辩称，我们见证的不过是科学的自然发展历程：我们就是要不断调整理论，使其与观测和数学考量提供的最精确信息保持一致。更一般地，也用更专业的术语来表述，宇宙学家普遍接受的一种说法是，宇宙经历了一个"共动视界"（comoving horizon）的尺寸变小的阶段。我们还不太清楚的是，暴胀宇宙论（驱动其动态的，是标量场提供的能量，这些能量弥漫在整个空间中，见本章尾注[3]）能否正确描述这个阶段，以及这个阶段是否有可能生自另一种机制（物理学家提出了很多，比如反弹宇宙论、膜暴胀、膜世界碰撞、各种光速可变理论，等等）。在第10章，我们将简要讨论反弹宇宙论的可能性，这种理论由保罗·斯坦哈特、尼尔·图罗克及多位合作者提出，认为宇宙经历了无数次宇宙演化循环。

[7] 对特别认真细致的读者，我想再谈谈会给这里的讨论蒙上阴影的一个重点问题。对于给定物理系统，如果你只知道该系统的熵小

于可能的最大值，那么热力学第二定律会允许你得出不止一个而是两个结论：系统向未来最有可能的演化会使系统熵增，且系统向过去最有可能的演化也会使系统熵增。这就是关于时间对称的定律带来的烦恼——从今天的状态出发，无论是向未来还是向过去演化，方程都以同样的方式运行。问题在于，这些考虑导致过去的熵较高，而记忆和记录则证明过去的熵较低，二者不相容（我一定程度上记得，冰块融化时，是越早时候融化越少，也就是熵更低，而不是越早时候融化越多、熵更高）。更尖锐的是，高熵的过去会挫伤我们对这些物理学定律的信心，因为这样的过去容不下支持这些定律的实验和观测本身。为了避免对我们的理解失去信心，我们必须强制规定过去的熵更低。一般我们都是引入一个新的假设，哲学家大卫·阿尔伯特（David Albert）称之为"过去假说"，它声称熵在大爆炸附近固定在一个很低的值，此后平均来讲一直在增大。本章我们也默默采取了这种方法。在第 10 章，我们将明确分析从高熵组态出发得到低熵状态的可能性，这种可能虽然不太可能，但仍能想象得出。关于背景知识和更多细节，见《宇宙的结构》第七章。

[8] 熵的数学描述更加精确：在任意区域内，令场的取值各处不同（这里高些，那里低些，另一处更低一些，等等），方式比令场的取值各处均匀（所有位置都是同一个值）要多得多，因此此处所需的条件有较低的熵。但也很有必要指出，这里隐藏着一个技术性的假设。为简单起见，此处我使用经典物理学的语言，但这些考虑也可以直接化用到量子物理学中。在微观世界中，粒子或场的任何组态都不会跟其他组态有根本不同，因此我们通常认为，每种组态的可能性都跟其他组态差不多。但这个假设又依赖于哲学家所谓的"无差别原则"。在没有先验证据能将一种微观组态与另一种微观组态区分开的情况下，我们给每一种组态都赋予相同的实现概率。这样当我们将焦点转移到宏观世界时，一种宏观态与另一种宏观态相比的可能性，就取决于能得到对应宏观态的微观态数量之比。如果能够得到某种宏观态的微观态数量，是得到另一种宏观态的微观态数量的 2 倍，那么前一种宏观态发生的可

能性就也是后者的 2 倍。

但也请注意，根本上说，无差别原则的成立理由必须基于经验。实际上，共同经验证实了无差别原则在很多方面都很有效，虽然这种有效性可能是隐含的。还是以抛硬币为例吧。我们假设硬币的每种"微观态"（以每枚硬币的朝向刻画出来的状态，例如 1 号硬币正面朝上，2 号硬币背面朝上，3 号硬币背面朝上，等等）都跟其余任何状态的可能性一样大，那么我们就能得出结论，认为这些可以通过许多种微观态实现的"宏观"排列（说明宏观状态，只用给出正面朝上和背面朝上硬币各自的总数，无须描述每枚硬币的朝向）更有可能出现。我们抛硬币时，上述假设就能在经验中得到确证，因为只有通过少数微观态（比如所有硬币均正面朝上）才能实现的结果确实罕见，而可以通过大量微观态（比如一半正面一半背面）实现的结果却随处可见。

跟我们的宇宙学讨论有关的是，我们说一块均一的暴胀子场"不太可能"的时候，同样援引了无差别原则。这里我们的隐含假设是，场的任何一种可能的微观组态（场在每个位置的精确取值）的可能性都一样大，因此某个宏观组态的可能性与能实现该宏观组态的相应微观态的数量成正比。但是，跟抛硬币的情形不一样，我们没有经验证据来支持这个假设。这个假设看起来挺合理，但这是以我们在日常宏观世界中的经验为基础的，在日常宏观世界中，无差别原则则有观测支持。但是对于宇宙演化，我们只知道单这么一次实验是怎样运行的。如果采用一种务实的经验方法，我们也许会得出结论：基于无差别原则，某些组态无论看起来有多特殊，如果它们形成了我们观察到的宇宙，就应该被挑选出来当成一个不仅"可能"而且"确定"的类别（也不免有所有科学解释通常都有的临时性）。在数学上，我们说的比较可能与不太可能之间的这种转换叫"组态空间的测度变化"（见第 2 章尾注 [14]）。初始测度若赋予每种可能组态相等的概率，就叫"平坦"测度。因此，观测结果能助力引入一种"非平坦"测度，它能将某些概率更高的组态类别挑选出来。

物理学家对这种方法通常并不满意。为组态空间引入一种测度，以确保获得最大权重的组态就是形成我们所知世界的那些组态，这在物理学家看来很"不自然"。物理学家想找到一种基本的、第一性的数学体系，该体系会给出上述那种测度，且将其作为输出而非一部分输入。重要的问题是，这是否要求过高？成功是否只会让问题后退一步，退向一切第一性方法背后的隐含假设？这些问题并非吹毛求疵。过去30年，粒子物理学领域的大部分理论工作都在致力于为我们最前沿的理论解决一些微调问题：粒子物理标准模型中希格斯场的微调，标准大爆炸宇宙论要解决视界问题和平坦问题所需的微调，等等。当然，这样的研究给粒子物理学和宇宙学两个领域都带来了深刻见解，但会不会有这样一种情况：我们只得将这个世界的某些特征接受为既定情况，而没有更深层的解释？我和很多同行都希望答案是否定的，但这没有什么保证。

[9] 安德烈·林德，私下交流，2019年7月15日。林德最喜欢的路径是，从所有可能的几何形状和场的范围中会出现一起量子隧穿事件，暴胀阶段即由它激发，而在这个范围中讨论时间和温度的概念可能都还没有意义。通过谨慎运用量子形式体系的某些方面，林德认为，量子过程创造条件导致暴胀，很可能是不存在量子抑制的早期宇宙中的常见过程。

[10] 人们可能自然而然地认为，望远镜越强大（抛物面越大、镜子尺寸越大等等），它能分辨出来的对象就越远。但这里有个限度。某物体如果过于遥远，自诞生以来发的任何光线都没有足够时间抵达我们这里，那么我们无论使用什么设备都无法看到它。我们说这样的物体就位于我们的"宇宙视界"之外，在第9、10章讨论遥远的未来时，这个概念会起特别重要的作用。在暴胀宇宙论中，空间极速膨胀，周围区域确实被赶出了我们的宇宙视界。

[11] 根据间接证据（恒星和星系的运动），人们普遍认为太空中充满了暗物质粒子——能施加万有引力，却既不吸收也不发出光线的粒子。但寻找暗物质粒子的努力直到现在都一无所获，因此有的研究者就提出了替代暗物质的方案，认为可以通过修改万有引力定律来解释观测结果。随着直接探测暗物质粒子的实验接连失败，替代理论吸引了越来越多的关注。

[12] 热从较热的物质或环境流向较冷的物质或环境，是热力学第二定律的直接结果。热咖啡冷却到室温时，会将部分的热传递给房间里的空气分子，于是空气略微升温，熵也有增加。空气的熵增超过不断冷却的咖啡的熵减，这确保了总体的熵增。数学上，系统的熵的变化就是热的变化除以温度（$\Delta S = \Delta Q/T$，其中 S 代表熵，Q 代表热，而 T 代表温度）。热从较热系统流向较冷系统时，两个系统的热变化值是一样的，但公式表明较热系统的熵减比较冷系统的熵增要少（因为分母中的 T 因子），因此净变化造成了整体的熵增。

[13] 从能量守恒的角度看，随着分子向外运动，其重力势能增加，因此动能会减小。

[14] 读者如果对数学感兴趣，也受过物理学训练，那么运用经典统计力学在餐巾纸上算一算就能理解这一点。在经典统计力学中，熵与相空间（phase space）的体积成正比。假设正在收缩的气体云团满足（著名的）"位力定理"，即粒子的平均动能 K 与平均势能 U 相关（$K = -U/2$）；那么，由于重力势能与 R（云团半径）成反比，所以我们也有 K 与 R 成反比。接下来，因为动能与粒子速度的平方成正比，所以我们知道粒子的平均速度与 $1/\sqrt{R}$ 成正比。因此，云团中的粒子可以进入的相空间体积与 $R^3(1/\sqrt{R})^3$ 成正比，其中第一个因数代表粒子能够进入的空间体积，而第二个因数代表粒子能够进入的动量空间体积。我们可以看到，空间体积的减小超过了动量空间体积的增加，因此随着云团收缩，总体的熵会减少。此外还可以注意到，位力定理确保了，随着云团收缩，势能的减少会超过动能的增加（因为在将 K 和 U 联系起来的定理中有个因数"2"），因此不只是说收缩的云团熵会减少，其能量也会减少。这部分能量辐射到了周围的壳层中，壳层的能量增加，熵也增加。

4　信息与活力

[1] 克里克写给薛定谔的信，1953 年 8 月 12 日。

[2] J. D. Watson and F. H. C. Crick, "Molecular Structure of Nucleic Acids: A Structure for Deoxyribose Nucleic Acid," *Nature* 171 (1953): 737–38.

这一发现的中心人物是化学家、晶体学家罗莎琳德·富兰克林（Rosalind Franklin），她的"51号照片"在她不知情的情况下由她的同事莫里斯·威尔金斯（Maurice Wilkins）提供给了沃森和克里克。正是这张照片帮沃森和克里克完成了DNA双螺旋模型。富兰克林于1958年去世，这是诺贝尔奖颁给解开DNA双螺旋结构这一成就的四年前——诺奖不能颁发给已故者。假如富兰克林那时还活着，很难说诺贝尔奖委员会会怎么颁奖。上述历史可参阅Brenda Maddox, Rosalind Franklin, *The Dark Lady of DNA* (New York: Harper Perennial, 2003)。

[3] Maurice Wilkins, *The Third Man of the Double Helix* (Oxford: Oxford University Press, 2003), 84.

[4] Erwin Schrödinger, *What Is Life?* (Cambridge: Cambridge University Press, 2012), 3.

[5] *Time* magazine, Vol. 41, Issue 14 (5 April 1943): 42.

[6] Erwin Schrödinger, *What Is Life?* (Cambridge: Cambridge University Press, 2012), 87.

[7] K. G. Wilson, "Critical phenomena in 3.99 dimensions," *Physica* 73 (1974): 119. 参见肯尼斯·威尔逊的诺贝尔奖获奖演说，其中有半专业性质的讨论和参考资料：https://www.nobelprize.org。

[8] "嵌套故事"的概念有时候也被描述为"多层理解""多层解释"，有各种各样的形式，来自大量学科的学者都曾广泛利用。心理学家在解释行为时，会指出是在生物层面（援引生理化学成因）、认知层面（援引更高层面的脑功能）还是文化层面（援引社会影响）；有些认知科学家（可以一直追溯到神经科学家大卫·马尔 [David Marr]）会从计算层面、算法层面和物理层面来组织对信息处理系统的理解。哲学家和物理学家支持的很多种等级图式，普遍奉行"自然主义"——这个词很常用，但又很难精确定义。大多数用到这个词的人都会同意，自然主义拒绝需要用到超自然实体的解释，而完全依赖于自然界的特性。当然，要让这个立场足够准确，我们就得明确指出自然界的构成要素的可辨界限，但这个任务说来容易做来难。桌子、树木肯定在这个范围内，但数字5和费马

大定理呢？还有欢乐的情感，对红色的感觉呢？还有人类的自由不可剥夺，人类的尊严不容冒犯等等理念呢？

多年来，这样的问题在自然主义这个主题下激发出了多种变化形式。一种极端立场认为，世界上唯一值得认可的知识只来自科学概念和科学分析——这种立场有时会被贴上"科学主义"的标签。当然，该观点也要求其支持者精确定义"什么才是科学"。很明显，如果认为科学意味着基于观察、经验和理性思考得出的结论，那么其边界就远远超出了我们通常认为的大学理科院系所代表的范围。相信你也能想到，这会导致一些使科学严重越界的主张。

没那么极端的立场都在各种各样的组织原则中贯串着对自然主义的信奉。哲学家巴里·斯特劳德提出了一种他所谓的"心胸开阔或心态开放的自然主义"，在其中，解释的边界不会从一开始就一成不变；在被用以解释观测结果、经验和分析的需求时，心胸开阔的自然主义保留了建立多个理解层次的自由度，从自然界的物质成分到心理特性再到抽象的数学陈述，一切都可以为我所用（Barry Stroud, "The Charm of Naturalism," *Proceedings and Addresses of the American Philosophical Association* 70, no. 2 [November 1996], 43–55）。哲学家约翰·杜普雷则提出了"多元自然主义"，认为"科学内部的统一"这个梦想是个危险的迷思。他说，我们的解释必须出自"多样化、重叠的研究项目"，它不仅横跨各种传统科学，还要包括诸如历史、哲学和艺术等学科（John Dupré, "The Miracle of Monism," in *Naturalism in Question*, ed. Mario de Caro and David Macarthur [Cambridge, MA: Harvard University Press, 2004], 36–58）。斯蒂芬·霍金和伦纳德·姆沃迪诺夫（又译"蒙洛迪诺"）引入了"依赖模型的实在论"概念，用一系列不同的故事来描述现实，每种故事都是基于一种不同的模型或理论框架，去解释或发生在粒子的微观世界或发生在日常的宏观世界中的观察（Stephen Hawking and Leonard Mlodinow, *The Grand Design* [New York: Bantam Books, 2010]）。物理学家肖恩·卡罗尔提出了"诗意的自然主义"，用来指将科学自然主义扩大到能将迎合不同兴趣领域的语言和概念包括在内的解释（Sean Carroll, *The Big Picture* [New York: Dutton,

2016])。此外第 1 章尾注 [4] 也曾指出，爱德华·威尔逊用了"融通"一词，来表示将很多不同学科的知识汇聚在一起，让理解达到原本无法企及的深度。

我并不喜欢满嘴术语，但如果要我给自己的观点，也就是将引导本书所有讨论的观点贴个标签，我会称其为"嵌套自然主义"。本章及后续各章将阐明，嵌套自然主义信奉还原论的价值及其普遍适用性。嵌套自然主义先行接受世界的运作机制有根本上的统一性，并预设若尽可能地追寻还原论纲领，这种统一就可以得到。世上发生的每一件事都在支持按照自然界的基本定律用自然界的基本组分做出的描述。不过，嵌套自然主义也强调，这种描述的解释能力有限。围绕着还原论者的叙述，还有很多其他层面的理解，就像鸟巢的外部包裹着其内部结构那样。根据想要解决的问题，其他这些解释性故事能提供的叙述比还原论提供的见解要深刻得多。所有叙述都必须相互连贯一致，但新的有用概念可以在较高层面的叙述中涌现而无须包含较低层面的关联。例如"波"这个概念在研究多个水分子时既合情合理又非常有用，但在研究单个水分子时就并非如此。类似的，在探索人类经验的丰富多彩的故事时，嵌套自然主义可以在被证明最能带来启发的任何层面的结构上自由援引各种叙述，同时也确保各种叙述前后连贯一致。

[9] 本书凡是提到"生命"，均指"我们所知的地球上的生命"，因此我不再提这一限定。

[10] 形成原子量较大的原子时，有个重要障碍，就是没有包含 5 个或 8 个核子的原子核是稳定的。原子核是通过依次添加质子和中子（氢核和氦核）形成的，因此第五步和第八步的不稳定给大爆炸之后的核合成造成了瓶颈。

[11] 我给出的比例是按质量计算的相对丰度。鉴于单个氦原子核的质量大概是单个氢原子核的 4 倍，因此氢原子数与氦原子数之比是另外一个比例，约为氢原子数占 92%，氦原子数占 8%。

[12] 关于这段历史的完整描述参见 Helge Kragh, "Naming the Big Bang," *Historical Studies in the Natural Sciences* 44, no. 1 (February 2014): 3。Kragh 指出，虽然霍伊尔更中意自己的宇宙学理论（稳恒态模型，

在其中宇宙一直存在），但他说到"大爆炸"一词时可能并无嘲讽之意。实际上，霍伊尔用"大爆炸"这个词，可能只是想以一种有趣的方式将自己的理论跟这种竞争理论区分开来。

[13] S. E. Woosley, A. Heger, and T. A. Weaver, "The evolution and explosion of massive stars," *Reviews of Modern Physics* 74 (2002): 1015.

[14] 有项研究分析了数十万种可能的轨迹后得出结论，几乎所有轨迹都要求太阳以极高的速度被抛射出来，而在这种速度下，太阳要么会失去其原行星盘，要么就是行星已经形成但会在此过程中失散（Bárbara Pichardo, Edmundo Moreno, Christine Allen, et al., "The Sun was not born in M67," *The Astronomical Journal* 143, no. 3 [2012]: 73)。另一项研究对梅西耶 67 号本身在何处形成有不同的假设，结论是，较慢的喷射速度就足以送太阳上路，而以这种较慢的速度，行星或原行星盘都可以保留下来（Timmi G. Jørgensen and Ross P. Church, "Stellar escapers from M67 can reach solar-like Galactic orbits," arxiv.org, arXiv:1905.09586)。

[15] A. J. Cavosie, J. W. Valley, S. A. Wilde, "The Oldest Terrestrial Mineral Record: Thirty Years of Research on Hadean Zircon from Jack Hills, Western Australia," in *Earth's Oldest Rocks*, ed. M. J. van Kranendonk (New York: Elsevier, 2018), 255–78. 最新数据也与约翰·瓦利的最初研究一致：John W. Valley, William H. Peck, Elizabeth M. King, and Simon A. Wilde, "A Cool Early Earth," *Geology* 30 (2002): 351–54；John Valley，私下交流，2019 年 7 月 30 日。

[16] Werner Heisenberg, *Physics and Philosophy: The Revolution in Modern Science* (London: Penguin Books, 1958), 16.

[17] Max Born, "Zur Quantenmechanik der Stoßvorgänge," *Zeitschrift für Physik* 37, no. 12 (1926): 863. 在这篇论文的最初版本中，玻恩将量子波函数与概率直接联系在一起，但在后来加上的一个脚注中，他更正了这一关系，纳入了波函数模的平方（the norm squared）。

[18] 我们将在第 9 章讨论沃尔夫冈·泡利的不相容原理，但在这里，这个原理对确定电子绕原子核时可以有什么样的量子轨道也至关重要。不相容原理指出，没有两个电子（更一般地，同类的两个

物质粒子）能处于相同的量子态。因此，薛定谔方程确定的单个量子轨道最多只能容纳一个电子（考虑到自旋自由度的话，也可以是两个电子）。这些轨道很多都能量相同，在我们的类比中就相当于它们在量子剧场中都坐在同一层。但是，一旦这些座位——每个量子轨道——都被占了，这一层就不能容纳更多电子了。

[19] 如果回想一下中学化学，你可能会意识到我在这里做了适度简化。如果描述得更准确些，我会指出（出于量子力学）原子会把层级组织成多个亚层，每个亚层角动量的值都不同。有时较高层级某亚层的角动量较小，其能量甚至低于较低层级中较高角动量的亚层，这时电子会在填满较低层级之前就去占据较高层级的亚层。

[20] 更准确地说，如果原子最外面的亚壳层（价壳层）被填满，原子就能达到稳定状态。你可能还记得高中学过的"8规则"，也就是说原子在价壳层通常需要8个电子，因此为了达到这个数目，原子会要么捐出或接受电子，要么与其他原子共享电子。

[21] Albert Szent-Györgyi, "Biology and Pathology of Water," *Perspectives in Biology and Medicine* 14, no. 2 (1971): 239.

[22] 本章我们的重点是植物和动物，它们都是由真核细胞（有细胞核的细胞）组成的。因此，研究者表示，上溯这些谱系，最终会汇集到"真核生物最近的共同祖先"（LECA）。更一般地，如果我们把细菌和古菌也考虑进来，那么这些谱系就会在更久远的地方汇聚到"全体生物最近的共同祖先"（LUCA）。

[23] A. Auton, L. Brooks, R. Durbin, et al., "A global reference for human genetic variation," *Nature* 526, no. 7571 (October 2015): 68.

[24] 在比较不同物种的DNA重合程度时，科学家建立了不同的衡量标准。有一种方法是比较这些物种共有基因的碱基对（说人类和黑猩猩有1%左右的基因差异就是这么来的），但还有另一种方法是比较整个基因组（由此得出的人类和黑猩猩的基因差异更大）。

[25] 更准确地说，研究者将下一段我们要说到的编码方式描述为"几乎"通用，就是说在某些特例中还是发现了一些变化，但即使是这些适度修饰，也都与本章描述的基本编码结构相同。

[26] 用4个互不相同的字母组成长度为3个字母的编码，共有64种

组合。但因为这些序列只需要编码 20 种氨基酸，所以可以而且确实有不同序列用于编码同一种氨基酸。历史上最早解开这种遗传编码的论文有：F. H. C. Crick, Leslie Barnett, S. Brenner, and R. J. Watts-Tobin, "General nature of the genetic code for proteins," *Nature* 192 (1961): 1227–32; J. Heinrich Matthaei, Oliver W. Jones, Robert G. Martin, and Marshall W. Nirenberg, "Characteristics and Composition of Coding Units," *Proceedings of the National Academy of Sciences* 48, no. 4 (1962): 666–77。到 20 世纪 60 年代中期，在大量研究者的共同努力下，全部编码解出，其中最引人注目的工作来自马歇尔·尼伦伯格（Marshall Nirenberg）、罗伯特·霍利（Robert Holley）和哈尔·戈宾德·霍拉纳（Har Gobind Khorana），他们三位也因此获颁 1968 年诺贝尔奖。

[27] 基因的确切定义仍然存在争议。在蛋白质编码信息之外，基因还包括辅助序列（未必跟编码区相邻），而这些辅助序列可以影响细胞使用编码数据的确切方式（比如增强或抑制某种蛋白质的生产率，以及其他调节功能）。

[28] 是质子电流在驱动 ATP 的合成，这一关键认识是由英国生物化学家彼得·米切尔提出的，他也因此获得了 1978 年的诺贝尔奖（P. Mitchell, "Coupling of phosphorylation to electron and hydrogen transfer by a chemiosmotic type of mechanism," *Nature* 191 [1961]: 144–48）。虽然米切尔方案的很多细节都需要后续的改进，但颁发诺贝尔奖是因为他在"生物能量传递"问题上的见解。米切尔是位不寻常的科学家，在受够了科学界的种种愚蠢之举后（我非常理解），他建立了一家独立的公益公司——格林研究中心，在这里跟很多同行及多达 10 位工作人员一起进行生物化学研究。他那奇妙一生的诸多细节可见 John Prebble and Bruce Weber, *Wandering in the Gardens of the Mind: Peter Mitchell and the Making of Glynn* (Oxford: Oxford University Press, 2003)。对细胞内部能量提取和输送的现代理解，详情可参阅 Bruce Alberts et al., *Molecular Biology of the Cell*, 5th ed. (New York: Garland Science, 2007), chapter 14。博学的读者可能会注意到该过程的普遍性有个先决条件：发酵（无氧的能量提取过程）。

[29] Charles Darwin, *The Origin of Species* (New York: Pocket Books, 2008).

[30] 在我的类比中我设想的是有一家企业通过随机试错来迭代自己的产品。但是，还有其他办法可以更高效地试错。例如在开发许多计算机算法时，计算机科学家先从一种算法开始，对该算法进行随机修改，然后丢弃那些让算法速度下降的修改，再进一步修改留下的那些（提高了算法速度的那些修改）。反复进行这个过程，我们就在自然选择的启示下得到了一种方法，可以在大量可能性中广泛采样，形成越来越快的计算过程。当然，比起在市场上试验随机修改的产品，在计算机上研究算法改进的成本要低得多。因此，只要一轮轮迭代在时间和资源方面的成本不高（或对各项修改的检验可以大规模并行），盲目试错在各种任务中也不失为一种有用的策略。

[31] Eric T. Parker, Henderson J. Cleaves, Jason P. Dworkin, et al., "Primordial synthesis of amines and amino acids in a 1958 Miller H2S-rich spark discharge experiment," *Proceedings of the National Academy of Sciences* 108, no. 14 (April 2011): 5526.

[32] 细胞膜可以由常见的化学物质——如脂肪酸——自然形成。脂肪酸一端亲水，另一端疏水。跟水的这种关系可以促使这样的分子形成双层壁垒：分子的亲水端朝外，疏水端朝内，将两层膜贴合在一起，这就形成了细胞膜。在 RNA 世界假说这一语境下的讨论，见 G. F. Joyce and J. W. Szostak, "Protocells and RNA Self-Replication," *Cold Spring Harbor Perspectives in Biology* 10, no. 9 (2018).

[33] 很多研究者，包括但不限于化学家斯万特·阿伦尼乌斯（Svante Arrhenius）、天文学家弗雷德·霍伊尔、太空生物学家钱德拉·维克拉玛辛格（Chandra Wickramasinghe）、物理学家保罗·戴维斯（Paul Davies）等，都曾指出有些陨石本身可能就携带了相当坚韧的生命种子，即能自我复制、能催化生化反应的现成分子。这种提法尽管很有意思，也提高了如下可能性——放眼全宇宙，携带生命的太空陨石也许曾落很多其他星球上；但它并未促进我们对生命起源的理解，因为问题只是变成了这些种子又是如何起源的。

[34] David Deamer, *Assembling Life: How Can Life Begin on Earth and Other*

Habitable Planets? (Oxford: Oxford University Press, 2018).

[35] A. G. Cairns-Smith, *Seven Clues to the Origin of Life* (Cambridge: Cambridge University Press, 1990).

[36] W. Martin and M. J. Russell, "On the origin of biochemistry at an alkaline hydrothermal vent," *Philosophical Transactions of the Royal Society* B 367 (2007): 1187.

[37] Erwin Schrödinger, *What Is Life?* (Cambridge: Cambridge University Press, 2012), 67.

[38] 入射光子携带的能量更密集（波长较短，位于可见光谱段，数量也较少），所以品质较高；而出射光子携带的能量更稀薄（波长较长，位于光谱的红外部分，数量也较多），所以品质较低。因此，对太阳能的利用不仅在于太阳提供的能量体量很大，还在于来自太阳的能量品质很高，所含的熵远低于地球释放回太空的热。本章也已经指出，地球从太阳每接收一个光子，都会向太空辐射回好几十个光子。要估算这个数字，可以注意，来自太阳的光子是从温度约 6000K（太阳表面温度）的环境发射出来的，而地球释放的光子则发出自温度约为 285K（地表温度）的环境。光子的能量跟这个温度成正比（可以把光子当成由粒子形成的理想气体），因此地球从太阳那里吸收的光子，和随后释放回太空的光子的数量比能由这两个温度的比得出，即 6000K/285K，约为 21。

[39] Erwin Schrödinger, *What Is Life?* (Cambridge: Cambridge University Press, 2012), 1.

[40] Albert Einstein, *Autobiographical Notes* (La Salle, IL: Open Court Publishing, 1979), 3. 在生命系统的语境下，针对热力学原则，有一种现代性的论述非常精彩，它为我们援引的很多基本概念都提供了颇具见解的例子，它就是 Philip Nelson, *Biological Physics: Energy, Information, Life* (New York: W. H. Freeman and Co., 2014)。

[41] J. L. England, "Statistical physics of self-replication," *Journal of Chemical Physics* 139 (2013): 121923. Nikolay Perunov, Robert A. Marsland, and Jeremy L. England, "Statistical Physics of Adaptation," *Physical Review X* 6 (June 2016): 021036-1; Tal Kachman, Jeremy A. Owen, and Jeremy L.

England, "Self-Organized Resonance During Search of a Diverse Chemical Space," *Physical Review Letters* 119, no. 3 (2017): 038001–1. 另见 G. E. Crooks, "Entropy production fluctuation theorem and the nonequilibrium work relation for free energy differences," *Physical Review E* 60 (1999): 2721; C. Jarzynski, "Nonequilibrium equality for free energy differences," *Physical Review Letters* 78 (1997): 2690。

[42] 英格兰同样指出，因为生命实体的物理结构不仅短时间内有序，而且会在很长时间内——甚至在死后的一段时间内——保持有序，所以生命产生的废能或许很大一部分是建造这种稳定结构的副产品。于是对生命来说，在不断保持内稳态之外，或许正是对熵两步舞的主导性贡献与结构的形成有关。还需要注意到，虽然生命系统需要吸收高品质能量，但也需要这些能量的形式不会破坏系统的内部组织。举个力学的例子：酒杯可以在频率合适的声音的驱动下振动起来，但如果声音带来的能量太多，杯子也会碎掉。为避免类似结果，耗散系统中的一些"自由度"会聚集为某些组态，借此避免与环境投来的能量发生共振。生命需要在这两种极端之间取得适当的平衡。

5　粒子与意识

[1] Albert Camus, *The Myth of Sisyphus*, trans. Justin O'Brien (London: Hamish Hamilton, 1955), 18.

[2] Ambrose Bierce, *The Devil's Dictionary* (Mount Vernon, NY: The Peter Pauper Press, 1958), 14.

[3] Will Durant, *The Life of Greece*, vol. 2 of *The Story of Civilization* (New York: Simon & Schuster, 2011), 8181–82, Kindle.

[4] 我经常提到表达物理学定律的数学方程式，因此值得花点时间简单写一写这些方程式最精炼的版本。就算你不理解这些符号，看看数学的一般性"面貌"说不定也会有点意思。

爱因斯坦的广义相对论场方程为 $R_{\mu\nu} - \frac{1}{2}g_{\mu\nu}R + \Lambda g_{\mu\nu} = \frac{8\pi G}{c^4} T_{\mu\nu}$，其中左侧描述的是时空曲率，以及宇宙学常数 Λ，右侧描述的是曲率（引力场）的来源——质量和能量。在这一（及后面的）表达式中，希腊字母角标遍历从 0 到 3 的数字，代表四维时空坐标。

麦克斯韦的电磁学方程为 $\partial^{\alpha}F_{\alpha\beta} = \mu_0 J_{\beta}$ 及 $\partial_{[\alpha}F_{\rho\sigma]} = 0$，两个方程的左侧描述的是电场和磁场，第一个方程的右侧描述的是引发电磁场的电荷。

强核力和弱核力的方程是麦克斯韦方程的推广。重要的新特征是，在麦克斯韦的理论中，我们可以用叫作"矢势"的 A_{α} 来表示"场强"：$F_{\alpha\beta} = \partial_{\alpha}A_{\beta} - \partial_{\beta}A_{\alpha}$，然而对于核力来说有一系列场强 $F^a_{\alpha\beta}$ 和一系列矢势 A^a_{α}，通过 $F^a_{\alpha\beta} = \partial_{\alpha} - \partial^a_{\beta}A^a_{\alpha} + gf^{abc}$ 联系起来。拉丁字母上标遍历弱核力李代数 su(2) 和强核力李代数 su(3) 的生成元，f^{abc} 则为这些李代数的结构常数。

薛定谔的量子力学方程为 $i\hbar\frac{\partial\psi}{\partial\tau} = \mathrm{H}\psi$，其中 H 为哈密顿算符（Hamiltonian），ψ 为波函数，（适当归一化后）波函数的模的平方会给出一些量子力学概率。量子力学与电磁力、弱核力及强核力的融合，再加上已知的物质粒子和希格斯粒子，就构成了粒子物理标准模型。标准模型通常用一种截然不同的等价形式来表示，叫"路径积分"（path integral，物理学家理查德·费曼首创的一种方法）。量子力学与广义相对论的融合是一个方兴未艾的高级研究课题。

[5] Augustine, *Confessions*, trans. F. J. Sheed (Indianapolis, IN: Hackett Publishing, 2006), 197.

[6] Thomas Aquinas, *Questiones Disputatae de Veritate*, questions 10–20, trans. James V. McGlynn, S. J. (Chicago: Henry Regnery Company, 1953).

[7] William Shakespeare, *Measure for Measure*, ed. J. M. Nosworthy (London: Penguin Books, 1995), 84.

[8] Gottfried Leibniz, letter to Christian Goldbach, 17 April 1712.

[9] Otto Loewi, "An Autobiographical Sketch," *Perspectives in Biology and Medicine* 4, no. 1 (Autumn 1960): 3–25. 勒维说这场梦发生在 1920 年复活节周日，但他弄错了，实际上是 1921 年。

[10] 想深度了解相关历史，可见 Henri Ellenberger, *The Discovery of the Unconscious* (New York: Basic Books, 1970).

[11] Peter Halligan and John Marshall, "Blindsight and insight in visuo-spatial neglect," *Nature* 336, no. 6201 (December 22–29, 1988): 766–67.

[12] 始作俑者是詹姆斯·维卡里（James Vicary），他于 1957 年宣称阈下闪现会鼓励观众吃爆米花、喝可口可乐，因此两者的销量都显著上升。后来维卡里承认，这些宣称并无根据。

[13] 研究人员已经证实，多种阈下刺激都能影响意识活动。本段中我描述的例子是确定简单数字这类事情所受的阈下影响。但类似的阈下影响也已经证明可以作用于识别词语（可参阅 Anthony J. Marcel, "Conscious and Unconscious Perception: Experiments on Visual Masking and Word Recognition," *Cognitive Psychology* 15 (1983): 197–237），以及对大量图像和物体的感知与评估。

[14] L. Naccache and S. Dehaene, "The Priming Method: Imaging Unconscious Repetition Priming Reveals an Abstract Representation of Number in the Parietal Lobes," *Cerebral Cortex* 11, no. 10 (2001): 966–74; L. Naccache and S. Dehaene, "Unconscious Semantic Priming Extends to Novel Unseen Stimuli," *Cognition* 80, no. 3 (2001): 215–29. 请注意，这些实验中最初的刺激是经由"掩蔽"过程潜入阈下的，在这个过程中，刺激的前后都会闪现几何形状。相关综述可见 Stanislas Dehaene and Jean-Pierre Changeux, "Experimental and Theoretical Approaches to Conscious Processing," *Neuron* 70, no. 2 (2011): 200–27; Stanislas Dehaene, *Consciousness and the Brain* (New York: Penguin Books, 2014).

[15] Isaac Newton, letter to Henry Oldenburg, 6 February 1671. http://www.newtonproject.ox.ac.uk/view/texts/normalized/NATP00003.

[16] 哲学家、心理学家、神秘主义者以及其他很多思想家对意识的定义各有各的主张。根据具体情况，有些定义可能比我们在此采取的方法更有用，有些则未必。但我们这里的重点是"困难问题"，就此而言，本章的描述已经足够。

[17] 我在这里提到质子、中子和电子，只是简便的表达，是用自然界中最精细的成分来表达大脑的状态，无论这些成分（粒子、场、弦等等）最终会是什么。

[18] Thomas Nagel, "What Is It Like to Be a Bat?" *Philosophical Review* 83, no. 4 (1974): 435–50.

[19] 我在说从基本粒子的角度来理解台风或火山——或任何宏观对

象——时，说的都是"原则上"的角度。混沌理论很久以来都在强调，某粒子集合在初始条件上即使只有细微的差别，也会在粒子的未来组态中形成巨大差异。就算对小型集合而言也是如此。在实践中，这一事实极大地影响着我们能够做出哪些种类的预测，但其中不包含任何神秘之处。混沌理论带来了一系列重要而深刻的见解，但人们发展出这种理论不是为了填补我们在理解基本的物理定律时感知到的空白。在涉及意识时，本章提出的问题——无意识的粒子怎么能产生有意识的感觉——已经向一些研究者表明，还有一种空白，其性质要根本得多。这些研究者指出，大型粒子集合无论如何协调运动，心灵的感觉都不可能从中涌现。

[20] Frank Jackson, "Epiphenomenal Qualia," *Philosophical Quarterly* 32 (1982): 127–36.

[21] Daniel Dennett, *Consciousness Explained* (Boston: Little, Brown and Co., 1991), 399–401.

[22] David Lewis, "What Experience Teaches," *Proceedings of the Russellian Society* 13 (1988): 29–57, reprinted in David Lewis, *Papers in Metaphysics and Epistemology* (Cambridge: Cambridge University Press, 1999): 262–90. 该文观点奠基于早先 Laurence Nemirow, "Review of Nagel's Mortal Questions," *Philosophical Review* 89 (1980): 473–77 一文的见解。

[23] Laurence Nemirow, "Physicalism and the cognitive role of acquaintance," in *Mind and Cognition*, ed. W. Lycan (Oxford: Blackwell, 1990), 490–99.

[24] Frank Jackson, "Postscript on Qualia," in *Mind, Method, and Conditionals, Selected Essays* (London: Routledge, 1998), 76–79.

[25] 查尔默斯在他 1995 年的文章中论及，在思考"困难问题"时，活力论和电磁论都很有用处。他指出，"困难问题"与众不同的关键特征是，它必须解决体验的主观特性，因此他认为，此类问题不可能通过更细致地理解大脑的客观功能来解决。在本节中，我发现以有些不同的方式来构造问题大有裨益，就是将两类开放性问题做一比较：一类是科学利用目前通行的范式（它定义了我们所知的现实发生的舞台）能够解决、至少在原则上能解决的，另一类是这种范式也许会被证明还不足以解决的。按这种构造方式，

去解决某个问题时，如果我们必须从根本上改变现有的描述世界的方法，我们就说这个问题很难（在电磁的例子中，科学家必须引入根本意义上的新性质——充满空间的电场、磁场和电荷）。查尔默斯认为，仅仅使用处在我们对现实的基本物理描述的核心位置的物质成分，是解决不了困难问题的；而我引入的构造方式虽有不同，却抓住了这个问题的一个关键部分。还须注意，按查尔默斯的说法，活力论所以会逐渐消失，正是因为这种理论强调的问题确实是一种客观的功能：物理成分怎么能执行生命的客观功能？随着科学家对（生化分子等）物理成分的功能性能力越来越了解，活力论需要解决的谜团也越来越少了。按查尔默斯的看法，这一进程不会在困难问题中重现。物理主义者并不认同这一直觉，因此期望在理解脑功能方面取得进展，从而对主观经验形成见解。更多细节可见 David Chalmers, "Facing Up to the Problem of Consciousness," *Journal of Consciousness Studies* 2, no. 3 (1995): 200–19; David Chalmers, *The Conscious Mind: In Search of a Fundamental Theory* (Oxford: Oxford University Press, 1997), 125。

[26] 在临床文献中，切除脑的特定区块，结果导致目标大脑的功能丧失，这样的案例数不胜数。有这么个例子就发生在我身边。我妻子特蕾西（Tracy）经脑手术切除了一个恶性肿瘤后，短暂失去了说出各种常见名词的能力。按她的描述，就好像是手术切掉了她存储各种物品名称的知识的数据库。她仍然能构想出这些名词对应的心理图像，比如一双红鞋，但就是说不出心中图像的名称。

[27] Giulio Tononi, *Phi: A Voyage from the Brain to the Soul* (New York: Pantheon, 2012); Christof Koch, *Consciousness: Confessions of a Romantic Reductionist* (Cambridge, MA: MIT Press, 2012); Masafumi Oizumi, Larissa Albantakis, and Giulio Tononi, "From the Phenomenology to the Mechanisms of Consciousness: Integrated Information Theory 3.0," *PLoS Computational Biology* 10, no. 5 (May 2014).

[28] Scott Aaronson, "Why I Am Not an Integrated Information Theorist (or, The Unconscious Expander)," *Shtetl-Optimized*. https://www.scottaaronson.com/blog/?p=1799.

[29] Michael Graziano, *Consciousness and the Social Brain* (New York: Oxford University Press, 2013); Taylor Webb and Michael Graziano, "The attention schema theory: A mechanistic account of subjective awareness," *Frontiers in Psychology* 6 (2015): 500.

[30] 人类的颜色感知比我的简单描述复杂得多。我们的眼睛里有感受器，其灵敏度在光的一段频率上会有变化。有些对频率最高的可见光最灵敏，有些对频率最低的可见光最灵敏，还有些介于两者之间。我们的脑感知到的颜色，是各种感受器的响应混合而成的。

[31] 跟上一条尾注一样，这也是一种简化，因为"红色"是脑做出的解释，解释的是视觉感受器接收到不同频率的光后所做响应的混合。尽管如此，简化了的描述还是传达了要点：一些物理数据会借电磁波传入我们的眼睛，而我们对颜色的感觉只是对这些物理数据的表征，既有用，也粗略。

[32] David Premack and Guy Woodruff, "Does the chimpanzee have a theory of mind?" *Cognition and Consciousness in Nonhuman Species*, special issue of *Behavioral and Brain Sciences* 1, no. 4 (1978): 515–26.

[33] Daniel Dennett, *The Intentional Stance* (Cambridge, MA: MIT Press, 1989).

[34] 如丹尼特的"多重草稿模型"，见 Daniel Dennett, *Consciousness Explained* (Boston: Little, Brown & Co., 1991)；巴尔斯的"全局工作区理论"，见 Bernard J. Baars, *In the Theater of Consciousness* (New York: Oxford University Press, 1997)；以及哈梅洛夫和彭罗斯的"协调（客观）还原论"，见 Stuart Hameroff and Roger Penrose, "Consciousness in the universe: A review of the 'Orch OR' theory." *Physics of Life Reviews* 11 (2014): 39–78.

[35] 虽然所有量子力学都可以追溯回薛定谔方程，但在该理论引入之后的数十年中，很多物理学家都进一步发展了它的数学形式。我提到的成功预测来自一个量子力学领域的计算，这个领域叫"量子电动力学"，它融合了量子力学和麦克斯韦的电磁学理论。

[36] 针对此点还有另一种表述：根据量子力学，电子在被测量之前并没有传统意义上的"位置"。

[37] 第3章尾注[5]曾指出，有一种对量子力学的理解认为粒子仍然有清晰、确定的轨迹，从而为量子测量问题提供了一种可能的解决方案。这种名为"玻姆力学"或"德布罗意—玻姆理论"的方法，至今在全世界仍有少数研究者在追随。虽然这可能是匹黑马，但我并不认为玻姆力学未来能发展为一种主流观点。解决量子测量问题的另一种方法是"多世界诠释"，在这种诠释中，量子力学演变所允许的一切可能结果都会在测量时实现。第三种提案是GRW理论，它引入了一种新的基本物理过程：单个粒子的概率波会罕见地随机坍缩。对于小型粒子集合，该过程的发生频率极低，影响不到成功的量子实验结果。但对于大型粒子集合，这一过程发生得要快得多，会形成多米诺骨牌效应，并恰好挑出一个结果在宏观世界中实现。更多细节可参阅《宇宙的结构》第七章。

[38] Fritz London and Edmond Bauer, *La théorie de l'observation en mécanique quantique*, No. 775 of *Actualités scientifiques et industrielles; Exposés de physique générale, publiés sous la direction de Paul Langevin* (Paris: Hermann, 1939), trans. John Archibald Wheeler and Wojciech Zurek, *Quantum Theory and Measurement* (Princeton: Princeton University Press, 1983), 220.

[39] Eugene Wigner, *Symmetries and Reflections* (Cambridge, MA: MIT Press, 1970).

[40] 如果一个行动起于某行为主体内部，并且也出于该行为主体自己的谨慎考虑，那么亚里士多德就称这一行动为"自愿的"。经过了一些实质性改进后，他的这个看法已经产生了重大影响。见 Aristotle, *Nicomachean Ethics*, trans. C. D. C. Reeve (Indianapolis, IN: Hackett Publishing, 2014), 35–41。亚里士多德没有将决定论式的物理学定律包括在能将行为变为非自愿的外力之中，但那些确实考虑了这种基本而客观的影响的人（包括我）也发现，亚里士多德的"自愿"概念跟他们对自由意志的直观理解并不一致。

[41] 跟本章尾注[17]一样，我提到构成宏观对象的粒子时，只是对该对象的完整物理状态的简便描述。在经典物理学中，这个状态是由该对象的基本组分的位置和速度给出的。而在量子力学中，该

状态是由描述该对象组分的波函数给出的。这里我强调粒子，可能会让你们疑惑场去哪儿了。受过专业训练的读者可能知道，通过量子场论我们了解到，场的影响是通过粒子传递的（比如电磁场的影响会通过光子传递）；此外，量子场论也表明，宏观场在数学上可以描述为粒子的特定组态，即所谓的粒子"相干态"。所以我说的"粒子"也包括了场。博学的读者还会注意到，在量子设定下，某些量子特征、如量子纠缠，会使某对象的状态成为更微妙的概念，与经典设定下正好相反。对我们即将讨论的大部分内容来说，我们都可以忽略这些细微差别，从根本上讲，我们需要的只是物理世界遵从定律、步调一致地向前发展。

[42] 更准确地说，组成石头的粒子合力将石头推离长椅的可能性极小极小，因此在有所谓的时间尺度上，这块石头能把我救下来的统计概率可以忽略不计。

[43] 哲学文献中包含了很多相容论的主张。其中，我描述的方法跟丹尼尔·丹尼特提出并发展的假说最为接近，见其 *Freedom Evolves* (New York: Penguin Books, 2003) 及 *Elbow Room* (Cambridge, MA: MIT Press, 1984)，我建议读者诸君以此为参考深入讨论。几十年前，是路易丝·沃斯格琴 (Luise Vosgerchian) 这位对我影响重大的一位老师最早促使我开始想这些问题的，自那以后，我就一直在反复思考这些想法。沃斯格琴是哈佛大学的音乐教授，她对科学发现如何与美感关联起来有浓厚的兴趣；她建议我从现代物理学的角度写一写人类的自由和创造力。

[44] 人工智能和机器学习更有力地证明了这一点。研究人员开发了可以玩国际象棋、围棋等游戏的算法，这些算法能通过分析之前走步的成败来自我更新。在有这种算法的计算机里，我们有的，只是在物理定律的完全控制下以这种或那种方式运动的粒子。然而算法会提升，会学习，算法的走步会变得很有想法，实际上是太有想法了，以至于只需几个小时的内部更新，最先进的系统就可以从初学者水平提高到能战胜世界级大师。见 David Silver, Thomas Hubert, Julian Schrittwieser, et al., "A general reinforcement learning algorithm that masters chess, shogi, and Go through self-play," *Science* 362

(2018): 1140-44。

[45] 这里的问题是，如果"我"就是我的粒子组态，那么当这个组态在排列和组成上都发生了改变时，我还是我吗？这是另一个重要哲学问题——跨时间的人格同一性——的一种提法，因此也产生了大量的观点和回应。我倾向于认同罗伯特·诺齐克的方法，用有些专业的语言来讲就是，我们令关于"我"这个角色的一个距离函数在备选项空间中得到最小值，以此来寻找那个"最紧密地延续了"我直到此刻的存在的人，从而认定未来的我自己。明确定义距离函数当然很重要，诺齐克也指出，对"何为人"的定义性面向看法不同的人，许多做出不同选择。很多时候，对于谁"最紧密地延续了"我，直觉性的理解就已足够，但你也可以人为构建费解的例子。比如，假设传输设备发生故障，在目的地产生了两个一模一样的"我"的副本，那么哪个粒子集合才"真的"是我？这时，诺齐克认为，如果没有唯一的最紧密的延续者，"我"就可能不复存在。不过，如果距离函数的最小值不止一个，我也不觉得有什么，所以我的看法是，这两个副本都是"我"。就本章中用到的"我"的概念而言，对人格同一性的直觉性理解是与诺齐克的概念一致的，因为比如说，在我这辈子当中，我们出于直觉会标记为"布莱恩·格林"的各种粒子集合，确实都是最紧密的延续者。见 Robert Nozick, *Philosophical Explanations* (Cambridge, MA: Belknap Press, 1983), 29–70。

[46] 这些讨论带来的一个问题是，你是否应该承担为其他公民或整个社会所不能接受的行为的后果。哲学家很久以来一直在自由意志、道德责任、惩罚的作用这几个概念的交汇处争论不休。这些问题非常复杂，也很棘手。我的观点简单说来是这样：跟本章给出的原因一样，你的行动无论是好是坏，都是你自己的责任，即使没有自由意志也是如此。你就是你的粒子，如果你的粒子做了错事，那就是你做了错事。所以真正的问题在于，应该有什么后果？行动产生的后果固然并非出自自由意志，但我们把这个事实先放在一边，那么问题就变成了你是否应该遭受惩罚。我能找到的唯一逻辑连贯的答案，或说其实是能找到一个逻辑连贯的答案的唯一

起点，是惩罚应当以其保护社会利益的能力为基础考量，其中就包括阻止未来发生不可接受的行为。此外，自由意志与学习是相容的；扫地机器人也会学习，就跟人一样。今天的经历跟明天的行动有因果关系。因此，如果惩罚防止、劝阻了你和／或其他人后面去采取不可接受的行动，那么我们就通过惩罚引导社会走向了更令人满意的结果。有些不可接受的行为可归因于情有可原的状况（脑瘤、被胁迫、精神分裂、受控于邪恶外星人的神经植入等），在与此相关的讨论中，犯错者的责任似可免除；前述考虑对这些讨论常会带来的"示范案例"而言也很重要。根据上述内容和本章的讨论可以得出的观点是，个人确实要对自己的行动负责。他们的粒子确实做出了不可接受之事，而他们就是他们的粒子。但如果在任一特定情境中都有具体的细节，如果它们又是情有可原的状况，惩罚可能就没有机会带来任何好处。如果你是因为脑瘤才做出不可接受的行为，那么就算惩罚你，很可能对阻止未来由类似状况引发类似行为也没有任何作用。如果我们能切除脑瘤，你就不再构成任何威胁，因此惩罚不会给社会带来任何额外的保护。简言之，惩罚必须服务于实用目的。

6　语言与故事

[1] Alice Calaprice, ed., *The New Quotable Einstein* (Princeton: Princeton University Press, 2005), 149.

[2] Max Wertheimer, *Productive Thinking*, enlarged ed. (New York: Harper and Brothers, 1959), 228.

[3] Ludwig Wittgenstein, *Tractatus Logico-Philosophicus* (New York: Harcourt, Brace & Company, 1922), 149.

[4] Toni Morrison, Nobel Prize lecture, 7 December 1993. https://www.nobelprize.org/prizes/literature/1993/morrison/lecture/.

[5] 达尔文写道："某位原始人，更确切地说是人类的某位早期祖先，最初使用自己的声音，大概是用来发出音乐性的顿挫音调，即歌唱。"并补充道，"这种能力特别会被用在两性求偶期间，它可能会表达各种情感，如爱慕、嫉妒、胜利的喜悦等，还可能用于向

情敌挑战。" Charles Darwin, *The Descent of Man* (New York: D. Appleton and Company, 1871), 56.

[6] 在 1869 年 4 月号的《评论季刊》中，华莱士在谈到驱动演化的力量——"变异、增殖和生存的法则"——时，写出了本章此处所用的引文。Alfred Russel Wallace, "Sir Charles Lyell on geological climates and the origin of species," *Quarterly Review* 126 (1869): 359–94.

[7] Joel S. Schwartz, "Darwin, Wallace, and the Descent of Man," *Journal of the History of Biology* 17, no. 2 (1984): 271–89.

[8] 达尔文写给华莱士的信，1869 年 3 月 7 日。https://www.darwin-project.ac.uk/letter/?docId=letters/DCP-LETT-6684.xml;query=child; brand=default.

[9] Dorothy L. Cheney and Robert M. Seyfarth, *How Monkeys See the World: Inside the Mind of Another Species* (Chicago: University of Chicago Press, 1992). 这种示警呼叫的录音可以在 BBC 的网页上听到：https://www.bbc.co.uk/sounds/play/p016dgw1。

[10] Bertrand Russell, *Human Knowledge* (New York: Routledge, 2009), 57–58.

[11] R. Berwick and N. Chomsky, *Why Only Us?* (Cambridge, MA: MIT Press, 2015). 虽然有一些人质疑道，这种提案要求生物变化相对快速，是否与对演化论的理解有抵触，但乔姆斯基认为，这一提案刚好符合现代新达尔文主义的观点，即承认有突发的生物变化，如眼睛的形成等；这种新观点与认为所有生物的演化都是缓慢、渐进的传统观点相悖。

[12] S. Pinker and P. Bloom, "Natural language and natural selection," *Behavioral and Brain Sciences* 13, no. 4 (1990): 707–84; Steven Pinker, *The Language Instinct* (New York: W. Morrow and Co., 1994); Steven Pinker, "Language as an adaptation to the cognitive niche," in *Language Evolution: States of the Art*, ed. S. Kirby and M. Christiansen (New York: Oxford University Press, 2003), 16–37.

[13] 例如语言学家、发展心理学家迈克尔·托马塞洛就曾指出："可以肯定，世界上所有语言都有共同之处……但这些共性并非来自任何'普遍语法'，而是来自人类的认知、社会交往和信息处理

中的一些普遍特征——大部分都在广义现代语言出现之前很久就
已经存在于人类身上了。" Michael Tomasello, "Universal Grammar Is
Dead," *Behavioral and Brain Sciences* 32, no. 5 (October 2009): 470–71.

[14] Simon E. Fisher, Faraneh Vargha-Khadem, Kate E. Watkins, Anthony P.
Monaco, and Marcus E. Pembrey, "Localisation of a gene implicated in a
severe speech and language disorder," *Nature Genetics* 18 (1998): 168–70.
C. S. L. Lai, et al., "A novel forkhead-domain gene is mutated in a severe
speech and language disorder," *Nature* 413 (2001): 519–23.

[15] Johannes Krause, Carles Lalueza-Fox, Ludovic Orlando, et al., "The De-
rived FOXP2 Variant of Modern Humans Was Shared with Neandertals,"
Current Biology 17 (2007): 1908–12.

[16] Fernando L. Mendez et al. "The Divergence of Neandertal and Modern
Human Y Chromosomes," *American Journal of Human Genetics* 98, no. 4
(2016): 728–34.

[17] Guy Deutscher, *The Unfolding of Language: An Evolutionary Tour of Man-
kind's Greatest Invention* (New York: Henry Holt and Company, 2005), 15.

[18] Dean Falk, "Prelinguistic evolution in early hominins: Whence mothe-
rese?" *Behavioral and Brain Sciences* 27 (2004): 491–541; Dean Falk, *Fin-
ding Our Tongues: Mothers, Infants and the Origins of Language* (New York:
Basic Books, 2009).

[19] Robin Dunbar, "Gossip in Evolutionary Perspective," *Review of General
Psychology* 8, no. 2 (2004): 100–10; R. Dunbar, *Grooming, Gossip, and the
Evolution of Language* (Cambridge, MA: Harvard University Press, 1997).

[20] N. Emler, "The Truth About Gossip," *Social Psychology Section Newsletter*
27 (1992): 23–37; R. Dunbar, N. Duncan, and A. Marriott, "Human
Conversational Behavior," *Human Nature* 8, no. 3 (1997): 231–46.

[21] Daniel Dor, *The Instruction of Imagination* (Oxford: Oxford University
Press, 2015).

[22] 关于生火做饭的作用, 见 Richard Wrangha, *Catching Fire: How Coo-
king Made Us Human* (New York: Basic Books; 2009) ; 关于集体照顾子
代, 见 Sarah Hrdy, Mothers and Others: *The Evolutionary Origins of Mu-*

tual Understanding (Cambridge, MA: Belknap Press, 2009)；关于学习
和合作，见 Kim Sterelny, *The Evolved Apprentice: How Evolution Made
Humans Unique* (Cambridge, MA: MIT Press, 2012)。

[23] R. Berwick and N. Chomsky, *Why Only Us?* (Cambridge, MA: MIT Press,
2015), chapter 2.

[24] David Damrosch, *The Buried Book: The Loss and Rediscovery of the Great
Epic of Gilgamesh* (New York: Henry Holt and Company, 2007).

[25] Andrew George, trans., *The Epic of Gilgamesh: The Babylonian Epic Poem
and Other Texts in Akkadian and Sumerian* (London: Penguin Classics,
2003).

[26] 对演化心理学的视角和原则的介绍，见 John Tooby and Leda Cos-
mides, "The Psychological Foundations of Culture," in *The Adapted
Mind: Evolutionary Psychology and the Generation of Culture*, ed. Jerome
H. Barkow, Leda Cosmides, and John Tooby (Oxford: Oxford University
Press, 1992), 19–136; David Buss, *Evolutionary Psychology: The New Sci-
ence of the Mind* (Boston: Allyn & Bacon, 2012)。

[27] S. J. Gould and R. C. Lewontin, "The Spandrels of San Marco and the
Panglossian Paradigm: A Critique of the Adaptationist Programme," *Pro-
ceedings of the Royal Society* B 205, no. 1161 (21 September 1979): 581–98.

[28] Steven Pinker, *How the Mind Works* (New York: W. W. Norton, 1997),
530; Brian Boyd, *On the Origin of Stories* (Cambridge, MA: Belknap Press,
2010); Brian Boyd, "The evolution of stories: from mimesis to language,
from fact to fiction," *WIREs Cognitive Science* 9 (2018): e1444.

[29] Patrick Colm Hogan, *The Mind and Its Stories* (Cambridge: Cambridge
University Press, 2003); Lisa Zunshine, *Why We Read Fiction: Theory of
Mind and the Novel* (Columbus: Ohio State University Press, 2006).

[30] Jonathan Gottschall, *The Storytelling Animal* (Boston and New York: Ma-
riner Books, Houghton Mifflin Harcourt, 2013), 63.

[31] Keith Oatley, "Why fiction may be twice as true as fact," *Review of General
Psychology* 3 (1999): 101–17.

[32] 对于茹韦的工作，有些描述相当扣人心弦，见 Barbara E. Jones, "The

mysteries of sleep and waking unveiled by Michel Jouvet," *Sleep Medicine* 49 (2018): 14–19; Isabelle Arnulf, Colette Buda, and Jean-Pierre Sastre, "Michel Jouvet: An explorer of dreams and a great storyteller," *Sleep Medicine* 49 (2018): 4–9。

[33] Kenway Louie and Matthew A. Wilson, "Temporally Structured Replay of Awake Hippocampal Ensemble Activity During Rapid Eye Movement Sleep," *Neuron* 29 (2001): 145–56.

[34] 我们经常把那些稀奇古怪的叙事，即违反物理定律、逻辑发展和内在一致性的叙事，跟梦境联系起来，这也许表明，做梦跟现实世界的遭遇无甚相关。然而怪梦的普遍程度，也许比我们听说的各种逸事所表明的要低得多。实际上，我们的梦境中有很大一部分会包含现实内容。Antti Revonsuo, Jarno Tuominen, and Katja Valli, "The Avatars in the Machine—Dreaming as a Simulation of Social Reality," *Open MIND* (2015): 1–28; Serena Scarpelli, Chiara Bartolacci, Aurora D'Atri, et al., "The Functional Role of Dreaming in Emotional Processes," *Frontiers in Psychology* 10 (March 2019): 459.

[35] Alfred North Whitehead, *Science and the Modern World* (New York: Free Press, 1953), 10.

[36] Joyce Carol Oates, "Literature as Pleasure, Pleasure as Literature," *Narrative*. https://www.narrativemagazine.com/issues/stories-week-2015-2016/story-week/literature-pleasure-pleasure-literature-joyce-carol-oates.

[37] Jerome Bruner, "The Narrative Construction of Reality," *Critical Inquiry* 18, no. 1 (Autumn 1991): 1–21.

[38] Jerome Bruner, *Making Stories: Law, Literature, Life* (New York: Farrar, Straus and Giroux, 2002), 16.

[39] Brian Boyd, "The evolution of stories: from mimesis to language, from fact to fiction," *WIREs Cognitive Science* 9 (2018): 7–8, e1444.

[40] John Tooby and Leda Cosmides, "Does Beauty Build Adapted Minds? Toward an Evolutionary Theory of Aesthetics, Fiction and the Arts," *SubStance* 30, no. 1/2, issue 94/95 (2001): 6–27.

[41] Ernest Becker, *The Denial of Death* (New York: Free Press, 1973), 97.

[42] Joseph Campbell, *The Hero with a Thousand Faces* (Novato, CA: New World Library, 2008), 23.

[43] Michael Witzel, *The Origins of the World's Mythologies* (New York: Oxford University Press, 2012).

[44] Karen Armstrong, *A Short History of Myth* (Melbourne: The Text Publishing Company, 2005), 3.

[45] Marguerite Yourcenar, *Oriental Tales* (New York: Farrar, Straus and Giroux, 1985).

[46] Scott Leonard and Michael McClure, *Myth and Knowing* (New York: Mc-Graw-Hill Higher Education, 2004), 283–301.

[47] Michael Witzel, *The Origins of the World's Mythologies* (New York: Oxford University Press, 2012), 79.

[48] Dan Sperber, *Rethinking Symbolism* (Cambridge: Cambridge University Press, 1975); Dan Sperber, *Explaining Culture: A Naturalistic Approach* (Oxford: Blackwell Publishers Ltd., 1996).

[49] Pascal Boyer, "Functional Origins of Religious Concepts: Ontological and Strategic Selection in Evolved Minds," *Journal of the Royal Anthropological Institute* 6, no. 2 (June 2000): 195–214. 亦见 M. Zuckerman, "Sensation seeking: A comparative approach to a human trait," *Behavioral and Brain Sciences* 7 (1984): 413–71。

[50] 伯特兰·罗素强调了语言在促进思维方面的作用，他指出："语言不只可以用来表达思想，它还使没有语言就不可能存在的思想成为可能。"(Bertrand Russell, *Human Knowledge* [New York: Routledge, 2009], 58) 他描述了某些"相当精妙的思想"为什么非常需要语言，并举例指出，如果没有语言，显然不可能有任何"与'圆的周长与直径之比约为3.14159'这个句子所述的内容紧密对应的思想"。不这么精确但仍然超出经验界限的构想，例如会说话的树、哭喊的云、快乐的鹅卵石等等，在人类心中也有不用语言表达的化身与之对应，但语言的组合性和层级性特别适合创造这些形象。有些特性单个看都存在于现实世界，但联合起来就会把我们带入奇幻之国；人类有能力将这些特性创造为联合体，而语言

在其中发挥的作用，备受丹尼尔·丹尼特的强调（Daniel Dennett, *Breaking the Spell: Religion as a Natural Phenomenon* [New York: Penguin Publishing Group, 2006], 121）。第 8 章我们也将讨论，某些类型的艺术特别适合促进想法往另一个方向流动：从用语言表达出来的思想，流向欲辩已忘言的体验性感受。

[51] Justin L. Barrett, *Why Would Anyone Believe in God?* (Lanham, MD: Alta-Mira, 2004); Stewart Guthrie, *Faces in the Clouds: A New Theory of Religion* (New York: Oxford University Press, 1993).

7 大脑与信仰

[1] 对卡夫泽的发掘始于 1934 年，起初由法国考古学家勒内·纳维尔（René Neuville）负责，后来由人类学家贝纳尔·范德密许（Bernard Vandermeersch）领导的一个团队继续进行。用范德密许及其团队的话来说，卡夫泽 11 号的墓葬布置"证明了其中有陪葬品，且并非偶然混入；所有这些观察结果都强烈支持如下解释：这是一场精心安排的仪式性葬礼"。见 Hélène Coqueugniot et al., "Earliest cranio-encephalic trauma from the Levantine Middle Palaeolithic: 3D reapprai-sal of the Qafzeh 11 skull, consequences of pediatric brain damage on individual life condition and social care," *PloS One* 9 (23 July 2014): 7 e102822.

[2] Erik Trinkaus, Alexandra Buzhilova, Maria Mednikova, and Maria Dobro-volskaya, *The People of Sunghir: Burials, Bodies and Behavior in the Earlier Upper Paleolithic* (New York: Oxford University Press, 2014).

[3] Edward Burnett Tylor, *Primitive Culture*, vol. 2 (London: John Murray 1873; Dover Reprint Edition, 2016), 24.

[4] Mathias Georg Guenther, *Tricksters and Trancers: Bushman Religion and Society* (Bloomington, IN: Indiana University Press, 1999), 180–98.

[5] Peter J. Ucko and Andrée Rosenfeld, *Paleolithic Cave Art* (New York: Mc-Graw-Hill, 1967), 117–23, 165–74.

[6] David Lewis-Williams, *The Mind in the Cave: Consciousness and the Origins of Art* (New York: Thames & Hudson, 2002), 11. 虽然很多作品是更容

易接触达的表面上创作的，但仍然存在大量创作起来显得相当困难的作品，因此这种看法仍然很重要。

[7] Salomon Reinach, *Cults, Myths and Religions*, trans. Elizabeth Frost (London: David Nutt, 1912), 124–38.

[8] 这种提法广为流传，但随后发现在多个洞穴附近挖到的动物骨头与这些洞穴的墙壁上画的动物并不一致，这让人产生了疑问。如果你是想在猎杀野牛的时候运气稍微好点，你就会画一头野牛，差不多你会这么认为。但数据未能证实这一预期。见 Jean Clottes, *What Is Paleolithic Art? Cave Paintings and the Dawn of Human Creativity* (Chicago: University of Chicago Press, 2016)。

[9] 本杰明·史密斯，私下交流，2019 年 3 月 13 日。

[10] Pascal Boyer, *Religion Explained: The Evolutionary Origins of Religious Thought* (New York: Basic Books, 2007), 2.

[11] 详细的讨论可参阅 *The Adapted Mind: Evolutionary Psychology and the Generation of Culture*, Jerome H. Barkow, Leda Cosmides, and John Tooby, eds. (Oxford: Oxford University Press, 1992); David Buss, *Evolutionary Psychology: The New Science of Mind* (Boston: Allyn & Bacon, 2012)。

[12] 如欲了解宗教认知科学还有哪些容易理解的意见，可参阅 Justin L. Barrett, *Why Would Anyone Believe in God?* (Lanham, MD: AltaMira Press, 2004); Scott Atran, I*n Gods We Trust: The Evolutionary Landscape of Religion* (Oxford: Oxford University Press, 2002); Todd Tremlin, *Minds and Gods: The Cognitive Foundations of Religion* (Oxford: Oxford University Press, 2006).

[13] Pascal Boyer, *Religion Explained: The Evolutionary Origins of Religious Thought* (New York: Basic Books, 2007), 46–47; Daniel Dennett, *Breaking the Spell: Religion as a Natural Phenomenon* (New York: Penguin Books, 2006), 122–23; Richard Dawkins, *The God Delusion* (New York: Houghton Mifflin Harcourt, 2006), 230–33.

[14] 亲属选择（或叫"整体适应度"，inclusive fitness）由达尔文最早提出，并经下列文献得到了进一步阐发：R. A. Fisher, *The Genetical Theory of Natural Selection* (Oxford: Clarendon Press, 1930); J. B. S. Haldane,

The Causes of Evolution (London: Longmans, Green & Co., 1932); W. D. Hamilton, "The Genetical Evolution of Social Behaviour," *Journal of Theoretical Biology* 7, no. 1 (1964): 1–16. 最近，整体适应度在理解演化发展时的效用受到了质疑，见 M. A. Nowak, C. E. Tarnita, and E. O. Wilson, "The evolution of eusociality," *Nature* 466 (2010): 1057–62；并有 136 名研究人员对此做出的批评性回应：P. Abbot, J. Abe, J. Alcock, et al., "Inclusive fitness theory and eusociality," *Nature* 471 (2010): E1–E4。

[15] David Sloan Wilson, *Does Altruism Exist? Culture, Genes and the Welfare of Others* (New Haven: Yale University Press, 2015); David Sloan Wilson, *Darwin's Cathedral: Evolution, Religion and the Nature of Society* (Chicago: University of Chicago Press, 2002).

[16] 例子可见 Steven Pinker in "The Believing Brain," World Science Festival public program, New York City, Gerald Lynch Theatre, 2 June 2018, https://www.worldsciencefestival.com/videos/believing-brain-evolution-neuroscience-spiritual-instinct/46:50-49:16.

[17] Charles Darwin, *The Descent of Man and Selection in Relation to Sex* (New York: D. Appleton and Company, 1871), 84. Kindle. 达尔文的这番话暗含了演化论中的一场旷日持久的争论，关于"族群选择"过程。标准演化论以作用在个体生命之上的自然选择为基础，哪些有机体能够更好地生存和繁殖，它们在将自己的遗传物质传给后代个体时也会更加成功。族群选择是一种类似的选择过程，但作用在整个族群之上：哪些族群能够更好地生存（作为由个体组成的整个族群存续）和繁殖（意思是数量变多并能分裂出新族群），它们在将自己的主要性状传给后代族群时也会更加成功（达尔文的见解侧重于愿意合作的个体会促进族群的成功，体现为族群的规模变得越来越大，而不是该族群产生越来越多的类似族群；但这一见解仍有赖于对个体有利的行为和对族群有利的行为之间的基本相互作用）。族群选择在原则上能否发生，对这一点人们并无争议，争议在于它是否真的实际发生了。问题跟时间尺度有关：我们一般预计，个体要么繁衍要么死亡的典型时间尺度，会远小

于族群要么分蘖要么消失的相应时间尺度。果真如此，那么就会像族群选择的批评者所言，这种选择过程太慢了，根本无关紧要。作为回应，长期支持族群选择的大卫·斯隆·威尔逊（不过他支持的是另一种更普遍的形式，叫"多层级选择"）提出，大部分争论都可以归结到殊途同归的核算方法（分割整个族群的不同方法），因此并没有当下这些分歧所表现出的那么大争议，见 David Sloan Wilson, *Does Altruism Exist? Culture, Genes and the Welfare of Others* [New Haven: Yale University Press, 2015], 31–46。

[18] 下列文献研究了情感基础对宗教投入度的重要性：R. Sosis, "Religion and intra-group cooperation: Preliminary results of a comparative analysis of utopian communities," *Cross-Cultural Research* 34 (2000): 70–87; R. Sosis and C. Alcorta, "Signaling, solidarity, and the sacred: The evolution of religious behavior," *Evolutionary Anthropology* 12 (2003): 264–74.

[19] Robert Axelrod and William D. Hamilton, "The Evolution of Cooperation," *Science* 211 (March 1981): 1390–96; Robert Axelrod, *The Evolution of Cooperation*, rev. ed. (New York: Perseus Books Group, 2006).

[20] Jesse Bering, *The Belief Instinct* (New York: W. W. Norton, 2011).

[21] Sheldon Solomon, Jeff Greenberg, and Tom Pyszczynski, *The Worm at the Core: On the Role of Death in Life* (New York: Random House Publishing Group, 2015), 122.

[22] Abram Rosenblatt, Jeff Greenberg, Sheldon Solomon, et al., "Evidence for Terror Management Theory I: The Effects of Mortality Salience on Reactions to Those Who Violate or Uphold Cultural Values," *Journal of Personality and Social Psychology* 57 (1989): 681–90. 相关评论可见 Sheldon Solomon, Jeff Greenberg, and Tom Pyszczynski, "Tales from the Crypt: On the Role of Death in Life," *Zygon* 33, no. 1 (1998): 9–43.

[23] Tom Pyszczynski, Sheldon Solomon, and Jeff Greenberg, "Thirty Years of Terror Management Theory," *Advances in Experimental Social Psychology* 52 (2015): 1–70.

[24] Pascal Boyer, *Religion Explained: The Evolutionary Origins of Religious Thought* (New York: Basic Books, 2007), 20.

[25] William James, *The Varieties of Religious Experience: A Study in Human Nature* (New York: Longmans, Green, and Co., 1905), 485.

[26] Stephen Jay Gould, *The Richness of Life: The Essential Stephen Jay Gould* (New York: W. W. Norton, 2006), 232–33.

[27] Stephen J. Gould, in *Conversations About the End of Time* (New York: Fromm International, 1999). 对终有一死的觉知会如何影响对超自然实体的信仰，相关研究可见 A. Norenzayan and I. G. Hansen, "Belief in supernatural agents in the face of death," *Personality and Social Psychology Bulletin* 32 (2006): 174–87.

[28] Karl Jaspers, *The Origin and Goal of History* (Abingdon, UK: Routledge, 2010), 2.

[29] Wendy Doniger, trans., *The Rig Veda* (New York: Penguin Classics, 2005), 25–26.

[30] 得克萨斯州休斯敦市，2005 年 9 月 21 日。虽然我没能找到对话的文字记录，但这里至少是对他的回应的贴切转述。

[31] 跟所有主要宗教的历史根源一样，关于不同文本具体在何时写成，何时成为定本等，学界颇有争论。我在此引述的时间与某些学界意见一致，但由于普遍共识并不存在，因此只应视为粗略勾勒。

[32] David Buss, *Evolutionary Psychology: The New Science of Mind* (Boston: Allyn & Bacon, 2012), 90–95, 205–206, 405–409.

[33] 关于人类的信仰及影响它的诸多因素，深入、易懂且生动的讨论可见 Michael Shermer, *The Believing Brain: From Ghosts and Gods to Politics and Conspiracies* (New York: St. Martin's Griffin, 2011)。尽管情感对信仰所能产生的影响或许可以说很明显，但直到最近学界都一直在重点强调信仰对情感的影响，下文就此有重点阐发：N. Frijda, A. S. R. Manstead, and S. Bem, "The influence of emotions on belief," in *Emotions and Beliefs: How Feelings Influence Thoughts (Studies in Emotion and Social Interaction)*, ed. N. Frijda, A. Manstead, and S. Bem (Cambridge: Cambridge University Press, 2000), 1–9. 还有人研究了在先前没有宗教信仰的环境中，情感对确立宗教信仰的影响，以及对改宗意愿的影响，见 N. Frijda and B. Mesquita, "Beliefs through emotions," in

Emotions and Beliefs: How Feelings Influence Thoughts (Studies in Emotion and Social Interaction), ed. N. Frijda, A. Manstead, and S. Bem (Cambridge: Cambridge University Press, 2000), 45–77.

[34] Pascal Boyer, *Religion Explained: The Evolutionary Origins of Religious Thought* (New York: Basic Books, 2007), 303.

[35] Karen Armstrong, *A Short History of Myth* (Melbourne: The Text Publishing Company, 2005), 57.

[36] 同上。

[37] Guy Deutscher, *The Unfolding of Language: An Evolutionary Tour of Mankind's Greatest Invention* (New York: Henry Holt and Company, 2005).

[38] William James, *The Varieties of Religious Experience: A Study in Human Nature* (New York: Longmans, Green and Co., 1905), 498.

[39] 同上，506–507。

8 本能与创造

[1] Howard Chandler Robbins Landon, *Beethoven: A Documentary Study* (New York: Macmillan Publishing Co., Inc., 1970), 181.

[2] Friedrich Nietzsche, *Twilight of the Idols*, trans. Duncan Large (Oxford: Oxford University Press, 1998, reissue 2008), 9.

[3] George Bernard Shaw, *Back to Methuselah* (Scotts Valley, CA: CreateSpace Independent Publishing Platform, 2012), 277.

[4] David Sheff, "Keith Haring, An Intimate Conversation," *Rolling Stone* 589 (August 1989): 47.

[5] Josephine C. A. Joordens et al., "Homo erectus at Trinil on Java used shells for tool production and engraving," *Nature* 518 (12 February 2015): 228–31.

[6] 更准确地说，重要的是一个人的基因能传给下一代，这个目标可以通过自己生育后代来实现，也可以通过确保让其他跟自己共享相当大一部分基因的人生育后代来实现。

[7] 白须侏儒鸟的求爱仪式在 Richard Prum, *The Evolution of Beauty: How Darwin's Forgotten Theory on Mate Choice Shapes the Animal World and Us*

(New York: Doubleday, 2017), 1544–45, Kindle 一文中有精彩描述。对萤火虫的闪光和择偶的综述可见 S. M. Lewis and C. K. Cratsley, "Flash signal evolution, mate choice, and predation in fireflies," *Annual Review of Entomology* 53 (2008): 293–321。对园丁鸟筑巢的描述和图片呈现可见 Peter Rowland, *Bowerbirds* (Collingwood, Australia: CSIRO Publishing, 2008), especially pages 40–47。

[8] 对性选择的抗拒部分也因为这种假说把选择权让渡给了挑剔的雌性，而维多利亚时代的生物学家基本上都是男性，因此会反感这种假说。可参阅 H. Cronin, *The Ant and the Peacock: Altruism and Sexual Selection from Darwin to Today* (Cambridge: Cambridge University Press, 1991)。还可以注意到，有些物种中雄性扮演了选择者的角色，也有一些物种中，雄性和雌性都是选择者。

[9] Charles Darwin, *The Descent of Man and Selection in Relation to Sex*, ill. ed. (New York: D. Appleton and Company, 1871), 59.

[10] 华莱士对雄性身上的装饰部件提出了另外的解释，比如雄性拥有过多"活力"，如果没有宣泄出口，就会出现鲜艳的颜色、长长的尾巴、长时间的嚎叫等等。他还提出，引人注目的身体装饰部件必然也跟健康和强壮有关，因此可以成为外在的健康指标，这样一来性选择就不过是自然选择的特定实例了。参见 Alfred Russel Wallace, *Natural Selection and Tropical Nature* (London: Macmillan and Co., 1891)。鸟类学家理查德·普鲁姆提出了不同意见，他指出，研究人员支持适应性解释，对内在美感不予考虑，这么做并无正当理由，见 Richard Prum, *The Evolution of Beauty: How Darwin's Forgotten Theory on Mate Choice Shapes the Animal World and Us* (New York: Doubleday, 2017)。

[11] 关于雌性和雄性在生殖策略方面的不对称现象，相关研究和展示见 Robert Trivers, "Parental Investment and Sexual Selection," in *Sexual Selection and the Descent of Man: The Darwinian Pivot*, ed. Bernard G. Campbell (Chicago: Aldine Publishing Company, 1972), 136–79.

[12] Geoffrey Miller, *The Mating Mind: How Sexual Choice Shaped the Evolution of Human Nature* (New York: Anchor, 2000); Denis Dutton, *The Art*

Instinct (New York: Bloomsbury Press, 2010). 这个观点跟阿莫茨·扎哈维早前提出的"不利条件原理"密切相关：后者设想，一些动物通过类似于炫耀式消费的行为，来展示自己可以拥有累赘的身体部件，采取累赘的行为，以此将自己的健康状况广而告之。一只孔雀如果做得到带着美丽又笨拙的大尾巴四处走动，就可以向潜在伴侣保证自己又强壮又健康，因为体弱的孔雀无法带着这种奢侈浪费、挑战生存的特征活下来。因此这里的想法就是，早期的人类艺术家可能也与此类似，已经把艺术对适应性来说无关紧要的艺术用作了公开展现自己又强壮又健康的方式，这增加了繁殖机会，因此也将这种将艺术倾向作为一种吸引配偶的手段传了下去。Amotz Zahavi, "Mate selection—A selection for a handicap," *Journal of Theoretical Biology* 53, no. 1 (1975): 205–14.

[13] Brian Boyd, "Evolutionary Theories of Art," in *The Literary Animal: Evolution and the Nature of Narrative*, ed. Jonathan Gottschall and David Sloan Wilson (Evanston, IL: Northwestern University Press, 2005), 147. 本段提到用性选择来解释人类艺术活动，对此也有一些批评，很多著作中都有详细阐述。举例如下：如果性选择可以用来解释艺术，那我们岂不应该预期艺术是男性推动的活动，其微调全为获得性伴侣，即追求艺术最为积极的应该是生殖驱力处于巅峰状态的男性，且只针对潜在的女性伴侣（Brian Boyd, On the Origin of Stories [Cambridge: Belknap Press, 2010], 76; Ellen Dissanayake, Art and Intimacy [Seattle: University of Washington Press, 2000], 136）？智力和创造力未必是身体健康的可靠指标——身体虚弱却富有创造力的也大有人在（James R. Roney, "Likeable but Unlikely, a Review of the Mating Mind by Geoffrey Miller," *Psycoloquy* 13, no. 10 (2002), article 5）。有没有证据能够表明，相比炫耀社会关系、展示财富、赢得体育赛事等手段，男性的艺术尝试能将健康状况更好地广而告之（Stephen Davies, *The Artful Species: Aesthetics, Art, and Evolution* [Oxford: Oxford University Press, 2012], 125）？

[14] Steven Pinker, *How the Mind Works* (New York: W. W. Norton, 1997), 525.

[15] Ellen Dissanayake, *Art and Intimacy: How the Arts Began* (Seattle: Univer-

sity of Washington Press, 2000), 94.

[16] Noël Carroll, "The Arts, Emotion, and Evolution," in *Aesthetics and the Sciences of Mind*, ed. Greg Currie, Matthew Kieran, Aaron Meskin, and Jon Robson (Oxford: Oxford University Press, 2014).

[17] Glenn Gould in *The Glenn Gould Reader*, ed. Tim Page (New York: Vintage Books, 1984), 240.

[18] Brian Boyd, *On the Origin of Stories* (Cambridge, MA: Belknap Press, 2010), 125.

[19] Jane Hirshfield, *Nine Gates: Entering the Mind of Poetry* (New York: Harper Perennial, 1998), 18.

[20] Saul Bellow, Nobel lecture, 12 December 1976, from *Nobel Lectures, Literature 1968–1980*, ed. Sture Allén (Singapore: World Scientific Publishing Co., 1993).

[21] Joseph Conrad, *The Nigger of the "Narcissus"* (Mineola, NY: Dover Publications, Inc., 1999), vi.

[22] Yip Harburg, "Yip at the 92nd Street YM-YWHA, December 13, 1970," transcript 1-10-3, p. 3, tapes 7-2-10 and 7-2-20.

[23] Yip Harburg, "E. Y. Harburg, Lecture at UCLA on Lyric Writing, February 3, 1977," transcript, pp. 5–7, tape 7-3-10.

[24] Marcel Proust, *Remembrance of Things Past, vol. 3: The Captive, The Fugitive, Time Regained* (New York: Vintage, 1982), 260, 931.

[25] 同上，260。

[26] George Bernard Shaw, *Back to Methuselah* (Scotts Valley, CA: Create Space Independent Publishing Platform, 2012), 278.

[27] Ellen Greene, "Sappho 58: Philosophical Reflections on Death and Aging," in *The New Sappho on Old Age: Textual and Philosophical Issues*, ed. Ellen Greene and Marilyn B. Skinner, *Hellenic Studies Series* 38 (Washington, DC: Center for Hellenic Studies, 2009); Ellen Greene, ed., *Reading Sappho: Contemporary Approaches* (Berkeley: University of California Press, 1996).

[28] Joseph Wood Krutch, "Art, Magic, and Eternity," *Virginia Quarterly Review* 8, no. 4, (Autumn 1932); https://www.vqronline.org/essay/art-magic-

and-eternity.

[29] 有些作者还提出过另一种观点（第 1 章尾注 [5] 也曾提及）：对终有一死的焦虑，以及此种焦虑经由否认死亡而产生的伴生性作用——按欧内斯特·贝克尔的描述——是一种现代影响，很大程度上是受了寿命延长和宗教衰落的刺激才出现的。可参阅 Philippe Ariès, *The Hour of Our Death*, trans. Helen Weaver (New York: Alfred A. Knopf, 1981)。

[30] W. B. Yeats, "Sailing to Byzantium", in *Collected Poems* (New York: Macmillan Collector's Library Books, 2016), 267.

[31] Herman Melville, *Moby-Dick* (Hertfordshire, UK: Wordsworth Classics, 1993) 235.

[32] Edgar Allan Poe as quoted in J. Gerald Kennedy, *Poe, Death, and the Life of Writing* (New Haven: Yale University Press, 1987), 48.

[33] Tennessee Williams, *Cat on a Hot Tin Roof* (New York: New American Library, 1955), 67–68.

[34] Fyodor Dostoevsky, *Crime and Punishment*, trans. Michael R. Katz (New York: Liveright, 2017), 318.

[35] Sylvia Plath, *The Collected Poems,* ed. Ted Hughes (New York: Harper Perennial, 1992), 255.

[36] Douglas Adams, *Life, the Universe and Everything* (New York: Del Rey, 2005), 4–5.

[37] Pablo Casals, from Bach Festival: Prades 1950, as quoted in Paul Elie, *Reinventing Bach* (New York: Farrar, Straus and Giroux, 2012), 447.

[38] Joseph Conrad, *The Nigger of the "Narcissus"* (Mineola, NY: Dover Publications, Inc., 1999), vi.

[39] 海伦·凯勒写给纽约交响乐团的信件，1924 年 2 月 2 日，美国盲人基金会数字档案馆，文件名 HK01-07_B114_F08_015_002.tif。

9　生灭与无常

[1] 有些著名思想家认为，人类的演化已近尾声。例如斯蒂芬·杰伊·古尔德就曾指出，从生物学的视角来看，今天的人类跟 5 万

年前的人类实际上是一样的（Stephen Jay Gould, "The spice of life," *Leader to Leader* 15 [2000]: 14–19）。也有一些研究人类基因组的科学家认为人类的演化速率正在加快（可参阅 John Hawks, Eric T. Wang, Gregory M. Cochran, et al., "Recent acceleration of human adaptive evolution," *Proceedings of the National Academy of Sciences* 104, no. 52 [December 2007]: 20753–58; Wenqing Fu, Timothy D. O'Connor, Goo Jun, et al., "Analysis of 6,515 exomes reveals the recent origin of most human protein-coding variants," *Nature* 493 [10 January 2013]: 216–20）。而对不同人群的研究证明，存在相对较为晚近的基因演化。例证包括荷兰男性的身高，他们平均身高的异常增长可能反映了性选择和自然选择的作用（Gert Stulp, Louise Barrett, Felix C. Tropf, and Melinda Mill, "Does natural selection favour taller stature among the tallest people on earth?" *Proceedings of the Royal Society B* 282, no. 1806 [7 May 2015]: 20150211）；还有对高海拔环境的适应（Abigail Bigham et al., "Identifying signatures of natural selection in Tibetan and Andean populations using dense genome scan data," *PLoS Genetics* 6, no. 9 [9 September 2010]: e1001116）。

[2] Choongwon Jeong and Anna Di Rienzo, "Adaptations to local environments in modern human populations," *Current Opinion in Genetics & Development* 29 (2014), 1–8; Gert Stulp, Louise Barrett, Felix C. Tropf, and Melinda Mill, "Does natural selection favour taller stature among the tallest people on earth?" *Proceedings of the Royal Society* B 282, no. 1806 (7 May 2015): 20150211. 亦可见本章尾注 [1]。

[3] 对这个假设有一种带警惕意味的考虑，见 Steven Carlip, "Transient Observers and Variable Constants, or Repelling the Invasion of the Boltzmann's Brains," *Journal of Cosmology and Astroparticle Physics* 06 (2007): 001。请注意，我们也会考虑另一种不同的可能性：暗能量的值可能会变。本章中我们说到，直到 20 世纪 90 年代末，天文观测才令物理学界相信，爱因斯坦在 1931 年消去宇宙学常数（"拿掉这个宇宙学项！"）有点操之过急。同样操之过急的是给宇宙学常数贴上"常数"标签。很有可能，爱因斯坦的宇宙学项的值会随

时间而变化——我们会看到，这种可能性将对未来产生深远影响。

[4] 关于智慧生命的未来有一种不同的观点，见 David Deutsch, *The Beginning of Infinity* (New York: Viking, 2011)。

[5] 物理末世论，即关于遥远未来的物理学，得到的关注比关于遥远过去的物理学少得多。尽管如此，这个领域也已有大量研究。专业参考文献的详尽罗列见 Milan M. Ćirković, "Resource Letter: PEs-1, Physical Eschatology," *American Journal of Physics* 71 (2003): 122。在随后的讨论中，Freeman Dyson, "Time without end: Physics and biology in an open universe," *Reviews of Modern Physics* 51 (1979): 447–60 这篇著名论文极具影响力。Fred C. Adams, Gregory Laughlin, "A dying universe: The long-term fate and evolution of astrophysical objects," *Reviews of Modern Physics* 69 (1997): 337–72 一文也很重要，并进一步阐发了这一主题，还纳入了关于行星、恒星和星系动力学的最新结果；这两位作者的优秀科普著作 *The Five Ages of the Universe: Inside the Physics of Eternity* (New York: Free Press, 1999) 也讨论了这些问题。这个主题在现代发端于下面两篇论文：M. J. Rees, "The collapse of the universe: An eschatological study," *Observatory* 89 (1969): 193–98; Jamal N. Islam, "Possible Ultimate Fate of the Universe," *Quarterly Journal of the Royal Astronomical Society* 18 (March 1977): 3–8。

[6] I.-J. Sackmann, A. I. Boothroyd, and K. E. Kraemer, "Our Sun. III. Present and Future," *Astrophysical Journal* 418 (1993): 457; Klaus-Peter Schroder and Robert C. Smith, "Distant future of the Sun and Earth revisited," *Monthly Notices of the Royal Astronomical Society* 386, no. 1 (2008): 155–63.

[7] 专业读者会注意到，泡利不相容原理可能已经在太阳的演化中起了一些作用。太阳核心处的氦在聚变点燃之前，密度会变得非常高，足以使不相容原理带来的电子简并压变得颇为重要。实际上，我在前面提到的标志着向氦聚变过渡的"壮观而短暂的爆发"之所以会发生，正是由于填充在核心处的简并电子气体的特殊性质（简并电子气并不会因氦聚变的触发产生的热而膨胀或冷却，因此氦聚变开始之后会形成大规模的核反应，跟氢弹没什么两样）。

[8] Alan Lindsay Mackay, *The Harvest of a Quiet Eye: A Selection of Scientific*

Quotations (Bristol, UK: Institute of Physics, 1977): 117.

[9] 最早认识到泡利不相容原理在白矮星结构中的重要作用的是 R. H. Fowler, "On Dense Matter," *Monthly Notices of the Royal Astronomical Society* 87, no. 2 (1926): 114–22。最初认识到相对论效应中这项极为重要的题中之义的，是 Subrahmanyan Chandrasekhar, "The Maximum Mass of Ideal White Dwarfs," *Astrophysical Journal* 74 (1931): 81–82。上述结果叫"钱德拉塞卡极限"，它表明任何恒星只要质量小于太阳质量的 1.4 倍，在收缩时同样也都会因泡利不相容原理的阻碍而停止下来。随后的研究揭示出，在质量更大的恒星那里，恒星收缩的力量能驱使电子与质子结合成中子，这样恒星就可以进一步收缩，但到某个时候中子也会堆积得太密，于是泡利不相容原理重新变得重要起来，再次阻止进一步收缩，结果就形成了中子星。

[10] 虽然星系之间的平均距离在变大，但也会有些星系距离足够近，于是彼此的万有引力会使二者相互接近。后面我们将讨论，例如银河系和仙女座星系就是这种情形。

[11] S. Perlmutter et al., "Measurements of Ω and Λ from 42 High-Redshift Supernovae," *Astrophysical Journal* 517, no. 2 (1999): 565; B. P. Schmidt et al., "The High-Z Supernova Search: Measuring Cosmic Deceleration and Global Curvature of the Universe Using Type IA Supernovae," *Astrophysical Journal* 507 (1998): 46.

[12] 为完整起见，还须注意，在对空间加速膨胀的各种解释中，获得认真对待的那些，全都指向万有引力。但概言之，这些解释指向万有引力有两种方式：要么万有引力的表现在宇宙级的距离上跟我们基于爱因斯坦和牛顿的描述得到的预期有所不同，要么是产生万有引力的来源与我们基于对物质和能量的传统理解得到的预期大异其趣。两种思路都有可取之处，但第二种发展得更完善，引用也更广泛（不仅用于解释空间加速膨胀，也可以解释对宇宙微波背景辐射的详细观测结果），因此我们遵循的也是这种思路。

[13] 暗能量密度约为 5×10^{-10} 焦耳每立方米，或说 5×10^{-10} 瓦特秒每立方米。要让一个 100 瓦的灯泡亮 1 秒钟，需要的能量是 1 立方米空间所含暗能量的 2×10^{11} 倍。因此，1 立方米空间中的暗能量

能让一个 100 瓦的灯泡亮大概 5×10^{-12} 秒，即一万亿分之五秒。

[14] 暗能量的值如果不随时间变化，就跟爱因斯坦的宇宙学常数一模一样了——1917 年，在认识到广义相对论方程的计算结果无法解释宇宙在大尺度上是静态的这一当时的共识后，爱因斯坦孤注一掷，引入了这个常数。爱因斯坦遇到的困难是，静态宇宙需要均衡，但万有引力似乎只往一个方向拉。如果没有与之平衡的作用力，静态宇宙似乎就不可能。好在爱因斯坦随后发现，只要在他的方程中插入一个新的项，即宇宙学常数，广义相对论就也能允许反引力存在，从而抵消通常的吸引性引力，让静态宇宙成为可能（但爱因斯坦并没有意识到，平衡作用并不稳定——静态宇宙的大小就算只是稍有改变都会破坏平衡，导致宇宙膨胀或收缩）。然而才过了十几年，爱因斯坦就知道了宇宙在膨胀。有了这个认识之后，爱因斯坦大笔一挥，从方程中抹去了宇宙学常数，此事广为人知。但是，爱因斯坦已经把反引力的精灵放出了广义相对论的瓶子。后来，反引力在宇宙领域大放异彩，它赋予了大爆炸外推力，之后又解释了空间加速膨胀。很多人说，这一切都表明，爱因斯坦就连馊主意都是好主意。

[15] Robert R. Caldwell, Marc Kamionkowski, and Nevin N. Weinberg, "Phantom Energy and Cosmic Doomsday," *Physical Review Letters* 91 (2003): 071301.

[16] Abraham Loeb, "Cosmology with hypervelocity stars," *Journal of Cosmology and Astroparticle Physics* 04 (2011): 023.

[17] 现下地球内部的能量，也是当初万有引力将一团尘埃和气体压缩成这颗初生行星时所产的热的残留。此外，地球自转也会产热，因为运动会对深处的岩层施加压力，这些岩层要在稳定的作用力之下才能跟上自转速度。

[18] Fred C. Adams and Gregory Laughlin, "A dying universe: The long-term fate and evolution of astrophysical objects," *Reviews of Modern Physics* 69 (1997): 337–72; Fred C. Adams and Greg Laughlin, *The Five Ages of the Universe: Inside the Physics of Eternity* (New York: Free Press, 1999), 50–52. 类似的考虑也适用于离寄主星太远、远到其表面条件不适

于产生生命的行星和卫星。但这些天体内部的过程，即它们的天体地质条件，却可以产生能够在其表面之下维持生命的能量。土星的卫星之一土卫二就是热门备选。在离太阳那么远的地方，土卫二的冰封表面，并非生命的沃土。但土星及其他卫星施加的各种万有引力在这里稍微拉一拉，那里轻轻压一压，就会产生作用力使土卫二内部升温，使冰层融化，并可能维持一些液态水的储备。设想也许有一天我们在土卫二的冰冻外壳上钻个小洞，放下去一个探测器，结果就能和一个土生土长，或者是生活在海洋中的土卫二星人彼此对视，这好像也不是完全不着边际。

[19] 如果想看现场演示，可以看我在"斯蒂芬·科尔伯特（Stephen Colbert）深夜秀"节目中的一个片段。在那集节目中，一叠五个球落下来，将最轻的那个球推到了十多米的高空（这肯定是我唯一能保持的吉尼斯世界纪录）。https://www.youtube.com/watch?v=75szwX09pg8.

[20] 对于恒星系抛射行星的速率以及星系抛射恒星的速率，戴森给出了简单的粗略估算：Freeman Dyson, "Time without end: Physics and biology in an open universe," *Reviews of Modern Physics* 51 (1979): 450。亚当斯和劳克林则给出了更完整的解释和计算，并对其中一些过程做出了原创性研究（如小恒星信步穿过我们这个太阳系意味着什么）：Fred C. Adams and Greg Laughlin, "A dying universe: The long-term fate and evolution of astrophysical objects," *Reviews of Modern Physics* 69 (1997): 343–47; F. C. Adams and G. Laughlin, *The Five Ages of the Universe: Inside the Physics of Eternity* (New York: Free Press, 1999), 50–51。

[21] 对弹性橡皮膜比喻的视频演示，以及对下一段给出的引力波和行星轨道衰减的观点的简短讨论，见 https://www.youtube.com/watch?v=uRijc-AN-F0。

[22] R. A. Hulse and J. H. Taylor, "Discovery of a pulsar in a binary system," *Astrophysical Journal* 195 (1975): L51.

[23] 轨道缓慢衰减可能表明能量在通过"引力辐射"（引力波）消失，提出这种可能性的是 R. V. Wagoner, "Test for the existence of gravitational radiation," *Astrophysical Journal* 196 (1975): L63。

[24] J. H. Taylor, L. A. Fowler, and P. M. McCulloch, "Measurements of general relativistic effects in the binary pulsar PSR 1913+16," *Nature* 277 (1979): 437.

[25] Freeman Dyson, "Time without end: Physics and biology in an open universe," *Reviews of Modern Physics* 51 (1979): 451; Fred C. Adams and Gregory Laughlin, "A dying universe: The long-term fate and evolution of astrophysical objects," *Reviews of Modern Physics* 69 (1997): 344–47.

[26] Fred C. Adams and Gregory Laughlin, "A dying universe: The long-term fate and evolution of astrophysical objects," *Reviews of Modern Physics* 69 (1997): 347–49.

[27] 孤立的中子寿命很短，只有约 15 分钟。但是因为中子比质子重，所以其衰变过程中会产生质子（以及电子和反中微子）。要让中子在原子核内衰变，就需要原子核能容纳衰变产生的质子，但这个要求往往达不到。原子核里已经存在的质子填满了可用的量子位置，而根据泡利不相容原理，这些位置不能共享，在这种情况下就加强了中子的稳定性。如果是质子衰变，因为质子比中子轻，所以其衰变过程中不会产生中子，类似的稳定化过程就不会发生。

[28] Howard Georgi and Sheldon Glashow, "Unity of All Elementary-Particle Forces," *Physical Review Letters* 32, no. 8 (1974): 438.

[29] 在 10^{30} 年中有 50% 的概率衰变，就意味着在有 10^{30} 个质子的样本中，在一年内有 50% 的机会看到样本中有一个质子解体。

[30] 霍华德·乔吉，私下交流，哈佛大学，1997 年 12 月 28 日。

[31] 如果质子的解体方式不似大统一理论或弦论这些超出既有粒子物理学定律（即粒子物理标准模型）的理论所设想的那样，那么我描述的宇宙朝向未来的演进就需要多处修正。例如，我们通常认为固体——比如铁——是会保持其形状的物体，而不像液体那样会流动。但如果跨越的时间尺度足够长，那么就算铁也会变得像流体，其原子组分可以穿过通常由物理和化学过程设置的任何障碍。经过大概 10^{65} 年，飘在太空中的一坨铁会重排其原子，"融"成一个球；其他所有仍然存在的物质也会如此。除了形状重组，在更长的时间跨度上，物质的同一性也会变化：比铁轻的原子会

慢慢聚合起来，而比铁重的原子会慢慢裂开。铁是所有原子构型中最稳定的，所以这些核过程的最终产物都是铁。这个过程全部完结的时间尺度约为 10^{1500} 年。如果再经历更长的时间尺度，物质都会量子隧穿，变成黑洞，而这些黑洞在这个时间尺度上也会因霍金辐射而瞬间蒸发。不过也请注意，就算是在粒子物理标准模型中——不做任何奇怪的假说性拓展——人们也认为质子会衰变，只是时间尺度比我们在本章中假设的 10^{38} 年要长得多。例如，物理学家在理论上研究过一种完全能为标准模型容纳的奇异量子过程（叫"瞬子"[instanton]，利用了弱电场方程的所谓"滑子"[sphaleron] 解），它就会导致质子解体。这个过程依赖于量子隧穿事件，因此若要发生，时间尺度会很长，估计会在未来大概 10^{150} 年，但还是比上面提到的 10^{1500} 年小多了。物理学家还研究过别的一些也会导致质子衰变的奇异过程，虽然得出的时间尺度各有不同，但大都在 10^{200} 年以内。因此到未来那个时候，很可能所有剩下的复杂物质都会四分五裂。关于对固体物质的流动性的估算，以及物质转变为铁的情况，见 Freeman Dyson, "Time without end: Physics and biology in an open universe," *Reviews of Modern Physics* 51 (1979): 451–52。关于量子隧穿导致质子衰变，相关的专业参考资料可见 G. 't Hooft, "Computation of the quantum effects due to a four-dimensional pseudoparticle," *Physical Review D* 14 (1976): 3432; F. R. Klinkhamer and N. S. Manton, "A saddle-point solution in the Weinberg-Salam theory," *Physical Review D* 30 (1984): 2212。

[32] Freeman Dyson, "Time without end: Physics and biology in an open universe," *Reviews of Modern Physics* 51 (1979): 447–60.

[33] 戴森计算了一个"复杂度"为 Q（即思维者每单位主观时间产生熵的速率，大致相当于思维者的每项思维产生的熵）、在温度 T 下运行的思维者所必需的能量耗散速率 D，结果发现 $D \propto QT^2$。

[34] 更准确地，用我正在使用的这套说法来讲的话，戴森假设如果我们有一群思维者，都被调节到不同的温度下运行，那么每个思维者的新陈代谢过程（无论具体过程为何）的速率都会跟温度呈线性关系。用专业术语来讲就是，戴森提出了他所谓的"生物标度

假说"（bilological scaling hypothesis）。这就是说，如果针对给定的环境，你有一个复制品，跟原版除了温度之外在量子力学意义上都一模一样；我们将新环境的温度记为 $T_新$，而原始环境的温度记为 $T_原$。然后，如果也给一个生命系统造一个复制品，使其量子力学哈密顿量根据幺正变换（unitary transformation）由下式给出：$H_新 = (T_新/T_原) H_原$，那么，这个复制品的活跃方式及其主观感受实际上会跟原版一模一样，只不过其内部的各函数都要除以一个因子 $(T_新/T_原)$。

[35] 喜欢数学的读者可以留意，如果温度 T 是时间 t 的函数，则根据 $T(t) \sim t^{-p}$，本章尾注 [33] 中的表达式 QT^2 的积分将在 $p > \frac{1}{2}$ 时收敛，而思维的总数量（$T(t)$ 的积分）会在 $p < 1$ 时发散。因此，如果有 $\frac{1}{2} < p < 1$，思维者就可以思考无数次但只需要有限的能量供应。

[36] 对于喜欢数学的读者，这里的关键问题是，排放废热的最大速率（假设思维者通过电子偶极 [dipole] 辐射排出废热）与 T^3 成正比，而消耗能量的速率与 T^2 成正比。这就意味着若要避免废热的积累快过排放，温度就得有个下限。

[37] 得出这些颇有影响的结论的计算机科学家包括查尔斯·贝内特（Charles Bennett）、爱德华·弗雷德金（Edward Fredkin）、罗尔夫·兰道尔（Rolf Landauer）、托马索·托夫利（Tommaso Toffoli）等很多人。颇具见地又浅显易懂的阐述见 Charles H. Bennett and Rolf Landauer, "The Fundamental Physical Limits of Computation," *Scientific American* 253, no. 1（July 1985）: 48–56.

[38] 更准确地说，计算实际上不可能撤销。擦除操作本身就是个物理过程，我们假如要执行这项操作，原则上所利用的过程会与让摔碎的玻璃杯复原的过程相同：将所有地方所有粒子的运动都逆转。但同样地，在任何实际的意义上，这都不可行。

[39] 已经有不少作者考虑过宇宙学常数对生命和心灵的未来有何影响。早在观测（间接）发现暗能量之前很久，约翰·巴罗和弗兰克·蒂普勒就分析了有宇宙学常数的宇宙中的计算物理，并认为信息处理必然会走向终点，给生命和心灵带来终结（John D. Barrow and Frank J. Tipler, *The Anthropic Cosmological Principle* [Oxford:

Oxford University Press, 1988], 668–69）。劳伦斯·克劳斯和格伦·斯塔克曼重新审视了戴森的分析，在一个有宇宙学常数的宇宙中得出了类似结论（Lawrence M. Krauss and Glenn D. Starkman, "Life, the Universe, and Nothing: Life and Death in an Ever-Expanding Universe," *Astrophysical Journal* 531 [2000]: 22–30）。克劳斯和斯塔克曼同时指出，一般而言，一个有限大小的量子系统，其各种状态都具有离散性质，因此即使没有宇宙学常数，这种离散性在任何膨胀空间中都会危及无限思考。但是巴罗和海尔维克主张，通过利用引力波产生的温度梯度，信息处理实际上可以在没有宇宙学常数的宇宙中无限地继续下去（John D. Barrow and Sigbjørn Hervik, "Indefinite information processing in ever-expanding universes," *Physics Letters B* 566, nos. 1–2 [24 July 2003]: 1–7）。弗里兹和金尼也得出了类似结论，他们认为，在视界大小随时间变大的时空中（不同于有宇宙学常数的宇宙，在其中，视界的大小是固定的），相空间不断获得新的模式（那些波长降到不断增加的视界大小以下的状态），这就让系统能一直获得新的自由度，可以将废热运送到环境中，也就允许计算一直进行到无限远的未来（K. Freese and W. Kinney, "The ultimate fate of life in an accelerating universe," *Physics Letters B* 558, nos. 1–2 [10 April 2003]: 1–8）。

[40] K. Freese and W. Kinney, "The ultimate fate of life in an accelerating universe," *Physics Letters B* 558, nos. 1–2 [10 April 2003]: 1–8.

10 时间的黄昏

[1] 可能性微乎其微的过程可以利用超长的时间跨度来成为现实，这种情形我们在前面各章中已经见过。在解释可能是什么点燃了大爆炸时，我曾指出宇宙的展开过程也许等了很久，才等来一个非常不太可能的组态，即均一的暴胀子场填满了一小块区域，然后这个区域产生的反引力开启了空间的膨胀。还有一个很重要也更为普遍的例子是，我曾强调热力学第二定律并不是传统意义上的定律，而是一种统计趋势。熵减极为罕见，但如果你等得够久，就连最最不太可能的事情都会发生。

[2] Freeman Dyson in Jon Else, dir., *The Day After Trinity* (Houston: KETH, 1981).

[3] 与约翰·惠勒的私下交流，1998 年 1 月 27 日。

[4] W. Israel, "Event Horizons in Static Vacuum Space-Times," *Physical Review* 164 (1967): 1776; W. Israel, "Event Horizons in Static Electrovac Space-Times," *Communications in Mathematical Physics* 8 (1968): 245; B. Carter, "Axisymmetric Black Hole Has Only Two Degrees of Freedom," *Physical Review Letters* 26 (1971): 331.

[5] Jacob D. Bekenstein, "Black Holes and Entropy," *Physical Review D* 7 (15 April 1973): 2333. 关于贝肯斯坦的计算，有一段非常漂亮又易懂的数学总结，见 Leonard Susskind, *The Black Hole War: My Battle with Stephen Hawking to Make the World Safe for Quantum Mechanics* (New York: Little, Brown and Co., 2008), 151–54.

[6] 更准确地说，如果单位选取为普朗克长度平方的 1/4，则面积增加一个单位。

[7] 电子的磁特性对真空中的量子涨落极为敏感，于是，相应的数学预测和观测结果高度一致，就实在令人印象深刻。数学计算过程简直就是一部英雄史诗。20 世纪 40 年代末，理查德·费曼为组织这种量子计算引入了一种图形化方法，这种方法现在叫"费曼图"。每张图代表了一种需要详细计算的数学作用，到计算结束时，所有这些项都要加和起来。在确定量子对电子磁性（电子偶极矩）的贡献时，研究者需要计算 1.2 万余张费曼图。这些计算和实验测量之间的一致程度惊人，可以说是我们对量子物理学的理解中最伟大的胜利。见 Tatsumi Aoyama, Masashi Hayakawa, Toichiro Kinoshita, and Makiko Nio, "Tenth-order electron anomalous magnetic moment: Contribution of diagrams without closed lepton loops," *Physical Review D* 91 [2015]: 033006。

[8] 虽然我是用木炭来打的比方，但还是值得注意一下，我们熟悉的燃烧过程发出的辐射跟黑洞发出的辐射有个重要区别。木炭发光时，发出的辐射直接来自构成木炭的材料的燃烧，因此辐射中带有木炭特定材料组分的信息。相比之下，组成黑洞的所有材料都

已经被压缩成了黑洞的奇点——黑洞质量越大，奇点与黑洞的事件视界之间的距离就越远——因此从事件视界发出的辐射似乎并没有带着黑洞由什么材料组成的信息。了解这个区别，是知道所谓"黑洞信息悖论"的一个办法。如果黑洞发出的辐射跟形成黑洞的特定成分无关，那么到黑洞完全转化为辐射的时候，这些成分中所包含的信息就已经都丢失了。这样的信息丢失会扰乱宇宙的量子力学进程，因此物理学家花了好几十年，一直想证明信息没有丢失。大部分物理学家现在都同意，我们有证据强烈支持信息确实保存下来了，但还有很多重要细节有待研究。

[9] 霍金的公式表明，质量为 M 的史瓦西黑洞（不带电、不自转的黑洞）发出的黑体辐射由下式给出：$T_{霍金} = hc^3/16\pi^2 GMk_b$（其中 h 为普朗克常数，c 为光速，G 为牛顿常数，k_b 为玻尔兹曼常数）。S. W. Hawking, "Particle Creation by Black Holes," *Communications in Mathematical Physics* 43 (1975): 199–220.

[10] Don N. Page, "Particle emission rates from a black hole: Massless particles from an uncharged, nonrotating hole," *Physical Review D* 13 no. 2 (1976), 198–206. 所引数字更新了佩奇基于最近对粒子性质（尤其是中微子的非零质量）的评估进行的计算。

[11] 更准确地说，就是半径不大于所谓史瓦西半径的球，用质量 M 来表示的数学形式为 $R_{史瓦西} = 2GM/c^2$。

[12] 请注意，我说到的密度也可以叫作黑洞的"有效平均密度"：其总质量除以其总体积，该体积则不超出半径相当于其事件视界的球体。这个概念在直观上很有用，但是专业读者大概也能看出来，这么说最多也就是能带来点启发。黑洞形成时，其事件视界内的径向（radial direction）上会出现类时特征，因此黑洞内部空间体积的概念就变得更微妙了（而且实际上会发散）。此外，黑洞质量不会均匀填满这么大的体积，所以我们算出来的平均密度并不会由黑洞自身从物理上体现出来。尽管如此，按照我们的定义，黑洞的平均密度还是能给出一个直觉性的意味，让人们理解为什么黑洞越大，产生的外部环境越不那么极端，引发的霍金辐射对应的温度也越低。

[13] 上一章我们曾指出，空间加速膨胀产生了微小但稳定的背景温度，约为 10^{-30}K。质量比太阳的 10^{23} 倍还大的黑洞，其温度会比遥远未来的太空还低。不过这样的黑洞也会比宇宙视界本身还要大。

[14] 根据数学计算，光子通过希格斯场时完全不会遭遇阻力，这就使得光子没有质量，希格斯场也因此无法看见。

[15] 希格斯在四集纪录片《新星》（*NOVA*）的第一集"宇宙的结构"（根据同名图书改编）中的发言。差不多跟希格斯同时，也提出了类似想法的物理学家包括罗伯特·布劳特（Robert Brout）、弗朗索瓦·恩格勒（François Englert）、杰拉尔德·古拉尔尼克（Gerald Guralnik）、理查德·哈根（C. Richard Hagen）和汤姆·基布尔（Tom Kibble）。希格斯和恩格勒因为他们的成就共同获得了诺贝尔奖。

[16] 这个数字并没有看起来那么重要。246 这个数值（更准确一点说，是 246.22 GeV，其中 GeV 代表"吉电子伏特"这个惯用单位）取决于物理学家通常采用的数学惯例。但非标准惯例会产生数值并不同但仍然等效的物理学。

[17] Sidney Coleman, "Fate of the False Vacuum," *Physical Review D* 15 (1977): 2929; Erratum, *Physical Review D* 16 (1977): 1248.

[18] 更准确地说，这个区域一开始会扩张得较慢，然后速度朝着光速迅速增加。

[19] A. Andreassen, W. Frost, and M. D. Schwartz, "Scale Invariant Instantons and the Complete Lifetime of the Standard Model," *Physical Review D* 97 (2018): 056006.

[20] 我们的宇宙也许是从一缸高熵、均匀的粒子浴中涌现出来的，其中的粒子在虚空中推挤碰撞，而熵非常罕见地自发下降，带来了我们看到的有序结构——这种可能性是路德维希·玻尔兹曼在两篇论文中提出的：Ludwig Boltzmann, "On Certain Questions of the Theory of Gases," *Nature* 51 [1895]: 1322, 413–15; Ludwig Boltzmann, "Entgegnung auf die wärmetheoretischen Betrachtungen des Hrn. E. Zermelo," *Annalen der Physik* 57 [1896]: 773–84. 后来亚瑟·爱丁顿爵士指出，因为熵下降的幅度越小就越有可能发生，所以这种波动没有产生有恒星、行星和人类的整个宇宙（熵下降得非常厉害），而

是仅仅在一个本来杂乱无章的环境中产生了一批"数学物理学家"（他正在思索的思想实验中的观察者），这样的可能性要大得多（A. Eddington, "The End of the World: From the Standpoint of Mathematical Physics," *Nature* 127, no. 1931 [3203]: 447–53）。再后来"数学物理学家"的概念进一步缩小到更小的熵减上——只产生观察者的认知部分，这就叫作"玻尔兹曼大脑"（就我所知，最早明确用到这个词的是 A. Albrecht and L. Sorbo, "Can the Universe Afford Inflation? *Physical Review D* 70 [2004]: 063528）。

[21] 出于本章中强调过的原因，我关注的主要是能思维的结构，即玻尔兹曼大脑的自发创生。但是，整整一批新宇宙的自发创生，或是开启宇宙暴胀的各项条件的自发重生，也值得注意。为免本章过于臃肿，我将对这些可能性的考虑放在了尾注 [22] 和 [34] 中。

[22] 专业读者也许会注意到，我是在微妙和争议的边缘游走。对于如何计算我提到的宇宙中各种自发涨落的概率，还没有普遍共识。伦纳德·萨斯坎德（Leonard Susskind）及其合作者基于萨斯坎德早年提出的"视界互补"概念提出了一种方法，见 L. Dyson, M. Kleban, and L. Susskind, "Disturbing Implications of a Cosmological Constant," *Journal of High Energy Physics* 0210 (2002): 011。回想一下，因为空间膨胀正在加速，我们被遥远的宇宙视界包围。比宇宙视界更远的位置远离我们的速度比光速还快，因此我们不可能受到位于视界上或是比视界还远的任何事物的影响。萨斯坎德受到这种孤立状态（以及他对黑洞的早期研究，黑洞本身也有视界）的启发，主张只考虑我们这个"因果铺片"（causal patch）——你可以将其视为在我们的宇宙视界之内的空间区域——之内发生的物理过程，实际上摒弃了视界之外有可能会无限膨胀的空间中发生的所有物理过程。更准确地说，萨斯坎德认为，我们这个因果铺片之外的物理学是这个因果铺片内的物理学的冗余（就好像在量子力学中，波和粒子这两种描述是讨论同一种物理情形的两种互补方式，同样，内部铺片物理学和外部铺片物理学也会是讨论同一种物理情形的互补方式）。根据这个假设，现实被认为是有限的空间铺片，有个固定的宇宙学常数 Λ，并会产生一个温度 $T \sim \sqrt{\Lambda}$——

有点儿像我们在初等统计力学中研究的一盒子热气体这种经典情况。这样一来，计算两个不同宏观状态的相对概率，就变成了求两者分别对应的微观态数量的比值。也就是说，给定组态的可能性与其熵（的指数）成正比。通过这种方法，萨斯坎德及其合作者指出，在我们这个铺片中，粒子聚集起来形成暴胀大爆炸所需的条件，出现的可能性极低（因为这种组态的熵非常低），而粒子聚集起来直接形成我们所知的这个世界（从恒星到人类），可能性却相对更高（因为这种组态的熵要高一些）。还有另一种计算可能性的方法，见 A. Albrecht and L. Sorbo, "Can the Universe Afford Inflation?" *Physical Review D* 70 (2004): 063528，其理论基础是局部量子隧穿事件带来的暴胀。这种方法算出来的概率截然不同。两位作者阿尔布雷克特和索伯考虑了一批处在本身熵很高的背景环境中却朝向低熵的波动，即一块随后会暴胀的区域；这种情形确保了整体组态仍然具有高熵，因而提高了可能性。萨斯坎德及其合作者只考虑了波动本身内部的熵，是因为这个区域随后会暴胀，区域以外的一切都超出了其宇宙视界，因此可以忽略。萨斯坎德及其合作者给这个波动赋予的总熵很低，因此它发生的可能性大大降低了。

[23] 第 2 章的尾注 [9] 中我曾经阐明，系统的熵更应该定义为可以达到的量子态数目的自然对数。所以，如果某系统的熵为 S，那么量子态的数目就是 e^S。如果我们假设某系统在经历与其宏观态相容的任何一种微观态时，所用时间基本都相等，那么从熵为 S_1 的初始状态经过波动变成熵为 S_2 的最终状态的概率 P，就由两种状态分别对应的微观态数目之比给出，即 $P = e^{S_2}/e^{S_1} = e^{(S_2 - S_1)}$。为清楚起见，我们将 S_2 写成 $S_2 = S_1 - D$，其中 D 表示熵从初始值 S_1 下降的幅度。这样我们就有 $P = e^{(S_1 - D - S_1)} = e^{-D}$，在此我们看到可能性呈指数下降，是熵减的函数。那么，形成玻尔兹曼大脑的概率是多少？我们说，在温度为 T 时，这缸热浴中粒子的能量也刚好等于 T（使用 $k_B=1$ 的单位），因此要形成一个质量为 M 的大脑，我们需要抽出大概 M/T 这么多个粒子（使用 $c=1$ 的单位）。因为热浴的熵实际上是跟着粒子数量走的，熵减 D 实际上等于 M/T，因

此概率约为 $e^{-M/T}$。我们可以看一个特别相关的例子，就看非常遥远的未来，令 T 等于宇宙视界产生的热浴的温度，即约为 10^{-30}K，也就是约为 10^{-41}GeV（其中 1 个 GeV 大致等于与 1 个质子质量等价的能量）。因为一个大脑约有 10^{27} 个质子，所以 M/T 约为 $10^{27}/10^{-41} = 10^{68}$。因此，自发形成一个大脑的概率约等于 $e^{-10^{68}}$。让这么罕见的事情有相当大机会发生，所需时间与 $1/(e^{-10^{68}})$ 成正比，即与 $e^{10^{68}}$ 成正比，在本章中为简单起见，我们将其近似为 $10^{10^{68}}$。

[24] 虽然时间也很可能是无限的，但有一个自然但有限的时间尺度比较有意义，叫"回归时间"，我会在尾注 [34] 中讨论，所以现在这么说就够了：回归时间非常长，因此在我们达到这个限制之前，会出现数量庞大的玻尔兹曼大脑——即便形成的速率极低。

[25] 特别认真细致的读者会注意到，我们在这里其实援引了第 3 章尾注 [8] 讲过的"无差别原则"。就是说，在考虑我的大脑如何起源时，我给拥有同样物理组态的每一种化身赋予的可能性都相等。而几乎所有化身都应该是以玻尔兹曼方式形成的，所以我讲述的这段关于我的大脑如何形成的平常故事，非常不太可能是真的。但是，也像第 3 章尾注 [8] 一样，如果将无差别原则应用于一些跟已为经验证实有效的例子（抛硬币、掷骰子，以及我们在日常生活中会遇到的大量不确定情况）毫不相似的情形，这时候，你还是可以提出质疑。不过，很多杰出的宇宙学家对这种方法并不满意，因此认为我在本章中描述的玻尔兹曼大脑之谜是个严肃的问题。

[26] David Albert, *Time and Chance* (Cambridge, MA: Harvard University Press, 2000), 116; Brian Greene, *The Fabric of the Cosmos* (New York: Vintage, 2005), 168.

[27] 我想说，还有两种与此相关的方法可以解决这个问题。其一是设想自然界"常数"会随着时间变化，方式是抑制形成玻尔兹曼大脑所必需的物理过程。关于这种方法可参阅 Steven Carlip, "Transient Observers and Variable Constants, or Repelling the Invasion of the Boltzmann's Brains," *Journal of Cosmology and Astroparticle Physics* 06 (2007): 001. 另外一种方法由肖恩·M. 卡罗尔及其合作者提出，他们认为，形成玻尔兹曼大脑所必需的波动不会在谨慎的量子力学

处置中产生（K. K. Boddy, S. M. Carroll, and J. Pollack, "De Sitter Space Without Dynamical Quantum Fluctuations," *Foundations of Physics* 46, no. 6 [2016]: 702）。

[28] 参阅 A. Ceresole, G. Dall'Agata, A. Giryavets, et al., "Domain walls, near-BPS bubbles, and probabilities in the landscape," *Physical Review D* 74 (2006): 086010。物理学家唐·佩奇采取了不同的方法来阐述玻尔兹曼大脑问题，他指出，在任何加速膨胀的有限空间中，比如我们这个空间，如果时间无限，就会有无数个自发形成的大脑。为了避免我们的大脑成为这个数量不断增加的群体中的非典型成员，佩奇提出我们这个区域没有无限的时间，而是正在走向某种毁灭。他的计算（Don N. Page, "Is our universe decaying at an astronomical rate?" *Physics Letters* B 669 [2008]: 197–200）表明，我们这个宇宙的最长寿命可能只有区区 200 亿年。还有一批物理学家（如 R. Bousso and B. Freivogel, "A Paradox in the Global Description of the Multiverse," *Journal of High Energy Physics* 6 [2007]: 018; A. Linde, "Sinks in the Landscape, Boltzmann Brains, and the Cosmological Constant Problem," *Journal of Cosmology and Astroparticle Physics* 0701 [2007]: 022; A. Vilenkin, "Predictions from Quantum Cosmology," *Physical Review Letters* 74 [1995]: 846）用了很多不同的数学形式来计算玻尔兹曼大脑形成的概率，提出了更多避免玻尔兹曼大脑问题的方法。总之，关于如何计算此类过程的概率，仍然存在很大分歧，当然，这些分歧在带来大量争议的同时，也会推动进一步研究。

[29] Kimberly K. Boddy and Sean M. Carroll, "Can the Higgs Boson Save Us from the Menace of the Boltzmann Brains?" 2013, arXiv:1308.468.

[30] 至少这是爱因斯坦的方程告诉我们的答案。要确定究竟是这么强的大挤压会真的成为终点，还是某种奇特过程会在最后一刻出现，需要对万有引力进行全面的量子力学化处理。目前的普遍共识是，隧穿到负值会产生"终态"——那样的话，就是真正的时间尽头了。

[31] Paul J. Steinhardt and Neil Turok, "The cyclic model simplified," *New Astronomy Reviews* 49 (2005): 43–57; Anna Ijjas and Paul Steinhardt, "A New Kind of Cyclic Universe" (2019): arXiv:1904.0822[gr-qc].

[32] Alexander Friedmann, trans. Brian Doyle, "On the Curvature of Space," *Zeitschrift für Physik* 10 (1922): 377–386; Richard C. Tolman, "On the problem of the entropy of the universe as a whole," *Physical Review* 37 (1931): 1639–60; Richard C. Tolman, "On the theoretical requirements for a periodic behavior of the universe," *Physical Review* 38 (1931): 1758–71.

[33] 但是情况很有可能也没这么一目了然。原因在于，暴胀范式同样也可以跟没有原始引力波的情形相容：降低了暴胀能量级的模型产生的引力波太微弱，无法观测到。有些研究者会争辩说，这样的模型并不自然，因此没有循环模型有说服力。但这是个定性判断，不同研究者会有不同看法。我提到的这些可能的数据（或者更应当说是它们的阙如）肯定会在物理学界这两种宇宙学理论的支持者之间引发激辩，但暴胀情景不太可能被抛弃。

[34] 虽说这会让我们这章下笔千言离题万里，但这里我还是想指出，还有一种循环宇宙学理论可以出现在更标准的宇宙学情景中。这种宇宙学理论与我们刚才描述过的宇宙循环极为不同，而是会牵涉一系列大事件，它们的时间尺度要大得多，产生机制也完全不同。基本的物理学原理来自 19 世纪末的数学家昂利·庞加莱（Henri Poincaré），现在我们称之为"庞加莱回归定理"。要理解这个定理的要点，我们可以想想洗牌的情形。一副牌的不同顺序只有有限多种（数字很大，但肯定有限），所以如果你一直洗一直洗，牌的顺序迟早会重复。庞加莱认识到，如果有比如说一些蒸汽分子在一个容器里随机跳动，类似的重复情形也肯定会发生。比如假设我把一团蒸汽分子紧紧压在容器一角，然后使之四下散开。这些分子会迅速填满容器，然后在相当长的时间内都保持均匀的面貌，不断在可以到达的空间内随机运动。但是，如果我们等得够久，这些分子会刚好移动为更有序、熵更低的组态。庞加莱想得更远。他指出，分子会通过随机运动而变得跟初始组态（紧紧压在容器一角的一团分子）无限接近。这个推理过程虽然技术化，但也跟我们得出结论说一直洗牌一定会得到重复顺序的推理类似。粒子位置和速度都随机的一个无穷无尽的清单，必然也会重复。现在你可能会对此有些怀疑——毕竟跟洗牌的情形不一样，

容器里的蒸汽分子有无数种不同组态。但庞加莱主张的不是精确重现早期组态，而是可以是无限接近的近似组态，这样就能解决这个复杂问题。需要重现的组态越精确，要等到它发生的时间就越长，但不管你对精确性选择怎样的宽容度，粒子都会在这套规则中重现早期组态。

虽然庞加莱的推理是经典物理学，但到了 20 世纪 50 年代，他的定理也拓展到了量子力学中。如果取一个封闭系统，其中的粒子在特定位置被发现的概率也是特定的，并使该系统演化足够长时间，那么概率就会无限接近其初始值，这个循环也会无限重复下去。无论是经典视角还是量子视角，庞加莱论证的关键都是蒸汽要被限制在一个容器中，否则这些分子就会一直往外扩散，永不回来。但宇宙并非封闭容器，因此你可能会觉得他的定理在宇宙学中没有意义。然而我们在本章尾注 [22] 中也讨论过，伦纳德·萨斯坎德曾指出，宇宙视界实际上会起容器壁的作用：宇宙视界将我们能与之相互作用的这部分宇宙限制在有限大小的空间内，庞加莱定理于是就适用了。这样一来，就像容器里的蒸汽在经过很长很长时间之后会回到跟给定组态任意接近的状态，同样，在我们的宇宙视界之内的情形也是如此：粒子和场的任意给定组态，在任意给定精度下，都会一遍又一遍地成为现实。这是真正的"永恒复归"。根据我们的宇宙视界的大小，可以算出回归需要的时间尺度，结果是我们到现在遇到过的最长时间尺度：约为 $10^{10^{120}}$ 年。你肯定会忍不住用现实世界的语言来思考这种回归。地球上存在过上千亿人，每个人都是一套粒子组态。如果这些组态还会再成为现实，那么——你也明白，这么想下去就会走向科学通常想极力避免的结局。但在跑偏得太多之前，也请注意，自发的熵减会威胁理性理解的基础，我们也确实已经看到了这一点。如果粒子和场的某个随机重组引发了新一轮的宇宙展开——一场新的大爆炸——最终形成了恒星、行星和人，这是一回事；而如果结果表明，自发地重造出今天的宇宙这样的条件概率更高——没有大爆炸，也没有宇宙的展开——我们就会身处跟玻尔兹曼大脑问题一样的困境之中。即使我们的宇宙确实是按我们在前面各章中描述过的那种宇宙学方式产生的，放眼遥远的未来，我们还是会得出结论，绝大部分像我们一样的观察者（拥有跟我们一样的记忆，因此也会认为自己就是我们）都不是从那样的宇宙事件序列中出现的。但每个观察者都会认为自己就是来自那样的宇宙展开。就像玻尔兹曼大脑那样，我们会陷入认识论困境。你可能会说，这并不会破坏我们对现实的理解——你我以及我们熟悉的万事万物，都可以是从真正的宇宙展开中涌现出来的。然而，未来的每一个人都会揪住同样安慰人的说辞不放，但他们当中的绝大部分都是错的——这样的见解很让人不安。鉴于整个宇宙时间轴上的绝大部分观察者都并非来自标准的宇宙演化，我们需要有说服力的论证，证明我们不属于被欺骗了的那些。物理学家也一直试图提出这样的论证，但迄今还没有什么这方面的论证得到广泛认可。部分问题在于，我们还没有完全理解量子力学和万有引力的融合，所以我们的计算框架还是试探性的。面对这种情形，有些物理学家，尤其是萨斯坎德提出，宇宙学常数也许并非真的是常数。毕竟，如果在遥远的未来，宇宙学常数消失了，那么加速膨胀时代就会结束，宇宙视界也会消失。这样的话，庞加莱的回归理论就失去作用了。陪审团还在等待观察结果，乐观地看，观察结果将为这种可能的未来提供洞见。

[35] 暴胀式膨胀始于空间中很小的一块区域，这块区域在反引力的作用下迅速膨胀。因此你可能会认为，暴胀形成的世界，大小肯定也是有限的。毕竟一个本来就有限的东西，无论你怎么拉伸，它都还是有限的。但现实情况更为错综复杂。在对暴胀的标准表述中，空间和时间的融合会让空间中某块暴胀区域之内的观察者身处在一个无限的范围中。我在《隐藏的现实》第二章中对此有一定的详细解释，感兴趣的读者若想做更全面的了解，可参阅该书的这一部分。同样请注意，暴胀宇宙模型可以产生一套截然不同但又相互关联的多重宇宙：很多暴胀情景都有个共同点，就是暴胀式膨胀并非一次性事件。实际上，暴胀式膨胀的各次爆发可以形成很多（通常是无限多）个膨胀的宇宙，在这个巨大的集合中，我们这个宇宙不过是其中一员。这些宇宙的集合叫作"暴胀多重

宇宙"，它产生自名为"永恒暴胀"的模型。我在本章描述的多重宇宙的各种面向，同样适用于暴胀多重宇宙。欲了解更多细节，可见《隐藏的现实》第三章。

[36] 为了避免这些区域在边界处发生相互作用，你可以将每个区域都用足够大的缓冲区包围起来，确保没有哪个区域会跟任何其他区域有任何接触。

[37] Jaume Garriga and Alexander Vilenkin, "Many Worlds in One," *Physical Review D* 64, no. 4 (2001): 043511. 亦见 J. Garriga, V. F. Mukhanov, K. D. Olum, and A. Vilenkin, "Eternal Inflation, Black Holes, and the Future of Civilizations," *International Journal of Theoretical Physics* 39, no. 7 (2000): 1887–1900；以及科普著作 Alex Vilenkin, *Many Worlds in One* (New York: Hill and Wang, 2006)。

11 存在之高贵

[1] E. O. Wilson, Sociobiology: *The New Synthesis* (Cambridge, MA: Harvard University Press, 1975) 讨论了演化在伦理道德形成中的作用，开创了一种分析一般的人类行为特别是人类道德的新范式。有种提法详细列出了人类道德演化中的各可能阶段，见 P. Kitcher, "Biology and Ethics," in *The Oxford Handbook of Ethical Theory* (Oxford: Oxford University Press, 2006), 163–85; P. Kitcher, "Between Fragile Altruism and Morality: Evolution and the Emergence of Normative Guidance," *Evolutionary Ethics and Contemporary Biology* (2006): 159–77.

[2] T. Nagel, *Mortal Questions* (Cambridge: Cambridge University Press, 1979), 142–46.

[3] Jonathan. Haidt, "The Emotional Dog and Its Rational Tail: A Social Intuitionist Approach to Moral Judgment," *Psychological Review* 108, no. 4 (2001): 814–34; J. Haidt, *The Righteous Mind: Why Good People Are Divided by Politics and Religion* (New York: Pantheon Books, 2012).

[4] Jorge Luis Borges, "The Immortal," in *Labyrinths: Selected Stories and Other Writings* (New York: New Directions Paperbook, 2017), 115. 本段提到的其他书籍有：Jonathan Swift, *Gulliver's Travels* (New York: W.

W. Norton, 1997); Karel Čapek, *The Makropulos Case*, in *Four Plays: R. U. R.; The Insect Play; The Makropulos Case; The White Plague* (London: Bloomsbury, 2014).

[5] Bernard Williams, *Problems of the Self* (Cambridge: Cambridge University Press, 1973).

[6] Aaron Smuts, "Immortality and Significance," *Philosophy and Literature* 35, no. 1 (2011): 134–49.

[7] Samuel Scheffler, *Death and the Afterlife* (New York: Oxford University Press, 2016), 59–60.

[8] 沃尔夫写道："我们相信人类会延续下去；在我们构想我们的活动、理解这些活动的价值时，这种信心起着巨大的作用，虽然这种作用也许很大程度上是潜移默化的。"Samuel Scheffler, "The Significance of Doomsday," *Death and the Afterlife* (New York: Oxford University Press, 2016), 113.

[9] Harry Frankfurt, "How the Afterlife Matters," in Samuel Scheffler, *Death and the Afterlife* (New York: Oxford University Press, 2016), 136.

[10] 量子力学多世界诠释的支持者也许对这个描述有不同看法。如果所有可能的结果都要发生在某个世界中，不是这个世界就是另一个世界，那么，这个世界就是先定的。但是，各种自我觉知的集合也是可能结果中的一类，这一情况同样让人觉得非比寻常。

参考文献

Aaronson, Scott. "Why I Am Not an Integrated Information Theorist (or, The Unconscious Expander)." *Shtetl-Optimized*. https://www.scottaaronson.com/blog/?p=1799.

Abbot, P., J. Abe, J. Alcock, et al. "Inclusive fitness theory and eusociality." *Nature* 471 (2010): E1–E4.

Adams, Douglas. *Life, the Universe and Everything*. New York: Del Rey, 2005.

Adams, Fred C., and Gregory Laughlin. "A dying universe: The long-term fate and evolution of astrophysical objects." *Reviews of Modern Physics* 69 (1997): 337–72.

————. *The Five Ages of the Universe: Inside the Physics of Eternity*. New York: Free Press, 1999.

Albert, David. *Time and Chance*. Cambridge, MA: Harvard University Press, 2000.

Alberts, Bruce, et al. *Molecular Biology of the Cell*, 5th ed. New York: Garland Science, 2007.

Albrecht, A., and L. Sorbo. "Can the Universe Afford Inflation?" *Physical Review D* 70 (2004): 063528.

Albrecht, A., and P. Steinhardt. "Cosmology for Grand Unified Theories with Radiatively Induced Symmetry Breaking." *Physical Review Letters* 48 (1982): 1220.

Andreassen, A., W. Frost, and M. D. Schwartz. "Scale Invariant Instantons and the Complete Lifetime of the Standard Model." *Physical Review D* 97 (2018): 056006.

Aoyama, Tatsumi, Masashi Hayakawa, Toichiro Kinoshita, and Makiko Nio. "Tenth-order electron anomalous magnetic moment: Contribution of diagrams without closed lepton loops." *Physical Review D* 91 (2015): 033006.

Aquinas, T. *Truth*, volume II. Translated by James V. McGlynn, S.J. Chicago: Henry Regnery Company, 1953.

Ariès, Philippe. *The Hour of Our Death*. Translated by Helen Weaver. New York: Alfred A. Knopf, 1981.

Aristotle, *Nicomachean Ethics.* Translated by C. D. C. Reeve. Indianapolis, IN: Hackett Publishing, 2014.

Armstrong, Karen. *A Short History of Myth.* Melbourne: The Text Publishing Company, 2005.

Arnulf, Isabelle, Colette Buda, and Jean-Pierre Sastre. "Michel Jouvet: An explorer of dreams and a great storyteller." *Sleep Medicine* 49 (2018): 4–9.

Atran, Scott. *In Gods We Trust: The Evolutionary Landscape of Religion.* Oxford: Oxford University Press, 2002.

Augustine. *Confessions.* Translated by F. J. Sheed. Indianapolis, IN: Hackett Publishing, 2006.

Auton, A., L. Brooks, R. Durbin, et al. "A global reference for human genetic variation." *Nature* 526, no. 7571 (October 2015): 68–74.

Axelrod, Robert. *The Evolution of Cooperation,* rev. ed. New York: Perseus Books Group, 2006.

Axelrod, Robert, and William D. Hamilton. "The Evolution of Cooperation." *Science* 211 (March 1981): 1390–96.

Baars, Bernard J. *In the Theater of Consciousness.* New York: Oxford University Press, 1997.

Barrett, Justin L. *Why Would Anyone Believe in God?* Lanham, MD: AltaMira, 2004.

Barrow, John D., and Sigbjørn Hervik. "Indefinite information processing in ever-expanding universes." *Physics Letters B* 566, nos. 1–2 (24 July 2003): 1–7.

Barrow, John D., and Frank J. Tipler. *The Anthropic Cosmological Principle.* Oxford: Oxford University Press, 1988.

Becker, Ernest. *The Denial of Death.* New York: Free Press, 1973.

Bekenstein, Jacob D. "Black Holes and Entropy." *Physical Review D* 7 (15 April 1973): 2333.

Bellow, Saul. Nobel lecture, December 12, 1976. In *Nobel Lectures, Literature 1968–1980,* ed. Sture Allén. Singapore: World Scientific Publishing Co., 1993.

Bennett, Charles H., and Rolf Landauer. "The Fundamental Physical Limits of Computation." *Scientific American* 253, no. 1 (July 1985).

Bering, Jesse. *The Belief Instinct.* New York: W. W. Norton, 2011.

Berwick, R., and N. Chomsky. *Why Only Us?* Cambridge, MA: MIT Press, 2015.

Bierce, Ambrose. *The Devil's Dictionary.* Mount Vernon, NY: The Peter Pauper Press, 1958.

Bigham, Abigail, et al. "Identifying signatures of natural selection in Tibetan and Andean populations using dense genome scan data." *PLoS Genetics* 6, no. 9 (9 September 2010): e1001116.

Blackmore, Susan. *The Meme Machine.* Oxford: Oxford University Press, 1999.

Boddy, Kimberly K., and Sean M. Carroll. "Can the Higgs Boson Save Us from the Menace of the Boltzmann Brains?" 2013. arXiv:1308.468.

Boddy, K. K., S. M. Carroll, and J. Pollack. "De Sitter Space Without Dynamical Quantum Fluctuations." *Foundations of Physics* 46, no. 6 (2016): 702.

Boltzmann, Ludwig. "On Certain Questions of the Theory of Gases." *Nature* 51, no. 1322 (1895): 413–15.

———. "Entgegnung auf die wärmetheoretischen Betrachtungen des Hrn. E. Zermelo." *Annalen der Physik* 57 (1896): 773–84.

Borges, Jorge Luis. "The Immortal." In *Labyrinths: Selected Stories and Other Writings.* New York: New Directions Paperbook, 2017.

Born, Max. "Zur Quantenmechanik der Stoßvorgänge." *Zeitschrift für Physik* 37, no. 12 (1926): 863–67.

Bousso, R., and B. Freivogel. "A Paradox in the Global Description of the Multiverse." *Journal of High Energy Physics* 6 (2007): 018.

Boyd, Brian. "The evolution of stories: from mimesis to language, from fact to fiction." *WIREs Cognitive Science* 9, no. 1 (2018), e1444–46.

———. "Evolutionary Theories of Art," in *The Literary Animal: Evolution and the Nature of Narrative.* Edited by Jonathan Gottschall and David Sloan Wilson. Evanston, IL: Northwestern University Press, 2005, 147.

———. *On the Origin of Stories.* Cambridge, MA: Belknap Press, 2010.

Boyer, Pascal. "Functional Origins of Religious Concepts: Ontological and Strategic Selection in Evolved Minds." *Journal of the Royal Anthropological Institute* 6, no. 2 (June 2000): 195–214.

———. *Religion Explained: The Evolutionary Origins of Religious Thought.* New York: Basic Books, 2007.

Bruner, Jerome. *Making Stories: Law, Literature, Life.* New York: Farrar, Straus and Giroux, 2002.

———. "The Narrative Construction of Reality." *Critical Inquiry* 18, no. 1 (Autumn 1991): 1–21.

Buss, David. *Evolutionary Psychology: The New Science of the Mind.* Boston: Allyn & Bacon, 2012.

Cairns-Smith, A. G. *Seven Clues to the Origin of Life.* Cambridge: Cambridge University Press, 1990.

Calaprice, Alice, ed. *The New Quotable Einstein.* Princeton, NJ: Princeton University Press, 2005.

Caldwell, Robert R., Marc Kamionkowski, and Nevin N. Weinberg. "Phantom Energy and Cosmic Doomsday." *Physical Review Letters* 91 (2003): 071301.

Campbell, Joseph. *The Hero with a Thousand Faces.* Novato, CA: New World Library, 2008.

Camus, Albert. *Lyrical and Critical Essays.* Translated by Ellen Conroy Kennedy. New York: Vintage Books, 1970.

————. *The Myth of Sisyphus.* Translated by Justin O'Brien. London: Hamish Hamilton, 1955.

Čapek, Karel. *The Makropulos Case.* In *Four Plays: R. U. R.; The Insect Play; The Makropulos Case; The White Plague.* London: Bloomsbury, 2014.

Carlip, Steven. "Transient Observers and Variable Constants, or Repelling the Invasion of the Boltzmann's Brains." *Journal of Cosmology and Astroparticle Physics* 06 (2007): 001.

Carnot, Sadi. *Reflections on the Motive Power of Fire.* Mineola, NY: Dover Publications, Inc., 1960.

Carroll, Noël. "The Arts, Emotion, and Evolution." In *Aesthetics and the Sciences of Mind,* ed. Greg Currie, Matthew Kieran, Aaron Meskin, and Jon Robson. Oxford: Oxford University Press, 2014.

Carroll, Sean. *The Big Picture: On the Origins of Life, Meaning, and the Universe Itself.* New York: Dutton, 2016.

Carter, B. "Axisymmetric Black Hole Has Only Two Degrees of Freedom." *Physical Review Letters* 26 (1971): 331.

Casals, Pablo. Bach Festival: Prades 1950. As referenced by Paul Elie. *Reinventing Bach.* New York: Farrar, Straus and Giroux, 2012.

Cavosie, A. J., J. W. Valley, and S. A. Wilde. "The Oldest Terrestrial Mineral Record: Thirty Years of Research on Hadean Zircon from Jack Hills, Western Australia," in *Earth's Oldest Rocks,* ed. M. J. Van Kranendonk. New York: Elsevier, 2018, 255–78.

Ceresole, A., G. Dall'Agata, A. Giryavets, et al. "Domain walls, near-BPS bubbles, and probabilities in the landscape." *Physical Review D* 74 (2006): 086010.

Chalmers, David J. "Facing Up to the Problem of Consciousness." *Journal of Consciousness Studies* 2, no. 3 (1995): 200–19.

————. *The Conscious Mind: In Search of a Fundamental Theory.* Oxford: Oxford University Press, 1997.

Chandrasekhar, Subrahmanyan. "The Maximum Mass of Ideal White Dwarfs." *Astrophysical Journal* 74 (1931): 81–82.

Cheney, Dorothy L., and Robert M. Seyfarth. *How Monkeys See the World: Inside the Mind of Another Species.* Chicago: University of Chicago Press, 1992.

Ćirković, Milan M. "Resource Letter: PEs-1: Physical Eschatology." *American Journal of Physics* 71 (2003): 122.

Cloak, F. T., Jr. "Cultural Microevolution." *Research Previews* 13 (November 1966): 7–10.

Clottes, Jean. *What Is Paleolithic Art? Cave Paintings and the Dawn of Human Creativity.* Chicago: University of Chicago Press, 2016.

Coleman, Sidney. "Fate of the False Vacuum." *Physical Review D* 15 (1977): 2929; erratum, *Physical Review D* 16 (1977): 1248.

Conrad, Joseph. *The Nigger of the "Narcissus."* Mineola, NY: Dover Publications, Inc., 1999.

Coqueugniot, Hélène, et al. "Earliest cranio-encephalic trauma from the Levantine Middle Palaeolithic: 3D reappraisal of the Qafzeh 11 skull, consequences of pediatric brain damage on individual life condition and social care." *PloS One* 9 (23 July 2014): 7 e102822.

Crick, F. H. C., Leslie Barnett, S. Brenner, and R. J. Watts-Tobin. "General nature of the genetic code for proteins," *Nature* 192 (Dec. 1961): 1227–32.

Cronin, H. *The Ant and the Peacock: Altruism and Sexual Selection from Darwin to Today.* Cambridge: Cambridge University Press, 1991.

Crooks, G. E. "Entropy production fluctuation theorem and the nonequilibrium work relation for free energy differences." *Physical Review E* 60 (1999): 2721.

Damrosch, David. *The Buried Book: The Loss and Rediscovery of the Great Epic of Gilgamesh.* New York: Henry Holt and Company, 2007.

Darwin, Charles. *The Descent of Man and Selection in Relation to Sex.* New York: D. Appleton and Company, 1871.

———. *The Expression of the Emotions in Man and Animals.* Oxford: Oxford University Press, 1998.

———. Letter to Alfred Russel Wallace, 27 March 1869. https://www.darwinproject.ac.uk/letter/?docId=letters/DCP-LETT-6684.xml;query=child;brand=default.

———. *The Origin of Species.* New York: Pocket Books, 2008.

Davies, Stephen. *The Artful Species: Aesthetics, Art, and Evolution.* Oxford: Oxford University Press, 2012.

Dawkins, Richard. *The God Delusion.* New York: Houghton Mifflin Harcourt, 2006.

———. *The Selfish Gene.* Oxford: Oxford University Press, 1976.

De Caro, M., and D. Macarthur. *Naturalism in Question.* Cambridge, MA: Harvard University Press, 2004.

Deamer, David. *Assembling Life: How Can Life Begin on Earth and Other Habitable Planets?* Oxford: Oxford University Press, 2018.

Dehaene, Stanislas. *Consciousness and the Brain.* New York: Penguin Books, 2014.

Dehaene, Stanislas, and Jean-Pierre Changeux. "Experimental and Theoretical Approaches to Conscious Processing." *Neuron* 70, no. 2 (2011): 200–227.

Dennett, Daniel. *Breaking the Spell: Religion as a Natural Phenomenon.* New York: Penguin Books, 2006.

———. *Consciousness Explained.* Boston: Little, Brown and Co., 1991.

———. *Elbow Room.* Cambridge, MA: MIT Press, 1984.

———. *Freedom Evolves.* New York: Penguin Books, 2003.

———. *The Intentional Stance.* Cambridge, MA: MIT Press, 1989.

Deutsch, David. *The Beginning of Infinity: Explanations That Transform the World.* New York: Viking, 2011.

Deutscher, Guy. *The Unfolding of Language: An Evolutionary Tour of Mankind's Greatest Invention.* New York: Henry Holt and Company, 2005.

Dickinson, Emily. *The Poems of Emily Dickinson,* reading ed., ed. R. W. Franklin. Cambridge, MA: The Belknap Press of Harvard University Press, 1999.

Dissanayake, Ellen. *Art and Intimacy: How the Arts Began.* Seattle: University of Washington Press, 2000.

Distin, Kate. *The Selfish Meme: A Critical Reassessment.* Cambridge: Cambridge University Press, 2005.

Doniger, Wendy, trans. *The Rig Veda.* New York: Penguin Classics, 2005.

Dor, Daniel. *The Instruction of Imagination.* Oxford: Oxford University Press, 2015.

Dostoevsky, Fyodor. *Crime and Punishment.* Translated by Michael R. Katz. New York: Liveright, 2017.

Dunbar, R. I. M. "Gossip in Evolutionary Perspective." *Review of General Psychology* 8, no. 2 (2004): 100–110.

———. *Grooming, Gossip, and the Evolution of Language.* Cambridge, MA: Harvard University Press, 1997.

Dunbar, R. I. M., N. D. C. Duncan, and A. Marriott. "Human Conversational Behavior." *Human Nature* 8, no. 3 (1997): 231–46.

Dupré, John. "The Miracle of Monism," in *Naturalism in Question,* ed. Mario de Caro and David Macarthur. Cambridge, MA: Harvard University Press, 2004.

Durant, Will. *The Life of Greece.* Vol. 2 of *The Story of Civilization.* New York: Simon & Schuster, 2011. Kindle, 8181–82.

Dutton, Denis. *The Art Instinct.* New York: Bloomsbury Press, 2010.

Dyson, Freeman. "Time without end: Physics and biology in an open universe." *Reviews of Modern Physics* 51 (1979): 447–60.

Dyson, L., M. Kleban, and L. Susskind. "Disturbing Implications of a Cosmological Constant." *Journal of High Energy Physics* 0210 (2002): 011.

Eddington, A. "The End of the World: From the Standpoint of Mathematical Physics." *Nature* 127, no. 3203 (1931): 447–53.

Einstein, Albert. *Autobiographical Notes.* La Salle, IL: Open Court Publishing, 1979.

Elgendi, Mohamed, et al. "Subliminal Priming-State of the Art and Future Perspectives." *Behavioral Sciences* (Basel, Switzerland) 8, no. 6 (30 May 2018): 54.

Ellenberger, Henri. *The Discovery of the Unconscious.* New York: Basic Books, 1970.

Else, Jon, dir. *The Day After Trinity.* Houston: KETH, 1981.

Emerson, Ralph Waldo. *The Conduct of Life.* Boston and New York: Houghton Mifflin Company, 1922.

Emler, N. "The Truth About Gossip." *Social Psychology Section Newsletter* 27 (1992): 23–37.

England, J. L. "Statistical physics of self-replication." *Journal of Chemical Physics* 139 (2013): 121923.

Epicurus. *The Essential Epicurus.* Translated by Eugene O'Connor. Amherst, NY: Prometheus Books, 1993.

Falk, Dean. *Finding Our Tongues: Mothers, Infants and the Origins of Language.* New York: Basic Books, 2009.

———. "Prelinguistic evolution in early hominins: Whence motherese?" *Behavioral and Brain Sciences* 27 (2004): 491–541.

Fisher, R. A. *The Genetical Theory of Natural Selection.* Oxford: Clarendon Press, 1930.

Fisher, Simon E., Faraneh Vargha-Khadem, Kate E. Watkins, Anthony P. Monaco, and Marcus E. Pembrey. "Localisation of a gene implicated in a severe speech and language disorder." *Nature Genetics* 18 (1998): 168–70.

Fowler, R. H. "On Dense Matter." *Monthly Notices of the Royal Astronomical Society* 87, no. 2 (1926): 114–22.

Freese, K., and W. Kinney. "The ultimate fate of life in an accelerating universe." *Physics Letters B* 558, nos. 1–2 (10 April 2003): 1–8.

Friedmann, Alexander. Translated by Brian Doyle. "On the Curvature of Space." *Zeitschrift für Physik* 10 (1922): 377–86.

Frijda, N., A. S. R. Manstead, and S. Bem. "The influence of emotions on belief," in *Emotions and Beliefs: How Feelings Influence Thoughts* (Studies in Emotion and Social Interaction), ed. N. Frijda, A. Manstead, and S. Bem. Cambridge: Cambridge University Press, 2000, 1–9.

Frijda, N., and B. Mesquita. "Beliefs through emotions," in *Emotions and Beliefs: How Feelings Influence Thoughts* (Studies in Emotion and Social Interaction), ed. N. Frijda, A. Manstead, and S. Bem. Cambridge: Cambridge University Press, 2000, 45–77.

Fu, Wenqing, Timothy D. O'Connor, Goo Jun, et al. "Analysis of 6,515 exomes reveals the recent origin of most human protein-coding variants." *Nature* 493 (10 January 2013): 216–20.

Garriga, Jaume, and Alexander Vilenkin. "Many Worlds in One." *Physical Review D* 64, no. 4 (2001): 043511.

Garriga, J., V. F. Mukhanov, K. D. Olum, and A. Vilenkin. "Eternal Inflation, Black Holes, and the Future of Civilizations." *International Journal of Theoretical Physics* 39, no. 7 (2000): 1887–1900.

George, Andrew, trans. *The Epic of Gilgamesh: The Babylonian Epic Poem and Other Texts in Akkadian and Sumerian.* London: Penguin Classics, 2003.

Georgi, Howard, and Sheldon Glashow. "Unity of All Elementary-Particle Forces." *Physical Review Letters* 32, no. 8 (1974): 438.

Gottschall, Jonathan. *The Storytelling Animal.* Boston and New York: Mariner Books, Houghton Mifflin Harcourt, 2013.

Gould, Stephen J. *Conversations About the End of Time.* New York: Fromm International, 1999.

———. "The spice of life." *Leader to Leader* 15 (2000): 14–19.

———. *The Richness of Life: The Essential Stephen Jay Gould.* New York: W. W. Norton, 2006.

Gould, S. J., and R. C. Lewontin. "The Spandrels of San Marco and the Panglossian Paradigm: A Critique of the Adaptationist Programme." *Proceedings of the Royal Society B*, 205, no. 1161 (21 September 1979): 581–98.

Graziano, M. *Consciousness and the Social Brain.* New York: Oxford University Press, 2013.

Greene, Brian. *The Elegant Universe.* New York: Vintage, 2000.

———. *The Fabric of the Cosmos.* New York: Alfred A. Knopf, 2005.

———. *The Hidden Reality.* New York: Alfred A. Knopf, 2011.

Greene, Ellen. "Sappho 58: Philosophical Reflections on Death and Aging." In *The New Sappho on Old Age: Textual and Philosophical Issues*, ed. Ellen Greene and Marilyn B. Skinner. Hellenic Studies Series 38. Washington, DC: Center for Hellenic Studies, 2009. https://chs.harvard.edu/CHS/article/display/6036.11-ellen-greene-sappho-58-philosophical-reflections-on-death-and-aging#n.1.

Greene, Ellen, ed. *Reading Sappho: Contemporary Approaches.* Berkeley: University of California Press, 1996.

Guenther, Mathias Georg. *Tricksters and Trancers: Bushman Religion and Society.* Bloomington, IN: Indiana University Press, 1999.

Guth, Alan H. "Inflationary universe: A possible solution to the horizon and flatness problems." *Physical Review D* 23 (1981): 347.

———. *The Inflationary Universe.* New York: Basic Books, 1998.

Guthrie, Stewart. *Faces in the Clouds: A New Theory of Religion.* New York: Oxford University Press, 1993.

Haidt, Jonathan. "The Emotional Dog and Its Rational Tail: A Social Intuitionist Approach to Moral Judgment." *Psychological Review* 108, no. 4 (2001): 814–34.

———. *The Righteous Mind: Why Good People Are Divided by Politics and Religion.* New York: Pantheon Books, 2012.

Haldane, J. B. S. *The Causes of Evolution.* London: Longmans, Green & Co., 1932.

Halligan, Peter, and John Marshall. "Blindsight and insight in visuo-spatial neglect." *Nature* 336, no. 6201 (December 22–29, 1988): 766–67.

Hameroff, S., and R. Penrose. "Consciousness in the universe: A review of the 'Orch OR' theory." *Physics of Life Reviews* 11 (2014): 39–78.

Hamilton, W. D. "The Genetical Evolution of Social Behaviour." *Journal of Theoretical Biology* 7, no. 1 (1964): 1–16.

Harburg, Yip. "E. Y. Harburg, Lecture at UCLA on Lyric Writing, February 3, 1977." Transcript, pp. 5–7, tape 7-3-10.

———. "Yip at the 92nd Street YM-YWHA, December 13, 1970." Transcript #1-10-3, p. 3, tapes 7-2-10 and 7-2-20.

Hawking, S. W. "Particle Creation by Black Holes." *Communications in Mathematical Physics* 43 (1975): 199–220.

Hawking, Stephen, and Leonard Mlodinow. *The Grand Design.* New York: Bantam Books, 2010.

Hawks, John, Eric T. Wang, Gregory M. Cochran, et al. "Recent acceleration of human adaptive evolution." *Proceedings of the National Academy of Sciences* 104, no. 52 (December 2007): 20753–58.

Heisenberg, Werner. *Physics and Philosophy: The Revolution in Modern Science*. London: Penguin Books, 1958.

Hirshfield, Jane. *Nine Gates: Entering the Mind of Poetry*. New York: Harper Perennial, 1998.

Hogan, Patrick Colm. *The Mind and Its Stories*. Cambridge: Cambridge University Press, 2003.

Hrdy, Sarah. *Mothers and Others: The Evolutionary Origins of Mutual Understanding*. Cambridge, MA: Belknap Press, 2009.

Hulse, R. A., and J. H. Taylor. "Discovery of a pulsar in a binary system." *Astrophysical Journal* 195 (1975): L51.

Ijjas, Anna, and Paul Steinhardt. "A New Kind of Cyclic Universe" (2019). arXiv:1904.0822[gr-qc].

Islam, Jamal N. "Possible Ultimate Fate of the Universe." *Quarterly Journal of the Royal Astronomical Society* 18 (March 1977): 3–8.

Israel, W. "Event Horizons in Static Electrovac Space-Times." *Communications in Mathematical Physics* 8 (1968): 245.

———. "Event Horizons in Static Vacuum Space-Times." *Physical Review* 164 (1967): 1776.

Jackson, Frank. "Epiphenomenal Qualia." *Philosophical Quarterly* 32 (1982): 127–36.

———. "Postscript on Qualia." In *Mind, Method, and Conditionals: Selected Essays*. London: Routledge, 1998, 76–79.

James, William. *The Varieties of Religious Experience: A Study in Human Nature*. New York: Longmans, Green, and Co., 1905.

Jarzynski, C. "Nonequilibrium equality for free energy differences." *Physical Review Letters* 78 (1997): 2690–93.

Jaspers, Karl. *The Origin and Goal of History*. Abingdon, UK: Routledge, 2010.

Jeong, Choongwon, and Anna Di Rienzo. "Adaptations to local environments in modern human populations." *Current Opinion in Genetics & Development* 29 (2014): 1–8.

Jones, Barbara E. "The mysteries of sleep and waking unveiled by Michel Jouvet." *Sleep Medicine* 49 (2018): 14–19.

Joordens, Josephine C. A., et al. "*Homo erectus* at Trinil on Java used shells for tool production and engraving." *Nature* 518 (12 February 2015): 228–31.

Jørgensen, Timmi G., and Ross P. Church. "Stellar escapers from M67 can reach solar-like Galactic orbits." arxiv.org: arXiv:1905.09586.

Joyce, G. F., and J. W. Szostak. "Protocells and RNA Self-Replication." *Cold Spring Harbor Perspectives in Biology* 10, no. 9 (2018).

Jung, Carl. "The Soul and Death." In *Complete Works of C. G. Jung*, ed.

Gerald Adler and R. F. C. Hull. Princeton: Princeton University Press, 1983.

Kachman, Tal, Jeremy A. Owen, and Jeremy L. England. "Self-Organized Resonance During Search of a Diverse Chemical Space." *Physical Review Letters* 119, no. 3 (2017): 038001-1.

Kafka, Franz. *The Blue Octavo Notebooks.* Translated by Ernst Kaiser and Eithne Wilkens, edited by Max Brod. Cambridge, MA: Exact Change, 1991.

Keller, Helen. Letter to New York Symphony Orchestra, 2 February 1924. Digital archives of American Foundation for the Blind, filename HK01-07_B114_F08_015_002.tif.

Kennedy, J. Gerald. *Poe, Death, and the Life of Writing.* New Haven: Yale University Press, 1987.

Kierkegaard, Søren. *The Concept of Dread.* Translated and with introduction and notes by Walter Lowrie. Princeton: Princeton University Press, 1957.

Kitcher, P. "Between Fragile Altruism and Morality: Evolution and the Emergence of Normative Guidance." *Evolutionary Ethics and Contemporary Biology* (2006): 159–77.

———. "Biology and Ethics." In *The Oxford Handbook of Ethical Theory.* Oxford: Oxford University Press, 2006.

Klinkhamer, F. R., and N. S. Manton. "A saddle-point solution in the Weinberg-Salam theory." *Physical Review D* 30 (1984): 2212.

Koch, Christof. *Consciousness: Confessions of a Romantic Reductionist.* Cambridge, MA: MIT Press, 2012.

Kragh, Helge. "Naming the Big Bang." *Historical Studies in the Natural Sciences* 44, no. 1 (February 2014): 3–36.

Krause, Johannes, Carles Lalueza-Fox, Ludovic Orlando, et al. "The Derived FOXP2 Variant of Modern Humans Was Shared with Neandertals." *Current Biology* 17 (2007): 1908–12.

Krauss, Lawrence M., and Glenn D. Starkman. "Life, the Universe, and Nothing: Life and Death in an Ever-Expanding Universe." *Astrophysical Journal* 531 (2000): 22–30.

Krutch, Joseph Wood. "Art, Magic, and Eternity." *Virginia Quarterly Review* 8, no. 4 (Autumn 1932).

Lai, C. S. L., et al. "A novel forkhead-domain gene is mutated in a severe speech and language disorder." *Nature* 413 (2001): 519–23.

Landon, H. C. Robbins. *Beethoven: A Documentary Study.* New York: Macmillan Publishing Co., Inc., 1970.

Laurent, John. "A Note on the Origin of 'Memes'/'Mnemes.'" *Journal of Memetics* 3 (1999): 14–19.

Lemaître, Georges. *"Rencontres avec Einstein."* Revue des questions scientifiques 129 (1958): 129–32.

Leonard, Scott, and Michael McClure. *Myth and Knowing.* New York: McGraw-Hill Higher Education, 2004.

Lewis, David. *Papers in Metaphysics and Epistemology,* vol. 2. Cambridge: Cambridge University Press, 1999.

———. "What Experience Teaches." *Proceedings of the Russellian Society* 13 (1988): 29–57.

Lewis, S. M., and C. K. Cratsley. "Flash signal evolution, mate choice, and predation in fireflies." *Annual Review of Entomology* 53 (2008): 293–321.

Lewis-Williams, David. *The Mind in the Cave: Consciousness and the Origins of Art.* New York: Thames & Hudson, 2002.

Linde, A. "A new inflationary universe scenario: A possible solution of the horizon, flatness, homogeneity, isotropy and primordial monopole problems." *Physics Letters B* 108 (1982): 389.

———. "Sinks in the Landscape, Boltzmann Brains, and the Cosmological Constant Problem." *Journal of Cosmology and Astroparticle Physics* 0701 (2007): 022.

Loeb, Abraham. "Cosmology with hypervelocity stars." *Journal of Cosmology and Astroparticle Physics* 04 (2011): 023.

Loewi, Otto. "An Autobiographical Sketch." *Perspectives in Biology and Medicine* 4, no. 1 (Autumn 1960): 3–25.

Louie, Kenway, and Matthew A. Wilson. "Temporally Structured Replay of Awake Hippocampal Ensemble Activity during Rapid Eye Movement Sleep." *Neuron* 29 (2001): 145–56.

Mackay, Alan Lindsay. *The Harvest of a Quiet Eye: A Selection of Scientific Quotations.* Bristol: Institute of Physics, 1977.

Maddox, Brenda. *Rosalind Franklin: The Dark Lady of DNA.* New York: Harper Perennial, 2003.

Marcel, Anthony J. "Conscious and Unconscious Perception: Experiments on Visual Masking and Word Recognition." *Cognitive Psychology* 15 (1983): 197–237.

Martin, W., and M. J. Russell. "On the origin of biochemistry at an alkaline hydrothermal vent." *Philosophical Transactions of the Royal Society B* 367 (2007): 1887–925.

Matthaei, J. Heinrich, Oliver W. Jones, Robert G. Martin, and Marshall W. Nirenberg. "Characteristics and Composition of RNA Coding Units." *Proceedings of the National Academy of Sciences* 48, no. 4 (1962): 666–77.

Melville, Herman. *Moby-Dick.* Hertfordshire, U.K.: Wordsworth Classics, 1993.

Mendez, Fernando L., et al. "The Divergence of Neandertal and Modern Human Y Chromosomes." *American Journal of Human Genetics* 98, no. 4 (2016): 728–34.

Miller, Geoffrey. *The Mating Mind: How Sexual Choice Shaped the Evolution of Human Nature.* New York: Anchor, 2000.

Mitchell, P. "Coupling of phosphorylation to electron and hydrogen transfer by a chemi-osmotic type of mechanism." *Nature* 191 (1961): 144–48.

Morrison, Toni. Nobel Prize lecture, 7 December 1993. https://www.nobelprize.org/prizes/literature/1993/morrison/lecture/.

Müller, Max, trans. *The Upanishads*. Oxford: The Clarendon Press, 1879.

Nabokov, Vladimir. *Speak, Memory: An Autobiography Revisited*. New York: Alfred A. Knopf, 1999.

Naccache, L., and S. Dehaene. "The Priming Method: Imaging Unconscious Repetition Priming Reveals an Abstract Representation of Number in the Parietal Lobes." *Cerebral Cortex* 11, no. 10 (2001): 966–74.

———. "Unconscious Semantic Priming Extends to Novel Unseen Stimuli." *Cognition* 80, no. 3 (2001): 215–29.

Nagel, Thomas. *Mortal Questions*. Cambridge: Cambridge University Press, 1979.

———. "What Is It Like to Be a Bat?" *Philosophical Review* 83, no. 4 (1974): 435–50.

Nelson, Philip. *Biological Physics: Energy, Information, Life*. New York: W. H. Freeman and Co., 2014.

Nemirow, Laurence. "Physicalism and the cognitive role of acquaintance." In *Mind and Cognition,* ed. W. Lycan. Oxford: Blackwell, 1990, 490–99.

———. "Review of Nagel's Mortal Questions." *Philosophical Review* 89 (1980): 473–77.

Newton, Isaac. Letter to Henry Oldenburg, 6 February 1671. http://www .newtonproject.ox.ac.uk/view/texts/normalized/NATP00003.

Nietzsche, Friedrich. *Twilight of the Idols*. Translated by Duncan Large. Oxford: Oxford University Press, 1998.

Norenzayan, A., and I. G. Hansen. "Belief in supernatural agents in the face of death." *Personality and Social Psychology Bulletin* 32 (2006): 174–87.

Nowak, M. A., C. E. Tarnita, and E. O. Wilson. "The evolution of eusociality." *Nature* 466, no. 7310 (2010): 1057–62.

Nozick, Robert. *Philosophical Explanations*. Cambridge, MA: Belknap Press, 1983.

———. "Philosophy and the Meaning of Life." In *Life, Death, and Meaning: Key Philosophical Readings on the Big Questions,* ed. David Benatar. Lanham, MD: The Rowman & Littlefield Publishing Group, 2010, 65–92.

Nussbaumer, Harry. "Einstein's conversion from his static to an expanding universe." *European Physics Journal—History* 39 (2014): 37–62.

Oates, Joyce Carol. "Literature as Pleasure, Pleasure as Literature." *Narrative.* https://www.narrativemagazine.com/issues/stories-week-2015 -2016/story-week/literature-pleasure-pleasure-literature-joyce-carol -oates.

Oatley, K. "Why fiction may be twice as true as fact." *Review of General Psychology* 3 (1999): 101–17.

Oizumi, Masafumi, Larissa Albantakis, and Giulio Tononi. "From the Phenomenology to the Mechanisms of Consciousness: Integrated Information Theory 3.0." *PLoS Computational Biology* 10, no. 5 (May 2014).

Page, Don N. "Is our universe decaying at an astronomical rate?" *Physics Letters B* 669 (2008): 197–200.

———. "The Lifetime of the Universe." *Journal of the Korean Physical Society* 49 (2006): 711–14.

———. "Particle emission rates from a black hole: Massless particles from an uncharged, nonrotating hole." *Physical Review D* 13, no. 2 (1976): 198–206.

Page, Tim, ed. *The Glenn Gould Reader*. New York: Vintage, 1984.

Parker, Eric, Henderson J. Cleaves, Jason P. Dworkin, et al. "Primordial synthesis of amines and amino acids in a 1958 Miller H_2S-rich spark discharge experiment." *Proceedings of the National Academy of Sciences* 108, no. 14 (April 2011): 5526–31.

Perlmutter, Saul, et al. "Measurements of Ω and Λ from 42 High-Redshift Supernovae." *Astrophysical Journal* 517, no. 2 (1999): 565.

Perunov, Nikolay, Robert A. Marsland, and Jeremy L. England. "Statistical Physics of Adaptation." *Physical Review X* (June 2016): 021036-1.

Pichardo, Bárbara, Edmundo Moreno, Christine Allen, et al. "The Sun was not born in M67." *The Astronomical Journal* 143, no. 3 (2012): 73–84.

Pinker, Steven. *How the Mind Works*. New York: W. W. Norton, 1997.

———. "Language as an adaptation to the cognitive niche." In *Language Evolution: States of the Art*, ed. S. Kirby and M. Christiansen. New York: Oxford University Press, 2003.

———. *The Language Instinct*. New York: W. Morrow and Co., 1994.

Pinker, S., and P. Bloom. "Natural language and natural selection." *Behavioral and Brain Sciences* 13, no. 4 (1990): 707–84.

Plath, Sylvia. *The Collected Poems*. Edited by Ted Hughes. New York: Harper Perennial, 1992.

Prebble, John, and Bruce Weber. *Wandering in the Gardens of the Mind: Peter Mitchell and the Making of Glynn*. Oxford: Oxford University Press, 2003.

Premack, David, and Guy Woodruff. "Does the chimpanzee have a theory of mind?" *Cognition and Consciousness in Nonhuman Species*, special issue of *Behavioral and Brain Sciences* 1, no. 4 (1978): 515–26.

Proust, Marcel. *Remembrance of Things Past*. Vol. 3: *The Captive, The Fugitive, Time Regained*. New York: Vintage, 1982.

Prum, Richard. *The Evolution of Beauty: How Darwin's Forgotten Theory on Mate Choice Shapes the Animal World and Us*. New York: Doubleday, 2017.

Pyszczynski, Tom, Sheldon Solomon, and Jeff Greenberg. "Thirty Years of Terror Management Theory." *Advances in Experimental Social Psychology* 52 (2015): 1–70.

Rank, Otto. *Art and Artist: Creative Urge and Personality Development*. Translated by Charles Francis Atkinson. New York: Alfred A. Knopf, 1932.

———. *Psychology and the Soul*. Translated by William D. Turner. Philadelphia: University of Pennsylvania Press, 1950.

Rees, M. J. "The collapse of the universe: An eschatological study." *Observatory* 89 (1969): 193–98.

Reinach, Salomon. *Cults, Myths and Religions*. Translated by Elizabeth Frost. London: David Nutt, 1912.

Revonsuo, Antti, Jarno Tuominen, and Katja Valli. "The Avatars in the Machine—Dreaming as a Simulation of Social Reality." *Open MIND* (2015): 1–28.

Rodd, F. Helen, Kimberly A. Hughes, Gregory F. Grether, and Colette T. Baril. "A possible non-sexual origin of mate preference: Are male guppies mimicking fruit?" *Proceedings of the Royal Society B* 269 (2002): 475–81.

Roney, James R. "Likeable but Unlikely, a Review of the Mating Mind by Geoffrey Miller." *Psycoloquy* 13, no. 10 (2002): article 5.

Rosenblatt, Abram, Jeff Greenberg, Sheldon Solomon, et al. "Evidence for Terror Management Theory I: The Effects of Mortality Salience on Reactions to Those Who Violate or Uphold Cultural Values." *Journal of Personality and Social Psychology* 57 (1989): 681–90.

Rowland, Peter. *Bowerbirds*. Collingwood, Australia: CSIRO Publishing, 2008.

Russell, Bertrand. *Why I Am Not a Christian*. New York: Simon and Schuster, 1957.

———. *Human Knowledge*. New York: Routledge, 2009.

Ryan, Michael. *A Taste for the Beautiful*. Princeton: Princeton University Press, 2018.

Sackmann I.-J., A. I. Boothroyd, and K. E. Kraemer. "Our Sun. III. Present and Future." *Astrophysical Journal* 418 (1993): 457.

Sartre, Jean-Paul. *The Wall and Other Stories*. Translated by Lloyd Alexander. New York: New Directions Publishing, 1975.

Scarpelli, Serena, Chiara Bartolacci, Aurora D'Atri, et al. "The Functional Role of Dreaming in Emotional Processes." *Frontiers in Psychology* 10 (Mar. 2019): 459.

Scheffler, Samuel. *Death and the Afterlife*. New York: Oxford University Press, 2016.

Schmidt, B. P., et al. "The High-Z Supernova Search: Measuring Cosmic Deceleration and Global Curvature of the Universe Using Type IA Supernovae." *Astrophysical Journal* 507 (1998): 46.

Schrödinger, Erwin. *What Is Life?* Cambridge: Cambridge University Press, 2012.

Schroder, Klaus-Peter, and Robert C. Smith, "Distant future of the Sun and Earth revisited." *Monthly Notices of the Royal Astronomical Society* 386, no. 1 (2008): 155–63.

Schvaneveldt, R. W., D. E. Meyer, and C. A. Becker. "Lexical ambiguity, semantic context, and visual word recognition." *Journal of Experimental Psychology: Human Perception and Performance* 2, no. 2 (1976): 243–56.

Schwartz, Joel S. "Darwin, Wallace, and the *Descent of Man*." *Journal of the History of Biology* 17, no. 2 (1984): 271–89.

Shakespeare, William. *Measure for Measure*. Edited by J. M. Nosworthy. London: Penguin Books, 1995.

Shaw, George Bernard. *Back to Methuselah*. Scotts Valley, CA: CreateSpace Independent Publishing Platform, 2012.

Sheff, David. "Keith Haring, An Intimate Conversation." *Rolling Stone* 589 (August 1989): 47.

Shermer, Michael. *The Believing Brain: From Ghosts and Gods to Politics and Conspiracies*. New York: St. Martin's Griffin, 2011.

Silver, David, Thomas Hubert, Julian Schrittwieser, et al. "A general reinforcement learning algorithm that masters chess, shogi, and Go through self-play." *Science* 362 (2018): 1140–44.

Smuts, Aaron. "Immortality and Significance." *Philosophy and Literature* 35, no. 1 (2011): 134–49.

Solomon, Sheldon, Jeff Greenberg, and Tom Pyszczynski. "Tales from the Crypt: On the Role of Death in Life." *Zygon* 33, no. 1 (1998): 9–43.

———. *The Worm at the Core: On the Role of Death in Life*. New York: Random House Publishing Group, 2015.

Sosis, R. "Religion and intra-group cooperation: Preliminary results of a comparative analysis of utopian communities." *Cross-Cultural Research* 34 (2000): 70–87.

Sosis, R., and C. Alcorta. "Signaling, solidarity, and the sacred: The evolution of religious behavior." *Evolutionary Anthropology* 12 (2003): 264–74.

Spengler, Oswald. *Decline of the West*. New York: Alfred A. Knopf, 1986.

Sperber, Dan. *Explaining Culture: A Naturalistic Approach*. Oxford: Blackwell Publishers Ltd., 1996.

———. *Rethinking Symbolism*. Cambridge: Cambridge University Press, 1975.

Stapledon, Olaf. *Star Maker*. Mineola, NY: Dover Publications, 2008.

Steinhardt, Paul J., and Neil Turok. "The cyclic model simplified." *New Astronomy Reviews* 49 (2005): 43–57.

Sterelny, Kim. *The Evolved Apprentice: How Evolution Made Humans Unique*. Cambridge, MA: MIT Press, 2012.

Stroud, Barry. "The Charm of Naturalism," *Proceedings and Addresses of the American Philosophical Association* 70, no. 2 (November 1996).

Stulp, G., L. Barrett, F. C. Tropf, and M. Mills. "Does natural selection favour taller stature among the tallest people on earth?" *Proceedings of the Royal Society B* 282: 20150211.

Susskind, Leonard. *The Black Hole War: My Battle with Stephen Hawking to Make the World Safe for Quantum Mechanics*. New York: Little, Brown and Co., 2008.

Swift, Jonathan. *Gulliver's Travels*. New York: W. W. Norton, 1997.

Szent-Györgyi, Albert. "Biology and Pathology of Water." *Perspectives in Biology and Medicine* 14, no. 2 (1971): 239–49.

't Hooft, G. "Computation of the quantum effects due to a four-dimensional pseudoparticle." *Physical Review D* 14 (1976): 3432.

Thoreau, Henry David. *The Journal 1837–1861*. New York: New York Review Books Classics, 2009.

Time 41, no. 14 (April 5, 1943): 42.

Tolman, Richard C. "On the problem of the entropy of the universe as a whole." *Physical Review* 37 (1931): 1639–60.

———. "On the theoretical requirements for a periodic behavior of the universe." *Physical Review* 38 (1931): 1758–71.

Tomasello, Michael. "Universal Grammar Is Dead." *Behavioral and Brain Sciences* 32, no. 5 (October 2009): 470–71.

Tononi, Giulio. *Phi: A Voyage from the Brain to the Soul*. New York: Pantheon, 2012.

Tooby, John, and Leda Cosmides. "Does Beauty Build Adapted Minds? Toward an Evolutionary Theory of Aesthetics, Fiction and the Arts." *SubStance* 30, no. 1/2, issue 94/95 (2001): 6–27.

———. "The Psychological Foundations of Culture." In *The Adapted Mind: Evolutionary Psychology and the Generation of Culture*, ed. Jerome H. Barkow, Leda Cosmides, and John Tooby. Oxford: Oxford University Press, 1992, 19–136.

Tremlin, Todd. *Minds and Gods: The Cognitive Foundations of Religion*. Oxford: Oxford University Press, 2006.

Trinkaus, Erik, Alexandra Buzhilova, Maria Mednikova, and Maria Dobrovolskaya. *The People of Sunghir: Burials, Bodies and Behavior in the Earlier Upper Paleolithic*. New York: Oxford University Press, 2014.

Trivers, Robert. "Parental Investment and Sexual Selection." In *Sexual Selection and the Descent of Man: The Darwinian Pivot*, ed. Bernard G. Campbell. Chicago: Aldine Publishing Company, 1972.

Tylor, Edward Burnett. *Primitive Culture*, vol. 2. London: John Murray, 1873; Dover Reprint Edition, 2016, 24.

Ucko, Peter J., and Andrée Rosenfeld. *Paleolithic Cave Art*. New York: McGraw-Hill, 1967, 117–23, 165–74.

Valley, John W., William H. Peck, Elizabeth M. King, and Simon A. Wilde. "A Cool Early Earth." *Geology* 30 (2002): 351–54.

Vilenkin, A. "Predictions from Quantum Cosmology." *Physical Review Letters* 74 (1995): 846.

Vilenkin, Alex. *Many Worlds in One*. New York: Hill and Wang, 2006.

Wagoner, R. V. "Test for the existence of gravitational radiation." *Astrophysical Journal* 196 (1975): L63.

Wallace, Alfred Russel. *Natural Selection and Tropical Nature*. London: Macmillan and Co., 1891.

———. "Sir Charles Lyell on geological climates and the origin of species." *Quarterly Review* 126 (1869): 359–94.

Watson, J. D., and F. H. C. Crick. "Molecular Structure of Nucleic Acids: A Structure for Deoxyribose Nucleic Acid." *Nature* 171 (1953): 737–38.

Webb, Taylor, and M. Graziano. "The attention schema theory: A mechanistic account of subjective awareness." *Frontiers in Psychology* 6 (2015): 500.

Wertheimer, Max. *Productive Thinking,* enlarged ed. New York: Harper and Brothers, 1959.

Wheeler, John Archibald, and Wojciech Zurek. *Quantum Theory and Measurement.* Princeton: Princeton University Press, 1983.

Whitehead, Alfred North. *Science and the Modern World.* New York: The Free Press, 1953.

Wigner, Eugene. *Symmetries and Reflections.* Cambridge, MA: MIT Press, 1970.

Wilkins, Maurice. *The Third Man of the Double Helix.* Oxford: Oxford University Press, 2003.

Williams, Bernard. *Problems of the Self.* Cambridge: Cambridge University Press, 1973.

Williams, Tennessee. *Cat on a Hot Tin Roof.* New York: New American Library, 1955.

Wilson, David Sloan. *Darwin's Cathedral: Evolution, Religion and the Nature of Society.* Chicago: University of Chicago Press, 2002.

———. *Does Altruism Exist? Culture, Genes and the Welfare of Others.* New Haven: Yale University Press, 2015.

Wilson, E. O. *Sociobiology: The New Synthesis.* Cambridge, MA: Harvard University Press, 1975.

Wilson, K. G. "Critical phenomena in 3.99 dimensions." *Physica* 73 (1974): 119.

Wittgenstein, Ludwig. *Tractatus Logico-Philosophicus.* New York: Harcourt, Brace & Company, 1922.

Witzel, Michael. *The Origins of the World's Mythologies.* New York: Oxford University Press, 2012.

Woosley, S. E., A. Heger, and T. A. Weaver. "The evolution and explosion of massive stars." *Reviews of Modern Physics* 74 (2002): 1015–71.

Wrangha, Richard. *Catching Fire: How Cooking Made Us Human.* New York: Basic Books, 2009.

Yeats, W. B. *Collected Poems.* New York: Macmillan Collector's Library Books, 2016.

Yourcenar, Marguerite. *Oriental Tales.* New York: Farrar, Straus and Giroux, 1985.

Zahavi, Amotz. "Mate selection—a selection for a handicap." *Journal of Theoretical Biology* 53, no. 1 (1975): 205–14.

Zuckerman, M. "Sensation seeking: A comparative approach to a human trait." *Behavioral and Brain Sciences* 7 (1984): 413–71.

Zunshine, Lisa. *Why We Read Fiction: Theory of Mind and the Novel.* Columbus: Ohio State University Press, 2006.

人名表

（本表收录正文中人名的中译和原文对照）

A　阿尔布雷克特，安德烈亚斯：
　　Andreas Albrecht
　　阿尔菲，拉尔夫：Ralph Alpher
　　阿奎那，圣托马斯：St. Thomas
　　Aquina
　　阿伦森，斯科特：Scott Aaronson
　　阿姆斯特朗，凯伦：Karen Arm-
　　strong
　　爱因斯坦，阿尔伯特：Albert Ein-
　　stein
　　艾丁顿，亚瑟：Sir Arthur Eddington
　　艾伦，伍迪：Woody Allen
　　奥茨，乔伊丝·卡萝尔：Joyce
　　Carol Oates
　　奥尔登堡，亨利：Henry Oldenburg
　　奥格尔，莱斯利：Leslie Orgel
　　（圣）奥古斯丁：St. Augustine

B　巴赫，塞巴斯蒂安：J. Sebastian
　　Bach
　　巴雷特，贾斯汀：Justin Barrett

巴里什，巴里：Barry C. Barish
鲍尔，埃德蒙：Edmond Bauer
贝多芬，路德维希：Ludwig van
　Beethoven
贝克尔，欧内斯特：Ernest Becker
贝林，杰西：Jesse Bering
贝娄，索尔：Saul Bellow
贝纳，亨利：Henri Bénard
贝特，汉斯：Hans Bethe
贝肯斯坦，雅各布：Jacob Beken-
　stein
比尔斯，安布罗斯：Ambrose Bierce
毕达哥拉斯：Pythagoras
玻恩，马克斯：Max Born
玻尔，尼尔斯：Niels Bohr
玻尔兹曼，路德维希：Ludwig
　Boltzmann
玻意耳，罗伯特：Robert Boyle
伯姆，约瑟夫：Joseph Böhm
勃拉姆斯，约翰：Johannes Brahms
博尔赫斯，豪尔赫·路易：Jorge